KB274114

선제전쟁

선제전쟁

시작과 종말, 그리고 제한된 보상

Flynn, Matthew J. 지음 | 임은성 옮김

북코리아

PROLOGUE

아직까지도 미국은 이라크에서 인력과 자원 그리고 국가의 의지를 고갈시켜 가고 있는 혐오스러운 게릴라전에 휩싸여 있다. 이라크에서의 전쟁이 9·11 테러 이후 향후에 발생할 가능성이 있는 테러공격을 사전에 차단하겠다는 노력의 일환이었다고 변명하고 있지만 이 전쟁의 필요성에 대해서는 여전히 의구심을 불러일으키고 있다. 일부에서는 승리는 요원하다고 보고 있으며, 또 다른 한편에서는 이 전쟁으로 얻을 수 있는 것이 없다고 생각하고 있다. 많은 사람들은 무엇이 승리인지에 대한 확신이 없다는 데 동의하고 있다.

이러한 현상은 미국이 왜 총체적인 승리를 달성하지도 못한 전쟁에 이렇게 매달려 있어야 하는지에 대한 답을 찾지 못하는 혼란의 시대에 있다는 것을 말해 주는 것이다. 이러한 문제의 주된 이유는 부시 행정부의 선제독트린에 있다. 미국이 이라크에서 승리에 대한 열망이 추락하게 되어 나타나는 결과로 미국이 직면해야 하는 고통을 살펴보기 위해서는 미국을 이라크와의 전쟁으로 끌고 간 정책이 무엇이었는가를 먼저 살펴봐야만 할 것이다.

선제전쟁이란?

어느 국가든지 전쟁으로 가기 위한 합리적인 대안으로 선제를 열망하고 있다. 선제란 어느 한 나라가 다른 나라에서 자국을 매우 위태롭게 하거나 임박한 공격 위협을 하고 있다는 결론에 도달하면 먼저 그 나라에 대해 군사적 공격을 하는 것이다. 이 공격은 선전포고를 하거나 하지 않고 이루어진다. 자국의 정체성을 보존하기 위해서 먼저 공격하거나, 추가적인 공격 이전에 공격하는 자위적 방어 행동으로 고려될 수 있으므로, 선제전쟁1을 정의(正義) 혹은 '도덕적 전쟁'으로 간주하고 있다.

선제 행동으로 공격하는 국가는 전쟁을 시작하면서도 혐오스러운 침략자라는 낙인을 피하기 위해 자위적 방어를 위한 것이었다는 도덕적 가치를 주장한다. 이럴 경우 다른 국가들은 '정의로운 전쟁'을 하고 있는 국가의 손을 들어 주게 될 수도 있을 것이다. 선제공격에 대한 국제사회의 동의논 공격을 한 국가가 정당성을 부여받고 상대국가를 고립시킬 수 있음을 의미한다. 이론적으로, 상대국가를 고립시키는 것은 선제공격2을 시행하는 국가의 계획된 압도적인 군사적 타격을 통해 이루어진다. 그리고 선제를 선택하는 명백한 이유는 신속한 전쟁의 승리를 보장받기 위한 것이다.

부시 행정부와 선제전쟁

일반적으로 진정한 선제는 이루어지기 어려우며, 그 결과도 성공하기 어렵다. 조지 부시(George W. Bush) 대통령의 2003년 3월의 이라크 침공은

---

1 선제공격이 전쟁으로 확전되거나 그렇지 않을 경우라도 동일한 의미를 가지고 있다.
2 이 책에서 선제공격과 선제전쟁이 동일한 의미로 사용되고 있다. 한 번의 선제공격이 계속해서 전쟁으로 발전되느냐의 여부는 의도적이거나 비의도적일 수 있기 때문이다.

도덕적 가치를 구실로 선제적으로 행동한 가장 최근의 선제전쟁이었으며, 이 최근의 선제전쟁은 실패했다. 부시의 선제에 대한 정의는 모호했으며, 그의 선제독트린의 적용은 허점이 많았고 선제의 목표들도 합당하지 않았다. 이 정책의 실패로 인한 결과들은 미국에 엄청난 영향을 주었다. 미국의 안보 증진에 거의 도움이 되지 않았음은 물론 미국이 전통적으로 추구하고 있는 외교정책의 도덕성에 재앙을 초래하기까지 했다. 선제가 요구하는 높은 도덕성을 추구하려 애썼지만, 부시는 결과적으로 미국을 현대 역사에 있어서 악명 높은 침략국가의 길로 가는 데 내던져 놓았을 뿐이었다.

이 책에서는 부시 행정부의 선제독트린을 현대전쟁의 분석과 병행하여 역사적 상관관계를 통해 조망해 보고자 한다.

지난 200년간의 주요한 재래식 전쟁을 선제적인 특징 측면에서 역사적 사례 연구를 통해 검토해 보고, 현대전의 진화 과정에 명확하게 기여했던 다수의 지역분쟁 때문에 발생했던 선제적 특징도 고려해 보고자 한다. 따라서, 1800년 이래 있었던 광범위한 충돌의 범위 안에서 선제에 대한 분석을 시도했다. 이러한 역사적 사례들을 부시의 2003년 이라크전쟁의 선제의 근본 이유와 비교해 본다. 마지막 장에서는 부시 행정부의 선제독트린의 독특성과 선제적 행동으로 시도한 공격에 대한 가치를 평가해 보고자 한다.

역사적 사례 연구

역사상 중요했던 전쟁이나 지역 간의 재래식 전쟁의 역동성을 선제의 범주로 한정지어 연구하다 보면 선제를 정의하는 것부터가 어렵다는 제한점에 직면하게 된다. 전통적인 재래전에서 선제는 전쟁의 한 부분으로만 간주되어 왔다. 또한, "게릴라전은 선제공격과 더불어 시작되는가?", "제한전쟁 혹은 식민전쟁은 무엇인가?" 등과 같은 의문을 고려했으며, 이러한 의문을 풀기 위해 부시 행정부의 선제독트린을 비정규전에 대한 고려 사항은 배제하고 재래전쟁에 중점을 두고 분석했다. 이점은 부시 행정부의 선제독트린이 결국에는 비정규전 행동을 하는 테러분자들로부터의 공격에 대응한 것이기에 일부 상충된 모순을 갖고 있다. 부시가 주장하는 선제는 테러 위협에 대한 대응으로 최전선에 재래식 전력을 전개하는 노력이었다. 이러한 부적절한 접근은 부시 행정부의 선제독트린에 혼란을 일으키는 요인이기도 하다. 역사를 통해 선제를 연구해 보면 왜 이러한 혼란이 발생하고 있는지를 보다 더 잘 이해할 수 있을 것이다.

위에서 언급한 선제의 정의를 다시 한 번 다음과 같이 검토해 보고자 한다. 첫째, 어느 국가가 자위적 방어에 기초한 도덕성을 유지한 가운데 선제전쟁을 하게 된다면, 이는 협의의 정의(定義)로 이해될 수 있는데, 그것은 임박한 위협에 대해 국가의 안전을 보존하기 위해 실시한 공격 행위이기 때문이다. 이러한 이유로 대부분의 군사전문가들은 진정한 선제는 매우 드물게 일어난다는 데 동의하고 있다. 둘째, 부시 행정부가 선제독트린을 통해 이라크를 선제공격할 때 미국의 전력을 자위적 방어와는 거리가 먼, 나라 밖으로 확장하고 있기 때문에 선제공격의 협의의 정의와 부합되지 않는다. 이처럼 선제공격을 넓고 다양하게 해석하는 것은 자주 논쟁이 되어 왔으며 침략 행위를 정당화하는 데 이용되는 경우가 많았다.

역사적 사례 연구를 통해 이러한 논쟁의 요점을 지적해 보고 명확한 차이점을 분석해 보고자 한다. 지난 역사를 돌이켜 보면 침략 행위에 대해 비난을 적게 받거나 오히려 좋은 평판을 받았던 국가는 물론, 지난 역사의 가장 악명 높은 침략자들은 부시 행정부에서 정의하는 포괄적인 선제공격론에 근거를 두고 자위적 방어라는 명목하에 선제공격을 했다고 말할 수 있을 것이다.

역사적으로 악명 높은 침략자들의 일부는 그 행위를 면제 받고자 선제공격의 행위에 도덕적인 정당성을 부여하고 있는데, 과연 부시의 선제독트린은 미국을 침략국가로 이끌어 가는 행위였다고 비난받아야 하는가?

이에 대한 해답을 바로 제시하는 것은 의미가 없지만 역사적인 사례들이 의미 있는 해답을 줄 것이다.

제1장에서는 첫 번째 사례연구로 19세기로 접어들면서 유럽에서 일어난 총력전 간의 선제전쟁에 주안을 두고 있다. 이러한 총력전 간의 선제공격에 있어서 가장 유명한 실천가는 프랑스 황제 나폴레옹 보나파르트(Napoleon Bonaparte)일 것이다. 나폴레옹은 신분 상승을 통해 강력한 군사 조직을 장악한 이후에, 프랑스 혁명의 이념을 전파한다는 명목으로 유럽을 전쟁의 소용돌이로 몰고 갔다. 영국과 유럽 대륙 내의 영국 동맹국들의 반대에 부딪히자, 나폴레옹은 그가 '영국의 꼭두각시들'이라고 지칭했던 프랑스의 인접 국가들로부터의 위협으로부터, '생존'을 위해서 선제공격은 정당하다고 믿었다. 이 장에서는 나폴레옹이 1805년 가을에 오스트리아와 러시아에 대해 실시했던 그의 가장 성공적인 선제공격을 분석해 보았다.

제2장에서는 중요한 지역 전쟁에 대한 사례를 연구해 보았다. 현대전쟁을 이해하는 데 있어 미국의 시민전쟁은 여러 가지 각도에서 재조명해 볼 필요가 있다. 남부인들이 선제전쟁을 택해야만 했던 이유를 살펴보는 것도 그중 하나일 것이다. 남부의 주장에 따르면, 북부와의 지역적인 문화의 이질감은 남부인들의 소중한 삶이 북부인들에게 잠식되어 가던 1800년대 중반까지 고조되어 있었다. 식민지 지위의 약화와 더불어 호전적인 북부의 세력 확장에 직면해서, 남부는 이러한 북부의 공개적인 공세행동을 차단시켜야만 했었다. 이 장에서는 남북전쟁의 시발점이 되었던 1861년 4월의 북군의 섬터(Sumter) 요새에 대한 남부의 선제공격을 살펴보았다.

세 번째 사례로 제3장에서는 20세기로 접어드는 시기에 아시아 지역에서 일어난 지역전쟁을 조망해 보았다. 새롭게 등장한 일본은 1800년대 아시아에서 세력을 확장하고 있는 유럽 제국주의와 대항하면서 자리를 잡아가고 있었다. 이 시기에 일본은 스스로 방어하고 생존하기 위해 빠르게 지역 내의 서구열강들을 모방하면서 배워 나갔다. 그러나 얼마 지나지 않아 일본의 제국주의는 한국과 만주를 두고 러시아와 경쟁하게 된다. 신속한 현대화에도 불구하고 일본은 러시아와의 전쟁을 주저하고 심사숙고했다. 그러나 러시아와의 전쟁에서 승리하기 어려울 것이라는 두려움을 해군을 이용한 선제공격을 통하여 해소할 수 있었다. 그 결과 일본은 러시아의 극동함대에 대한 기습공격을 결심하게 된다. 일본의 여순항의 러시아함대에 대한 선제공격은 1904년 러·일 전쟁의 도화선이 되었다. 20개월간의 전쟁 결과로 일본은 러시아를 패퇴시키고 아시아에서 일본의 입지를 구축하게 되었다.

제4장에서는 유럽으로 다시 눈을 돌려 독일이 제1차 세계대전 전야에 시도했던 사례들을 살펴본다. 당시 독일의 산업화 정책은 유럽의 강대국들과의 충돌을 불러일으켰다. 독일은 동(東)으로는 러시아, 서(西)로는 프랑스에 형성된 '포위'로부터 벗어나기 위해, 이들의 군사력을 성공적으로 제거해서 전쟁을 주도하면서 유럽에서의 지배적 위치를 차지하고자 했다. 독일은 프랑스 한 방향으로만 선제공격을 결심했지만 이는 프랑스뿐만 아니라 영국과 러시아와의 전쟁으로 이어질 것은 확실했다. 그러나 선제적 행동으로 달성한 군사적 이점에 대한 자신감으로, 독일은 프랑스를 수주 안에 굴복시킨 후, 동쪽의 러시아로 방향을 전환하려 하였다. 이것은 선제의 공식을 적용한 믿기 어려운 행동이었다. 독일은 위험을 감수하면서 1914년 8월 제1차 세계대전의 도화선에 불을 당겼다.

제5장과 6장에서는 9·11 테러 이후 미국이 채택한 정책에 앞서 현대에 일어났던 가장 유명한 두 개의 주요 사례를 심도 있게 비교해 보았다. 유감스럽게도, 부시 행정부가 정의한 선제전쟁의 논리 전개를 연구하다 보면, 미국과 나치 독일, 일본 제국주의 사이에는 강력한 유사성이 존재하고 있다.

먼저 제5장에서는 나치 독일의 사례로서, 독일의 아돌프 히틀러(Adolf Hitler)는 위대한 독일의 생존을 위해서 전쟁이 필요하다고 역설하면서 국민들을 설득시키는 데 성공한다. 당시 독일은 제1차 세계대전의 영향으로 국력이 현저하게 약화되어 외부로부터의 공격에 취약했다. 서쪽으로는 프랑스와 영국으로부터 공격을 당할 수 있었고 동쪽으로는 러시아로부터 공격을 당할 수 있었는데, 이러한 상황은 마치 독일을 파괴하려는 적들로부터 포위되어 있는 것과 같았다. 독일은 생존을 위해서 적들의 명백한 공격을 저지하기 위해 선제적 행동을 해야만 했으며, 독일에게 유리한 상황을 조성하기 위해 한 번에 하나의 적을 차례로 각개 격파시켜야만 했다. 이 장에서는 히틀러가 초기에 독일 국민들을 성공적으로 이끌어서 1941년 6월까지 실시되었던 일련의 선제공격과 러시아를 침공하기까지의 사례를 연구했다.

제6장에서는 일본을 다루고 있는데, 독일과 마찬가지로 일본 제국주의는 막강한 군사력을 국가발전을 위한 도구로 사용했다. 일본 지도부는 국가발전을 위해서는 선제적 행동 외에는 대안이 없다고 생각했다. 일본이 전쟁을 하게 되면, 자국의 생존에 가장 위협이 되는 나라가 러시아 혹은 미국일 것인가에 대한 의문이 있었지만, 이러한 위협에 대처하기 위해서 전쟁을 해야 했고, 전쟁은 선제전쟁이어야만 했다. 모두가 일본의 태평양으로의 세력 확장을 거부하는 잠재적인 적들이었기 때문에, 일본은 이들의 위협으로부터 에너지를 필요로 하는 산업과 자원을 보호해야 했다. 이를 위해서 이들 중 하나의 군사력을 봉쇄하기 위해서도 선제공격을 고려하고 있었다. 일본은 자신들이 추구하는 필요 충분한 국력을 유지하고 경제적 부흥을 도모하기 위한 방법으로 1941년 12월 7일 미국 진주만에 대한 선제공격을 실시했다.

제7장에서는 제2차 세계대전 간에 짚어 봐야 할 중요한 선제공격의 사례 하나를 살펴본다. 제2차 세계대전 초기에 스탈린(Stalin)의 핀란드 점령 계획은 독일의 공격으로 전쟁으로 치닫기 이전에 발생한 사례이다. 스탈린은 소련 연방을 보호하기 위한 완충지대를 구상하게 되는데 이것은 그의 말에 의하면 '전방방어'로서 서쪽으로는 폴란드, 북쪽으로는 핀란드를 고려하고 있었다. 핀란드가 소련의 위성국가로의 편입을 거절하자 스탈린은 핀란드를 통제하기 위해서는 선제공격 외에 다른 대안이 없다고

생각했다. 소련 연방에 위해가 되는 세력을 피하기 위해서는 핀란드의 영토가 필요하다는 가정을 기초로 한 판단으로 스탈린은 핀란드를 공격할 것을 명령했고 1939년 겨울 전쟁이 시작되었다.

제8장에서는 범세계적 차원에서 냉전시대에 발생했던 많은 사례들 중에 초기에 발생했던 적대 국가 간의 충돌을 다루었다. 가장 대표적인 사례는 1950년에 발발한 한국전쟁일 것이다. 북한과 남한의 전쟁은 대규모 충돌로 발전되었으며 개전 초에는 미국이, 이어서 중국이 개입하게 된다. 중국은 미국이 새롭게 탄생한 중국 공산정권을 위협할 것이라는 인식하에 가능한 한 중국으로의 북상을 막으려고 북한에 군대를 투입했다. 중국 지도자 마오쩌둥(Mao Zedong)은 미국이 북상해서 중국으로 접근해 오는 것을 보고 있기보다는 한반도 내에서 선제행동으로 전쟁을 하는 것이 유리하다고 판단했다. 이것은 중국군이 선호했던 방어에 적합한 지역에서의 선제공격이라 할 수 있다. 1950년 마지막 수개월간 자위적 방어의 정당성을 주장하면서 중국은 미국이 북한 깊숙이 북상하는 것을 저지하기 위해 대규모 병력을 전개하였고, 이어서 냉전시대의 주역으로 등장한다.

제9장에서는 냉전 시대의 충돌과 전환기에 일어난 테러리즘을 포함하고 있는 새로운 형태의 충돌을 살펴본다. 이스라엘은 국가의 존속뿐만 아니라 생존적인 측면에서도 매우 불리한 여건하에 있었다. 호전적인 적들로부터 포위된 작은 나라는 선제공격을 국가정책으로 선택할 수밖에 없었다. 1967년 자위권 차원에서 실시한 이스라엘의 선제공격은 깊은 인상을 준 사례가 될 것이다. 아랍의 반이스라엘 선전선동을 주시하면서 이스라엘은 임박한 이웃 국가의 도발을 신속하게 제압하고, 아랍의 월등한 군사력을 무력화하기 위해 공군력과 기갑부대를 신속히 투입하는 기습공격을 감행했다. 이스라엘은 1967년에 대아랍과의 전쟁에서 괄목할 만한 승리를 이룩한 후에, 자위권 방어라는 이름하에 공세적 행동을 기반으로 하는 선제공격 정책에 더욱 집착하고 있다.

제10장에서는 2003년 3월 부시 행정부의 선제독트린을 공식적으로

실천한 이라크 침공에 대해 살펴본다. 이 장에서는 9·11과 함께 선제공격에 대한 미국의 정책적 변화 과정을 살펴보고 이 정책을 우선적으로 적용했던 이라크전쟁에 대한 부시 행정부의 정책 변화과정을 추적해 본다. 사담 후세인(Saddam Hussein)이 대량 살상 무기를 사용할 위협이 크다고 강조하면서 부시는 선제공격만이 최선이며 이를 통해 또 다른 9·11을 방지할 것으로 믿었다. 미국과 미국의 문명을 보호하겠다는 자신감을 가지고 부시는 군사력을 사용하여 이라크를 무장해제하고 중동지역에 민주주의 국가로서의 전초기지를 만들려 했다. 미국의 외교정책의 특징인 도덕성을 기반으로 실시한 선제공격이 이제는 논쟁거리가 되고 있다. 미국의 이라크 침공사례 연구는 선제공격의 전반적인 이론을 다루면서 분석했다. 시민전쟁의 시발점이 된 섬터 요새에서의 남북 간의 충돌과 이스라엘의 6일 전쟁은 국가가 도덕적이라는 이름하에 어떻게 선제공격을 실시했는지에 대한 사례이기도 하다. 그 외의 일곱 가지의 역사적 사례는 선제공격이 진정한 자위권 방어의 정당성보다는 이웃국가에 대한 호전적 침략행위를 정당화하기 위한 구실로 사용한 일반적이고 공통적인 사례라 할 수 있다.

마지막 장에서는 단언하건데 모두가 침략이었다고 말할 수 있는 나폴레옹의 선제공격을 비롯하여 독일, 일본 그리고 구소련, 중국의 사례를 미국의 선제독트린 정책하에서 실천된 것들과 비교해서 살펴보았다.

이렇듯 보다 폭넓은 역사적 사례를 비교 분석해 봄으로써, 미국의 정책이 억제에서 선제공격으로 전환해 간 과정을 진단해 보는 데 필요한 도움을 줄 것이다.

선제공격에 대한 저서

선제공격을 연구하는 데 필요한 관련 보고서나 연구 서적이 거의 없다는 것을 알 수 있다. 그나마 있는 것들 중에는 러스 하워드(Russ Howard)

의 "선택의 여지가 없는 선제 군사독트린(Pre-emptive Military Doctrine: No Other Choice)", 『테러리즘의 변화하는 얼굴』(*The Changing Face of Terrorism*), 그리고 로버트 제이 폴 주니어(Robert J. Pauly Jr)와 탐 랜스포드(Tom Lansford)의 『전략적 선제: 미국의 외교정책과 제2 이라크전쟁』(*Strategic Preemption: US Foreign Policy and the Second Iraq War*) 등은 테러리즘이라는 불확실한 위협에 대해 선제공격이 필요하다는 주장을 옹호하고 있을 뿐이다.

존 루이스 가디스(John Lewis Gaddis)는 『기습, 안보, 그리고 미국의 경험』(*Surprise, Security, and the American Experience*)이라는 책에서 이러한 경고에 그의 개인적 의견을 9 · 11의 관점에서 제시하고 있다. 부시에 의해 시도된 무모한 정책을 어떻게 보고 있는가에 대한 베티 그래드(Betty Glad)와 크리스 제이 돌란(Chris J. Dolan)은 『선제공격: 예방전쟁 독트린과 미국 외교정책의 재조형』(*Striking First: The Preventive War Doctrine and the Reshaping of US Foreign Policy*)이라는 저서에서, 그리고 에릭 라브라(Erick Labara)와 제임스 L. 클라크(James L. Clark)는 그들의 저서 『선제전쟁』(*Preemptive War*)에서 보다 더 신중한 이론을 제시하고 있다.

이들 저자들의 저서에 포함된 내용들은 정책을 뒷받침하는 이론으로 사용될 정도로 정확하게 선제에 대한 포괄적 이해와 의미를 담아내지 못하고 있다. 이 책에서는 군사적 수준의 선제공격이 정책적 수준으로 어떻게 전이되어 가는지에 대해 보다 정밀하게 분석해 보려고 노력했다.

대부분의 연구서는 부시가 그의 정책을 발표한 2002년 이후부터 나왔다 할 수 있다. 이전에는 군사학자들 사이에서도 소수만이 선제공격에 대해 이야기해 왔다. 선제가 주목을 받기 시작하자, 근거가 불명확한 이론들이 등장했다. 이러한 이론들은 일반적으로 선제공격을 도덕성을 강조하고 있는 '정의(正義)의 전쟁' 개념으로 분류하고 있다. 마이클 월저(Michael Walzer)의 1977년 저서 『정의(正義)와 불의(不義)의 전쟁: 역사적 관점에서의 도덕성 논란』(*Just and Unjust Wars: A moral Argument with Historical Illustrations*)은 역사적 관점에서 도덕성에 관한 문제를 다룬 책으로서, 전쟁 간 도덕성의 여부를 재단하기 위해 가장 많이 읽혀 왔다. 그는 임박한 위협에 대응하는 협의의 선제 개념에 국한해서, '임박한'이라는 정형화되지 않은 용어를 강조하고 있다. 그에 의하면, 정당성이 있는 선제공격은 쉽게 일어나지 않는다는 것이다.

선제에 대한 명확한 이론적 근거는 두 가지 이유로 인해 식별하기가 어렵다. 이는 연구 산물이 거의 없다는 것과, 또 하나는 전문가들이 선제를 전쟁 시작에 관한 전술적 분야 정도로만 간주하였지 정책적 분야로 여기지는 않았기 때문이다. 따라서 군사학 분야에서도 그리 중요하게 취급되지 않아 왔고, 학술적으로도 중요성이 도외시되어 왔다. 대학의 교수들은 선제공격을 일반적인 군사이론 혹은 군사적 특이사항 정도로 경시해 왔다.

미국의 이라크 침공과 더불어, 선제에 대한 용어적 정의가 필요하게 되었고 현재는 다양한 분야에서 다루고 있다. 제임스 존슨(James Johson)은 근래에 그의 저서 『사담 후세인을 축출하기 위한 전쟁: 정의의 전쟁과 새로운 충돌』(*The War to Oust Saddam Hussein: Just War and the New Face of Conflict*)에서 월저(Walzer)가 제시했던 이론인 '정의(正義)의 전쟁'에 다시 한번 의미를 부여하고 있다. 그는 '임박한 위협에 대한 선제'를 정의(定義)하는 것이 어렵다고 보고, 선제에 의한 이라크전쟁 개시의 이유를 배제하고 다른 측면에서 이라크전쟁에 대한 정당성을 찾고자 했다. 정치학자들 역시 여기에 무게를 두고 있다. 예를 들면 라일 J. 골드스타인(Lyle J. Goldstein)의 "예방공격과 대량 살상 무기(Preventive Attack and Weapons of Mass Destruction)" 연구에서 제시한 바와 같이, 그는 대량 살상 무기의 확산 방지 측면에서 신뢰할 수 없는 테러분자들의 공격으로부터 국가를 보호하기 위한 것으로 이라크전쟁을 선제보다는 예방전쟁 측면에서 고려하고 있는 것이다.

전략문제연구소의 D. 로버트 월리(D. Robert Worley)는 그의 저서 『고대 전쟁을 통해 바라본 선제의 제한사항』(*Ancient War: Limits on Preemptive Force*)에서 선제는 단지 전술적인 것으로 정책의 군사 및 비군사적 관점에서의 커다란 역할을 부여해서는 안 된다고 주장하면서 위대한 전략(grand strategy)의 한 부분으로 의미를 부여하고 있다. 월리에 따르면 골트스타인의 선제에 대한 주장은 잘못된 것이다. 법률 전문가들도 최근에 이 문제에 관심을 표명하고 있다. 이들은 부시의 이라크에서의 선제독트린 정책에 대한 법적인 근거를 논하는 데 있어 지나치게 자체방어의 개념에 편중되어 있다고 주장하고 있다.

앨런 M. 더쇼비츠(Alan M. Dershowitz)는 『선제: 양날의 칼』(*Preemption: A Knife that Cuts Both Ways*)이라는 저서에서 이 문제를 지적하면서도 이라크전쟁과 같은 상황에는 선제라는 용어를 사용할 수 있다는 입장을 견지하고 있다. 이에 반하여 헬렌 더피(Helen Duffy)는 그녀의 저서 『테러와의 전쟁과 국제법적 범위』(*War on Terror and the Framework of International Law*)에서 반대의견을 피력하고 있다.

새롭게 시도되고 있는 선제에 대한 연구는 주제 자체가 다양한 분야와 관련되어 있다는 것이 명백하고, 이에 따라 연구가 요구되고 있는 가운데, 선제공격은 역사적 관점과 국제관계를 동시에 고려해서 연구해야 할 필요성이 있다. 언급한 바와 같이 이 책의 아홉 개의 장에서는 역사적으로 존재했던 선제공격의 사례를 제시하고 있다. 부시의 선제독트린을 어떻게 정의하고 있는 가를 여러 사례를 통해서 비교해볼 수 있을 것이다. 각각의 사례는 고려할 수 있는 범위 내에서 선제공격 사례를 이야기식으로 전개하면서 각각의 두드러진 특징들을 선별해서 보충 설명하는 방법을 택하고자 한다. 부시 정책의 출발과 정책을 실천하면서 이루어졌던 시행 단계들은 제10장에서 다루고 있다. 이를 분석함에 있어 중요한 출처들을 근거로 하였다. 부시 행정부의 유명한 비밀주의에도 불구하고 놀라울 정도로 많은 자료들을 접할 수 있었다. 따라서 현재 선제라는 주제가 일반적으로 정치학자 혹은 국제관계 전문가들에 의해 연구되고 있지만, 역사적인 경향을 비교하면서 접근하는 방법은 선제를 이해하는 데 많은 도움을 주게 될 것이다. 제10장에서는 신뢰할 수 있는 자료를 통해서 결론을 도출해

본다. 이러한 자료들은 정보 보고서와 공개된 각서들, 정부 문서, 행정 각료에 의한 공개 브리핑 내용 등으로, 일반적으로 언론매체를 통해 보도된 것보다 더 신뢰할 수 있는 출처에 기반을 두고 연구했다.

그러나 어떤 사실을 추적해 보는 데 있어서는 항상 자료의 빈곤이라는 제한을 안고 있을 수밖에 없다. 그럼에도 불구하고 부시 행정부가 실천했던 선제공격의 명확한 정의(定義)를 하는 데 많은 문제점들이 존재하고 있었음을 증명할 수 있는 충분한 증거들을 제시하고자 했다. 부시 행정부의 정책을 명확하게 증명할 수 있는 자료들이 앞으로 20년 혹은 그 이후에도 공개될 것 같지는 않다. 앞으로 이 문제를 연구하는 사람들은 누가이 정책을 입안했고 부시가 이 정책을 채택하는 데 어떠한 의도를 가지고 있었는가와 같은 여러 의문을 파헤치려 할지도 모른다. 가장 중요한 점은, 보다 더 연구가 진행될수록 부시 행정부의 실세들의 숨겨졌던 행동들이 밝혀질 것이며, 부시 행정부가 선제독트린을 시행했던 명확한 이유와 용어에 대한 혼란스러움을 이해할 수 있게 될 것이다. 그렇지만, 현재 부시 행정부의 공식적 공개 문서에서 보이는 정책의 혼란스러움과 미국을 위한 최선의 방책이었다고 주장했던 언급들로 인해 연구에 일부 부정확한 점이 있다 하더라도 이 책에서 제시하고 있는 결론에 영향을 미치지는 않을 것이다.

부시의 선제독트린을 역사적 관점에 위치시켜 비교해 보면, 명확하게 정의되지 않은 가운데 실천된 실패한 정책임을 확연하게 알 수 있다. 이 책에서는 그에 따른, 중요한 교훈을 제시해 줄 것이다. 공식적인 정책적 용어는 매우 중대한 의미를 내포하고 있으며, 이러한 용어는 정책 실행을 위해 매우 조심스럽게 정의되어야만 한다. 명확하지 않은 용어는 좋지 않은 정책에서 일반적으로 사용되는 애매모호한 언어로 변화되는 위험성을 안고 있다. 나쁜 정책은 인명을 해하고, 돈을 낭비하며, 민주주의에 있어서 실질적인 위험에 대처하려는 국민들의 의지를 분열시키고 갈등을 야기하는 정치적 혼란을 발생시켜 매우 위험한 수준의 피해를 받게 한다. 이것은 정부가 좋은 정책을 실천에 옮기게 하는 것을 매우 어렵게 하며, 직면하는 도전을 해결하기 어렵게 한다. 안보적 측면에서도 이러한 정책의 실패는 국가를 공격으로부터 취약하게 만든다. 부시 행정부가 정의한 선제를 이라크에서 실행할 때, 부시 행정부는 미국을 테러리즘으로부터 방어한다는 목적으로 채택했던 선제독트린의 정확한 의미를 이해하는 데 실패했다. 결국 미국의 이익에 막대한 해악을 끼친 것이다.

참고문헌

이 책에서 10개의 사례를 분석적으로 접근하면서, 아주 중요한 저서들은 본문에 소개하고, 각 장에서 참고할 내용들은 저자가 제시한 원문 그대로를 준용하여 각주로 달았으며, 마지막에 참고문헌들을 제시하였다.

01

전략적 직감에 의한 선제

− 1805년, 나폴레옹의 비엔나 침공

개 요

　　프랑스 황제 나폴레옹(Napoleon Bonaparte)은 어느 늦은 날 오후 1년간의 아우스터리츠(Austerlizz) 전장이 성공적으로 마무리된 것을 회상하면서 만족스러운 미소를 짓고 있었다. 1805년 12월 2일 프랑스군은 대불 동맹국으로부터 1만 2,000여 명의 포로를 획득하였고, 180문의 포, 50개의 부대기(旗)를 노획했다. 이때에 1만 5,000여 명의 러시아와 오스트리아군이 사망했다. 실로 나폴레옹은 엄청난 성공을 거두었던 것이다. 나폴레옹의 프랑스군은 수적인 열세에도 불구하고 9,000여 명 정도 사상자의 대가만을 치르고 적의 영토 중심부에서 러시아와 오스트리아 연합군을 성공적으로 궤멸시켰다. 수도인 비엔나를 빼앗긴 오스트리아는 이후에 전쟁에서 대부분의 영토를 잃고 바로 프랑스와의 평화를 추구했다. 러시아는 그들이 왔던 동쪽으로 후퇴하였다. 나폴레옹은 신속한 '선제전역' 계획으로 대불 동맹의 일원인 두 개의 연합군을 패퇴시킨 것이다. 그러나 나폴레옹의 주적인 영국은 이러한 승리에 관계없이 여전히 건재한 상태로 있었으며 이것은 전쟁이 계속되고 있음을 의미했다. 나폴레옹은 영국과의 전쟁은 피할 수 없는 현실이라는 사실로 명확하게 인식하면서 또 한 번의 위대한 전쟁으로 깊숙이 발을 내딛었다.

나폴레옹의 존재는 아우스터리츠 전투를 통해 유럽 각국에 강렬한 인상으로 각인되었다. 나폴레옹이 1815년 6월 벨기에의 유명한 워털루 전쟁에서 마지막 패할 때까지 10년간에 걸쳐 그의 위대한 명성은 공포를 불러일으켰다. 이 10년간의 기간은 나폴레옹이 그의 군대를 유럽 대륙 각 나라의 도시로 진입시켰던 나폴레옹전쟁의 시기였다. 나폴레옹이 황제로서 등극하기 이전까지의 과정도 매우 경이로운 것이었지만 그러한 사실들은 그때까지도 상대적으로 간과되어 왔었다. 프랑스 왕정군의 포병장교로 임관한 야심찬 나폴레옹에게 프랑스 혁명의 격동기는 빠르게 그의 야망을 성취할 수 있는 여러 번의 기회를 주었다. 그 첫 번째는 툴롱(Toulon) 항에서 영국의 함대를 패퇴시킨 것과 혁명 정부를 수호하기 위해 파리에서 포격으로 반란군을 진압한 것이었다. 그의 지도력이 결정적으로 발휘되었던 것은 1787년으로, 열세한 병력과 보급에도 불구하고 이탈리아에서 오스트리아군을 패퇴시켰다.

일련의 성공적인 군사작전으로 인기를 얻은 나폴레옹은 이집트 원정군 사령관직을 수행한 후에 1799년 프랑스로 귀국한다. 이즈음 그는 그가 성취한 군사적 업적으로 충분한 전리품을 확보할 수 있게 되었다. 1800년 이탈리아에서 오스트리아로부터 다시 한 번 승리를 쟁취한 후 그는 프랑스 정부 원로원의 제1통령으로 임명되었다. 적대국들의 오만함을 굴복시킨 그는 본국에서 칭송되었으며, 프랑스 혁명의 혼란을 치유하려는 그의 노력 또한 높이 평가되었다. 그는 이러한 업적들을 이용하여 절대 권력을 추구해서 마침내 1804년 12월 2일 황제임을 선포한다.

나폴레옹의 영토 확장 측면만을 가지고 그를 단순한 침략자로 보는 데는 무리가 있다. 나폴레옹이 실천한 선제전쟁 중의 한 사례로 1805년 전역 계획을 분석하면서 이러한 관점을 재조명하고자 한다. 나폴레옹이 단순히 침략자였다는 데에 머물지 않고 보다 심도 깊은 분석을 하였다. 그는 항상 추종자들이 있었으며 이들은 그들의 영웅이 저지른 사악한 행동에 대한 평가에는 적대감을 갖고 있다. 나폴레옹 전쟁 기간 중 120만 명의 프랑스 국민이 사망한 것으로 평가되며 다른 유럽 국가까지 더하면 그 수는 헤아릴 수 없을 정도이다. 이러한 공포적인 손실은 그의 천재성에 대해 수십 배의 오해를 불러일으킨다. 한 개인이 야망을 위해서 지불한 대가로는 엄청난 것이었기 때문이다. 그의 추종자들은 이러한 대가에 대해서는 입을 다문다. 많은 학자들은 나폴레옹의 장군으로서의 지도력(generalship)과 그의 군사적 승리를 칭송하지만 내부적인 문제에 대해서는 비판을 삼가하고 있기 때문이다. 도덕적인 측면을 배제하고 나폴레옹의 선제를 살펴보면 그의 군사적 성취와 경이로운 지도력은 여전히 변함없는 가치를 가지고 있다. 그러나 선제를 연구하기 위해 나폴레옹의 행동에 대한 도덕성을 배제할 수는 없다. 왜냐하면 그 흔적을 지우기가 매우 어렵기 때문이다. 따라서 본 장에서는 이 점을 분명히 해두고자 한다.

나폴레옹이 선제를 선택한 이유

1805년 전까지 나폴레옹이 의도했던 목표는 영국이었다. 1805년 프랑스군이 치른 비엔나 북동쪽 모라비아(Moravia) 평원에서의 전투 결과는 어떠했는가? 이에 대한 해답을 선제의 가치에서 찾을 수 있다. 당시 영국과 프랑스 간의 불화는 10년 이전부터 계속되고 있었다. 프랑스는 영국과 영국에 의해 결성된 대불 동맹의 두 국가(러시아, 오스트리아)가 군사력으로 프랑스를 침공해서, 부르봉(Bourbon) 왕조를 복구하고 프랑스 혁명을 종료시키기를 원했던 영국과 이미 불화를 갖고 있었던 것이다. 초기 대불 동맹은 1792년 9월 20일 발미(Valmy) 전투에서 프랑스 혁명군에게 패하였다. 이 승리는 유럽에서 프랑스 혁명의 강력한 동력의 고삐가 이미 풀렸다는 것을 명확히 보여 주는 사건이었다. 두 번째 대불 동맹이 1800년 이탈리아에서 결성되었을 당시 나폴레옹의 프랑스군이 마렝고(Marengo) 전투에서 그해 6월 오스트리아군을 격퇴하면서, 나폴레옹이란 존재가 유럽에서 생각했던 것보다 훨씬 유능하다는 것을 보여 주는 계기가 되었다. 프랑스가 1800년 12월 독일의 호헨린덴(Hohenlinden) 전투에서 오스트리아와 또 한 번의 군사적 승리를 한 후에 오스트리아는 1801년 2월 프랑스와 평화 화약을 맺었다. 영국은 홀로 싸우게 되었으며 프랑스는 전쟁으로 지친 상태였으므로 양국은 1802년 3월 잠정적인 화약(和約)에 동의한다.

나폴레옹은 이 시기를 잘 이용했다. 1799년 브루마이어(Brumaire)의 쿠데타를 지원하면서 나폴레옹은 제1통령으로 부상한다. 전사(戰士)로서의 그의 성공은 정점에 이르게 되었다. 프랑스는 계속되는 혼란으로 피로가 누적되어 갔고, 인접 국가와의 적대 관계를 끝내고 싶어 했으며 국내의 악화된 상황을 치유하고자 하는 바람이 팽배했다. 나폴레옹의 돋보이는 행보는 이때에 더욱 빛을 발하였고 그는 직위를 유지하기 위해 군사적 수단보다는 다른 수단을 이용해야만 하였다. 즉 정치적 수완을 필요로 했던 것이다.

나폴레옹은 정치적 수완을 발휘하여 프랑스 국민의 신망을 얻게 된다. 아미앵(Amiens) 화약은 전쟁으로부터 프랑스 국민을 벗어나게 하였고, 10년 동안 처음으로 평화를 맞이하게 되었다. 이 평화는 혁명의 정당성을 확보하거나 이를 발전시키기 위해 치룬 전쟁들과 내부의 불화로 인해 발생한 문제들을 치유하기 위해 매우 필요했던 것이었다. 당시 프랑스의 가장 큰 문제는 화재로 피해를 본 식량과 농장, 오염된 식수, 피폐한 목축업 등을 포함한 농촌의 황폐함이었다. 정치적 변동은 기본 기능의 정지를 가져왔고 비위생적인 문제들은 주민들에게 필요한 다량의 식량 사정을 더욱 악화시키고 혼란을 가져왔다. 주민 치안 문제도 심각했으며 극단적인 독단주의와 정치적 파벌의 우위에 따라 변화가 심했다. 정의는 극단과 동등시되었으며 사소한 이유로 인한 처형이 빈번하게 발생했다. 또한 테러로 인해 수천 명의 희생자가 발생하기도 하였다. 불확실성이 만연했다. 이러한 문제들은 프랑스의 번영을 위해 치유되어야만 했고 나폴레옹으로 하여금 새로운 평화 체제를 구축할 수 있는 적시적인 기회를 갖게 했다.

그러나 영국과의 평화는 오래가지 못했다. 프랑스의 군사적 승리는 일시적인 휴전 이상의 것은 아니었기 때문이다. 바다를 사이에 두고 두 적대국 간의 군사적 대치가 변함이 없는 가운데 다시 한 번 적대감이 서서히 무르익기 시작했다. 이러한 적대감으로 인해 아미앵 화약은 체결된 지 13개월 만인 1803년 5월에 끝나고 말았다. 말타(Malta) 제도의 문제가 이 조약 붕괴의 주된 원인이었다. 지중해의 주요 도서인 말타 제도는 1798년 영국군이 이집트의 나일(Nile) 해전에서 프랑스 해군을 격퇴한 이후부터 지배해 왔었다. 영국은 프랑스의 부상을 두려워하여 아미앵 화약에서 약속했던 말타 제도로부터의 철수를 거부했다. 따라서 영국은 스스로 프랑스와의 새로운 전쟁을 맞이할 준비를 하고 있었던 것이다. 이 문제는 프랑스 혁명 정부의 중요한 사안이었기 때문에 나폴레옹은 이를 해결하기 위해 완고한 영국과의 전쟁을 선택하게 되었다.

1803년 5월 아미앵 화약이 파기되고 나폴레옹은 영국을 침공하기 위해 치밀한 준비를 했다. 그는 영국과의 단 한 번의 전쟁으로 모든 것을 종결시키고자 했다. 이렇게 하기 위해서 직접 바다를 건너 영국을 점령할 수 있는 가장 최선의 침공로를 선택했다. 나폴레옹은 영국의 건너편 프랑스 해안에 일곱 개의 공격 대기지점을 설치하고 18만 명의 대군을 집결시켰다. 병력의 집결로 무력시위를 함으로써 영국의 전의를 상실케 하고 영국으로 하여금 프랑스와의 영구적인 평화를 선택하도록 하기 위한 의도이기도 했다. 평화가 오지 않는다면 나폴레옹은 침공을 실행에 옮기겠다는 계획이었다. 프랑스의 영국에 대한 실질적인 공격 위협을 조성하기 위해, 나폴레옹은 프랑스의 해군력이 상대적 우세를 달성하지 못하더라도 적어도 영국과 대등한 해군력을 보유하려 노력했다. 프랑스의 불로뉴(Boulogne)

와 기타 아홉 개 항구의 해안 지역에서 프랑스 지상군과 해군은 수많은 함상 무력시위를 했다. 함상에서의 무력시위를 통해 프랑스의 영국 침공 의도가 명백하다는 것을 보여 주려 한 것이었다.

나폴레옹은 그의 계획이 명백한 실패로 이어지거나 거의 극복할 수 없는 장애물에 부딪친다 해도 실천에 옮기려 했다. 그에게는 프랑스의 해군 제독들이 더 큰 장애물이었다. 프랑스의 해군 제독들은 세계적 명성을 유지하고 있는 영국의 전함들과의 해전을 기피하고 있었다. 나폴레옹이 이러한 제한 사항을 이해했다면 해협 도하를 방어하고 있는 영국 해군에 대응하여 수적 우세의 프랑스 전함을 투입하는 등의 다수의 계획을 발전시켰을 것이다. 프랑스 함대를 전개하기 위한 정밀한 작전계획은 예행연습을 필요로 했다. 다수의 협조된 프랑스 함대가 안전한 그들의 항구로부터 출항하여 영국 해군의 봉쇄선을 뚫고 카리브(Caribbean) 해 방향으로 항진했다. 이것은 지상군 투입에 필요한 충분한 시간을 확보하고 영국 해군을 분산시키기 위한 계획으로, 프랑스 함대들은 프랑스 식민지 요새를 증원한 후에, 그곳에 있던 함대와 연합해서 도버 해협으로 복귀하는 것이었다. 문서에 의하면 거의 한 척에 프랑스군 60명을 탑승시켜 집결시킬 수 있었다고 한다. 이는 프랑스 해군 제독들이 충분한 전투력으로 영국 본토를 방어하고 있는 영국 해군을 분산시킬 수 있는 전력이었다.

나폴레옹의 희망은 여러 가지 이유로 실행되지 않았다. 프랑스 해군 제독들은 함선이 지상군처럼 한 방향으로 움직이기 어렵다고 하면서, 나폴레옹이 해전을 잘 모른다고 불평했다. 사실, 영국 해군을 분산시키기 위해 유럽에서 아메리카 제도까지 원거리로 기동하는 것은 좋은 계획이라고는 할 수 없었다. 어쨌든 나폴레옹은 함정의 추가 건조와 해상 바지선 구축을 명령했는데, 이 역시 실천되지 않았다. 나폴레옹은 이미 전 함대의 약화되어 있는 자원들을 가지고 한 번에 두 가지 목적을 달성하려는 노력을 했던 것이다. 이러한 오류는 나폴레옹이 영국 침공에 집착했다는 것을 대변하는 것이기도 했다. 나폴레옹이 영국 침공이 가능하다는 점을 주장하면서 그의 의도를 실천하려 했던 것과는 다르게 프랑스 대함대의 도버 해협으로의 집결은 여러 가지 이유로 이루어지지 않았다. 나폴레옹은 우유부단한 제독들, 특히 피에르 드 비레누브(Pierre de Villeneuve) 제독으로 인하여 그가 추구하고자 했던 기회들을 상실했던 것이다.

이러한 실망스런 결과에도 불구하고 나폴레옹은 영국과의 전쟁을 끝내려는 변함없는 목적을 가지고 있었다. 만일 나폴레옹이 끝까지 영국과의 전쟁으로 가려 했다면, 전쟁은 단지 프랑스와 영국 간의 전쟁이 되었을 것이며, 결과도 짧은 기간에 이루어졌을 것이다. 프랑스군이 해협을 건너 영국 본토에 발을 디뎠다면 영국군에게 격멸당하고 나폴레옹이 권력을 잃었을지도 모르지만 반대로 영국을 정복했을 수도 있었을 것이다. 나폴레옹은 단 1만 5,000명으로도 켄트 해안으로부터 런던까지 완전하게 장악할 수 있다고 믿었다. 그는 주저하는 제독들에게 "도버 해협을 6시간 안에 건널 수 있다면 이것은 세계를 정복하는 길이 될 것이다"라고 위엄 있게 꾸짖으면서 3일 안에 모든 것이 끝날 수 있다고 강조했다.[1] 나폴레옹은 프랑스 혁명에 고무된 영국 국민들이 자발적으로 영국 왕정에 대한 폭동을 일으킬 것이라는 기대감을 가지고 과감하게 영국과의 전쟁에 모든 것을 걸고 도박하려 했다는 것은 명확한 사실이다. 그가 유럽 대륙에서의 전쟁을 선택하면서 영국을 침공하려 했던 정밀한 계획이 실천되지 못했으며, 이로 인해 보다 더 큰 대가와 시간을 치르게 되었다.

해협을 도하하여 영국을 침공하겠다는 그의 희망은 2년 동안이나 집요하게 그의 마음속에 살아 있었다. 그러면서 그는 영국을 괴롭히기 위한 다른 방법을 모색했다. 프랑스는 영국에 의존적인 유럽 대륙 내의 국가들을 점령했다. 이것은 독일의 하노버, 이탈리아의 나폴리, 네덜란드와 벨기에 등 프랑스 북부의 모든 국가가 나폴레옹의 지배하에 들어온 것을 말한

---

1 Robert B. Asprey의 *The Rise of Napoleon Bonaparte* (New York: Basic Books, 2000), 483쪽. 알란 스콤(Alan Schom)은 나폴레옹에게 수정된 3일 계획을 제안하였다. 참조, *Schom, Napoleon Bonaparte* (New York: HarperCollins, 1997), 362쪽.

다. 그는 곧이어 각 지역에 프랑스 위성국가를 건설하고 그들의 군대를 징집하여 프랑스군에 편입시켰다. 그리고 칙령을 발효하여 프랑스 지배하의 모든 국가들이 영국과 교역하는 것을 금지시켰다. 추가적으로 나폴레옹은 프랑스 지배하에 있는 모든 영국인들을 구금하였다.

영국이 프랑스 상선을 공격하고 프랑스 식민지를 장악할 때 나폴레옹의 분노는 높아만 갔지만, 그는 이러한 조치 외에는 다른 대안이 없었다. 영국의 해상 장악 능력 앞에서 오는 무력감으로 인하여 나폴레옹은 북미의 프랑스 영토권을 포기하고 1803년 루이지애나 주를 미국에 매각했다. 나폴레옹에게 있어 이러한 프랑스 권위의 후퇴는 미국이 장차 영국과 해양에서 경쟁국으로 부상할 것이라는 확신하에 포기한 가벼운 조치에 불과했다. 이 조치는 불명확한 미래에 대한 확신이 없는 가운데 이루어졌으며, 당시 나폴레옹의 관심은 오로지 영국 침공에 있었다. 프랑스와 영국은 고집스럽게 서로 반대의 입장을 유지하고 있었지만 해결점을 찾을 수 있는 지상에서의 충돌을 할 수 없었다. 그런 가운데 양국은 전쟁을 일으키기에 충분한 적대감으로 들끓고 있었다.

영국은 프랑스에 의한 영국 봉쇄를 무력화시킬 수 있는 또 하나의 카드를 가지고 있었다. 영국은 프랑스에 대한 효과적인 직접 공격은 곤란할 것이라 판단하고 유럽 대륙의 동맹국들 중에서 그럴 수 있는 국가를 부추기기 위해 경제적 지원을 하였다. 이것은 오래된 방식이지만 그 즈음에는 효과를 가져올 수 있었다. 젊은 윌리엄 피트(William Pitt)가 1804년 5월 두 번째 임기의 영국 수상이 되었을 때 그는 열정적으로 스웨덴, 오스트리아, 러시아, 영국이 포함된 대불 동맹을 조직하였다. 프러시아는 내키지 않은 중립 입장을 유지하고 있었다. 영국은 프랑스에 대항해서 전쟁을 결심할 가능성이 있는 프러시아를 파트너로 끌어들여 나폴레옹에게 피해를 줄 수 있는 초기의 군사적 성공을 꾀하려 했다.

대불 동맹은 이미 강력해졌고, 프러시아가 영국 편으로 들어오지 않고는 안 될 정도로 강력한 위세를 갖고 있었다. 1805년에 이르러 나폴레옹은 유럽 대륙에서 영국의 동맹국들이 프랑스에 임박한 위협이 되고 있다는 사실을 더 이상 무시할 수 없었다. 나폴레옹에게는 대불 동맹을 어떻게 무력화시켜야 하는지가 관건이었다. 즉 나폴레옹은 이들 국가들이 연합해서 프랑스를 공격하기 이전에 매우 신속하고 강력한 공격을 통해서 주도권을 장악해야 한다고 판단했다. 나폴레옹 군대는 선제공격을 통해 오스트리아와 러시아군을 각각 분리시킴으로써, 전장에서 주도권을 가지고 상황을 유리하게 이끌어갈 수 있었다. 프랑스는 신속한 승리를 통해 프러시아로부터 중립적 입장을 지키겠다는 약속을 받아 내었다. 나폴레옹이 가장 큰 위협을 제거하자, 나폴리 지역의 영국군과 독일 북부의 스웨덴 위협과 같은 프랑스 외곽의 다른 위협들을 고착시킬 수 있게 되었다. '선제전역 계획'은 영국 용병 국가들의 분열을 가져 왔고 나폴레옹은 다시 한번 영국과의 대치에 집중 할 수 있었다. 나폴레옹에게 선제적으로 행동하는 것은 절박하였으며, 또한 그 필요성도 명확했다.

프랑스는 또 다른 군사적 필요성으로 선제공격을 선택했다. 영국에 대한 침공계획이 성공적으로 이루어졌다 하더라도, 나폴레옹의 입장은 다르지 않았을 것이다. 프랑스가 영국의 영토에서 전쟁을 하는 동안, 유럽의 영국 동맹국들을 어떻게 처리해야 하는가? 이들로부터 프랑스가 방어되지 않으면 어떠한 공격에도 취약할 수밖에 없었다. 이는 유럽 대륙의 대불 동맹국들이 프랑스 배후를 공격할 가능성이 있는 가운데, 영국을 공격하는 것은 어리석은 것임을 의미했고 방향을 동쪽으로 돌려 이러한 대불 동맹국들의 위협을 먼저 제거하는 것이 프랑스의 숙적인 영국의 공격을 저지시킬 수 있는 다시 오지 않을 기회이기도 했다. 월등한 수적 우세를 가지고 있는 침략자들의 손아귀에서 아무것도 하지 않는 것은 패배에 직면하는 것을 의미했다. 이러한 매우 절박한 상황하에서, 나폴레옹의 18만 병력이 도버 해협을 바라보는 해안가에 조용하게 집결되어 있었다.

당시에 형성된 프랑스의 전략적 딜레마는 새로운 동맹을 구축하려고 열심이었던 영국 수상 윌리엄 피트의 외교적 노력에 영향을 미쳤다. 윌리엄 피트는 1805년, 프랑스가 도버 해협을 건너와 전쟁이 영국 본토에서 이루어지지 않게 하기 위해, 독일 중부지역으로 긴장이 조성되도록 하기 위한 외교적 조치를 취해 나갔다. 이러한 영국의 외교적 성공은 프랑스로 하여금 가용한 선택을 제한하게 하였고 결과적으로 프랑스로 하여금 선제를 추구하게 하였다. 따라서 프랑스에게 선제는 거부할 수 없는 최선의 선택이었다. 데이비드 챈들러(David Chandler)[2]는 나폴레옹 시대의 전쟁사를 인상 깊게 저술한 『나폴레옹의 전역 계획』(The Campaigns of Napoleon)에서 나폴레옹은 "다뉴브 강을 거슬러 타격함으로써 유럽 대륙 내의 적들의 기선을 제압하고 뿌리 깊은 숙적인 섬나라의 적에게 일격을 가할 수 있음을 전하고 싶었다"라고 기술하고 있다. 알란 스콤(Alan Schome)[3]같은 나폴레옹에 대해 비판적인 전기 작가도 『나폴레옹 보나파르트』(Napoleon Bonaparte)라는 저서에서 나폴레옹은 수적 열세를 만회하기 위해서 동맹국들이 연합하여 프랑스를 공격하기 이전에 이를 분리시키고 격파하기 위해서는 아주 신속하게 행동할 수밖에 없었다라고 기술하고 있다. 프랑스는 이처럼 피할 수 없는 문제를 극복하기 위해서 선제적 성향으로 갈 수밖에 없었다. 우선, 나폴레옹은 러시아가 오스트리아와 연결하기 위해 도착하기 이전에 신속한 공격으로 먼저 오스트리아를 격파했다. 그 후 나폴레옹은 러시아를 격파하는 데 노력을 집중할 수 있었다. 반면에 피트는 새로운 대불 동맹을 통해 시간을 벌면서 영국의 최종적인 안전 확보를 위한 과정의 하나로 나폴레옹이 지향하는 서부 유럽의 일부 지역으로 강력한 군사력을 투입할 수 있도록 대불 동맹국들을 지원하는 계획을 수립하였다. 그러나 이 계획은 예측하지 못했던 결과가 나타나면서 실행되지 못했다.

　　나폴레옹은 신속한 선제적 행동을 통해 당면 문제를 해결하려 했다. 영국의 전쟁 목적은 주적인 프랑스의 '혁명'의 잔재를 제거하는 것이었다.

2　David G. Chander의 *The Campaigns of Napoleon* (New York: Macmillan, 1966), 327쪽.
3　Schom의 저서 *Napoleon Bonarparte*, 399쪽.

프랑스가 1789년부터 혁명의 격랑에 휩싸여 있던 시기에 나폴레옹은 권력을 장악할 수 있었으며, 1805년 그 이전부터 영국은 프랑스에 대한 불안감을 떨쳐내지 못하고 있었다. 영국 본토에서는 프랑스 혁명의 가치와 해악에 대해서 각기 다른 주장을 하는 파벌들이 있었지만 이들 모두는 유럽에서 가장 인구가 많은 국가의 지도자로서 나폴레옹이 혁명의 과실을 소유하려 하는 것을 묵과할 수 없었다. 그 이전까지 유럽에서의 힘의 균형은 영국이 필요한 외교정책을 오랫동안 구사할 수 있는 환경이었지만, 프랑스 혁명으로 인한 새로운 가치관과 평등, 자유의 물결을 타는 대변동에 직면하여 위협을 느끼고 있었다. 영국은 프랑스 혁명 시 수완이 뛰어난 나폴레옹이 이러한 변화를 이용해서 영국에 재앙을 가져다줄 수 있는 영토적 야욕을 가지고 있는 것으로 인식하고 있었다. 영국은 1802년 이후 나폴레옹을 격파하고 유배시킬 때까지도 이러한 생각을 버리지 못했다. 이러한 인식이 10여 년간 계속되고 있었고 이것은 영국의 미래를 위해서 반드시 프랑스와 격돌할 수밖에 없는 이유였다.

영국은 혁명의 대가를 지불하고 근대 프랑스 격변기에 승리를 통해 최상의 과실을 쟁취하려는 나폴레옹이 혁명적 지도자로서의 입지를 구축하거나 실행하려 하는 것을 저지해야만 했다. 나폴레옹이 아미앵 화약을 협상한 것은 제1통령으로서 그의 능력을 발휘하여 얻은 초기의 성과였다. 프랑스 국민은 질서를 회복하고 정상적인 일상을 회복하게 한 강력한 지도력을 환영했다. 그에 대한 보답으로 프랑스 국민들은 나폴레옹을 종신통령으로 선출했다.

좀 더 넓게 보면, 나폴레옹은 프랑스 정부가 안정에 기여하도록 독려했다. 본국의 안정은 혁명 기간 중에 몰수당했던 개인 사유재산을 보장하고 상업을 위한 환경 조성, 농업 발전과 같은 것이었다. 정부가 이러한 경제적 목표를 설정하자 은닉되었던 경화가 유통되기 시작했고 투자 활성화의 효과로 나타났다. 이어서 새로운 기업들이 등장하였다. 이러한 분위기로 인하여 파리의 작은 증권거래소가 다시 개장을 했다. 나폴레옹은 안정를 위한 체제를 보다 공고히 하기 위해 종교의 자유를 보장하고 이를 통해 1801년 7월 15일 가톨릭교와 평화조약을 체결했다. 더욱 중요한 것은 이러한 조치로 교회가 더 이상 부르봉 왕조에 충성하지 않게 된 것이었다. 그러나 부분적으로 비충성파에 대한 억압은 계속해 나갔다. 서프랑스에서의 폭력소요와 좀처럼 사라지지 않는 문제들에 대해서는 군대를 파견하여 매우 혹독하게 진압하도록 지시했다. 많은 피를 흘렸지만 혁명은 이루어졌다. 프랑스는 더 이상 내전으로 인해 고통받지 않았으며 이는 보다 더 안정적인 국가로의 진전이었다.

나폴레옹이 그의 새로운 국가를 대신하여 법전 제정에 관심을 가지면서 개인적인 자유는 보다 더욱 증대되었다. 그는 시민법 체계를 정비하고 오랜 기간에 걸친 제정 작업을 거쳐 1804년 1월 법전을 완성했다. 이는 전적으로 나폴레옹에 의해서 이루어졌으며 그는 법전의 모든 세항까지 교정과 감수를 했다. 교육 분야에서도 현저한 업적을 이루었는데 국립대학을 다시 열고 재능 있는 수천 명의 학생들에게 국가에서 장학제도를 시행하였다. 나폴레옹이 통찰력을 가지고 재능이 있는 사람들은 누구든지 모든 수준의 교육을 받을 수 있는 혜택을 주게 되면서 더욱 많은 성과를 가져왔다. 출신에 관계없이 재능과 능력을 가지고 있는 사람들에게는 축복이었다. 심지어 여성들까지도 교육의 혜택을 보게 했다. 국가의 명예훈장은 귀족 출신이 아니더라도 개인의 공훈에 보답하는 차원에서 수여함으로써 개인의 자유를 보다 더 확고히 하는 역할을 했다. 이러한 일련의 조치들로 말미암아 열등한 자들에게 동등한 권리를 부여한다는 귀족들의 반감이 있을 경우에는, 이들에게 본국으로 귀국할 경우 최대한 환영하고 혁명기간 중에 몰수되었던 재산을 돌려준다고 약속하면서 불만을 누그러뜨렸다.

나폴레옹은 혁명을 통해 얻은 것들을 지키기 위한 오랜 장정에 들어갔으며 이러한 점에서 그가 시행한 많은 것들은 목적을 달성했고, 결과적으로 이전보다 더욱 강력한 프랑스를 건설하게 되었다. 보다 더 강해진 프랑스는 눈부신 변화를 가져왔지만 결국 모든 혜택들은 나폴레옹 자신을 위한 것이기도 했다. 그런 점에서 나폴레옹은 수호자 이면서도 동시에 파괴자였다. 그는 이러한 급격한 많은 변화들을 수용하고 처리하면서 혁명이 끝났다고 선언했다. 나폴레옹은 이런 점에서 불가사의한 인물이었으며 그의 업적들을 구체적으로 구분하기는 쉽지 않다. 영국에게 확실하게 다가왔던 것은 프랑스가 지난 12년 이상 경험한 공허한 정신적 공황 속에서 발생한 급격한 격랑의 물결을 극복했다는 것이다. 어떤 면에서 프랑스 혁명의 성공과 선제는 나폴레옹이 프랑스를 대신해서 성공적으로 자신을 보존하는 데 필요한 많은 자원들을 제공하는 데 기여했다고 볼 수 있다.

군사적 필요성과 혁명을 통해 구축한 강력한 권위는 나폴레옹으로 하여금 영국의 동맹국들이 프랑스를 침공하기 전에, 먼저 공격할 수 있는 동력(動力)을 주었다. 선제전쟁을 이끈 또 하나의 이유는 황제 자신을 보호하기 위한 것이었다. 1805년은 초기의 두 번의 대불 동맹이 있었던 과거 1792년과 1800년과는 환경 자체가 달랐다. 나폴레옹은 프랑스의 황제로 자처하면서 1804년 11월 6일 국민투표를 통하여 성공적으로 즉위했다. 대관식은 그해 12월 2일 이루어졌다. 황제라는 칭호는 프랑스의 모든 분야가 혁명적 상황에 있다는 것을 의미하고 있음을 국민들에게 암시하면서 나폴레옹은 필요한 법과 질서를 대변했지만 혐오하고 있던 부르봉 왕조를 축출하는 움직임까지 가지는 않았다. 나폴레옹은 왕이 아닌 전통적인 로마 교황청의 지도자와 같은 위치를 유지했다.

이러한 결과들은 영국을 불안하고 섬뜩하게 했다. 신문의 만평에서는 새로운 프랑스의 지도자를 자주 다루었으며 그를 경멸하는 불경스런 내용들이 증가했다. 나폴레옹은 악마로 묘사되기도 했으며 그의 이름을 'NAPOLE ONBUON APARTE'라고 표기하여 이교적 상징인 666을 암시하기도 했다. 또한 나폴레옹의 의붓딸인 홀텐스 뷔하네스(Hortense Beauharnais)와의 근친상간을 다루기도 했다.

이러한 악평들은 온갖 루머와 유언비어로 횡행하였고 나폴레옹의 생명을 위협하는 음모들이 실제로 존재했다. 나폴레옹은 그가 제1통령의 직위에 있었던 1800년, 크리스마스이브의 그를 겨냥한 폭탄 테러에서 구사일생으로 살아남았다. 또 다른 어떤 공격이 있을 것인가? 나폴레옹은 늘 불안해했다. 이러한 위협을 제거하기 위해 나폴레옹은 그를 반대하는 자들이었던, 루이 앙투안(Louis Antoine), 드엥하인(d'Enghien) 공작, 그리고 부르봉(Bourbon) 왕조의 후계자를 살해하는 것과 같은 매우 강력한 조치를 실행했다.

나폴레옹은 1804년 2월 부르봉 왕조의 후계자가 자신을 살해하려는 음모를 계획했다는 이유로 그들을 체포하고 처형했다. 그들이 살해 된 후 음모 여부는 불확실했지만 나폴레옹이 권좌와 그 자신을 지키기 위해 어떤 일이든 할 수 있음을 보여 준 사건이었다. 세인트 헬레나로 추방되었을 때에도 나폴레옹은 "그들이 나를 공격하면 그대로 갚아 주겠다"고 말하곤 했다. 그 자신으로 인해 프랑스가 안전하다고 믿었기 때문에 그는 이러한 행동에 대해 정당성을 가지고 있었다. 불확실했지만 위협은 실존하고 있었고, 이러한 위협은 나폴레옹의 통치행위를 정당화했으며 그 자신이 유럽의 왕들의 반열에서 위치를 확고히 지키기 위해서 충성심을 고양시키는 등 자신의 직위와 생명을 보존하기 위해 막강한 권력을 추구했다. 이러한 군주적인 행동은 본국과 외부의 적 모두에게 혁명을 통해 권력을 잡은 나폴레옹을 인정하게 하기 위한 강제성을 띄고 있었다.

나폴레옹이 황제의 존엄성을 유지하기 위한 조치들을 확고히 한 후에도 영국은 계속해서 프랑스와의 전쟁을 할 준비를 하고 있었다. 나폴레옹 자신도 영국이 치밀한 계산하에 그에게 반기를 들도록 음모를 부추기고 자신의 권력을 추락시키려 하고 있기 때문에 피할 수 없는 적대감을 갖고 있었다. 프랑스의 1805년의 선제공격은 황제 개인을 보존하고 프랑스 혁명의 불씨를 유지하기 위해 필요했던 것이다.

나폴레옹의 선제공격 경과

1805년 드디어 결단의 시간이 다가왔다. 나폴레옹은 적의 동태를 면밀히 관찰하고 그에 따른 계획을 수립했다. 오스트리아는 자국 영토에서의 전쟁의 위험을 회피하고 프랑스 영토 내부에서 전쟁을 치르겠다는 의도로 군대를 전진 배치하기 위해 집결 중이었다. 1805년 9월, 7만 명의 오스트리아군은 베론 칼 리베릭 맥(Baron Karl Lieberich Mack) 장군과 아크듀크 페르디난드(Archduke Ferdinand) 장군의 지휘하에 바바리아(Bavaria)로 진군하여 울름(Ulm)을 장악한다. 약 10만 명의 러시아군은 세 개의 집단군으로 독일 지역에서 오스트리아군과 합류하기 위해 이동하고 있었다. 러시아의 어느 집단군도 맥 장군을 지원하기 위해 제때에 도착하지 못했다. 오스트리아의 유능한 아크듀크 찰스(Archduke Charles) 장군은 9만 5,000명의 병력을 이탈리아 지역에 집결시켰다. 영국은 스웨덴, 나폴리, 그리고 오스트리아의 소규모 부대를 포함하여, 추가적으로 5만 명의 병력을 집결시켜 포메라니아(Pomerania)에서 하노버(Hanover)로 북유럽 방향에서 공격하고, 지중해 지역에서는 북유럽 나폴리를 거쳐 이탈리아에 이르는 공격을 계획하고 있었다.

이전에 프랑스에 대패한 경험이 있는 오스트리아의 입장을 고려할 때, 동맹국들에게 이것은 합리적인 전략으로 고려되었다. 당시에는 오스트리아군이 주도권을 가지고 있는 것처럼 보였다. 당시 상황만을 고려할 때 오스트리아가 수적인 우세를 바탕으로 먼저 이탈리아로부터, 그리고 맥 장군에 의해 독일로부터, 그리고 증원되는 러시아군과 함께 스트라스부르그(Strasbourg)로부터의 공격을 포함하여 여러 방향에서의 계획된 공격을 할 경우, 제 아무리 나폴레옹이 지휘하고 있는 프랑스군이라고 하더라도 감당하기가 어려울 것으로 보였다. 만약 오스트리아가 계획된 방책대로 움직였다면, 나폴레옹은 한 개의 전선에서 하나의 적을 격파하기 위해 수적 열세의 병력을 이동시킬 수 없었을 것이다. 대신에 그는 전진하는 오스트리아군과 러시아군을 방어하는 데 급급했을 것이다. 그러나 동맹국의 전역계획에는 적시성과 협조가 관건이었고, 특히 오스트리아는 과거에 양개 지역에서 열세를 경험한 바 있었다.

프랑스에 있어서 전력의 열세하에 프랑스를 방어하고 지켜내야 한다는 불리한 상황으로 인해 대불 동맹국들과 전쟁을 준비하는 것은 어쩔 수 없는 필사적인 일이었다. 전략적으로, 병력의 열세와 프랑스군의 배치 상태를 볼 때, 나폴레옹의 상황은 희망이 없어 보였다. 사방으로부터 적에게 둘러싸인 가운데 모든 전장에서 우세한 병력과 맞붙어야 했으며 주요 동맹국을 상실한 신생 프랑스 제국은 암울한 상태였다. 그러나 전술적 상황은 동맹국들에게 그렇게 유리한 것만은 아니었다. 나폴레옹의 신속하고 예기치 못한 방법으로 전쟁을 지도하는 능력은 오스트리아와의 두 번에 걸친 전역에서 명성을 날린 바 있었다. 이러한 위험을 이해하고 있었기에 오스트리아 각료 중 한 사람은 '오스트리아 정부는 모든 전쟁 준비를 가능한 모든 방법을 동원하여 비밀리에 추진되도록 보장되어야 한다'고 강력하게 주장하였다. 그 각료의 이유 있는 주장에도 불구하고 왜 선제공격의 위험을 감수했을까? 그의 경고는 무시되었고 반대로 1805년 8월 9일 오스트리아는 러시아, 영국 동맹국과의 막강한 전력을 과시했다. 제3 대불 동맹은 이렇게 프랑스를 유린하기 위해 준비되어 있었다.

나폴레옹은 1805년 8월 13일 도버 해협을 바라보는 해안가에 주둔 중이던 군대를 남쪽으로 이동시켰다. 프랑스의 '위대한 군대'(Grande Armee)의 각 군단들은 매우 효율적이고 물이 흐르듯이 이동했다. 나폴레옹은 그의 군대의 이러한 이동을 매우 자랑스러워했으며 "나의 제7의 감각"(my seven streams)이라고 언급하면서 그의 전략적 직감을 보장해 주는 것에 만족해했다.4 이동한 지 1주가 채 안 되어서 프랑스군은 적과 마주할 수 있는

---

4 Richard Holmes, 『두 세기의 전쟁』(London: Octopus Books, 1978)의 "1805 아우스터리츠" 65쪽에서 언급.

위치로 전개하였으며, 나폴레옹은 선제공격을 준비했다.

프랑스 군단은 울름에서 맥 장군이 지휘하는 노출된 오스트리아군을 신속하게 포위했다. 오스트리아군 3만여 명이 1805년 10월 20일에 항복했다. 이는 초기의 위대한 대승이었다. 프랑스군은 오스트리아의 수도인 비엔나 방향으로 다뉴브 강 하류를 거슬러 내려가 신속하게 이동했다. 오스트리아군은 일부 낙오된 러시아군과 함께 프랑스군의 진격에 밀려 후퇴하기 시작했다. 비엔나는 별다른 저항 없이 함락되었고 프랑스군은 11월 14일 비엔나에 진입했다. 그러나 나폴레옹은 일부 오스트리아군들이 포위망을 탈출하여 러시아군과 합류할 수 있는 가능성을 염두에 두고 이러한 대승에도 불구하고 상황을 조심스럽게 검토해 나갔다. 나폴레옹의 전역 계획은 처음부터 출발이 좋았지만 그것으로 모든 것이 끝난 것이 아니었기 때문이다.

여러 면에서 나폴레옹은 선제공격을 통해 프랑스의 입지를 전쟁이 발발하기 이전의 상황에서 정말 믿을 수 없는 위치에 있게 하였다. 이것은 프랑스군의 공격이 계획대로 진행된 것과 관계없이 이루어진 상황이기도 하였다. 이탈리아에서 프랑스군은 아크듀크 찰스 장군이 이끄는 대규모 오스트리아군과 비교할 때, 매우 열세한 전력이었다. 그럼에도 프랑스군은 전략적 승리를 달성하였다. 나폴레옹은 독일 지역에서 대치하고 있던 오스트리아군을 궤멸시켰고 러시아군을 수치스럽게 그들이 왔던 곳으로 돌아가도록 압박하였다.

이렇듯 일련의 유리한 상황에도 불구하고 많은 불리점이 산재해 있었다. 나폴레옹 군대의 주력은 비엔나 진공으로 피해가 막대하였으며 적으로부터 대부대가 노출되어 있었다. 적들은 분산되어 있었지만 격멸되지 않은 러시아군은 그때까지도 건재한 상태였다. 이들만으로도 프랑스군보다 수적으로 우세했다. 나폴레옹이 군대를 비엔나와 주변 지역으로 집결시키고 있는 동안, 더욱 불리했던 것은 공격간 흩어지거나 우회된 오스트리아군이 아크듀크 찰스 장군 지휘 아래 나폴레옹군의 파리에서 비엔나에 이르는 병참선을 위협할 수 있는 티롤(Tyrol) 지방의 산악지역에 위치하여 프랑스군의 배후를 위협하고 있었기 때문이다. 이탈리아에서 오스트리아 장군들은 1800년의 교훈을 통해 그곳이 주전장이라고 믿게 하려는 시도에 더 이상 기만당하지 않으려 했다. 그래서 찰스 장군은 충분한 병력을 비엔나 방어를 위해 파견했다. 요약하면, 적들이 계속해서 강해지고 있는 반면 프랑스군은 상대적으로 점차 약화되고 있었다. 나폴레옹에게 선제공격은 단지 일시적인 이점을 주었을 뿐이었다.

프랑스군은 울름에서와 같이 또 한 번의 군사적 대승을 필요로 하였으며 나폴레옹은 이를 달성하기 위해 치밀한 계획을 했다. 나폴레옹이 이러한 일련의 전역에서 우세한 병력과 화력을 이용하여 승리했다면 그의 빛나는 지도력이 회자되지 않았을 것이다. 나폴레옹은 다가올 전역환경을 조성하기 위해 매우 치밀하고 대담한 계획을 실천하는데 여기에서 그의 군사적 지도력의 두 가지 현저한 특징을 볼 수 있다. 첫째, 그는 적이 자신감을 갖도록 프랑스군의 취약점을 노출시켰다. 이를 통해 적의 의도를 정확하게 판단하여 적과 모험을 할 수 있는 전장으로 유인했다. 다음 단계로 그가 선택한 시간과 장소에서 적과 마주 하는 것이었다. 나폴레옹은 그의 통찰력으로 이 문제를 해결하였다. 그는 발달된 고원지대에 의해 통제되고 있는 평원을 따라 전개된 프랑스군과 적들 사이의 지형을 세밀하게 정찰했다. 그러면서도 나폴레옹은 프라첸(Pratzen) 고원지대를 점령하지 않았다. 그는 동맹군이 자만심을 가지고 진격하여 프랑스군과 평원에서 만나기를 희망하였다. 적들은 나폴레옹으로 하여금 전장에서 군대와 왕좌를 잃게 될 수밖에 없는 상황으로 전개시킬 수 있다는 자신감에 차 있었으며 나폴레옹이 방어에 유리한 지형을 선택하지 않고 있는 것에 매우 만족해했다.

적들에게 프랑스군을 격파하는 것은 식은 죽 먹기처럼 보였다. 그러나 이러한 동맹국들의 신중하지 못한 판단 때문에, 그들의 희망은 이루어지지 않았다. 오스트리아―러시아군은 승리를 확신하면서 명백한 취약점으로 보이는 프랑스군의 측방을 공격하였으며, 그러는 동안 그들은 분리되어 중앙에 공간이 생기게 되었다. 평원의 고지대는 동맹국들의 전진에 장애가 되었던 것이다. 나폴레옹군의 부적절하게 보이는 방어 배치를 살펴보면, 나폴레옹은 예비대로 하여금 적들의 중앙을 돌파하게 하여 적을 양분하고 각개격파하려는 것이었다. 나폴레옹이 원하는 대로 이루어진다면 이는 매우 잘 계산된 계획이었던 것이다.

　이 계획은 원하는 대로 이루어졌으며 프랑스군은 아우스터리츠에서 엄청난 대승을 거두게 되었다. 동맹국들이 공격을 위해 이동하자 나폴레옹은 노출된 중앙을 공격하면서 평원의 모든 고지군을 점령했다. 적들이 양분되자 적의 측방을 포위하고 그가 필요로 했던 승리를 결정적인 전장에서 이루어 내었다. 러시아군은 정예 기병대를 포함하여 엄청난 피해를 보았으며, 패배의 현실은 심리적인 공황을 불러왔다. 생각조차 할 수 없는 믿을 수 없는 일이 일어난 것이었다. 불세출의 황제와 그의 프랑스군은 추운 12월에 찬란하게 빛나는 따뜻한 햇살을 가슴에 품으며 전장에서의 승리를 만끽하였다. 아우스터리츠의 태양은 1년 전 즉위한 그들의 황제의 대관식을 상기시키면서 그날을 축복하는 햇살이 경이롭게 빛나고 있었다. 오스트리아의 황제 프란시스 2세(Francis II)와 러시아의 짜르 알렉산더 1세(Alexander I)가 전장을 허겁지겁 탈출한 것은 놀랄 만한 것도 아니었다. 적들을 압도적으로 격파한 이 전장으로 나폴레옹의 프랑스 통치력은 더욱 강력해졌으며, 프랑스 혁명의 새로운 가치들이 부상할 수 있는 새로운 전기가 마련되었다. 이렇게 되면서, 제3차 대불 동맹은 무력화되었다. 승리가 확실했던 전쟁에서의 비참한 패배였던 것이다.

나폴레옹의 선제공격은 성공했는가?

학자들은 나폴레옹의 천재적인 탁월한 능력으로 성공을 거둔 전장으로 아우스터리츠를 높이 평가하고 있다. 프랑스의 황제는 그가 의도한 바 대로 성공을 이루어 내었던 것이다. 패배 후, 회한에 젖어 울먹이는 러시아 장교에게 나폴레옹은 "진정하라! 젊은 장교여, 나의 군대에 의해 패한 것은 불명예가 아니다!"라고 언급했다.[5] 그러나 승리는 그 나름의 한계를 갖고 있었다. 나폴레옹은 아우스터리츠 전장 직후 그의 형 조셉에게 "평화라는 말은 의미가 결여된 단어일 뿐이다. 우리에게 필요한 것은 영광스러운 평화이다"[6]라고 편지를 보냈다. 이러한 만족감에 의한 충만한 자신감은 아우스터리츠 전역 후에 영국 수상 피트의 사망과 더불어, 영국이 제안한 평화협상을 거부하게 했다. 영국과의 평화 협상은 고려 대상이 아니었고 나폴레옹은 다시 한 번 영국을 격파하는 데 주안을 두었다. 그 자체가 그에게는 가장 중요한 일이었다. 제3차 대불 동맹은 동맹이 붕괴되는 원인이 된 아우스터리츠 전장에서 사실상 전의를 상실했지만 숙적인 영국이 존재하는 한 전쟁은 끝난 게 아니었다. 유럽 대륙의 새로운 적들은 숨을 죽이고 있었지만 나폴레옹은 오스트리아를 격파한 후에도 장차 적지 않은 전투가 있을 것으로 예상했다. 나폴레옹이 아우스터리츠와 같은 성공을 다시 거둘 수 있을 것인가? 그는 자신감에 찬 가운데 비록 내색을 하고 있지는 않았지만, 지난 전장들이 위험을 감수하고 치렀다는 것을 잘 알고 있었고, 단지 오스트리아와 러시아에게 승리한 것은 참으로 극적인 결과였다는 것도 인식하고 있었다. 이는 언젠가 프랑스가 어느 전장에서건 패배할 가능성이 있다는 것을 의미하고 있었다.

유럽 대륙이 아우스터리츠 전장의 결과로 마비 상태에 있었더라도

5 　Henry Lachouque의 *The Anatomy of Glory*, Trans. Anne S. K. Brown (New York: hippocrene Books, Inc.,1978), 65쪽.

6 　Steven Englund의 *Napoleon: A Political Life* (New York: Scribner, 2004), 281쪽.

오랜 적들은 여전히 위협을 주고 있었으며, 영국은 해전에서 위대한 승리를 일구어 내었다. 나폴레옹이 모라비아(Moravia)에서 승리하기 6개월 전에, 영국 해군은 프랑스와 스페인 연합함대를 스페인 카디즈(Cadiz) 시 인근의 트라팔가(Cape Trafalgar) 만에서 궤멸시켰다. 1805년 10월 21일 트라팔가 해전에서 나폴레옹은 적어도 18척 이상의 전함을 잃었다. 이 전투에서의 패배는 단순히 물질적 손실 이상이었다. 영국 해군의 제해권 장악은 전쟁 내내 계속되었다. 나폴레옹은 1805년의 승리 이전과 유사한 유럽에서의 프랑스 지배력에 도전하려는 숙적인 영국에 의해 결속된 대불 동맹의 문제에 다시 한 번 직면하고 있었다. 전쟁은 나폴레옹을 축출할 목적으로 시작해서 프랑스를 궤멸시키기 위해 계속되고 있었다.

나폴레옹은 이러한 프랑스에 대한 도전을 받아들였고, 전쟁은 지속되게 되었다. 1806년 프랑스군은 프러시아를 공격해서 신속하게 격파한 다음 해에, 프러시아군과 동일한 오류를 범한 러시아군을 또 한 번의 계획된 전역이었던 동프러시아 프리드랜드(Friedland)에서 대파하였다. 프랑스군은 러시아 국경 근처까지 다가와 있었고 러시아 황제 알렉산더는 화약(和約)을 청하기에 이르렀다. 1807년 이후 나폴레옹의 전쟁은 점차 확장되어 가고 있었다. 1808년 프랑스군은 스페인을 침공하고 1809년 오스트리아의 저항을 다시 한 번 격파하였다. 그 후, 오스트리아와는 다시 평화를 협상하였지만 스페인에 투입된 대규모 프랑스군은 많은 손실에도 불구하고 해결점을 찾지 못하고 있었다. 심사가 뒤틀린 나폴레옹은 대가를 치르고 있었으며, 프랑스군은 광대한 지역으로 인해 전투력이 신장되고 계속되는 전투로 피로가 누적되어 가고 있었다. 그렇지만 이미 나폴레옹의 야망을 되돌리기에는 너무 멀리 와 있었다. 나폴레옹은 1812년 러시아를 정복하기 위해 그의 대군을 소집해서 이동시켰다. 이 전역 계획은 결과적으로 재앙으로 끝나고 프랑스군 전력은 심각한 손상을 입게 되었으며 이로 인해 권력을 잃게 되는 결과를 가져왔다. 나폴레옹은 1814년 3월 그의 권좌를 잃었다. 굴레를 벗어 던진 그의 무모한 시도로 결국 모든 것을 잃고 만

것이었다.

　통상 이러한 나폴레옹의 몰락을 침략의 대가로 간주하곤 한다. 그러나 선제의 측면에서는 다른 관점을 보여 준다. 좀 더 현실적으로 바라보면, 나폴레옹의 프랑스 지배력의 확장은 1805년의 성공을 추구하려는 연장선상에 있었다. 유럽 대륙의 프랑스 적대국들은 영국으로로부터의 경제적 지원 획득과 더불어 과거의 상처를 치유하기 위해 1809년 오스트리아가 그랬던 것처럼 프랑스와의 전쟁을 계속하고 있었으며, 프랑스는 대불 동맹국들에 의한 전쟁 위협이 계속되고 있는 한 결코 안심할 수 없는 상황이었다. 그 외의 국가들은 프랑스의 국력 신장에 두려움을 느끼고 있었고 이들은 영국에 의해 프랑스와 싸우도록 매수되어 있었다. 1806년 프러시아에 대한 프랑스의 공격이 그 예일 것이다. 영국은 프러시아를 경제적으로 지원하면서 프랑스와의 전쟁을 독려했다. 이러한 예의 또 다른 측면에서 나폴레옹은 스스로 오스트리아, 프러시아, 러시아군이 연합해서 프랑스를 공격할 때까지 왜 기다려야 하는지를 자문하고 있었다. 1805년의 사례가 있었지만 추가적인 선제공격의 필요성은 명백했었던 것이다. 프랑스에 문제를 야기한 근원은 인접 국가인 유럽 대륙의 군대들이 아니었다. 이들 국가들은 격파할 수 있었고 나폴레옹은 시간이 갈수록 그럴 수 있음을 증명해 갔다. 영국은 해상 통제권 확보로부터 얻어진 피에 젖은 돈으로 다른 나라의 간섭 없이 상업 무역을 증가시킬 수 있었고 여전히 프랑스를 붕괴시키려 애쓰면서 프랑스가 바다를 이용하지 못하도록 봉쇄하고 있었다. 프랑스의 실제적인 문제는 어떻게 영국을 굴복시키는가였다.

　나폴레옹이 선택한 것은 '경제 봉쇄'였다. 프랑스에 의해 통제 가능한 모든 지역에 대한 영국의 접근을 거부하는 것이었다. 프랑스가 확실하게 서유럽을 통제할 수 있었다면, 영국을 보다 쉽게 굴복시킬 수 있었을 것이다. 나폴레옹이 1806년 베를린을 점령하면서 영국을 봉쇄하기 위한 '대륙 체제'가 선언된 것은 우연이 아니었다. 유럽 국가들은 영국과 협력하면 프랑스의 적이라는 경고를 받았다. 나폴레옹은 여기에 근거를 두고 스페인과 러시아에 대한 침공을 시도했다. 포르투갈이 나폴레옹 대륙 체제를 거부하는 것과 더불어 1808년 시작된 스페인과의 전쟁은 프랑스군의 전력을 약화시키는 직접적인 원인이 되었다. 러시아의 불성실한 태도로 인해 1812년 프랑스는 러시아를 침공했다. 각각의 공격은 선제적이었고 영국을 굴복시켜 유럽을 장악하겠다는 희망 하에 실시되었다. 이것은 결과적으로 허황된 희망이었다. 프랑스의 유럽 지배는 군사적 능력을 벗어나 있었다. 따라서 나폴레옹의 영국 봉쇄를 통한 무력행위 차단도 불완전할 수밖에 없었다. 또한 무역 봉쇄는 영국뿐만 아니라 유럽 전역에 부정적인 영향을 미쳤다. 프랑스와의 동맹국 혹은 프랑스 통제하의 국가들은 프랑스 스스로가 그랬던 것처럼 가능한 한 베를린 칙령을 피하려 하였다. 이러한 경제 봉쇄는 얼마되지 않아 제대로 효과를 보지 못했으며 나폴레옹의 선제공격으로 일구어낸 승리에 먹구름을 드리우게 되었다.

나폴레옹이 선택한 선제의 분석 및 비판

1805년의 전쟁은 나폴레옹이 원하지 않았던 것이었다. 단지 그에게 선택의 여지가 없었을 뿐이었다. 영국은 도전 세력의 부상을 원하지 않았으며, 나폴레옹이 심혈을 기울여 맺은 영국과의 아미앵 화약은 지속되지 않았고 새로운 대불 동맹의 결성을 가져왔다. 이 화약의 결렬은 영국에 책임이 있었다. 영국은 프랑스에 대한 의구심으로 인해 아미앵 화약에서 약속했던 말타에서의 철수를 거부했다. 영국의 목표는 경제적 번영을 통해 세계 지배를 달성하는 것이었다. 따라서 프랑스가 2등 국가로 전락하는 것을 막기 위해서도 나폴레옹은 이를 저지할 방법을 강구할 수밖에 없었다.

프랑스는 영국과의 화해가 불가능한 상황에서 어떠한 방법으로 영국과의 전쟁을 실천할 것인가가 관건이었다. 해협을 건너 침공한다는 것은 많은 위험 부담이 있었지만 나폴레옹은 이러한 위험을 감수하고자 했었다. 그는 영국 침공계획을 실천하기 위해 많은 자원들을 할당해 왔었다. 대규모 군대를 해안에 집결시켰고 수송선을 건조하였으며, 해협을 통제하기 위해 프랑스 해군 운용 계획을 수립했다. 2년간에 걸친 노력을 통해 사용 가능할 정도의 전력으로 준비된 후에, 그는 해군 제독들에게 공격을 독려했다. 게다가 프랑스 북부 해안에 대규모 프랑스군을 집결시킨 것은 나폴레옹의 목표가 영국이라는 것을 더욱 명확하게 해주는 것이었다. 유럽 대륙의 다른 국가들은 사실 프랑스로부터의 위협을 심각하게 고려할 필요가 없었던 것이다.

나폴레옹이 1805년 유럽 대륙에서 전쟁을 시작하게 된 것은 영국이 막강한 대불 동맹을 구축해서 수십만의 대군을 프랑스로 향하게 했기 때문이라고 볼 수 있다. 사방의 막강한 적들로 둘러싸여 있는 상황하에서 나폴레옹에게 선택의 여지는 적었으며, 선제공격을 통해 적들을 한 번에 하나씩 격파 해야만 했다. 결국, 이러한 상황하에서 영국을 직접 겨냥하는 것은 매우 위험한 것이었다. 프랑스가 성공적으로 해협을 건너 영국 본토에 상륙하게 되더라도 감수해야 할 위험은 무시할 수 없었다. 영국이 결성한 유럽 대륙의 영국 동맹국들로부터 피할 수 없는 공격에 직면할 수 있었기 때문이다. 이러한 이유로 나폴레옹이 영국을 침공하여 방어선을 돌파한다 하더라도 실패할 가능성이 많았던 것이다. 프랑스는 오스트리아가 러시아와 연결하기 이전에 오스트리아를 계획된 전장터에서 궤멸시켜야만 했다. 이것은 오스트리아군을 바바리아에서 신속한 공격으로 격파해야 한다는 것을 의미했다. 오스트리아와의 전쟁을 성공적으로 이끌어 내기 위해서는 가능한 한 아우스터리츠와 같은 전역을 조성해야만 했던 것이다. 이러한 모든 이유로 인해 실행되었던 나폴레옹의 전역 계획은 매우 잘 계획되었고 군사적인 완벽한 성공을 이루어내었다.

그럼에도 불구하고 나폴레옹은 그때까지도 해결되지 않은 내부의 거대한 위험에 직면해서 심사숙고해야만 했다. 나폴레옹은 프랑스 내부 안정을 도모해서 국력을 향상시키고자 했다. 사실 이러한 측면에서 그는 많은 성과를 이루어 내고 있었다. 프랑스 국민의 소요와 정쟁은 종료되었고, 나폴레옹은 교회와 화해하였으며, 정부의 적절한 보호 정책으로 경제는 발전하게 되었다. 나폴레옹의 법 정비는 프랑스 국민들에게 많은 혜택을 주었다. 모든 프랑스 국민들에게 교육의 기회를 부여함으로써 개인의 자유를 더욱 공고히 하였고 개인의 능력에 따라 진출을 보장함으로써 귀족들의 혜택은 감소하였다. 나폴레옹의 지배하에 있었던 짧은 시간에 많은 것들이 이루어졌었던 것이다.

이는 프랑스가 잃는 것보다는 더욱 가치 있는 성취를 이루어 내었음을 보여 주는 것이었다. 이러한 일련의 성취는 전적으로 프랑스와 혁명의 수호자로 자처한 나폴레옹이 있었기 때문이다. 이 점에서 나폴레옹이 황제로 즉위한 것은 특별한 의미를 지니고 있다. 나폴레옹이 이룩한 이러한 일련의 성과에 대해 영국은 분노했으며 영국에서 증오하고 있는 것들을 중지시켜야 할 명분을 쌓아 갔다. 나폴레옹이 실행한 일들로 인해 직접적으로 영국 국민들은 영향을 받고 있었고 그에 대한 반감은 더욱 높아져만 갔다. 좀 과장된 면이 있긴 하지만 나폴레옹을 암살하려 한 모든 음모의 뒤에는 영국이 있었다. 이러한 시도는 나폴레옹으로 하여금 자신을 지키고 그의 권좌를 무력으로 지켜야겠다는 생각을 갖게 했다. 나폴레옹은 개인적 생존 이상의 것을 추구하였지만, 결국에 가서는 자신의 권력을 지키려 했으며, 그러한 행동들은 자신의 조국인 프랑스를 지켜내야 하는 가치와 비교하면 무의미한 것이었다. 전쟁과 시민들의 소요는 다시 프랑스를 유혈의 도가니로 몰아갔고 혁명으로부터 얻은 많은 가치는 위협을 받게 되었다. 이로 인해 프랑스 국민들의 국민적 동의는 그들의 새로운 지도자가 요구한 1805년 선제전쟁의 부름에 부응하였고, 이후에도 계속 나폴레옹을 추종하였다.

새로운 전쟁의 망령은 프랑스를 벼랑으로 밀어붙이며 위협을 주었고 그럴 때마다 국민들은 프랑스의 구세주인 나폴레옹에게 더욱 의지하게 되었다. 의문스러운 것은 왜 나폴레옹은 이러한 전쟁의 위험을 감수한 것인 가이다. 이에 대한 해답을 좀 더 살펴보면, 프랑스의 혁명과 더불어 발생한 영국과 모든 유럽 국가들의 대프랑스 위협 상황하에서 '전쟁'은 프랑스 국민을 보호하기 위한 것이라는 믿음을 나폴레옹이 가지고 있었다는 것을 알 수 있다. 나폴레옹은 혁명의 동력을 통해서 프랑스의 헤게모니가 영국의 지배력을 압도할 수 있다고 스스로 믿고 있었다. 그것은 프랑스 혁명의 성공이 문명적 가치관의 혼란 속에 있던 유럽에서 프랑스 문명이 번성해 나가야 한다는 당위성이기도 했다. 이를 통해서 영국의 지배력을 약화시키고 프랑스, 유럽, 그리고 전 세계에 이익을 가져다 줄 것으로 믿고 있었다. 자유, 평등, 박애를 지향한 프랑스는 영국의 본토와 해외의 상업 무역 확장을 통해 막대한 경제력을 가지고 있는 영국의 금권 중심의 체제보다 더 높은 이상을 전파할 가능성을 가지고 있었다. 따라서 이 전쟁은 일어날 수밖에 없는 불가피성을 가지고 있었다. 다른 국가들이 영국을 지원하는 어리석은 행동을 하지 않았다면, 나폴레옹은 그의 군대를 이용해서 다른 국가들에게도 혁명의 가치를 전파할 수 있었을 것이다. 프랑스의 '선제정책'이 유럽 대륙의 영국 동맹국들을 제압할 수 있었다면, 모든 유럽 국가에 이러한 진행 과정을 통해 이익을 주게 되었을지도 모른다.

유럽 국가들의 두려움에 대한 근원이 단지 나폴레옹 개인 때문이었다고 국한시키며 대립하고 있었지만, 사실 내면의 문제의 핵심은 프랑스 혁명으로부터의 반동이었던 것은 명백했다. 혁명을 이룬 프랑스는 모든 유럽 국가의 왕권에 위협이 되었던 것이다. 그들은 군사력을 갖춘 나폴레옹이 스스로 황제로 칭한 것 자체가 유럽 왕조의 파괴와 교체를 가져올 수 있는 위협이 되고 있다고 심각하게 받아들이고 있었다.

이들의 생각과는 상반되게 나폴레옹은 그 자신이 왕좌를 지키면서, 적들의 왕권을 인정하려 했고, 혁명은 황제의 법적 절차에 의해서 진행시키고자 했다. 프랑스 국민들은 이러한 절차에 순응하면서 나폴레옹이 혁명의 지도자와 혁명의 열매를 전파하는 역할을 할 수 있도록 허용하였다.

다른 유럽의 지배자들은 이러한 소란조차 경험하길 원하지 않았으며, 프랑스 황제가 한 것만큼 운이 좋을 수도 없었고 솜씨 있게 이러한 격랑을 헤쳐 나갈 능력에 대한 확신도 갖고 있지 않았다. 1805년까지, 나폴레옹은 그가 패배시킨 국가들의 생존을 보장했었다. 그러나 유럽 국가들은 수적인 우세로 나폴레옹을 압박하면서 제3차 대불 동맹이 강화되면서 프랑스 혁명으로 야기된 문제들을 사전에 봉쇄하려 했다. 이러한 유럽 대륙의 반프랑스 세력들은 프랑스로 하여금 자위적 방어를 해야하는 원인을 제공했고, 이에 대한 대응으로 프랑스는 선제를 생각하게 되었다.

그동안 나폴레옹이 자위적 방어라는 이름으로 선제적 행동을 한 것들에 대해서는 여러 측면에서 무시되어 왔고, 그가 일으킨 전쟁의 해악에 대한 부정적인 이미지들만이 가득했다. 프랑스가 1805년 전쟁으로 치닫는 것은 나폴레옹의 야망 때문이었다는 데에는 논쟁의 여지가 없다. 영국과의 전쟁이 바로 실증적 예일 것이다. 나폴레옹이 영국을 침공하여 영국 본토에서 지상공격을 하는 동안에 일어날 수 있는 취약점을 얼마나 심사숙고하였으며, 영국의 해상 전력 극복의 어려움을 얼마나 심사숙고해 왔는가를 살펴보면 알 수 있다. 영국과의 전쟁에서 프랑스는 승리하지 못했을 수도 있었다. 아미앵 화약의 연장선상에서 일종의 공생의 형태가 되었을 수도 있을 것이다. 그러나 나폴레옹은 이 방책을 포기했다. 대신에, 그는 영국이 유럽 대륙에서 세력 균형을 통해 지배력을 계속 유지하려고 시도하는 것을 모욕적으로 생각했다. 그는 명확한 동기 없이 프랑스의 독립성을 무시하면서 영국 내의 망명자들이 그를 권좌에서 끌어내리기 위해 그의 생명을 위협하고 있다고 비난을 퍼부었던 것을 보면 그의 영국에 대한 반감의 정도를 알 수 있고 어떠한 생각을 하고 있었는지를 알 수 있다. 그 하나의 사례로 나폴레옹이 드엥하인(d'Enghien) 공작을 처형한 것을 들 수 있다. 여기에서 그가 권력을 유지하기 위해, 즉 자신의 이익을 위해서 국가의 생존을 위한다는 구실로 프랑스를 혹독한 전쟁의 소용돌이로 몰고 간 점을 고려하면, 그가 주장했던 혁명의 정당성과 여러 구실들은 사실상 그 의미가 퇴색될 수밖에 없다.

　　나폴레옹의 이러한 태도들은 영국과의 평화화약을 무산시키고 유럽 국가들로 하여금 제3차 대불 동맹을 결성하게 하고 프랑스에 대한 전쟁을 도모하려는 의지를 불러일으켜 영국과 대불 동맹국들의 행동을 촉발시키게 되는 원인이 되었다고도 볼 수 있다. 예를 들면, 오스트리아와의 전쟁에서 승리를 한 이후에, 오스트리아의 주권을 존중한다는 확신을 주는 어떠한 조치도 취하지 않았다. 실제로 이탈리아에 대한 나폴레옹의 조치들은 반대의 메시지를 주었다. 1805년 나폴레옹은 먼저 이탈리아의 피드몬트(Piedmont)를 프랑스로 복속시켰다. 그리고 스스로 이탈리아의 왕임을 선포하였다. 이러한 행동들은 이탈리아 황제 프란시스(Francis)를 불안하게 하였는데, 나폴레옹은 이러한 사실들을 도외시하고 있었다. 러시아에게도 러시아 황제 알렉산더가 전략적으로 매우 중요하게 여기는 지중해 지역으로 프랑스가 공세적으로 접근함에 따라 동일한 불안감을 주었다. 이러한 주변국들과의 전후 관계를 보면, 프랑스 지배하의 벨기에와 네덜란드는 더 이상 프랑스를 위협할 능력이 없었다. 단지 영국만이 여전히 프랑스를 위협하고 있었던 것이다. 나폴레옹은 그의 야망을 확장하기 위해서 혁명의 기회를 확고하게 결속시키려 했다. 이 과정에서 그의 행동은 유럽 대륙의 안전을 위협하고 있었던 것이다. 그런 의미에서 두 가지 동력(動力), 즉 혁명과 혁명으로 창조된 괴물, 나폴레옹의 위협은 중단되어야만 했었다.

　　대불 동맹 국가들은 나폴레옹의 대륙 지배를 위한 공세적 행동에 저항할 준비를 했다. 영국과의 전쟁 준비를 위해 프랑스군은 훈련을 지속하고 있었으며, 이 가공할 군사력으로 영국을 침공한 이후에 유럽 대륙으로 방향을 돌릴 것으로 생각했다. 오스트리아와 러시아는 영국을 위협하기 위해 해안에 집결되어 있는 프랑스군이 단지 영국 침공이 아닌 자신들에 대한 다양한 위협으로 다가올 것으로 생각했던 것이다. 오스트리아는 나폴레옹의 신속한 기동력에 의해 처절한 패배를 이미 경험한 바 있었다. 만약 영국이 격파되면 유럽 대륙에는 더 이상 프랑스를 견제할 수 있는 국가가 존재하지 않는다는 것을 의미했다. 유럽의 왕들은 프랑스의 위협이 이런 식으로 전개된다면 그들의 생존에 위협이 될 것이라는 데 동의했다. 이들의 문제는 프랑스의 혁명으로 고무된 자국민들의 불만을 진압해야 하는 것뿐만 아니라 야망으로 불타는 침략자를 피해야만 하는 것이었다. 이러한 인식으로 피로 물든 돈을 제공하는 영국은 유럽 대륙의 지배를 위해 동맹을 규합하려 하는 해로운 존재가 아닌 프랑스를 견제할 수 있는 가치 있는 동맹국이었다. 이렇게 해서, 대불 동맹 국가들은 프랑스를 축출한다는 목표를 정당화하면서 서로 힘을 모으게 되었으며, 영국은 프랑스에 대한 강력한 대항 의지를 불태웠다. 나폴레옹을 구축(驅逐)하고 혁명으로 인한 오염을 제거하여 유럽의 기본 질서를 회복하는 것이었다. 1805년에 체결된 러시아와 영국 간의 조약은 "유럽의 각 국가들의 독립과 안전을 효과적으로 보장하기 위한 질서를 수립하고, 장차의 침탈 행위에 강력한 조치들을 수립한다"라는 점을 명확하게 기술하고 있다.[7] 기술된 의미는 일반적이고 다소 모호하지만, 목표가 나폴레옹과 프랑스라는 것을 명확히 하고 있는 것을 알 수 있다. 유럽의 현 상태를 지킨다는 것 또한 명확했다. 나폴레옹에 의한 대륙 지배 위협이 이루어지게 되면 많은 유럽 국가들이 고통을 받을 것으로 생각되었기 때문에 그 외의 대안은 고려조차 하지 않았다.

유럽 국가들은 영국만큼이나 프랑스가 주도권을 장악하게 되는 것을 원치 않았고 나폴레옹의 대륙 체제는 그들에게 많은 희생을 강요하는 것이었다. 유럽 국가들은 프랑스의 지배하에서는 그들 국가에게 이익을 주는 중요한 영국을 고립시키게 될 것이기 때문에 힘의 균형을 위해서라도 영국의 동맹 정책을 지원하고 선택한 것이었다. 이것은 영국이 필요로 하는 것에 동조하는 것이기도 했지만, 궁극적으로는 그들이 나폴레옹의 목

---

7 Frederick C. Schneid의 *Napoleon's Conquest of Europe: The War of the Third Coalition* (Westport, CT: Praeger, 2005), 84쪽 - 제3동맹과의 전쟁.

표인 유럽의 통합을 통한 프랑스의 지배하에 있고 싶지 않다는 것은 보여주는 명백한 사실이기도 했다. 프랑스에 저항하는 유럽 국가들의 주권을 장악하기 위한 전쟁을 위해 나폴레옹은 더욱 더 프랑스와 프랑스 국민들을 무자비하게 혹사하고 있었다. 나폴레옹은 프랑스의 가치관으로 유럽 문화를 통합하는 데 실패했다. 나폴레옹이 비록 대불 동맹을 격파하였지만 평화를 그의 손에 넣을 수 없었고 장차 더 많은 전쟁이 기다리고 있다고 깨달았던 1805년 12월에 그의 유럽 통합이라는 야망은 달성이 불가능하다는 사실이 명확해졌다. 아우스터리츠 전역의 대성공을 이룬 선제전쟁은 유럽 지배를 통해 영국을 격파하려고 했던 목표를 실현하는 데 크게 도움이 되지 않았던 것을 보면 그 성공의 가치는 퇴색될 수밖에 없다.

나폴레옹은 권력을 유지하기 위한 독선적 성격으로 인하여 이후에도 선제공격을 선호하게 되었다. 외부의 적들은 본국에서 그의 야망을 실천에 옮기기 위해 필요한 존재들이었다. 나폴레옹은 영국과의 전쟁이 필요하다고 주장하며 위협을 조성하면서 '위대한 프랑스 군대'를 이용하여 전쟁 준비를 하면서 권력을 공고히 하고자 했다. 나폴레옹은 국가 개혁을 통해 국민들에게 혁명으로 야기된 무질서는 끝났다고 확신시키면서, 안정이라는 이름하에 추가적인 통제수단들을 법제화하였다. 예를 들면, 교육과 상업 활동은 정부의 통제를 받았으며, 언론의 자유는 사라졌다. 협박과 공포를 기초로 안정을 추구했다. 폭력적인 봉기는 끝났을지 모르지만 다른 형태의 테러들은 잔존해 있었다. 법체계는 살아 있었지만 나폴레옹의 절대 권력으로 통합되어 갔다. 더 나쁜 것은, 절대 권력에 의해 혁명의 가치가 상실되었다는 것이다. 공화국의 이념은 나폴레옹의 국가로 변질되었다. 이러한 결과로서 나폴레옹의 군주적 야심은 명확해졌는데, 그에게 충성하는 새로운 귀족층이 생기고 그의 가족들에게 영주의 직위와 권위를 수여하는 조치들을 확대한 것들이 그 증거이기도 하다. 이러한 개인적 지배욕은 영국과의 전쟁을 마주하고 있는 한 국가가 나폴레옹 한 사람 사이의 문제로 좁혀지는 결과를 만들었다. 새로운 왕권을 지키기 위하여 나폴레옹과 그의 추종자들은 섬나라 영국과의 전쟁 준비를 위해 수많은 프랑스의 자원을 투입했다.

　나폴레옹이 개인적 야망을 달성하기 위해 주변 상황을 치밀하게 이용했다는 것은 명확하다. 나폴레옹은 이를 통해 자위적 방어라는 이름으로 필요한 선제적 행동을 하는 것보다 더욱 강력한 동기를 끌어내었다. 그러나 선제는 나폴레옹에게 두 가지 측면에서 일시적인 면죄부를 주고 있다. 첫째, 나폴레옹의 통치력이 없었다면 프랑스의 안전은 지킬 수 없었을 것이다. 프랑스 혁명의 여파의 확산으로 인해 주변 유럽 국가들이 느끼고 있는 위협은 나폴레옹으로 인한 문제는 아니었다. 이런 면에서 나폴레옹은 긴박한 위협에 직면한 상태였다고 볼 수 있다. 과연 영국과 유럽 국가들이 나폴레옹이 프랑스의 국경을 유지한 채 조용히 지낼 수 있도록 놓아 두었을까? 아니면 영국은 전쟁 상태에서 혁명의 여파를 진압하기로 결심하고 프랑스의 힘을 감소시키기 위해 유럽 국가들과의 동맹을 추진했던 것인가? 라는 점을 고려해 보아야 한다. 나폴레옹은 이러한 주변 상황이 위협이 되고 있다고 확신하고 있었으며, 그로 인해 그의 계획을 실천하게 되었던 것이다. 그가 공격을 하지 않았다면 어떠한 기회도 얻지 못했을 것이다. 두 번째, 나폴레옹의 1805년의 전역 계획은 목적을 가진 선제공격이었는데, 그 목적은 일련의 문명적인 지배권 확장에 있었다. 나폴레옹은 프랑스만이 아닌 모든 유럽 국가들이 문화적 르네상스를 향유하기 위해 동참할 것이기 때문에 프랑스에 의한 지배를 환영할 것으로 스스로 확신했었다. 나폴레옹 법전에 따르면 수백만 명의 유럽인들이 자유를 얻게 될 수 있었다. 상업 부흥 정책 하나만으로도 모든 유럽인들에게 혜택을 받을 수 있었다. 프랑스군의 무력으로 이루어지는 평화는 전 유럽 대륙이 번영하게 될 수도 있었을 것이다. 사실 유럽 국가들은 프랑스 한 국가의 세력에 의해 통합될 수도 있었지만, 이는 군사적 능력 이상의 것이 필요로 했고 전반적인 통합이 이루어질 수 있었는지는 여전히 의문이었다.

　전쟁의 목적이 확실하지 않은 가운데 나폴레옹은 '선제'라는 이름으로 일련의 군사 전역 계획을 시작했다. 그러나 선제의 범주로서 1805년 나폴레옹의 전역 계획과 그 이후의 유사한 전역 계획을 설명하기에는 그가 일으킨 전쟁의 정당성을 설명하기에는 부족하다. 나폴레옹이 선택한 것은 직면한 위협을 피하기 위한 선제가 아니었고 그의 권좌를 보존하기 위한 전쟁이었다. 그의 개인적인 제국을 보존하려 했던 것이 치명적인 약점이었다. 프랑스 혹은 유럽의 위대한 가치를 지키기 위해 영국의 세력을 뛰어넘겠다는 목적은 나폴레옹 개인의 권력을 보존하겠다는 목적으로 인해 희석되었다. 궁극적으로, 필요에 의해 침략자가 선제를 택했던 것이었다. 그의 선제전략이 성공적이지 못했기 때문에 그 이점은 제한적일 수밖에 없었으며, 영국은 건재했고 나폴레옹의 프랑스는 그렇지 못했다. 영국은 점차 강해진 반면 프랑스는 점차 쇠퇴하고 있었다. 나폴레옹의 전쟁을 선제로 분류하는 것은 그 개인의 동기를 관대하게 평가하더라도 많은 실패와 모순된 행동들로 인해 혼란스러울 수도 있다. 그러나 그의 개인적인 야망은 매우 인상 깊은 것이었다는 것을 인정한다 하더라도, 프랑스는 나폴레옹이 내세웠던 프랑스의 안전을 위해 치른 유럽 각국과의 전쟁으로 인해 엄청난 고통과 시련을 받았으며, 선제의 정당성 결여로 그에게는 침략자라는 낙인이 찍히게 되었다.

02

생존을 위해 선택한 선제

— 1861년, 미국 남북 전쟁

개 요

1861년 4월 9일, 새롭게 결성된 남부연방의 피에르 구스타프 T. 보르가르(Pierre Gustave T. Beauregard) 장군은 사우스캐롤라이나(South Carolina) 주의 찰스턴(Charleston) 항구 내에 있는 연방군(북군)의 섬터(Sumter) 요새에 항복을 요구했다. 요새 책임자였던 로버트 앤더슨(Robert Anderson) 소령은 이를 거절하고, 압도적인 열세에도 불구하고 병력들에게 방어준비를 명령했다. 그가 요새를 방어하기 위해서는 적어도 650여 명의 병력이 필요했지만, 여기에 절대적으로 미치지 않았던 80명의 병력으로 방어준비를 했다. 앤더슨 소령은 병력과 탄약의 부족으로 인해 요새에 배치되어 있던 146문 이상의 포 중에서 일부만을 방어를 위해 사용할 수 있었다. 그는 북군의 전력이 요새를 방어하기에 지극히 미약했기에 남부에 위협을 주지 않고 있다고 생각하고 있었지만, 이제 전쟁으로 가게 되는 최전선에 있다는 것을 인식하고 있었다. 남부의 연방 탈퇴는 이미 이루어졌으며, 사우스캐롤라이나 주는 1860년 12월 20일 연방제를 탈퇴한 최초의 주(州)가 되었다. 연방을 탈퇴하는 남부의 주들은 점차 증가되었는데, 왜 남부는 분리 독립을 선언하면서 전쟁을 시작하게 되었을까? 앤더슨 소령은 자신의 임무를 수행하려 했을 뿐 전쟁의 소용돌이에 휘말리고 싶지 않았다. 남부의 보르가르 장군은 자체방어가 곤란한 섬터 요새의 항복을 강제하는 것은 어려운 일이 아니라는 것을 알면서도, 섬터 요새에 대한 공격을 개시함으로써 남북전쟁의 시작을 알렸다. 1861년 4월 12일 새벽 4시 30분 남군은 섬터 요새에 포격을 개시했다. 이것은 남부가 북부에 대해 전쟁을 선언하기 위한 최초의 폭력행위였으며, 앤더슨 소령의 저항은 남부의 도전에 대응하는 북부의 결단이었다. 남부의 찰스턴(Charleston)에 위치한 섬터 요새에 대한 일제사격은 북부와의 전쟁을 시작하는 신호탄이었던 것이다. 이 전쟁은 이미 예견되어 있었으며, 남부의 선제공격으로 시작되었다.

남부의 섬터 요새에 대한 공격은 연방제를 추구하는 북부와 새로운 남부연방을 결성한 11개의 남부 주 간의 4년에 이르는 전쟁의 서막이었다. 이 내전은 1865년 4월까지 계속되었다. 전쟁기간 중에 약 60만 명이 사망하고, 광범위한 폭력행위로 인한 많은 피해가 발생했다. 남북전쟁 간 동부지역은 주전장 지역이었으며 포토맥(Potomac)의 에이브라함 링컨(Abrahm Lincoln)의 북군과 북버지니아(Northern Virginia)의 로버트 E. 리(Robert E. Lee) 장군의 남군이 격렬하게 부딪쳤다. 전쟁의 시작부터 끝까지 동부지역의 불런(Bull run), 앤터텀(Antietam), 챈슬로스빌(Chancellorsville), 게티즈버그(Gettysburg), 와일더니스(Wilderness), 그리고 피터스버그(Peterburg) 등에서 남북 간의 충돌은 끊임없이 계속 되었다. 이러한 전장터에서 남북 간에 승패가 엇갈리면서 균형이 깨지기 시작했다. 그러나 동부지역에서 발생한 승패의 원인을 단지 동부지역의 전장터에 국한하기보다는 다른 측면에서 찾아볼 수 있다. 남부리 장군의 탁월한 지휘에도 불구하고 북군의 서부지역으로부터의 공격을 남군이 버텨내기 어려워지면서 북군은 전략적인 승리를 거두게 되었다. 북군이 1863년 미시시피(Mississippi) 강에 대한 통제권을 장악하면서 남군을 분할했고, 그때까지 교착상태를 유지하고 있던 남군이 역전할 수 있는 기회가 급속하게 상실되었다. 두 개 이상의 전선에서 전투를 수행할 수 있었던 북군의 능력은 서서히 남군의 숨통을 조일 수 있었다. 게다가 링컨에게는 북군의 전력을 잘 운용할 수 있는 능력 있는 지휘관들이 있었다. 율리시스 S. 그랜트(Ulysses S. Grant) 장군이 그 중 가장 유명했다. 그랜트 장군이 서부전역에서 일련의 승리를 계속했던 것이 승리의 결정적인 요인이었다. 1864년에서부터 1865년간의 전투에서 합중국을 복원하려는 북부의 노력과 남군의 전투력 상실의 과정을 살펴볼 수 있는데, 이 시기에 남부의 리 장군이 동부지역에서 활약한 것만큼이나 북부의 그랜트 장군은 서부에서 거의 동일한 능력을 발휘했다. 전쟁은 양측 간의 군사적 능력의 격차로 귀결되었다. 전쟁이 종료되었을 때, 북부 합중국은 남부지역의 안정을 위해 군정을 실시했지만, 많은 문제를 발생시켰던 전쟁의 망령을 떨쳐 내기가 힘들었다. 전쟁 종료 1주일 후에 링컨이 암살당한 것은 총력전이었던 남북 간의 전쟁이 그만큼 대가를 치룬 전쟁이었음을 말해 준다.

개인 혹은 수천 명의 사람, 중요한 직위에 있었거나 평범한 사람이었건 간에, 그들은 전쟁으로 인해 고통 속에 있었으며, 이것은 내전의 결과가 어떠한가를 보여 주는 것이었다. 미국의 시민전쟁(남북전쟁)은 미합중국에 커다란 상처를 남겨 주었지만, 많은 학자들은 전쟁이 발생하게 된 도덕적인 요인들은 제대로 언급하지 않고 있다. 남북전쟁을 다루고 있는 많은 저서들은 전쟁이 발생하지 않을 수 있었던 요인들과 전쟁의 비극적인 분위기를 주로 다루고 있다. 학자들은 남북전쟁의 원인을 연구하면서 이 전쟁을 시작하게 된 어느 한편을 일방적으로 비난하는 것을 피하고 있다. 대신에 이 전쟁은 양측이 모두 책임이 있다고 보고 있다.

제임스 맥퍼슨(James Mcpherson)은 그의 저서 『자유를 위한 전쟁의 통곡』(*Batteld Cry of Freedom*)에서 남부가 북부에 대한 선제공격이 필요하다고 확신했던 열망을 기술하고 있다. 맥퍼슨은 도덕적인 범주로 결론을 내리지 않고 있지만, 그는 어느 한쪽도 비난할 수 없다면 그 원인을 찾기 위해서 선제의 측면에서 전쟁의 원인을 재조명할 이유가 있음을 제시하고 있는 것이다. 남부가 선제적으로 행동한 것이 자위적 방어였으며 그로 인해 전쟁으로 치닫게 된 것은 정당한 것이었을까? 아니면 반대로 남부가 선택한 선제가 잘못된 것이라면 당시의 남부의 행위는 침략적 행동이었는지에 대한 논란은 아직까지도 계속되고 있다. 남부연방이 시도했던 선제에 대한 분석은 남북전쟁의 기원에 대한 논란과 연결되어 있다. 비극적인 전쟁을 탓하기보다는 도덕성 측면에서 전쟁 시작의 옳고 그름에 대한 문제는 논란의 여지를 갖고 있기 때문이다.

남부가 선제를 선택한 이유

1861년 남부는 북부를 공격할 수 있는 군사적 능력이 거의 없었다. 이런 점에서 남부가 북부를 공격한 것은 여러 면에서 이해하기 어렵다. 가장 중요한 군사적 능력의 차이를 떠나서 전반적으로 남부와 북부의 격차는 크게 벌어져 있었다. 북부에서 미국 전체 무기의 90% 이상을 생산하고 있었고, 대부분의 철도가 북부지역에 개설되어 있었으며, 전체 인구의 75%가 북부에 거주하고 있었다. 산업 분야에 있어서도 북부는 남부를 크게 앞지르고 있었으며, 대규모의 방직공장들은 대부분 북부지역에 위치하고 있었다. 많은 군인들을 무장시키는 데 있어서 북부가 훨씬 여유가 있었던 것이다. 남부보다 세 배나 많은 인구를 가지고 있는 북부는 인적자원 면에서도 우세했는데, 이것은 군대가 병력을 유지하는데 있어서 남부를 훨씬 압도하는 것이었다. 이러한 불리한 상황하에서 남부가 어리석고 경박스럽게 북부를 공격한다는 것은 이치에도 맞지 않았다. 경제적 불균형으로 인해 남북 간의 군사적 격차는 더욱 심화되었다. 북부지역의 수송기반인 철도와 비교할 수 있는 남부지역의 운하 및 수로도 미국 전체의 14%에 지나지 않았다. 1842년 당시에 수송은 큰 수요가 없었지만 남북 간의 현격한 차이를 보이고 있었던 것이다. 제조업의 경우에도 남부는 미국 전체의 18% 미만의 능력을 가지고 있었다. 이 통계는 1840년대에만 북부지역의 인구가 남부의 20% 이상을 상회하고 있는 가운데 남부에서 많은 사람들이 직업을 찾아 북부로 이동하면서 더욱 큰 격차가 벌어졌다. 남부지역의 산업시설들은 건설 중이거나 예정되었던 계획들이 1850년대에 모두 중단되었다. 북부지역의 제조업은 자본금이 75%까지 증가하면서 격차는 두 배로 벌어졌고, 북부지역의 산업인력은 남부대비 25% 이상까지 가파르게 증가했다. 남부지역의 산업발전 속도는 매우 느렸고, 이에 따라 불균형은 더욱 심화되어 갔다.

　　남부에서 목화 재배는 가장 중요한 경제산업이었고, 남북전쟁 이전 10여 년간에는 목화 붐이 최대에 이르러 이를 통해 부를 축적했었다. 그러나 농업 중심의 기반산업은 더욱 경제적 불리점을 심화시켰고 남부의 주요 상품이었던 목화, 담배, 설탕의 수출을 위한 수송은 북부의 철도와 수송선에 의존할 수밖에 없었다. 남부의 노예 소유주들은 자금이 부족할 때는 북부가 운용하는 은행에서 융자를 받았다. 이러한 자금은 노예를 사들이거나 땅을 사들이는 데 사용되었다. 남부의 노예 소유주들이 북부 은행에서 융자받은 대출금에 대한 이자만 매년 1억 불 이상이 지불되는 순환 구조를 가지고 있었다. 그때까지도 남부인들 다수가 금융업에 관심을 가지고 있지 않다 보니 농장주들은 남부지역에서 돈을 구하는 것보다 북부지역 은행을 이용하는 편이 훨씬 용이했다. 이것은 또 다른 부정적인 경제적 악순환을 불러일으켰다. 남부 주민들은 생필품을 구입할 돈이 부족했고 남부지역에서 새로운 산업에 대한 수요가 없다 보니 더욱 발전이 안 되고 있었다. 소수의 남부 상류층은 완제품을 수입해서 사용했다. 결론적으로 북부는 남부지역의 경제의 숨통을 틀어쥐고 있었다. 이러한 현상은 소수의 남부 상류층으로부터 남부 전역으로 확산되었다. 선제는 이러한 경제적 속박의 고리를 끊고 남부지역 산업발전을 위한 수천만 달러의 자금을 확보하기 위해 필요했다.

　　많은 남부지역의 대부분의 백인들은 '목화 붐'을 통한 부의 축적을 위해서는 더 많은 토지를 확보해야 만이 이러한 불리한 여건을 극복할 수 있을 것으로 믿고 있었다. 그러나 북부에서는 이러한 남부의 행동을 용인하지 않았다. 새로운 노예를 이용하기 위해 토지를 소유하는 것을 제한했으며, 이러한 북부의 조치를 남부인들은 북부의 '음모'로 보았다.

　　북부에서 남부인들이 멕시코와의 전쟁을 통해 획득한 토지에 대해서도 노예 노동을 금지시킨 1846년의 월모트 단서조항(Wilmot Proviso) 사건1이 대표적인 예일 것이다. 또한 북부에서는 연방에 편입된 캘리포니아주를 4년 후에 독립적인 지위를 부여했다.

　　남부는 이러한 북부의 횡포를 보고만 있을 수밖에 없었다. 상원과 하원에는 이미 북부인들로 장악되어 북부의 이익만을 대변하고 있었다. 캘리포니아 주와 뉴멕시코 주의 독립적 지위를 인정하려 하는 상원에서 발언권을 상실한 것도 남부로서는 견디기 어려운 치욕이었다. 토지 소유권의 확대가 무산되었다는 것은 정치적 대표자가 없는 가운데 북부의 횡포가 더욱 심화되어 가는 것을 의미했다. 독립적 지위를 갖는 주(州)가 늘어나는 것은, 그로 인해 남부의 이익에 어떠한 영향을 미치는가를 떠나서 의회에서 남부를 대변할 수 있는 창구가 상실되고 있다는 것이 점차 명확해지고 있었다.

　　의회가 북부인들에 의해 장악됨으로써 남부지역을 위한 향상된 '삶의 질'을 대변할 수 있는 통로가 막힌 것은 남부의 이익을 민주주의적인 절차를 통해서는 도저히 극복하기 어렵다는 생각을 하게 했다. 과격한 소수의 남부인들은 북부에 의해 설정된 장애들을 스스로 극복하려 했다. 이들은 과감하게 노예제도를 위한 토지의 확장을 위해 라틴아메리카에 관심을 갖

1　멕시코와 전쟁이 한창이던 1846년 4월, 당시 포크 대통령이 멕시코와의 평화 도모를 위해 필요한 200만 달러의 사용 승인을 의회에 요청할 때, 노예제도를 반대하던 펜실베이니아 출신 민주당 하원의원 데이비드 월모트(David Wilmot)가 지출 예산의 월모트 단서조항으로 멕시코로부터 획득한 영토 어디에서도 노예제도를 금지한다는 조항을 삽입하도록 한 사건이다.

게 되었다. 대표적인 사례로서 윌리엄 워커(William Walker)는 1850년대 중반, 멕시코와 니카라과로 진출해서, 100여 명도 되지 않는 병력으로 공화국을 설립하고 노예제도를 선포했다. 그리고 그는 남부인들에게 중앙아메리카의 비옥한 토지에 정착해서 남부의 이념을 실천하자고 주장했다. 워커 이외에도 많은 남부인들이 중앙아메리카 지역으로 노예제도를 기반으로 진출하기 시작했고, 쿠바도 이들이 선호한 지역 중의 하나였다. 이들의 행동은 남부에 부담이 되기도 했지만, 일부 남부인들은 이들을 남부정신을 가지고 있는 '개척자'로 신봉했다. 그러나 이들의 무모한 노력들은 얻은 것이 없었다. 멕시코 정부는 워커를 추방했고, 나카라과에서도 동일한 조치가 이루어졌다. 온두라스에서는 이들을 처형하기까지 했다.

이에 추가해서 북부가 장악했던 미합중국 정부에서는 비합법적으로 규정하고 이들의 행동을 방해하거나 중지시켰다. 또한 남부에서는 1850년에 의회에서 통과된 '탈주 노예'에 대한 법의 집행에 있어서 북부에서 이 법의 집행을 방관하고 있다고 보았다. 북부인들의 동정심과 지원으로 탈주한 노예들이 캐나다로 도주하는 사례가 증가했고, 북부지역으로 숨어드는 노예 탈주가 계속되었다. 이것은 노예 탈주 방지법의 법적 구속력에 대한 도전이었으며, 남부인들의 감정을 극도의 분노로 치닫게 했다. 남부인들은 법의 집행이 북부에 의해서 임의대로 시행되고 있다고 보았으며, 혐오스러운 북부의 영향력을 반영하는 각종 조치를 극복하기 위해서는 미합중국으로부터 분리되어 자체적인 법을 제정하는 편이 더 낫다고 생각했다.

북부의 노예제도 폐지론자들은 이 제도의 폐지를 통해서 경제 및 문화적으로 남부지역의 핵심을 타격하려 했다. 남부지역에서 노동력을 제거한다는 것은 남부의 경제가 붕괴된다는 것을 의미했다. 남부지역이 경제적으로 몰락하게 되면 약 400만 명의 노예들을 여하히 미국 사회에 수용할 것인가 하는 문제가 있었다. 이러한 문제는 해방된 노예들을 위해 필요한 조치들과 더불어, 실질적으로 필요한 노동력과 문화적인 갈등의 뇌관으로 자리 잡고 있었다. 북부에서 요구하는 것은 가히 혁명적인 것이었다.

남부에서는 이러한 혁명적 요구에 대응하기 위한 수단으로 선제의 입장을 취하게 되었다. 남부에서는 혁명을 야기하는 파괴적인 요소들이 도래하기 이전에 남부의 문화를 지키기 위해서라도 선제공격을 해야 한다고 믿었다. 물론 노예제도는 남부의 경제를 위해서라도 지켜져야 했지만, 또한 인종적 야만행위는 중단되어야 했다. 남부인들은 그들의 정체성을 지키기 위해서 북부의 월권행위를 좌절시키려 했다. 그저 기다리고만 있는 것은 불행을 자초하는 것이었다.

노예제도에 대한 끊임없는 논쟁은 남부인들의 입장에서 보면, 남부인들과 노예들을 위한 것이 아니라, 궁극적으로는 그들의 자유를 속박하는 시도로 보였다. 민주주의에 대한 서로 다른 관점이 급격하게 충돌하고 있었다. 남부에서는 노예 노동력이 경제발전을 위해서 매우 중요했고 절실했다. 남부인들의 인생의 목표는 많은 토지를 확보하고 부를 축적해서 그들의 꿈이기도 한 '남부신사'가 되는 것이었다. 그들은 토지를 경작하기 위해서는 어느 정도 인권을 무시할 수밖에 없다고 믿고 있었다. 만약에 노예가 아닌 백인들이 노동력을 대체하고 있었다면 민주주의에 대한 이견이 무엇이었는가가 명확히 식별되었을지 모르지만, 남부에서 노예를 해방시키는 것은 사회질서에 대한 도전으로 받아들여졌다. 어느 특정한 인종에게 '일꾼'의 역할을 부여하는 노예제도는 불합리하기 때문에 이를 폐지해야 한다는 문제의식이 고양되고 있었다. 그러나 남부의 입장에서는 노예제도는 사회계층의 확실한 안정을 의미하는 것이었고, 그것이 민주주의였다. 남부 사회의 저변에서도 노예제도의 문제점을 인식하고 있었지만, 전반적으로는 노예제도는 합리적이었고, 이를 통해서 민주주의를 수호하려 했다.

노예제도의 장점에 대한 남부의 주장들도 상당한 목소리를 내고 있었다. 그들은 북부인들에 의한 노예제도의 과장된 폐해, 특히 해리엇 비처 스토(Harriet Beecher Stowe)의 소설 『톰 아저씨의 오두막집』(*Uncle Tom's Cabin*)에서는 노예 학대를 과장하고 있으며, 흑인들이 열등함에도 불구하고 남부

사회에서는 이들에게 혜택을 주고 있는 점을 간과하고 있다고 주장했다. 남부인들의 입장에서 노예제도는 스스로 살기 어려운 노예들을 끌어안고 가고 있는 인본주의적인 것이었다. 그들은 오히려 노예들이 이러한 제도를 통해서 안전을 보장받고 있다고 생각했다. 이러한 남부인들의 사고는 북부에서 생각하는 민주주의에 대한 상반된 이해관계로 극명하게 대비되어 있었다. 남부에서 볼 때 오히려 북부지역의 노동력을 기반으로 한 제조업자들이 흑인 노예들을 더욱 혹사하고 있었으며, 전제적 성향의 북부지역의 사업가들이 그들이 저지른 죄악을 숨기기 위한 수단으로 노예제도의 폐지를 들고 나오고 있기 때문에, 그 자체가 비민주주의적인 행동이라고 비난했다. 그리고 남부인들에게는 이들이 극단적인 비민주주의의 하나인 독점 카르텔을 통해서 은밀하게 부를 축척하려 하는 것으로 비추어졌다. 남부인들은 노예제도의 폐지는 북부가 남부를 지배하려는 하나의 수단이며, 남부의 민주주의가 진정한 민주주의의 가치를 반영하고 있는 제퍼슨 (Jafferson)의 이념을 기반으로 하고 있었기 때문에 북부에서는 어떠한 이유를 들어서라도 남부의 민주주의를 파괴하려는 것으로 생각했다.

　　　이러한 남부에 대한 북부의 횡포는 북부의 문화적 지배에 의해 더욱 악화되고 있었다. 북부에서 발간된 도서와 잡지 같은 다량의 출판물이 의식 있는 남부인들의 선택과 무관하게 남부에서 유통되고 있었다. 이러한 북부의 문화는 학교 교실에까지 확산되었고, 남부지역의 교과서에는 북부 출신의 선생들로부터 의도적으로 강조되고 있는 노예폐지론이 수록되어 있었다. 남부의 많은 젊은 학생들이 대학교육을 위해 북부로 가면서 고등교육 과정까지 북부의 영향을 받고 있었다. 남부 출신 교수진에 의해서 모든 수준의 교육을 실시하고, 농지개혁과 같은 남부의 이념을 대변하는 교육을 실시하는 등 북부의 문화로부터 정체성을 지켜야 했다. 북부의 문화적 압박을 종식시키기 위해서는 북부와 격리되어야 했고, 이것이 남부의 정치, 경제적 자유를 되찾기 위한 방안으로 선제적 행동이 필요한 이유였다.

남부가 선제적 행동에 대한 불타는 신념을 가지고 있었지만, 현실적으로 북부와 비교되지 않는 명백한 군사적 불리점을 안고 있었다. 그러나 일단 선제공격을 고려하게 되자, 미합중국으로부터 이탈하는 데 망설이지 않았다. 이러한 불타는 의지는 불리한 군사적 격차를 무형 전력에 의해 극복할 수 있다는 믿음과 승리에 대한 자신감을 갖게 하였다. 초기에 남부는 방어를 하는 데 있어서 두 가지 이점을 가지고 있었다. 첫째는 고양된 사기였으며, 둘째는 지형에 익숙했다는 점이다. 이 두 가지 이점으로 방어력을 향상시킬 수 있었고, 이를 북부와의 전쟁 시에 적극적으로 활용하려 했다. 또한 남부인들은 북부와 전쟁을 시작해서 패하더라도 남부의 전통을 지키고자 하는 전쟁의 당위성을 가지고 있을 뿐만 아니라, 북부가 남부를 장악하기 위해서는 남부 전역을 확보해야 할 것이며, 이를 위해서는 남부의 광활한 지역을 점령해야 하는 엄청난 부담을 안게 될 것이므로 결코 불리할 것이 없다고 생각했다. 이러한 점들이 자위적 방어를 위해 선제를 택하게 된 이유였다. 그리고 남부인들은 특유의 불굴의 정신력과 북부에 비해 높은 수준의 '신사도'를 가지고 있어서, 평상시에는 조용하지만 전쟁이 일어나면 과감하게 능력을 발휘하여 적에게 위협을 줄 수 있는 잠재력을 가지고 있다고 생각했다. 이러한 군사사상으로 유능한 지도자가 헌신적인 병사들과 함께 가치 있는 성과를 달성할 수 있을 것이라는 확신을 주는 것이었다. 남부가 가지고 있는 유리점들을 활용하는 것은 북부의 물질적 이점을 상쇄하는 것 이상의 의미를 가지고 있었으며, 이로 인해 많은 남부인들은 북부와의 전쟁을 주저하지 않았다.

1861년에 남부는 전쟁 준비가 되어 있었다. 일부 학자들은 그때까지 긴장은 고조되어 있었고 충돌은 피할 수 없었다고 주장한다. 브루스 레빈(Bruce Levin)은 이것을 그의 저서에서 '사건의 냉혹한 논리'(the inexorable logic of events)[2]라고 기술하고 있다. 학자들은 남부가 전쟁을 결심하게 된 이유

2　Bruce Levine의 저서, 『절반은 노예, 절반은 자유』(*Half Slave and Half Free: The*

와 배경에 대해 설득력 있는 사례들을 제시하고 있다. 1850년부터 시작된 남부의 정치적 실패와 경제적·사회적인 긴장이 더욱 빈번하게 발생되고 있었다. 1854년 상원의원 스테판 A. 더글러스(Stephen A. Douglas)는 대중적 인지도를 확보하기 위해 캔자스-네브라스카 주에서 그의 출신 주인 일리노이 주까지 철도가 개설되는 것을 보장하기 위해 서부지역의 노예제도 문제를 들고 나왔다. 대중적 관심을 불러일으키기 위한 그의 이러한 시도는 노예제도에 대해 분열된 양상을 보이고 있던 서부지역에서 남부와 북부인들 사이에 갈등을 야기했다.

1856년 존 브라운(John Brown)이 이러한 갈등을 더욱 부추기게 되는데 그는 노예제도 반대 추종자들을 이끌고 남부지역에서 노예제도 옹호자들을 살해하고, 캔자스 주의 로렌스(Lawrence)에 있는 노예제도를 찬성하는 출판사를 파괴하고 다섯 명을 살해하였다. 또한 이후에 정부의 구금으로부터 탈출하여 1959년 동부지역에 출현해서 하퍼(Harpers) 항구에 대한 습격을 감행했다. 브라운의 이때의 목표는 노예들을 이끌고 남부 농장주에 대한 반란을 이끄는 것으로서 그는 하퍼항의 연방군 무기고를 습격했다. 그의 목표는 저지되었고 체포된 후에 처형당하게 되는데, 노예 폐지론자들 사이에 그는 순교자로서 이름을 남기면서 북부지역에서 영웅으로 간주되었다. 남부인들 입장에서 그의 행위는 악행이었으며 무모한 개혁 성향의 북부인들이 불법적으로 남부의 문제에 개입한 행위였다.

존 브라운은 명성 있는 노예 폐지론자라기보다는 경제 침체에 따라 나타난 인물이라고 볼 수 있다. 1850년 초의 금융위기로 그는 재차 파산을 하게 되면서 노예제도 폐지를 추구하는 주된 동기를 주었을 뿐이었다. 드레드 스콧(Dred Scott) 사례는 도덕적 관점에서 노예 문제에 대한 법적 검토를 야기시켰다. 이 사건은 북부인들에게 노예제도에 대한 분노를 환기

Roots of the Civil War, Rev. edn) (New York: Hill and Wing, 2005), 225-242쪽, 시민 전쟁의 원인.

시키고 존 브라운 같은 행동을 옹호하게 되는 계기가 되었다. 흑인 노예였던 스콧은 노예해방 주(州)에 도착해서 자유를 청원했지만 1857년 남부 출신이 대부분이었던 대법원은 그의 노예해방 청원을 기각했다. 이 사건은 백인들이 완강한 인종주의적 편견을 가지고 흑인은 비천하다는 굴레에 가두어 두고 있다는 것을 여실히 보여 준 것이었다. 법적 절차를 따른 스콧의 청원이 기각된 것의 옳고 그름에 대한 판단이 모호해짐에 따라 처형당한 존 브라운이 그렇게밖에 행동할 수 없었을 것이라는 동정심을 일으켰다. 인종적 문제에 대해서 존 브라운은 그 사실들을 잘 이해하고 있었다. 존 브라운과 같은 사람들이 미국의 한 지역에서 테러를 확산시키면서 다른 지역으로 점차 번져 나가게 하였는데, 이것은 남부와 북부 사이에서 발생된 갈등의 상징이었으며, 미국 사회에서 노예제도에 대한 도덕적 논쟁을 격화시켰을 뿐만 아니라 남북이 서로 등을 돌리게 했다. 노예제도의 부도덕성은 존 브라운과 같은 인물들의 등장으로 인해 논쟁을 불러일으켰지만 이러한 도덕성에 관한 문제는 단지 전쟁으로 발전하는 구실이었을 뿐이었다.

물론 노예제도의 잘못된 점을 부정하는 것은 정치적 지도력의 실패에 기인한 것이었다. 1861년 이전까지 합당한 해결책을 마련하지 못함으로써, 위기를 불러왔던 것이다. 사실, 서로 반대의 입장에서 애매한 위치를 지키고 있던 정치가들은 그들의 정치적 경력을 위해서 노예제도를 이용했으며, 이로 인해 남북전쟁이 일어난 측면도 있다.3 링컨이 대통령 후보자로서 그의 입지 구축을 위해 노예 문제를 이용하기도 했지만 더글러스는 캔자스-네브라스카를 연하는 철도 부설을 위해 노예 문제를 링컨보다 교모하면서도 실질적으로 이용했다. 두 사람이 1858년 상원의원직을 놓고 경쟁할 당시 유명한 논쟁에서 링컨은 노예제도의 비도덕성을 중점적

---

3 Kenneth M. Stampp의 *Examination of this Issue* (New York: Oxford University Press, 1980), 207-208쪽.

으로 역설하면서 노예 소유주들을 향해 노예제도는 잘못된 것이라고 주장했다. 반면에 더글러스는 노예제도의 확산을 금지하는 데 초점을 맞추었다. 더글러스는 상원의원 경쟁에서 승리해서 상원의원직을 유지했다. 그러나 링컨은 언젠가 노예제도는 종료되어야 한다고 주장하여 결국에는 정치적인 논쟁에서 승리했다. 남부에 대한 명확한 반대 입장을 보였던 링컨은 북부에서 대중적 인기와 함께 더글러스를 압도했다. 링컨의 정치적 성공은 1860년 공화당 대통령 후보로 추대되면서 정점에 이르렀고 이어서 대통령 선거에서 승리했다. 그러나 이 두 사람의 노예제도에 대한 사고는 완전한 폐지와 확산금지라는 명확한 차이점을 가지고 있었다. 두 사람의 노예제도에 대한 시각 차이에 무관하게 링컨과 더글러스는 남부에 선제전쟁의 이유를 제공했다. 왜냐하면 북부에서 링컨을 대통령으로 선출한 것은 노예제도의 폐지를 명확히 한 것이기 때문이었다. 링컨의 승리는 남부 주(州)들의 연방 탈퇴로 이어졌고 남북 간 전쟁의 가능성을 고조시켰기에, 그의 진정한 승리의 의미가 손상되었다.

인간의 오류와 당시의 환경이 복합적으로 어우러져 비극적일 수밖에 없었던 시민전쟁으로 내닫게 되었다고만 평가해서는 그 본질을 정확하게 볼 수 없을 것이다. 정확한 분석을 위해서 남부의 선제에 영향을 준 또 하나의 요인이 있었다. 그것은 1861년까지 남부인들은 북부에 의해 압도되어 가는 문화적 스트레스였는데, 그 격차는 점점 더 벌어져서 정점에 다다르면서 북부에 대항하려는 의지를 불러일으키게 되었다. 남부에서 선제는 절박했다. 드디어 전쟁이 도래하면서 절박함은 더욱 단호해졌다. 그 때까지도, 남부가 앞으로 지속될 전쟁에서 선제공격을 통해 충분한 실질적인 군사적 이점을 확보할 수 있을 것이라는 확신이 없는 가운데 선제전략에 집착한 것은 이해하기 어려운 것이었다. 선제에 어떠한 확신을 갖기보다 남부는 자신들의 분노를 북부의 섬터 요새를 공격하는 데 사용하였으며, 이것이 남북전쟁의 시작이 되었다. 단지 어떤 조치를 취하지 않는다면, 궁극적으로 남부 고유의 전통과 문화는 북부에 의해 파괴될 위험에 직면해 있었던 이유에서였다. 어떤 수단을 사용하더라도 성공 가능성에 대한 확신이 없었지만 남부인들은 싸울 가치가 있다고 생각했다. 남부는 어떤 면에서건 붕괴에 직면해 있다는 위기의식이 팽배했다. 선택의 여지가 없는 가운데 운명을 건 명예로운 전쟁을 해야 할 이유는 충분했다.

많은 남부인들은 북부와의 전쟁에서 승리할 수 있다는 자신들만의 신념과 자신감을 가지고 있었다. 그러나 전쟁을 통해서 무엇을 얻을 수 있는가에 대해서는 그때까지도 의문으로 자리 잡고 있었다. 그 이유는 일단 전쟁으로 치닫게 되면 인명 손실과 재산의 파괴 등 그 결과가 비관적일 수밖에 없었기 때문이다. 그러나 이러한 두려움은 자신들의 정체성을 지키겠다는 의지로 인해 무시되었으며, 전쟁으로 인한 결과들은 충분히 감내할 만한 것이었다. 그들은 최소한의 피의 대가만을 치르면 될 것으로 생각했고, 상대적으로 제한된 충돌을 통해서 목표를 달성할 수 있다는 자신감을 가지고 있었으며, 북부와의 전쟁을 주저할 이유가 없었고, 전쟁으로 발생할 결과들은 더 이상 고려 대상이 아니었다. 그러나 남부에서 생각하는 것과는 다르게 피의 대가는 엄청날 수 있었으며, 제한된 인명손실이 불가피하지만 신속하게 승리를 한다 하더라도 그 결과는 결코 낙관적이지 않을 수도 있었다. 남북전쟁으로 발생할 수 있는 처절한 악몽이 양측 진영을 주시하며 조용히 숨죽이고 있었다.

남부는 그들이 승리할 수 있다는 신념을 불어 넣어줄 수 있는 이유가 필요했다. 선제는 가치 있는 이유로써 그들에게 희망을 주었다. 선제에 의한 예리한 공격으로 북부에 일격을 가할 수 있다면, 양측 간의 물질적 불균형은 문제가 되지 않는 것이었다. 그러나 남부가 선제공격으로 전쟁 초기의 승리를 통해서 자신들의 목표를 달성하기에는 북부와의 격차가 너무 컸었다. 오히려 선제는 남부의 의지를 표출하는 수단으로서의 가치를 가지고 있었다. 이것은 두 가지의 측면에서 살펴볼 수 있는데, 첫째는 남부가 선제공격을 한다 하더라도 북부에서 전쟁으로 발전하는 파국을 원하지 않을 것이라는 기대감이 있었다. 두 번째는 선제의 정당성을 가지고 북부와 전쟁을 개시할 때, 군사력의 무력시위를 통해서 더 큰 전쟁으로 확대될 수 있는 가능성을 차단하게 되면 양측 간의 물리적 충돌이 종료될 것으로 기대했던 것이다.

남부는 이러한 기대했던 일들이 일어나지 않는다면, 전쟁은 장기화되어 죽음의 충돌을 피할 수 없을 것으로 생각했고, 이러한 불상사를 피하고자 '선제행동'의 이점을 이용하려 했다. 그리고 현재의 상황을 타개하기 위해서라도 남부는 싸워야만 하는 동기를 가지고 있었다. 그러나 남부가 선제공격을 통한 전쟁에서 얻고자 했던 것에 대한 근본적인 이유에 대해서는 아직도 의문으로 남아 있다. 사우스캐롤라이나 주가 연방을 탈퇴하면서 이어서 여섯 개 주(州)가 탈퇴했다. 이는 예견된 일이었으며 전쟁을 결심하는 데 매우 중요한 영향을 주었다. 그러나 일곱 개 주의 능력만으로는 북부와 대항하여 성공적으로 전쟁을 치르기에는 현실적으로 충분하지 못했고 성공적인 결과를 얻기 위해서는 더 많은 주가 남부연방으로 합류되어야 할 필요가 있었다. 일부 주들의 합류가 남부의 합법적 지위를 공고하게 하였기에 선제공격은 이러한 문제를 극복하고 있었다. 전쟁이 발발하자 다른 주들은 합중국에 남아야 할지 남부연방에 합류해야 할지에 대한 중대한 결심을 해야만 했다. 남북의 경계 지역에 있는 주들은 북부가 남부를 위협하면서 전쟁을 통해 남부를 장악하려 시도했다면, 이들 주들은 남부연방 측에 서게 되었을 지도 모른다. 남부연방이 더 많은 주들이 합류해서 보다 강력하게 구성되었다면, 북부는 거대한 적과 마주하게 되면서 상황은 역전되었을 수도 있었다. 남부연방에 다른 주들이 추가적으로 합류했다면, 아마 모두가 전쟁을 피하려 했을 것이고, 이러한 이유로 남부가 전쟁을 결심하게 되면 북부의 공세적 대응을 감소시켰을 것이다. 그리고 남부가 일곱 개 주 이상으로 구성된 가운데 전쟁이 일어났다면, 남부는 보다 강력한 자체 방어능력을 보유할 수 있었을 것이다.

남부가 전쟁을 피하면서 자신들의 의지를 표출하고자 시도했던 선제행동은 결국 미국을 시민전쟁의 소용돌이로 몰아갔다. 전쟁이 개시되자,

많은 남부인들은 북군을 격파할 수 있다는 자신감으로 충만했다. 일부 남부인들은 전쟁이 패배로 끝나는 치명적인 결과가 발생할지도 모르지만 현재와 같은 북부의 지배를 받는 불명예스러운 상황하에서 남부의 명예를 살리기 위해서라도 끝까지 싸워야 한다고 주장했다. 이러한 주장은 고통과 가치관의 혼란 속에 혼재하고 있었다. 섬터 요새에 대한 공격은 전쟁의 개시였으며 남부연방의 깃발 아래 이에 동조하는 주들이 합류하는 양상을 띠고 있었다. 결과적으로 남부가 전쟁의 위험을 감내하면서 뛰어들게 된 것은 거세게 압박하고 있는 북부의 경제, 문화적 위협 때문이었다. 북부에서는 북부 지배하에 있는 상업적 기반에 남부가 개입하려 하거나 규모를 확장하려하는 것을 용인하지 않았다. 정치권력의 상실과 남부지역에 횡행하고 있는 북부의 문화를 보면서 남부인들은 자신들의 정체성을 잃게 되는 재앙에 빠질 것을 우려했다. 결국 남부는 자위적 방어를 위한 선제행동을 선택할 수밖에 없었다.

남부의 선제공격 경과

섬터 요새는 찰스턴(Charleston) 항구를 통제하는 요새로서 사우스캐롤라이나 주가 합중국 연방에서 탈퇴함에 따라 남부의 공격에 취약해진 북부의 수개의 요새 중의 하나였다. 캐롤라이나 주는 노예제도를 시행하고 있으면서 이전부터 합중국연방 탈퇴를 고려하고 있었기에, 첫 번째의 탈퇴 주가 된 것은 놀랄 만한 일은 아니었다. 캐롤라이나 주의 지도층에서는 북부와 인접한 주들을 어떻게 합류시킬지를 심사숙고하고 있었다. 신속하게 찰스턴 항구의 요새를 장악해서 남부의 결의를 보여 주면서 북부의 허약함을 상기시켜 다른 주들이 남부연방으로 합류하도록 유도하려 했다.

남북전쟁 간, 찰스턴에서 전투를 치룬 장교들과 병사들은 어느 편에 서야 할지에 대한 갈등을 겪은 수많은 개인적인 사연들을 가지고 있었다.

섬터 요새의 앤더슨 소령은 섬터 요새에서 항구의 북부지역을 방어하고 있었다. 그는 캔터키 주에서 온 남부인 이었으나 북군 편에서 충성을 다하겠다고 결심했다. 그는 남북전쟁의 도화선이 될 수 있었으며, 쉽게 와해될 수 있었던 취약한 섬터 요새의 방어진지를 강화함으로써 전쟁으로 확산되는 것을 저지하려고 애썼다. 그는 모울트리(Ft. Moultrie) 요새에 있던 인원을 전환하여 섬터 요새의 방어력을 보강했는데 당시 모울트리 요새는 지형적으로 방어가 어려운 상태이기도 했다. 섬터 요새는 섬이었기 때문에 방어가 상대적으로 용이했다. 이렇게 진지를 보강하여 찰스턴에 주둔하고 있던 남부군들이 섬터 요새를 장악하기 위해 포사격을 하면서 점령하려는 시도가 중단되기를 원했다. 그러나 이러한 그의 노력은 사태를 완화하기보다는 오히려 확대시키는 결과를 가져왔다. 앤더슨 소령이 남군을 기만하면서 야음을 이용하여 병력을 은밀하게 이동시켜 섬터 요새의 방어력을 보강한 것은 북군 입장에서는 적의 공격에 대비해 철저하게 준비한 매우 훌륭한 행동으로 칭송을 받았던 반면, 남군 입장에서는 앤더슨의 행동이 자신들을 우롱하고자 한 북부인의 교활한 변절 행위의 증거로 보였다. 왜냐하면 링컨이 남부 영토 내의 합중국 요새의 방어력을 보강하지 않겠다고 약속한 바 있었기 때문이었다.

이러한 섬터 요새에서의 군사적 긴장관계의 발전이 전쟁으로 치달아 가기 전에 링컨은 또 한 번의 외교적 조치를 시행했다. 링컨은 요새의 재보급을 명령했고, 찰스턴의 남부 지도자들은 링컨에게 이것은 전쟁을 위한 도발행위로 간주하겠다고 경고하였으며 결국에는 전쟁으로 발전하는 계기가 되었다. 링컨은 요새에 대해 비무장 선박에 의한 재보급을 공개적으로 발표함으로써 남부의 최후 통첩을 능숙하게 받아 넘기면서 무력하게 만들었다. 만일 이때 남부가 공격을 한다면 아마 곤란한 상황에 처하고 말았을 것이다. 링컨은 전쟁 발발의 책임을 남부연방이 지도록 유도했던 것이다.

이러한 그의 시도는 의도대로 진행되었다. 1861년 4월 12일 새벽 남부군은 또 다른 재보급이 시행될 즈음 포격을 개시했다. 이틀 후에 요새는 항복하였고 이 전투로 인한 양측의 인명 손실은 없었다. 남부는 피를 흘리지 않은 전투를 통해 그들의 의지를 보여 주었다. 당시에 북군도 전쟁으로까지 발전하리라고는 생각하지 않고 있었다. 대신에 링컨은 남부의 반란을 진압하기 위해 7만 5,000명에게 90일간의 동원을 명령하면서 "법적인 절차에 의해 정해진 방법에 의해 이를 진압하기 위해 필요한 조치"라고 발표했다.4 북부에서는 링컨의 동원령과 더불어 압도적인 우세를 달성하기 위해서 전쟁 무기의 생산에 박차를 가하기 시작했다. 정치적인 합의도 이루어졌는데, 링컨의 오랜 정적(政敵)이었던 상원의원 더글러스는 공개적으로 "우리 앞에는 단지 두 가지의 선택만이 있을 뿐이다. 합중국을 위하거나 아니면 반대편에 서는 것이다. 이 전쟁에서 중립은 없다. 애국자가 되느냐 반역자가 되느냐의 문제일 뿐이다"라고 연설했다.5 그의 연설은 링컨이 섬터 전투를 통해 정치적 목적을 달성하기 위해 남부를 애매하게 비난했을 때 이를 비판했던 것과는 다르게 매우 강력한 효과를 주었다.

남부는 이러한 도전을 받아들이며 전쟁을 준비했다. 그때까지 남부에서는 전쟁은 없을 것으로 믿고 있었고 전투가 시작된다 하더라도 제한적일 것이며, 소수의 인명 피해만 발생할 것으로 판단했다. 이러한 희망은 섬터 전투를 통해서도 확인되었었던 것이다. 링컨의 동원령에 대응하여 여덟 개의 경계주(州) 중에서 버지니아, 알 캔자스, 테네시, 노스캐롤라이나 주 등 네 개 주가 합중국을 탈퇴하고 남부연방에 합류했다. 많은 인구를 가지고 있는 네 개의 강력한 주들이 추가적인 군사력을 제공함으로써 남부는 북부의 공격에 대응할 만큼의 충분한 군사적 능력을 갖추게 되었다는 확신을 하게 되었다. 따라서 남부연방이 합중국으로부터 분리되더라

---

4   Richard N. Current의 *Lincoln and the First Shot* (Philadelphia: J. B. Lippincott Company, 1963), 157쪽.

5   James M. McPherson의 *Battle Cry of Freedom: The Civil War Era* (New York: Ballantine Books, 1988), 274쪽.

도 북부로부터 어떠한 도전도 없을 것으로 생각했다. 그러나 남북 간의 시민전쟁은 이미 시작되었고 남부는 불확실한 전쟁의 결과에 직면할 수밖에 없게 되었다.

남부의 선제공격은 성공했는가?

섬터 요새 전투는 전투 개시 후부터 종료 시까지 당연히 많은 사상자가 있어야만 했지만 그렇지 않았던 상식을 벗어난 전투였다. 남부연방이 섬터 요새를 포격한 수개월 이후인 1861년 7월 21일 최초의 대규모 전투가 북부의 수도 워싱턴(Washington) 근처인 불런(Bull Run) 전장에서 이루어졌는데, 남군은 거의 하루간의 힘겨운 사투 끝에 북군을 격파했다. 이곳에서의 사상자의 발생은 피를 흘리지 않고 전쟁을 치른다는 것은 단지 희망사항일 뿐이라는 것을 증명하는 것이었다. 또한 그 달의 전투양상을 지켜본 북부에서도 전쟁에서 피를 흘리지 않겠다는 것은 어리석은 일이라는 것을 인식했다. 전쟁은 화려한 색상으로 멋있게 꾸며진 군기의 전시장이 아니었다. 링컨의 90일간의 동원령 발령은 전쟁의 비극을 불러일으킨 또 다른 요인이었다. 그는 장기전에 대비한 보다 영구적인 상비군이 필요하다고 판단하고, 장기전에 대비한 준비를 함에 따라 양측 간의 불신의 벽은 높아만 갔다. 남부 역시 소극적인 방법으로는 장기전 준비가 불가능하다는 판단하에 전쟁에 총력을 기울이기 시작했다.

피를 흘리지 않고 단기간에 전쟁을 끝낼 수 있을 것이라는 환상은 사라졌다. 불런 전투는 이듬해에도 계속되었으며, 결과는 남부의 승리로 끝났지만 양측 간의 치열한 충돌로 인해 사상자가 늘어만 가고 있는 가운데 한 치의 양보도 할 수 없는 일련의 교전이 계속되었다. 전쟁 초기에 남부는 유능한 장군들에 의해 연속적인 승리를 하고 있었다. 로버트 E. 리(Robert E. Lee) 장군이 가장 유명했다. 남부연방의 대통령 제퍼슨 데이비스

(Jefferson Davis)의 신임을 받는 군사고문이었던 그는 제퍼슨에 의해 1862년 북버지니아 사령관에 임명되었다. 그에 대한 임명은 북군이 공세를 재개하면서 남부 수도 리치몬드(Richmond)를 위협하는 시기에 이루어졌다. 리 장군은 포토맥(Potomac)에서의 7일간에 걸친 수차례 전투를 통해 북군의 맥클렐런(George B. McClellan) 장군의 군대를 격파하여, 북군을 워싱턴으로 퇴각시킴으로써 리치몬드에 대한 위협을 제거했다. 사상자는 날로 증가하였으며 이 전장에서만 북군 1만 6,000명, 남군 2만 명의 사상자가 발생했다. 리 장군의 측근들은 전투가 성공적이었다고 생각하고 있었지만, 리 장군 자신은 공세적 방어전략이 성공하고 있다는 확신을 갖지 못하고 있었다.[6] 리치몬드에 대한 위협은 종식시켰지만 북군이 궤멸된 것은 아니었다. 리 장군은 이후 공격 간 전투력을 집중해서 결정적인 승리를 하기 위한 목표를 설정하고 공세적 방어전략을 수정해서 적용하는 계획을 세웠다.

리 장군은 이러한 그의 목표를 실행에 옮길 수 있는 지위에 올라 동부지역에 있는 대부분의 남부연방군을 지휘하게 되었다. 그는 북군의 또 다른 공격을 기다리기보다는 적극적으로 북군을 공격해야 한다고 믿고 있었다. 결정적인 전장을 선택하지 않고 공세적 방어전략에 따라 계속적인 전투를 치르는 것은 군대의 피로를 누적시키고 전투력을 점차 감소시킴으로써 결국은 월등한 북군의 군사력 앞에서 항복을 강요받게 되는 상황을 초래할 것으로 판단했다. 따라서 북부 영토지역 안으로의 공격이 계획되었다. 리 장군은 그가 선택한 장소로 북군을 유인해 격파하면서 북부지역을 전장화한다는 계획을 실천하려 했던 것이다. 이렇게 하면 북부가 결국에는 평화 협상을 제안할 것으로 생각했다.

리 장군은 공격계획을 수립할 때 지역을 점령하는 목표는 고려하지 않았다. 남부는 영토 확장보다는 북부를 강력하게 압박해서 평화 제안을

---

6 Russel F. Weigley는 리 장군과 그랜트 장군의 전략적 차이점을 상세히 분석해서 제시하였다. *The American way of war: A history of United States Military Strategy and policy* (Bloomington, IN: Indiana University Press, 1973), 102, 104쪽.

수용할 수 있도록 결정적인 전장을 형성해서 공격 기세를 유지하는 데 역점을 두었다. 이를 통해서 남부는 분리된 국가로서의 지위를 확고히 하고자 했던 것이다.

리 장군의 이러한 전략은 여러 면에서 매우 인상적이었다. 그 이유는 전쟁이 길어지면서 북부의 월등한 자원의 이점으로 인해 궁극적으로는 남부가 패할 수도 있다는 우려 속에 계속해서 전쟁에 몰입하는 것에 대해 부정적인 의견을 가지고 있던 사람들의 의견을 수용하면서, 한편으로는 그의 공격계획을 단지 성공적인 방어전쟁을 통해서 목적을 달성하려 했던 당시의 소극적인 사고의 한계를 넘어서는 것이었기 때문이다.

그는 1863년 5월 초 챈스러스빌(Chancellorsville), 1862년 12월 프레드릭스버그(Fredericksburg) 전장에서 방어전투를 통해 대승을 거두었던 전략에 고무되어 있는 남부 지지들에게 북부지역으로의 공격 계획이 방어전투의 연장선에 있는 것으로 인식시켰다. 이러한 요소들은 북부를 공격하려는 그의 결심을 더욱 확고하게 해주었다. 적어도 북부가 남부를 공격하는 이유와는 다르게 북부를 점령한다는 부담은 갖지 않아도 되었다.

이 위대한 계획의 기본 원칙은 유효한 상태로 남아 있었으며 어떤 면에서 상황은 리 장군의 전략을 강화시켜 주고 있었다. 그러나 리 장군의 공격 계획은 전투를 유리하게 유지시켜 가고 있던 방어진지에서의 이점을 포기하는 것이기 때문에 남부가 전쟁을 주도해갈 수 있다는 낙관론을 바탕으로 한 최종적인 결심이기도 했다. 리 장군은 북군이 남군의 전투력을 소진시키기 전에 북군을 평화협상으로 이끌어 오겠다는 일종의 도박을 한 것이었다. 수많은 인명 피해를 발생시키고 있는 소모적인 전쟁이 장기화되는 것을 종식시킬 수 있는 거대한 전장터가 필요했다.

리 장군이 이 전략을 통해서 노린 또 하나의 목표는 북부지역으로 공격해서 남부의 안정을 기하면서 전쟁을 종결시키는 것이었다. 그는 단지 두 번의 승리를 위해서 남군을 이끌고 북부지역으로 공격하기 시작했다. 1862년 9월, 앤티텀(Antietam) 전장에서 치열한 전투 끝에 승리했다. 이 전장은 양측이 동일하게 2만 2,000여 명의 사상자와 부상자가 발생한 살육 전이었다. 그러나 리 장군은 결정적인 승리를 달성하는 데는 실패했다. 게다가, 그는 매릴랜드(Maryland)로부터 버지니아(Virginia)로 군대를 후퇴시켰기 때문에 궁지에 몰리게 되었다. 그는 다음 해인 1863년 재차 공격을 했지만 엄청난 손실과 함께 패배함으로써 그의 전략은 명백한 실패로 끝났다. 1863년 7월의 3일간, 펜실베이니아(Pennsylvania), 게티즈버그에서 남군은 약 5만 1,000여 명의 사상자가 발생하는 치열한 전투를 치렀다. 이때 남군은 포토맥(Potomac)에서의 피해보다 더 큰 피해를 보았다. 물론 북군도 2만 3,000여 명 이상의 사상자가 발생했다. 리 장군은 후퇴할 수밖에 없었으며 북부지역에서 전장을 조성해서 승리를 거두려 했던 그의 시도는 물거품이 되었다.

그즈음 북부는 총력을 기울여 병력과 물자를 동원하면서 남부지역을 장악하려 시도했다. 이 전략은 리 장군과 필적할 만한 북군의 장군이었던 그랜트에 의해 실천되었는데 리 장군과 달랐던 점은, 그는 부대의 피해 정도에 관계없이 전쟁을 승리로 끝내려는 냉혹한 의지로 가득 차 있었다. 그는 인명손실 여부는 염두에 두지 않는 무자비할 정도로 무감각하고 냉정하게 부대를 지휘했다. 그랜트 장군은 이제 결정적인 전장을 조성하는 시기는 지나갔으며, 새로운 전략이 절대적으로 필요하다고 생각했다. 이 전략은 전투개시 이전에 예상되는 공포와 두려움을 벗어버리고 수 개의 방향에서 과감하게 협조된 공격을 하는 것이었다. 이것은 리 장군의 전략과 완전히 대비되는 것이었다.

리 장군은 다수의 방향에서 협조된 전선을 유지하는 것을 고려하지 않았다. 그는 결정적인 전장에서 승리함으로써 전쟁의 공포에서 벗어나고, 더 이상의 전투상황을 제거해서 사상자 발생을 최소화하면서 전쟁을 종결하려 했다. 각각의 전장에서 사상자가 계속 증가하고 있었지만, 리 장군은 결정적인 전장에 대한 믿음을 잃지 않은 채 게티즈버그 전투까지 이어갔다. 게티즈버그에서 패배한 후, 리 장군은 북군을 충분히 살상하였기에 전쟁이 교착상태로 종결되기를 희망했다. 이것은 리 장군이 전쟁 막바지 몇 년간에 대량으로 발생한 끔찍하고도 감내하기 어려웠던 인명손실에 대해서 그랜트 장군보다 높은 책임감을 가지고 있다는 것을 보여주는 것이었다.

그랜트 장군은 신속하게 리 장군을 무력화시켰다. 그랜트 장군은 1864년 포토맥에 주둔한 병력으로 피터스버그에서 요새 방어선을 구축하고 있던 남군을 포위하고 전력을 약화시키기 위해 일련의 공격을 계속하였다. 서부 전역에서는 그랜트 장군이 총애하는 윌리엄 서먼(William Sherman) 장군이 애틀랜타, 조지아 주를 거쳐 해안을 따라 남부지역을 공격하면서 많은 민간인을 살상했다. 1864년 12월까지 서먼 장군은 사바나(Savanna)까지 진격했고 전쟁의 참혹함은 더한 고통을 주었다. 서부지역에서의 전투는 북부지역에서 좀처럼 볼 수 없었던 살육과 파괴 행위의 연속이었다. 동부지역 전역에서 수천 명이 희생당하고 리 장군이 피터스버그 전장에서 패배한 데 이어 1865년 초 리치몬드가 수일 만에 북군에게 함락당하고 말았다. 결국 리 장군 4월 9일 아포매토스(Appomattox) 법원에서 항복했다. 소수의 남군 장군들이 끝까지 저항하려 했지만 리 장군의 항복으로 사실상 전쟁이 끝난 것이다.

리 장군은 많은 오류를 범했지만, 그의 실패에는 여러 가지 요인들이 있었다. 가장 중요했던 것은 남부가 모험적으로 시도했던 선제공격의 완전한 실패였다. 거기에다가 남군은 유능한 장군들과 불굴의 전투의지가 있었음에도 북부의 압도적인 군사적 능력과 자원의 격차를 넘어설 수 없었던 것이 가장 중요한 요인이라 할 수 있다. 남부의 문화를 지키기 위해 시도했던 선제공격은 일종의 '자위적 생존'을 위한 선택이었다. 전쟁은 북군이 남부지역을 점령하면서 종결되었다. 남부의 선제공격을 통해 목표를 달성하려 했던 것들은 여러 가지 요인으로 인해 실패했다. 북부가 주도권을 장악하면서 남부인들의 삶에 어두운 그림자가 드리워졌고, 남부는 명목상의 명예로운 전쟁을 치르고 나서 남부 고유의 독특한 문화적 특성을 지키는 데 실패했다. 선제를 통해서 달성하려 했던 모든 것들은 이렇게 절망적인 결과를 안겨 주었다.

　남부의 신중하지 못한 행동의 결과는 전쟁 이후에 더욱 분명한 현실로 다가 왔다. 남부가 그토록 지키려 했던 노예제도는 '짐 크로 법'(Jim Crow 법, 흑인격리우대법)에 의해 전쟁 이후에도 사라지지 않았다. 1865년 이후에도 백인들의 우월주의로 인해 노예에 대한 인권문제가 개선되지 않았다는 것은 남부인들이 지키려 했던 사회적 문화가 전쟁 이후에도 존속되었다는 것을 말해 준다. 남부는 완전한 군사적 패배 이후에 북부의 지배하에 있었지만 완전한 남부 문화의 쇠퇴를 가져오지는 않았다. 따라서 전쟁 이전과 이후의 흑인들의 삶이 어떻게 변화되었는지에 대한 의문을 불러왔다. 전쟁 이후에도 남부의 백인 우월주의에 기반을 둔 노예제도가 존속된 것은 미국이 가지고 있던 도덕적 한계를 보여 주는 것이었다. 따라서 남부는 패배했음에도 불구하고 그들이 지키려 했던 가치를 유지하게 됨으로써 명예로웠으며, 선제를 통해 이룩하려 했던 그들만의 도덕적 가치를 성취했던 것이다. 흑인들의 희생은 계속적으로 요구되고 있었다. 결국 남북전쟁간에 남부의 선제공격은 그들만의 방식으로 정당성을 가지고 실천에 옮겨졌고 북부에게 패배했지만, 전쟁 이후에도 아프리카—아메리칸들의 고난은 계속되었다.

남부가 선택한 선제의 분석 및 비판

　북부는 월등한 경제, 군사적 잠재력을 바탕으로 남부의 분리 독립 시도를 노예제도에 대한 반대의 입장을 구실로 저지하면서 남부를 위협했다. 단지 필요한 정도만의 자유라도 얻기를 갈망했던 남부에 대해 북부가 경제적인 압박을 통해 이를 구속하려 했던 것은 북부의 잘못된 판단이기도 했다. 그러나 남부는 근본적으로 취약한 산업기반 시설, 철도, 운하,

통신 등 전반적인 경제 분야의 낙후에 그 문제가 있었다. 노예제도에 의존하는 노동력 부족은 남부 경제에 결정적인 요인이 아니었다. 남부는 농산물을 북부와 해외로 수출하고 완제품을 수입하는 경제구조였다. 남부의 노예소유 농장주들은 자본이 필요하면 남부지역의 은행을 이용했지만 이들 은행들은 사실상 북부 기업의 소유였다. 이들이 어느 쪽으로 방향을 돌리든지 간에 남부인들은 경제적인 면에서 항상 북부인들의 고압적인 태도에 부딪칠 수밖에 없었다. 선제는 남부경제를 질식시키려는 북부의 행동을 중지시킬 수 있는 유일한 수단이었을 뿐이었다.

경제적 폐해는 많은 사회적 갈등을 불러 일으켰다. 노예제도를 포기하는 것은 남부의 노동 집약적 농업체제와 미국 최고의 전통으로 간주되는 '신사도'의 붕괴를 의미했다. 남부의 초기 정착자들은 국가를 지키기 위해 노예제도의 폐지를 거부했다. 그들의 이러한 행동은 1861년 풍요로운 남부의 토지 분배를 통해 더욱 결속되었다. 자신들에게 필요한 토지를 충분히 보장받고, 그 땅에서 살면서 일하는 것이 그들 입장에서는 민주주의의 진정한 모습이었다. 남부인들의 입장에서는 남부 문화 자체가 미국에서 꿈을 실현하는 이상적인 모습이었다. 이러한 문화가 파괴되는 것은 그들이 피로 가꾼 것들을 말살하려는 부당하고 사악한 것이었다. 또한 합중국에서 이탈하는 것은 민주주의를 위해 애국적인 것이었으며, 국가를 위해 할 수 있는 최선의 상징적인 행동이었다.

1861년 남부인들은 그들의 가치관이 북부의 잘못된 행동으로 크게 위협받고 있다고 생각했다. 이러한 압박은 노예 문제가 아닌 다른 문제에서도 남북 갈등으로 발전하고 있었다. 당시에 이루어지고 있던 서부지역의 개발은 더욱 남부의 경제적 상황을 악화시켰다. 새로운 땅에서 노예를 사용하지 못하게 하기 위하여 의회를 장악한 북부인들은 남부의 정치 대표자들의 행동을 제약했다. 남부인들은 새로운 땅을 개척하기 위해 땀과 피를 흘렸음에도 미 정부를 장악한 북부인들은 권력을 남용하며 남부의 이익을 제한했다. 일부 과감한 남부인들이 남부의 이익을 확장하기 위해 라틴아메리카에서의 노예제도를 추구했을 때 이들은 이에 대한 중지를 촉구하는 합중국 정부의 반대에 부딪쳤다. 또한 북부인들은 축복받아야 할 미국의 전통을 간섭하고 명백하게 미국이 나아가야 할 길에서 벗어나고 있었으며, 서부지역 개발을 통해 북부의 이익 추구에 몰두하면서도 남부 지역에서 노동력 확보를 위해 반드시 필요한 노예제도를 불법이라고 선언하고 있다고 생각했다.

또 하나의 중요한 요소는 북부가 남부인들이 신사도를 지키려는 것을 거부하면서 남부 문화를 배척하려 한 것이었다. 남부 신사들은 자신들의 위치를 유지하기 위해서 토지와 노예가 필요했다. 이러한 남부인들의 정신은 1820년 남부에 대한 북부의 경제적 장악으로 표출되기가 어려웠다. 경제적인 문제 외에도 북부로부터 스며들고 있는 다양한 형태의 영향력은 받아들이기 힘들었다. 대학 교육은 거의 북부지역에서만 가능했고 남부의 의사 결정은 북부에 그 기반을 두고 있었다. 많은 교사들과 언론인들은 북부에서 교육을 받았거나 남부에 거주하고 있는 북부인들이었다. 이러한 북부의 문화적 공격은 남부 입장에서 볼 때 일종의 음모였으며 노예 폐지론은 이를 뒷받침하는 구실에 지나지 않았다. 존 브라운 같은 개혁적 성향의 사람은 자유롭게 북부를 드나들면서 남부 문화에 대한 북부의 배척 성향을 더욱 부추겼다. 『톰 아저씨의 오두막집』은 남부 문화의 혐오성에 불을 끼얹는 역할을 했다. 이 소설에서 과장되게 묘사된 노예 학대 문제는 남부인들의 비도덕적 죄악을 치유하기 위해서라도 북부에서는 남부 문화 전반을 재개조해야 한다는 의식이 일어나게 하였다.

북부의 거대한 경제력을 도외시한 채 많은 남부인들이 북부의 군사적 위협을 과소평가했다. 북부가 많은 자원을 가지고 있지만 남부인들의 강한 정신력과 방어에 유리한 지리적 이점을 이용한다면 충분히 이길 승산이 있다고 생각했다. 남부인들은 설사 전쟁이 없더라도 합중국으로부터 분리하여 자신들만의 가치를 지키고자 했다. 그러나 전쟁은 시작되었다. 남부인들은 지극히 단순한 이유로 필사적인 전쟁 준비를 했다. 북부의 거대한 위협에 대항하기 위해서는 전쟁 이외에 다른 대안이 없다는 결론을 내리고, 군사력을 준비하면서 선제공격을 고려했던 것이다. 선제공격만이 북부의 압박으로부터 남부의 도덕적 가치를 지킬 수 있다고 믿었다. 그들이 추구했던 도덕적 목적은 남부의 문화를 보존하는 것이었는데, 이를 지키기 위해 시도했던 선제공격은 실패로 끝났다. 남부인들은 그들의 가치를 파괴하려는 북부와 싸우지 않고는 이러한 도덕적 목적을 달성할 수 없었으므로 선택의 여지가 없었다. 결국 남북전쟁은 피할 수 없는 현실이었다. 전쟁으로 남부가 파괴될지라도 그것은 명예로운 것이었다. 1861년 이러한 선제적 목적하에 남부 지도자들은 전쟁으로의 길을 택했던 것이다.

남부지역을 혼란으로 몰아넣은 현실과 과장된 유언비어의 난무가 선제전쟁을 고려하는 데 영향을 준 것은 명확하다. 남부에서는 북부가 월등한 자원의 이점을 가지고 있는 것과 관계없이 남부의 정신과 지도력으로 결합된 공세적 방어전략으로 북군을 격퇴하려 하였다. 남북 간의 커다란 격차를 이해하기 위해서는 남부지역의 불리점을 다시 한 번 고려해 볼 필요가 있다. 남부에 해군력이 없었던 것은 경제적 불리점을 더욱 악화시키는 취약점이었다. 이것은 남부가 경제적 불리점을 극복하기 위해 외국의 자본을 끌어들이려 하는 데 커다란 장애가 되었다. 북부의 자본이 남부를 잠식하고 있어 외국으로부터 생필품과 전쟁물자를 구매하는 것도 제한되었다. 남부는 전쟁 지속력을 유지하는 데 있어서 병력을 유지하는 것보다도 심각한 물자의 부족에 허덕였다. 이러한 불리점에서 전쟁을 시작한 것은 어떤 면에서 보면 허황된 것이었고, 당시의 환경을 바꾸어 보려 한 것은 단순히 희망사항이었다.

남부인들이 최고의 가치로 생각한 농업은 사실 많은 경제적 결점을 가지고 있었음에도 불구하고 이에 대한 변화를 시도하기보다는 북부에 대한 가득한 불신으로 전쟁을 선택했다. 남과 북의 경제적 격차는 가장 중요한 요인이었다. 남부는 지나치게 농업에 기반을 두고 있었기 때문에 북부의 자본과 산업 기반에 의존할 수밖에 없었다. 자신들의 신념만으로 남부의 이상을 실현하는 것은 처음부터 커다란 문제를 안고 있었다. 단지 합중국으로부터 이탈한다 해서 이러한 문제를 풀 수 있는 것도 아니었다. 남부가 추구하는 경제적 발전은 북부의 도움 없이는 아무리 많은 토지와 노예를 가지고 있다 해도 불가능한 것이었다. 남부인들도 이 사실을 잘 알고 있었지만, 비록 충분한 경제적 가치를 생산하지 못한다 하더라도 남부의 농업기반 경제를 통해 원하는 만큼의 자력경제를 이룩하면 된다는 제퍼슨의 이념에 집착했다. 남부인들이 갈망했던 합중국으로부터의 분리는 취약한 경제적 문제보다는 자신들이 더 우월하다는 문화적 측면에 있었다. 따라서 이러한 합중국으로부터의 분리는 남북 간의 경제적 격차를 더욱 크게 벌리는 원인이 되었다. 이것은 남부인들이 자초한 일이었다.

북부에서 남부지역의 변화를 '혁명적'인 수준으로 압박하고 있는 시기에 이에 대한 남부인들의 평가는 지나치게 과장되어 있었다. 역사학자 제임스 맥퍼슨(James McPherson)의 『자유를 위한 전쟁의 통곡』(*Battle Cry of Freedom*)에서 남북전쟁에 대해 언급하면서 남부가 선제를 택한 이유를 "남부인들은 합중국의 위협을 과장되게 인식했고 선제행동을 통해 그들이 직면한 위협을 제거해야 한다고 주장했다"[7]라고 설명하고 있다. 그는 남부가 선택한 선제에 부정적인 입장이었다. 반혁명이라는 이름하에 남부인들은 북부가 남부를 속박하기 위하여 경제적인 음모를 꾸미고 노예제도를 폐지하려는 악의적인 행동을 하고 있다는 과장된 인식을 하고 있었다는 것이다. 남부인들은 북부의 사업가들이 북부의 출판물을 남부에 널리 확산시키려 한다고 비난하는 것처럼 문화적 속박에 대해서 상당한 피해의식을 가지고 있었다.

남부의 이러한 인식과 북부에 대한 불신은 남부의 초기 개척 이민을 통해 노예제 농장을 소유한 지도자 집단에서 노예를 소유하지 않은 남부의 2/3에 해당하는 백인들의 충성심을 어떻게든 확실하게 끌어들이기 위

---

7 McPherson의 *Battle Cry of Freedom*, 245쪽.

한 그들의 의지를 반영한 것으로 볼 수 있다. 남부 사회는 어깨를 나란히 할 수 없는 다루기 힘든 노예 인구와 혼합되어 있었다. 남부의 자체 통합과 생존은 합중국에 속하던 속하지 않던 점차 큰 문제가 되어가고 있었다. 남부 지도자들은 남부인들의 바로 앞에 직면한 위기인 것처럼 북부의 위협을 과장시킬 필요가 있었다. 이러한 측면은 맥퍼슨이 말한 '반혁명적' 사고에 대한 견해와 일치한다.

남부 지도자들의 행동 방식은 민주주의의 전형이 아니었다. 북부에서 많은 비판가들은 이를 비민주주의적이라고 비웃었는데, 왜냐하면 이는 노예 노동력에 기반을 둔 귀족정치의 연장이라고 보았기 때문이다. 남부 신사들의 이념은 일견 매력이 있었지만 실제로는 이루어지기 힘든 현실이었고, 단지 소수의 남부인들만이 궁극적인 남부 삶의 스타일로 농장 형태의 장원에 거주하고 있었다. 계층적 신분제도가 단호하게 자리 잡고 있었고 계층 간의 이동도 극히 제한적이었다. 남부 지도자들은 현실을 제대로 인식하지 못하고 있었다. 민주주의 대신에 귀족적 지배가 남부에 자리 잡고 있었으며, 더 많은 토지와 추가적인 경작지 개발에 몰두하고 있던 남부인들에게는 북부의 요구를 받아들이는 것은 너무도 어려운 일이었다.

남부에서도 노예제도에 대해 북부와 유사한 거부감으로 머지않아 사라지게 될 상황에 있었다. 남부와 북부의 많은 사람들은 노예제도를 언젠가 없어져야 할 죄악으로 생각했기 때문이다. 그들은 노예제도를 유지하고 있는 자유국가에서 살면서 애매한 말과 위선적인 행동으로 포장하고 있었다. 링컨은 더글러스와의 논쟁에서 이 점을 명확하게 주장했다. 따라서 링컨은 남부인들에게는 제거해야 할 적이었다. 링컨이 남부를 위해하고 있다는 편협되고 과장된 인식은 리 장군의 "링컨 때문이 아니라, 신의 뜻에 의해 노예제도는 사라질 것"이라는 주장으로 알 수 있으며, 이는 더욱 더 링컨에 대한 남부인들의 적대감을 깊게 했다. 따라서 링컨은 남부에서 악인으로 비추어졌고 리 장군은 남부의 수호자로 여겨졌다.

남부에서 노예제도를 '선'(善)으로 간주한 것은 그 즈음의 논쟁이었다.

1820년 이전, 남부 농장주들은 노예제도를 '필요 악'(惡)으로 간주했다. 그리고 노예제도를 선호하면서 이를 계속 유지하려 했다. 그러나 1820년 이후에는 남부인들은 의회에 남부 주(州) 정부들의 권리를 주장하기 위해서 노예제도를 들고 나왔다. 의회에서는 남부의 노예제도와 관련된 어떠한 청원도 무시했다. 남부인들은 노예폐지를 옹호하는 북부의 의견을 반영한 헌법상의 권리를 폐기하고자 하였다. 게다가, 이들은 북부에서 남부를 위해하고 있다는 과장된 의견들을 다른 남부인들에게 전달했다. 노예 폐지론자들 또한 자신들의 이익을 위해 노예제도의 도덕성 문제를 가지고 남부인들을 비난하는 데 이용했다. 그러나 이들 노예 폐지론자가 전체의 북부를 대표하는 것은 아니었다. 초기 개척 이민자들 대부분은 자신들의 입장에 유리한 여건을 조성하기 위해 수단과 방법을 가리지 않았던 노예 농장주들로서 북부를 불순한 집단으로 매도했다. 더 많은 존 브라운(John Brown)이 필요했고, 실제 직면하고 있는 해악으로 발생할 수 있는 공포를 어떻게 남부 주민을 통제하는 좋은 방법으로 이용할 수 있을 것인지가 그들의 관심사항이었다.

남부가 섣불리 북부를 악(惡)으로 규정하였지만 그 자신들에 대한 내면의 성찰을 하지 않았다. 남부의 이익을 라틴아메리카로 확장시키려는 선동적 형태의 급진적인 행동에 많은 개인들이 동참했었다. 남부의 기준에 의하면 이들은 '영웅'이었지만 현실적으로 볼 때 그들의 행동은 상식을 벗어난 것이었다. 이들은 법을 무시하고 외국을 침범하거나 다른 국가를 식민지화하려 했던 것이다. 남부인들은 이것을 '자유'를 위한 정당한 행동으로 간주했지만 라틴아메리카에 노예제도를 확산시키는 것은 상식 밖의 행동이었다. 남부는 기본적인 토대를 노예제도에 두고 있는, 노예제도를 기반으로 한 '자유사회'였다.

남부의 이러한 모순은 미국의 서부지역 개발에 성공적으로 동참할 수 있는 능력에 한계를 주었다. 서부지역 개발을 다루는 데 배제되었다는 분노로 가득 찼던 남부는 반복해서 합중국으로부터의 분리를 강조했다.

북부에서 시행한 남부에 대한 불공정한 점에 대해서 남부가 어떠한 보상을 받았는지는 남부가 미합중국을 탈퇴하면서 명확하게 확인되지 않고 있으나, 남부에서는 배상 요구 자체를 하지 않았던 것으로 보인다. 탈주 노예 처리 법안에서 이점을 더욱 명확히 확인할 수 있는 중요한 사례이다. 남부의 합중국으로부터의 분리는 북부지역이 탈주한 노예들의 은신처가 될 수 있음을 의미했다. 남부의 이익을 지키기 위해서는 합중국의 일원으로 남아 있으면서, 탈주 노예에 대한 은신처를 제공하면서 남부의 권리를 거부하는 북부의 적대적인 장애에 부딪친다 해도 탈주한 노예들의 피난처가 생기지 않도록 해야 했을 것이다. 적어도 합중국의 일원으로 남아 있는 한, 탈주한 노예에 대한 소유권을 주장할 수 있었기 때문이다. 물론 남부가 스스로 독립적 지위를 가지고 이러한 문제를 해결해 나갈 수도 있었겠지만, 과연 탈주 노예를 방지하기 위해서 주(州) 간의 경계선을 봉쇄할 수 있었을지는 의문이다. 남부는 이러한 문제를 해결하기 위한 어떤 이의 제기를 거론한 적이 없었다.

무조건적인 배척, 의도된 무시, 그리고 실제 상황에 대한 과장된 인식은 강력한 연계성을 가지고 남부가 선제적 행동을 하도록 부추겼다. 남부인들은 결국 참혹한 전쟁과 고통에 직면할 수밖에 없는 한계를 가지고 있었다. 남부가 처음에 시도한 무력 사용은 북부가 싸울 생각이 없을 것이라는 믿음에서 시작되었을지도 모른다. 이러한 믿음은 군사적 승리를 달성할 수 있다는 확신을 갖지 못한 가운데 나타난 것이었으며, 이어지는 전쟁에 대한 불안감을 반영한 것이었다. 아주 짧은 충돌로부터 발생한 예기치 않았던 결과들로 인해 자연스럽게 인명과 재산의 엄청난 피해를 보는 전쟁으로 치달았던 것이다.

남부가 총력을 기울여 전쟁준비를 하고 기사도 정신으로 무장한 남부인들의 의지는 전쟁이 계속될수록 약화되어 갔다. 가장 중요한 원인은 북부의 월등한 물질적 자원에 압도당할 수밖에 없었던 것이다. 남부는 병력 문제에 있어서도 제대로 된 동원을 한 번도 만족스럽게 시행하지 못했는데 그것은 지리적인 장애 등의 문제로 발생한 것이 아니었다. 환자를 가장한 기피자, 부와 영향력을 앞세운 징병유예자, 그리고 노예의 반란 진압에 필요한 보안군 등 남부 정부는 성공적으로 인력을 관리하지 못했고, 노예를 소유하지 않은 남부인들의 탈영 등의 많은 이유들이 전장터에서 남부의 전력을 고갈시켰다. 남부가 전쟁의 승패에 관계없이 마지막까지 지속적으로 병력을 보충하고 남부 전체가 동참하는 등 최대한 노력을 결집해서 압도적인 불리한 상황하에서도 커다란 성과를 거두었던 지도력과 결합했었다면 결과는 달라졌을 수도 있다.

사실 북부의 위협은 그렇게 거대하지는 않았으며, 또한 임박한 상황도 아니었다. 그러나 장황하고 과장된 북부의 위협에 대한 인식으로 인해 남부는 스스로 전쟁으로 가지 않으면 안 될 상황에 내몰렸다. 남부의 선제는 이러한 비정상적인 대응의 형태로 이루어졌다. 북부의 위협은 반드시 부딪쳐서 해결해야만 했고 빠를수록 좋다는 잘못된 믿음의 결과였다. 또한 이러한 남부인들의 통합된 행동을 통해 남부의 의지를 보여주려는 것도 한몫을 했다. 남부는 이러한 상황 속에서 행동에 옮기지 않고 주저하는 것은 참을 수 없는 것으로 생각했다.

남부의 북부와의 경계선을 강화하려 계획하고 시작한 전쟁이었기에 싸운다는 것은 자위적 방어를 의미했다. 섬터 요새에 대한 포격이 이를 반증해 주고 있다. 요새의 항복을 받아낸 뒤, 전쟁으로까지 비화되지는 않을 것이라는 희망을 가지고 북군의 공격을 기다렸고, 전쟁 몇 년간은 북부 지역으로 공격해 들어가지 않다가, 전쟁을 종결하려는 목적으로 전쟁 말기에 북부지역을 공격했다. 요약하면, 남부는 북부가 남부의 민주주의로 변화시키려는 의도는 없었다 할지라도, 단지 자신들의 문제에 대한 결심을 할 때 끊임없이 영향력을 발휘하는 북부로부터 자유로워지기를 원했던 것이다.

물론, 남부에서는 전쟁 이전에 라틴아메리카로 토지를 확장하려고 시도했었고, 미합중국이 멕시코로부터 양도받은 토지에 대한 소유권을 주장했던 것은 남부인들이 남쪽의 국경 넘어까지 토지를 확대하려 했던 열망을 보여주는 것이었다. 그러나 토지 확대를 통한 남부연방의 확장이 전쟁의 목표는 아니었다. 1861년, 남부는 선제로 전쟁을 시작했지만 확장을 시도했던 것이 아니었으므로, 자위적 방어라는 선제의 도덕적 정당성을 유지하고 있었다. 그러나 이때의 남부의 선제는 어리석은 행동이었다.

03

제국주의 패권을 위한 선제

— 1904~1905년, 러시아 · 일본 전쟁

개 요

항만의 불빛으로 어둠 속에 있는 전함들이 그로테스크한 윤곽을 드러내고 있었으며, 표적을 식별하는 데 무리가 없었다. 항만의 불빛과 어둠의 어우러짐은 무언가 일어날 것 같은 긴장감을 주고 있었다. 아무도 상상하지 못했던 일들이 항만의 풍경 사이로 서서히 다가오고 있었다. 11척의 일본 전함은 중국 해안의 여순항에 정박 중인 거대한 러시아 함대를 향해 계획대로 대담하고도 은밀하게 접근해 갔다. 일본은 기습을 달성하기 위해 러시아에 대한 선전포고를 하지 않은 가운데, 소수의 전함들로 하여금 사전에 계획한 표적인 러시아 전함들을 향해 매우 은밀하게 접근한 후에 어뢰를 발사하고 신속하게 이탈했다. 세 척의 러시아 전함이 어뢰에 피격되자, 러시아 함대는 동요하기 시작했고, 뒤늦게 비상을 발령하고 전투 준비를 시작했다. 러시아가 일본과의 전쟁을 의식하고 대비하고 있었다면 일어나지 않았을 전투였다. 러시아 함대는 크게 동요하면서, 전함들을 항만의 해안포 진지 뒤편의 안전지대로 이동시켰다. 일본의 전함들 또한 그들의 선제공격이 제한된 효과밖에 거두지 못하자 상황의 전개를 주시하면서 추가적인 공격을 망설였다. 일본 제국주의 해군은 아직까지 건재한 러시아 함대로부터의 반격에 대비해야 했던 것이다. 일본의 고위층에서는 여순항에 대한 선제공격이 러시아와의 전쟁을 시작한 것으로 이해했다. 선제가 일본이 계획한 대로 전쟁의 결말을 이끌어낼 수 있는지는 불확실해 보였다. 선제는 사실 매우 제한된 목적 달성에만 기여한 것처럼 보였다.

일본의 1904년 2월 8일 여순항의 러시아 함대에 대한 기습 공격은 러일전쟁의 신호탄이었다. 일본은 확실한 해상 우세권을 확보한 이후에 한국과 중국을 침공했다. 일본의 세 개 군(軍)은 중국에서 러시아 지상군을 대상으로 수차례에 걸쳐 전투를 치렀고, 만주의 선양(瀋陽, 구봉천)에서 러시아군을 패퇴시키면서 한반도에 대한 통제권을 장악했다. 또 다른 중요한 지상 전투가 여순항에서 이루어졌는데 일본군은 끈질긴 공격 끝에 도시를 장악했다. 여순항의 손실은 새로운 러시아 증원 함대가 전장지역으로 오기 전에 이루어진 매우 중요한 일전이었다.

이후에, 러시아의 증원 함대는 대한해협에서 일본 해군과 만나게 된다. 1905년 5월 쓰시마 해역에서 벌어진 일본과 러시아 해군 간의 해전에서 일본은 완벽한 승리를 거두었다. 일본 해군이 이룩한 놀랄 만한 성과였으나, 이 해전의 승리가 곧 전쟁의 끝을 의미하는 것은 아니었다. 일본은 그때까지도 승리를 어떻게 평화로 연결시킬 것인가에 대한 해법을 찾지 못하고 있는 가운데, 아시아 대륙 만주에서 러시아군과의 일전을 모색하고 있었다. 이것은 일본이 지상의 주요 전장에서 승리한 이후에도 마찬가지였다. 다행스럽게도 국제사회에서는 일본과 러시아의 전쟁에 대해 관심을 갖기 시작했고, 이 전쟁의 해결책을 촉구하기 시작했다. 결국은 미국의 루스벨트(Theodore Roosevelt) 대통령의 중재로 1905년 9월 공식적으로 전쟁 종료를 선포하면서 길고 지루한 평화적 절차를 밟아가기 시작했다. 일본은 전승국으로 부상하고 러시아가 굴욕을 겪게 됨으로써 아시아에서의 힘의 균형은 극적인 변화를 가져왔다. 이런 점에서 아시아에서 일어난 러·일 간의 지역분쟁은 1914년과 1939년에 발생한 두 차례의 세계대전에 나름대로 영향을 미쳤다.

러일전쟁을 다룬 저서들은 일본의 여순항에 대한 '선제공격'을 야음을 이용하여 차가운 바다를 가로 지른 일본의 소형 함정들이 러시아의 거대한 전함 가까이 접근했던 것을 영웅적으로 묘사하면서도 선제 자체에 대한 분석은 소홀히 한 경향이 있다. 일본이 전쟁을 선포하기 전에 기습을 달성하기 위해 주도면밀하게 여순항의 러시아 전함 공격 계획을 발전시켰던 것을 염두에 둔다면 이들 저서에서 묘사하고 있는 일본 해군의 영웅적 행동은 본질을 벗어난 칭송에 불과할지 모른다. 이것은 악행(惡行)이라고 할 수도 있다. 그 이유는 일본이 국제적 협약을 깨뜨리면서 단지 군사적 유리점을 확보하기 위한 수단으로 선제를 사용한 것이기 때문이다.

그러나 일본이 이러한 선제공격을 통해 얻은 제한된 성공에 대해서는 학자들이 거의 언급하지 않고 있다. 학자들은 여순항의 러시아 함대에 대한 일본의 기습공격이 과연 필요했었는지, 어떤 유리점을 확보하기 위해 국제법을 무시했으며, 그래도 되었는지의 도덕적 상관관계에 대해서는 도외시하고 있다.

요약하면, 학자들은 일본의 여순항에 대한 선제공격을 하나의 전술로만 간주하였고, 일종의 책략으로 보았다. 이러한 분석은 이 선제공격에 대한 중요성을 판단하는 데 필요한 요소들을 간과하고 있는 것이다. 역설적으로 학자들은 선제공격의 관점을 생략한 채, 이 전쟁의 교훈을 전하고 있다고 볼 수 있다. 당시에는 신무기의 등장으로 전투기간이 연장되고, 그 파괴력으로 인해 인명과 물자의 손실이 증가함으로써, 적대국들 간에는 이러한 희생의 대가를 치르고 있었다. 이러한 상황의 발전은 제1차 세계대전에서 발생한 엄청난 피해를 예견하고 있었다. 학자들은 이러한 전쟁의 교훈들을 그들이 일찍이 경험하지 못했던 중요한 것으로 간주했다. 제1차 세계대전의 재앙은 모든 국가들을 경악시켰지만, 1904~1905년간의 러일전쟁에서 얻은 교훈이 있었다면 상황은 달라졌을지도 모른다. 또 하나의 경험하지 못한 중요한 교훈은, 아시아의 지역분쟁에서 전쟁을 개시하기 위해 필요한 높은 도덕성을 가지고 선제를 사용하는 것이 얼마나 어려운지를 보여준 것이었다. 일본의 여순항에 대한 기습공격을 세밀히 분석했었다면 독일이 제1차 세계대전에서 반복했던 일들이 발생하지 않았을지도 모른다.

일본이 선제를 선택한 이유

일본은 20세기에 들어서면서 유럽을 모델로 한 정치체제를 갖추겠다는 열망으로 격랑과 변화의 시대에 있었다. 일본 외교정책의 특징적인 사실은 유럽 체제의 모방이었다. 이를 기초로 위대한 국가로 약진하기 위한 꿈을 실현하기 위해 대만과 한반도를 점령하고 만주 지역까지 영토를 확장하고자 했다. 이렇게 일본이 야심을 실천해 가는 과정에서, 서구열강이 이미 점령한 지역을 포함해서 아시아 지역으로의 진출을 모색하고 있던 유럽 국가들과의 충돌은 불가피했다. 언제 어느 세력과 충돌해야 할 것인가 하는 것이 일본이 직면한 문제였다. 1904년, 러시아는 일본이 직면한 문제의 국가였다. 러시아가 아시아 진출을 위해 일본을 호전적으로 대하고 있는 것은 결국 일본의 안전과 연결되어 있었다. 따라서 일본은 러시아의 이러한 행보로 말미암아 러시아를 주적으로 삼게 되었다. 이러한 이유로 일본은 1904년 겨울에 러시아와의 일전을 위해 새롭게 현대화시킨 군사력을 준비했다.

동북아시아의 교차점에 있는 한반도는 열강의 각축장이었다. 일본은 자국의 안전을 보장받기 위해서 이러한 지리적 위치에 있는 한반도를 강점할 필요가 있었다. 일본 제국주의는 한반도에 이어 장기적으로는 중국을 지배하는 것을 고려하고 있었다. 역내(域內)에서 중국의 영향력이 감소함에 따라 유럽 국가들은 이 지역에서의 패권을 차지하기 위해 경쟁하고 있었다. 서구열강에 의한 한반도 점령은 일본의 안보적 이익에 해가 될 뿐만 아니라 적들이 일본 가까이에 위험스럽게 접근하는 것을 의미했다. 일본 외무상 고무라 주타로(Komura Jutaro)가 한반도에 적대 세력이 주둔하면 "한반도는 일본의 심장부를 노리는 비수가 될 것이므로, 일본은 외부 세력에 의한 한반도 점령을 묵과할 수 없다"[1]라고 주장한 것은 1903년 당시 일본의 군국주의 정서를 그대로 보여주는 것이었다. 그들은 서구열강이 한반도에서 각축을 벌이는 것을 그저 관망하게 되면, 아시아를 성공적으로 통제하기 위한 경쟁에서 뒤쳐질 것이라는 인식으로 외부 세력에 의한 한반도 점령을 위험하게 생각하고 있었던 것이다. 그렇게 되면 유럽열강의 다음 목표는 국력의 열세가 명백한 일본이 될 것으로 생각했다. 이러한 위협 인식으로 일본은 자국의 방어를 위해서 한반도에 대한 지배권을 확실하게 확보해야 했다. 일본의 국가 안보는 이러한 목적을 위해서 아시아 지역에서 선제전쟁을 필요로 했다.

한반도가 일본을 침공하기 위한 전초기지가 될 것이라는 생각은 13세기 말 몽고제국의 쿠블라이 칸(Kublai Khan)이 한반도를 통해 일본을 침공하려 했던 역사적 경험과 함께, 고대로부터 일본인들이 가지고 있던 심리적 두려움에서 비롯되었다. 몽고제국의 군대는 강력하여 일본에 상륙하게 되면 일본이 패하는 것은 시간 문제였다. 그 당시 일본은 예기치 않던 자연현상(즉 강풍이 몽고 함대를 파괴)으로 인해 생존할 수 있었다. 일본은 그때와 같이 신풍(神風)이 다시 불어 준다고 확신할 수 없었다. 그런 상황이 벌어지지 않도록 해야만 했다. 아시아 지역에서 서구 세력이 부상할 즈음, 일본은 가장 우선적으로 자립을 국가의 기본정책으로 삼았다. 1870년대에 매우 혼란스러운 시대 상황 속에서 세력들 간의 내전 후에, 일본은 근대화

---

1 Ian Nish의 『러일전쟁의 기원』(*Origins of the Russo-Japanese War*) (London: Longman, 1985), 159쪽.

계획의 착실한 실천을 통해 현대화를 빠르게 진행시키고 있었다. 일본은 이러한 혼란을 극복하고 내부 문제들을 해결하면서 그로부터 20년 후, 세계 속에서 일본의 역할을 확대하기 위해 외부 세계로 눈을 돌리고 있었다.

이 시기에 일본은 역내에서 서구열강들과 동등한 경쟁적 위치를 유지하려 했다. 한반도는 이러한 목적을 달성하기 위해 필요했으며, 1876년 일본은 대한제국과 강압에 의한 통상 조약을 체결했다. 중국이 이러한 일본의 행동에 어떠한 조치도 취하지 못하고 있을 때 일본은 효과적으로 한반도에 대한 지배권을 장악했다. 일본이 경쟁국인 중국을 제치고 한반도에 대한 지배권을 장악한 것은 유럽열강에게 강력한 메시지를 전달했다. 서구열강들은 일본을 무시할 수 없는 세력으로 보고 아시아 대륙에 대한 지배력을 주장하기가 쉽지 않을 것이라는 것을 인식하기 시작했다. 따라서 일본이 중국을 압도하면서 조기에 한반도 진출에 성공한 것은 오랜 기간 동안 일본에 이점을 가져다주었으며, 그 이점 중의 하나로 유럽 국가들이 일본을 넘보는 것을 단념시킨 것이었다. 이는 일본이 한반도 진출을 통해 경험한 매우 귀중한 교훈이었다. 이러한 관점에서 군사적 접근은 정책적으로 매우 유용했다. 특히 명백한 군사적 승리보다는 약한 상대를 군사적으로 위협함으로써 얻어진 1876년의 성공으로 인해 일본은 군사력을 기반으로 하는 특징적인 대외정책을 갖게 되었다. 일본이 팽창된 군사적 능력을 바탕으로 중국을 굴복시킨 것은 일본이 여기에 고무되어 장차 서구열강과의 충돌을 준비하는 계기가 되었다.

일본은 군사력의 사용으로 역내 지배권을 확보한다는 정책을 채택하고 강력하게 추진해 나갔다. 일본은 한반도에 이어 유사한 방법으로 중국과 충돌하게 되는데, 1894년 양국은 한반도에서의 주도권 확보를 위해, 한반도의 내부 분란을 중재한다는 명분으로 충돌했다. 그해 9월 중국은 이틀간 두 번의 전투에서 굴욕적인 패배를 당했는데, 일본은 평양을 방어하고 있는 중국군을 패퇴시키고 압록강(Yalu River) 하구에서 중국 함대를 성공적으로 격파했다. 일본은 승리를 확대하여 여순항을 확보하는 데 있어서 중요한 지역인 요동반도까지 진출함으로써 중국 본토 공략을 위한 발판을 마련했다. 이에 따라, 중국은 일본의 북경에 대한 공격을 피하기 위해 1895년 4월 일본과 화친 조약을 체결하게 되었다

중일전쟁에서 일본의 승리는 일시적인 것이었는데, 이는 중국 때문이 아니라 서구열강의 대아시아 진출로 인한 것이었다. 일본은 요동반도로부터 중국의 수도를 직접 위협할 수 있는 통로를 확보하였으며 이 통로는 장차 만주로 진출하는 접근로가 될 수 있었다. 독일, 프랑스, 러시아와 같은 서구열강은 이 점을 주목하고 일본으로 하여금 점령 지역을 포기하도록 경고했다. 일본은 마지못해 1895년 5월 요동반도로부터 철수하면서 이를 통해 많은 교훈을 얻게 된다. 첫째는 역내에서 서구열강과의 충돌은 불가피하며, 둘째로 일본은 이러한 도전에 대응하기 위해 보다 강한 군사력 건설이 필요하다는 점이었다. 그리고 세 번째로는 강력한 군사력을 건설한다 하더라도 일본은 이러한 서구열강의 연합된 세력과 대항하고 이들 세력을 분리시키기에는 충분하지 않다는 사실이었다.

이러한 이유와 다른 요인들로 인해 일본은 이후 10년간 국가 생존을 걸고 전쟁을 준비하게 되었다. 이것은 엄청난 재정과 사회적 희생을 감수해야만 하는 것이었다. 그리고 또한 서구열강과의 동맹관계 구축에 심혈을 기울여 1902년에는 영국과 동맹을 맺었다. 영국은 일본과의 동맹을 통하여 일본의 야심을 둔화시키고 중국 내의 폭동을 약화시키려 했다. 1900년에 서구열강 세력과 일본은 외세를 축출하려는 중국 내부의 거센 반발에 직면해 있었다. 영국은 중국 반군들의 저항으로 발생한 향후의 사태를 전망할 때, 이를 차단할 수 있는 역내 세력이 필요로 했다. 그러나 그렇게 성공적이지 못했다. 영국은 남아프리카에서는 힘든 전쟁을 치르고 있었고, 독일의 해군력 강화에 대한 두려움과 아프가니스탄으로부터 아시아 해안선을 연하여 남하하는 러시아의 팽창을 저지해야 하는 시기였으므로, 아시아 대륙에서 이전의 동맹국들을 잃고 있었다. 따라서 영국은 아시아에서 역내 세력 균형을 위해 일본과의 동맹을 환영했다.

일본은 이러한 여건을 잘 이용했다. 중국에 대한 서구열강의 완전한 통제는 두 가지 측면에서 일본의 국익에 해로운 것이었다. 첫째, 일본은 아시아 대륙으로부터 소외당하게 된다는 것이었다. 둘째, 이들 서구열강은 일본을 다음 목표로 할 것이라는 것이었다. 이러한 측면에서 영국과의 협상은 확실한 보험이었다. 영국은 일본이 다른 서구열강과 전쟁을 한다면 관여하지 않겠다는 데 동의했다. 이것은 일본이 서구열강들과 부딪쳤을 때, 영국이 일본 편에 선다는 것을 의미했다. 이것은 일본의 외교적 승리였다. 서구의 강력한 국가이면서 막강한 해상세력인 영국과 동등한 입장을 유지할 수 있게 된 것이었다. 따라서 서구열강은 1895년처럼 일본을 대상으로 연합된 힘을 발휘하지 못하게 되었다. 프랑스도 이러한 측면에서 1904년 영국과 합의했다. 프랑스는 영국의 도움으로 유럽 대륙에서 독일을 견제하기를 원했으므로, 일본과 대립함으로써 발생할 수 있는 영국과의 불화를 원하지 않았기 때문이다.

러시아의 만주를 연결하는 철도 부설 계획은 일본의 심기를 불편하게 하였다. 그리고 러시아의 대한반도 진출 시도는 일본의 경각심을 불러일으켰다. 한반도에서 1895년 자신들이 저지른 민비 시해 사건으로 인해 발생한 정치적 분란이 조선의 반대파들이 저지른 일이라고 왜곡하면서 이 사건을 이용하여 한반도를 장악하려 할 때, 이에 놀란 조선의 황제는 러시아에 보호를 요청했다. 러시아는 이를 이용하여 한반도에 대한 영향력을 유지하려 했고, 이것은 일본이 원하지 않았던 결과였다. 이후 러시아는 한반도 내의 일본 조차지에 대해서 중국과 협상을 하였고 여순항을 러시아 해군이 사용할 수 있도록 했다. 러시아 외무장관 미하일 무라베프(Mikhail Muravev)가 1898년 이 협상을 체결하였다. 러시아 황제 니콜라스의 몇몇 측근들은 육군과 해군이 여순항을 사용하는 것에 대해 그 효용성 문제를 제기했다. 그러나 러시아 황제는 이를 묵살하였고, 그는 조만간 일본은 세력 확장을 중단하고 감히 러시아와의 대결을 시도하지 않을 것이라고 믿었다. 러시아는 요동반도를 포함한 만주 지역에 대한 지배권을 추구했다. 몇 년 후에, 여순항은 강력한 러시아의 해군 기지가 되었고 러시아 황제의 아시아 지역에서의 야심을 실현하기 위한 전초기지가 되었다.

아주 짧은 기간에 러시아는 외교력과 중국의 허약함을 이용해서 동아시아에서 지배적인 위치를 유지하게 되었다. 러시아는 부동항을 보유하게 되었으며 필요하다면 한반도에 대한 일본의 이익을 위협할 수 있었다. 러시아는 일본이 러시아의 아시아 진출을 반대하고 있는 것을 고려하거나 염두에 두지 않았다. 이러한 러시아의 행동은 다른 유럽 국가들이 일본에게 통상을 강요하면서도 일본의 영토 통합을 인정한 것과는 대조적인 행동이었다. 예를 들면, 영국의 경우 1858년에 끝난 2차 아편전쟁 시 중국을 무력화시킨 후에 일본을 식민지화하는 것에 관심이 없다고 발표했다. 이러한 보장이 러시아로부터는 없었다. 사실 러시아는 여러 방면에서 일본을 압박했다. 1861년 3월, 러시아의 전함이 한반도와 일본 사이의 쓰시마 해협에 도착했다. 일본은 영국의 지원하에 러시아와 협상을 통해 철수를 요구했고 그해 9월 러시아 전함은 철수했다. 그때까지 러시아의 호전성은 일본에 바짝 다가와 있었다. 그리고 계속되고 있었다. 러시아는 아시아 북방에 위치하고 있으면서 러시아와 인접해 있는 일본의 사할린 열도 통제를 문제시했다. 일본과 러시아 간의 1865년, 1867년, 1872년 세 번에 걸친 사할린 관련 협상은 결렬되었다. 일본은 1875년 쿠릴 열도에 대한 일본의 통제를 러시아가 인정하는 조건으로 사할린을 러시아에 양도하게 되었다. 1904년까지 많은 유럽 국가들이 아시아에서 공세적인 진출을 모색하고 있었음에도 불구하고 일본의 관심은 러시아에 있었다. 일본은 러시아가 한반도에 대한 중대한 이익을 위협하고 있으며 일본을 근접해서 위협할 가능성이 있다고 보았다.

양국 간의 긴장을 불러일으킨 것은 러시아가 일본과의 협상에 유리한 고지를 점령하지 못한 데에서 기인했다고 볼 수 있다. 러시아 황제는 한반도의 독립을 위해 양측이 간섭하지 않는다는 협상을 1898년 4월에 체결함으로써 일본의 한반도 중립 요구를 수용했다. 이것은 일본 입장에서는 매우 좋은 기회였으며 이후 이를 활용하게 된다. 그러나 러시아는 이러한 약속을 지키지 않고, 1903년 4월 압록강 하구에 기지를 구축했다. 이 조치는 이전의 중립화 조약에도 불구하고 한반도에서 일본의 입지를 위협하는 것이었다. 일본의 마지막 평화 제의는 1904년 1월에 있었다. 양국은 한반도에서는 일본이 만주에서는 러시아가 영향력을 갖는다는 데 동의했다. 그러나 러시아는 일본과의 협상을 무시하고 역내의 군사력을 증강했다. 일본은 담담하게 이를 받아들이면서 국가가 위기에 직면했다는 생각으로 전쟁을 준비하게 되었다.

모든 일본인들이 서구와의 군사적 대치에 동의하지는 않았다. 일본 지도부 내에서 군사력 증강을 결정했을 때 많은 지도급 인사들은 일본이 유럽 국가와 어깨를 나란히 할 수 있는 국력을 갖고 있지 않은 가운데 군국주의 득세하게 되면 본국의 지속적인 경제 발전을 저해할지 모른다는 두려움을 갖고 있었다. 지도층 내부에서의 의견 상충은 심각했으며 수시로 충돌했지만 결국은 강경파에 의해 군사력 증강 계획이 채택되었다. 일본제국의 원로회의에서 강경파는 반대파를 무력화시키면서 이 결정을 통과시켰다. 한반도 문제를 군사적으로 해결하는 것을 반대했던 원로회의의 일원이었던 이토 히로부미(Ito Hirobumi)의 정치적인 노력도 강경파의 목소리에 묻혀 버렸다. 일본 군국주의자들은 러시아의 비타협적인 태도로 인하여 더욱 목소리를 높였다. 일본의 반복되는 외교적 노력에도 불구하고 러시아는 일본과의 타협을 원하지 않고 무시하고 있다는 것을 과시하면서 러시아의 만주 지배를 조건으로 일본의 한반도 지배를 허용했다. 이외에 다른 요인들도 문제가 되었다. 강력한 러시아와의 일본의 국익과 상충되는 충돌로 인해 일본이 확실한 승리를 할 수 있다는 믿음을 가질 수 없었다. 군(軍) 지휘관들은 러시아와의 전쟁에서 승리할 확률을 50%로 보았다. 일본 해군은 러시아 함대를 완전하게 무력화시키기 전에 함정의 절반을 잃을 것으로 판단했다. 이러한 비관론이 있었음에도 전쟁을 결심하게 된 것은 일본 특유의 사무라이 정신에 기인하였다. 일본은 러시아와의 충돌을 기다리면서, 어쩌면 패배할지도 모르지만, 패배보다는 굴욕을 참을 수 없었다. 이것이 문제가 많은 정책을 극복하게 한 일본 국민들의 정서였다.

러시아는 내부적으로 불안 요소가 있었고, 태평양 지역 내에 유럽의 동맹국이 없었지만 여전히 일본에게는 어려운 상대였다. 일본은 러시아와 군사적으로 어떻게 대응하는 게 최선의 방법인가 하는 문제를 신속하게 검토하고 현실화해 나갔다. 일본은 전쟁 초기에 러시아의 막강한 군사력을 격파해야만 했다. 목표는 여순항에 정박 중인 러시아 함대였다.

러시아 함대는 일본이 군대를 한반도로 이동시키는 것을 방해하고 러시아 지상군을 지원할 수 있는 세력으로서 반드시 처리해야만 하는 확실한 표적이었다. 러시아 함대를 성공적으로 공격함으로써 얻을 수 있는 추가적인 유리점이 고려되었다. 첫째, 일본의 사기를 고양시킬 수 있었다. 일본 해군은 토고 헤이하치로(Togo Heihachiro) 제독의 탁월한 지휘하에 승리할 수 있다는 자신감을 가지고 있었다. 그때까지 일본이 서방 세력과 충돌한 적이 없었던 최초의 경험이었으며 이 경험을 기다리고 있는 진지함이 그들의 가슴속에서 깊이 메아리치고 있었다. 아시아 지역이 너무 오랫동안 유럽 세력에 의해 지배되고 있었으므로, 이러한 심리적인 불리점을 극복하기 위해 일본이 얻을 수 있는 유리점을 확보하려 했다. 승리를 이끌어가기 위해서는 일본 해군의 전투력 우세가 더욱 요구되었다. 이는 또한 지상전에 영향을 줄 수 있었고 전투로 지친 일본군의 사기를 고양시킬 수 있었다. 둘째로, 여순항은 매우 효과적인 목표였다. 여순항의 러시아 함대는 항구를 통한 도시 공격을 위해서도 제거되어야 할 필요가 있었다. 이를 통해서 해상을 통한 증원과 보급을 차단시키고, 육지로부터 분리해 무력화시키려 했다.

1903년까지 일본은 러시아와의 전쟁 준비가 되었다고 자신했다. 여섯 척의 군함과 여섯 척의 순양함이 일본 함대의 주축이었다. 이들 함정은 현대화되어 그에 걸맞은 능력을 보유하고 있었다. 수병들은 그들 지휘관에 대한 신뢰를 바탕으로 유능하고 전문적이었으며, 잘 훈련되어 있었다.

일본군은 지상군을 세 개 군(軍)으로 편성, 총 30만 명을 전개하고 있었다. 필요시에는 추가로 60만이 동원될 수 있었다. 이러한 지상군 규모는 러시아와의 상대적 전투력 격차를 좁혀 놓고 있었지만 만일 전쟁이 장기화되면 러시아의 수적 우세로 균형이 무너질 수도 있었다.

이러한 이유로 일본은 기상이 러시아 극동 철도 운행에 영향을 줄 수 있는 1904년 2월을 공격 시기로 결정했다. 일본의 입장에서 볼 때 이러한 사전 조치 및 기타 사항을 고려해 보면 그래도 이만큼의 가용한 지상군 규모를 유지할 수 있다는 것은 어느 정도 만족할 만한 수준이었다.

러시아는 세 개의 함대를 보유하고 있었는데, 태평양 함대는 일곱 척의 군함과 여섯 척의 순양함으로 구성된 가공할 만한 전력이었다. 러시아는 조만간 추가적으로 함정 건조를 마치는 대로 태평양 함대를 증원할 계획이었고, 그렇게 된다면 일본에게 커다란 위협이 되는 것은 분명한 사실이었다. 지상에서는 러시아군이 만주 지역에 집결되어 있었고, 한·만 국경지역에도 10만 명을 전개하고 있었다. 그러나 러시아 해군과 지상군 부대의 사기는 저조하였고 장비는 노후되어 있었다. 이러한 결점은 전장에서 러시아군의 효율성을 저하시켰다. 특히 해군은 더욱 그러했다. 군사력 규모는 일본과 비슷한 수준이었는데, 정확히 말하면 일본이 약간 열세한 정도였다. 일본은 수적인 우세가 군사적 지혜를 손상시키지 않도록 주도면밀한 공격을 해야 했다. 선제를 통해 이러한 군사적 비대칭을 상쇄하려 했다.

일본의 선제공격 경과

일본의 러시아와의 화친(和親)을 위한 노력은 성과가 없이 끝났다. 이토 히로부미의 외교적 노력도 완강한 러시아로 인해 실패로 돌아갔다. 러시아는 군사적으로 일본을 제압할 자신이 있었을 뿐만 아니라 일본이 감히 러시아에 대항해서 전쟁을 일으키겠다는 생각을 하지 못할 만큼 자신들이 우세하다고 자신하고 있었다. 여순항을 기지화한 러시아의 위세로 일본이 어떠한 도발도 못할 것으로 생각했다. 외무장관 무라베프(Muravev)는 러시아 황제에게 "러시아 깃발 하나와 파수병 하나로도 드높은 러시아의 위세를 보여준다"2고 보고했다. 러시아 황제는 만주의 러시아군 증강을 고려하고 있었지만 현재의 전력만으로도 일본을 협박할 만큼 충분하다고 스스로 만족해하고 있었다. 러시아 황제는 독일 황제에게 그가 스스로 고려할 가치가 없음을 내비치는 말로 "전쟁은 없을 것이다. 왜냐하면 내가 전쟁을 원하지 않기 때문이다"라고 언급했다. 러시아 황제는 일본과의 전쟁은 전적으로 그의 의지에 달려 있다고 생각했고, 그는 어떤 도발적 행동을 하더라도 전쟁으로 가지는 않을 것이며, 일본이 공격하면 격퇴시키면 된다고 생각했다. 그즈음 일본은 이미 전쟁을 준비했고 전쟁의 시작을 위해 선제공격을 결심하고 있었다.

일본은 해상세력이 열세라고 판단하고 전쟁 전반을 관리하기 위해서 해상 통제는 우선적으로 조치해야 할 사항으로 생각했다. 그런 후에, 전쟁을 선포하겠다는 것이 일본의 의도였다. 이와 관련하여, 여순항을 비롯한 일본이 필요로 하는 지역은 전쟁을 공식화하기 이전에 확보할 수 있을 것으로 보았다. 토고 제독은 공격의 성공 보장을 위해 이러한 계획을 정부에 건의하였고, 일본 정부는 그의 요청을 수락했다. 일본 대사는 2월 6일 외교적 채널을 통해 러시아에게 일본의 권리를 방어하고 주권국의 이익을 지키기 위해 독자적인 행동을 하기로 결정했다고 언급하였다. 같은 날, 일본은 영국 증기 기선을 이용해서 자국민들을 여순항에서 철수시켰다. 이러한 두 가지 행동에 따라 러시아 함대 부사령관 스타크(Stark) 제독은 함대에 준비태세 강화를 지시했지만 말단에서는 이를 따르지 않았다.

---

2 David Walder의 *The Short Victorious War: The Russo-Japanese Conflict, 1904-1905* (New York: Harper & Row, 1973), 53쪽.

따라서 일본 해군이 접근하고 있을 때 러시아 태평양 함대는 제대로 전투 준비가 되어 있지 않았던 것이다.

토고 제독은 2월 6일 여순항으로 항진하여 2월 8일 야간에 11척의 전함을 전투 준비가 되어 있지 않은 러시아 함대로 은밀하게 접근시켜 기습적으로 공격했다. 러시아의 대형 함정들은 항구로의 입출항에 제한이 있기 때문에 항구 외곽에 정박하고 있었다. 이것들은 아주 좋은 표적이 되었다. 해역을 순찰 중이던 두 척의 러시아 전함이 일본 해군의 공격을 경고했지만 그때는 이미 일본의 어뢰가 러시아 함정을 향해 발사된 상태였다. 러시아 해군의 반응은 너무 늦어서 일본군의 공격에 효과적으로 대응하지 못했으며, 러시아 해군의 혼란을 이용하여 타격할 러시아 함정을 찾아 첫 번째 일본 함정이 접근해 어뢰를 발사했다. 러시아 해군이 우왕좌왕하는 가운데 얻어진 기회에도 불구하고, 일본 해군은 어뢰의 부정확성으로 인해 단지 러시아 해군의 구축함 두 척과 순양함 한 척에만 손실을 입혔다. 그러나 일본 해군의 공격은 신속했고, 러시아 해군으로부터 전혀 피해를 받지 않은 가운데 빠른 속도로 현장을 빠져나갔다.

일본은 기습공격으로 잘 알려진 여순항에서의 어뢰 공격에 이어 또 한 차례 러시아 함정에 대한 실질적인 공격을 시도했다. 바로 한국의 제물포(인천)항에 위치하고 있던 두 척의 러시아 함정을 목표로 공격한 것이었다. 일본 지상군이 인천에 상륙하기 위해서는 이 두 척의 러시아 함정을 파괴해야만 했다. 토고 제독은 강력한 순양함으로 편성하여 장갑 보호력이 약한 러시아 순양함과 노후한 함정을 쉽게 제압할 수 있을 것으로 계산했다. 그러나 이 공격에서 가장 어려웠던 점은 러시아가 아닌 다른 유럽 국가의 선박들에게 피해를 주지 않으면서 러시아 함정을 파괴하는 것이었다. 제물포항은 당시 서구열강의 상선과 함정들이 입출항을 하는 매우 번잡한 항구였다. 이 문제를 해결하기 위해서 공격함대를 이끌고 있던 일본의 우리우(Uriu) 제독은 교전을 위해 러시아 함정들을 항구 밖으로 나오도록 유도했다. 우리우 제독은 항구의 다른 국가 선박들에게 일본 해군이 항구로 진입해서 러시아 함정을 공격할 것이라고 경고했지만 그의 최후통첩은 받아들여지지 않았으며, 다른 국가들의 선박들은 자체적으로 이에 대한 책임을 지겠다는 자세였기 때문에 그는 러시아 함정을 항구 밖으로 끌어내야만 했다. 러시아 해군의 함장이었던 스테파노프(Stefanov)는 이러한 상황을 파악하고 그의 전함들을 교전 장소로 이동시켰다. 그렇지만 일본 해군과 해상 교전을 해보겠다는 희망은 압도적인 전력차로 인해서 1시간 후에 막대한 피해를 입고 항구로 되돌아오면서 접어야만 했다. 일본 해군은 두 척의 러시아 함정을 끝까지 추적해서, 그들이 함정을 포기하도록 압박했다. 곧 이어, 일본의 지상군이 제물포항에 상륙했다.

최초 계획의 실행과 더불어 일본은 대러시아 선전포고를 2월 10일 실시했다. 여순항을 장악하는 것은 매우 어려운 과업이었다. 토고 제독은 기습적인 어뢰 공격으로 조성한 유리한 이점을 활용하기 위해, 그 다음날 여순항에 대한 공격을 위해 함대를 이동시켰지만, 성과는 거의 없었다. 러시아군은 즉각 전투 준비태세를 유지하면서 해안포를 이용하여 효과적인 포격을 했다. 토고는 피해를 입은 러시아 함정들이 항구에 고착되도록 시도했다. 그리고 해군 특공조를 이용하여 항구 진입로상의 상선을 침몰시키려 시도했지만 두 가지 이유로 이러한 시도는 오히려 입출항 통로가 봉쇄되는 결과를 가져왔다. 4월에 러시아 해군이 항구로부터 바다로 나오려 할 때, 양측은 해상에 기뢰를 부설했는데 이것이 일본군에게 유리한 방향으로 작용했다. 두 척의 러시아 전함이 기뢰로 파괴됨은 물론 지휘함인 페트로파브로스크(Petropavlovsk)에 있던 마카로프(Makarov) 제독이 사망했다. 마카로프의 자리를 부하들로부터 인심을 잃고 있었던 스타크(Stark) 제독이 대신했지만, 사령관의 죽음은 러시아 해군의 사기를 더욱 저하시켰다. 8월까지 러시아 함대는 항구 밖으로 나오지 못했다. 일본 역시 두 척의 전함을 기뢰로 인해 잃었지만 그때까지도 토고는 항구 밖에서 러시아 해군을 기다리고 있었다.

여순항이 1904년 12월 일본의 지상군 공격으로 함락되면서 결정적인 성공으로 이어졌다. 러시아군이 항복하기 전, 일본의 지상군 포대는 남아 있던 다섯 척의 러시아 전함을 파괴했다. 일본은 가까운 곳에 있는 위치하고 있었던 목표였던 러시아 태평양 함대를 복합적인 무기체계를 사용해서 궤멸시켰다. 일본은 러시아와의 전쟁 시작 전에 전쟁이 장기화하게 되면 러시아가 더 유리할 것이라는 현실적인 두려움을 가지고 있었다. 일본의 관심은 새로운 러시아 함대가 전장으로 투입된다면, 어떠한 방법이 어려운 국면을 극복할 수 있는 최선책일 것인가에 있었다.

일본의 선제공격은 성공했는가?

러일전쟁의 서막이었던 1904~1905년의 여순항에 대한 일본의 공격은 러시아 전함 세 척에게만 손상을 입혔기 때문에 성공적인 물리적 손실을 입히는 데는 미치지 못했다. 일본은 완벽한 기습공격을 실시했고, 러시아 함대는 공격에 취약한 상황이었으므로 보다 더 큰 타격을 주기를 기대했었을 것이다. 게다가 러시아의 손상된 전함들은 침몰되지 않고 정비를 통해 작전이 가능할 수준으로 복구되어 있었다. 일본이 공격으로 얻은 것은 주도권 확보였다. 일본은 이후에도 주도권을 잃지 않았으며 이를 통해 많은 유리점을 확보해 나갔다.

첫 번째 유리점은 일본 함대를 온전하게 보존한 것이었다. 토고 제독은 그의 함대가 여순항 공격에서 위험에 처하지 않게 유의했다. 만일 이러한 토고 제독의 판단이 잘못되었다면 이는 일본이 전쟁의 시작과 더불어 패배하는 것을 의미했다. 그러나 해상의 통제 없이는 일본은 공세적일 수가 없었다. 해상 통제를 위해서는 러시아 함대를 고착 시켜야만 했다. 일본은 러시아의 함대가 여순항에서 다시는 활동하지 못하도록 하는 데 집중했으며, 이 노력이 실패하면 전장에서 패할 수도 있었다. 토고 제독은 러시아 함대가 안전한 상태에서 항구에 머무를 것으로 예상했고, 이러한 예상은 러시아 해군 지휘관들 사이에 일시적인 논쟁이 있었지만 적중했다. 이러한 이유들로 2월 8일 일본 해군의 여순항의 러시아 함대에 대한 기습공격은 일본에게 전략적 승리를 가져다주었다.

두 번째 유리점은 해상에서의 우세는 지상 전투의 재개를 가능하게 했다. 지상에서의 즉각적인 공격 목표는 신속하면서도 확실하게 한반도를 점령하는 것이었다. 제물포를 신속하게 점령하고 일본 지상군은 북쪽 압록강 방향으로 이동을 개시했다. 또 다른 일본 지상군은 중국 영토인 피쭈워(Pitzuwo)에 상륙해서, 여순항 공격을 위해 남쪽 광둥 반도로 진격했다. 제3군은 랴오둥 반도 끝자락인 타쿠션(Takushan) 근처로 이동해서 한반도에서 이동해 오고 있는 일본 지상군과 합류하기 위해 북쪽으로 이동했다. 이 모든 일본 지상군들의 이동은 러시아군을 결정적인 전장으로 끌어내기 위한 것이었다.

결정적인 전장 상황을 조성하기 위한 두 번에 걸친 러시아군과의 치열한 전투로 인해 일본군의 전력은 약화되었다. 남쪽에서 여순항 공격에서의 피해를 최대한 줄이기 위해 강력하게 밀어붙이지 못함으로써 점령에 많은 시간을 소비하고 있었다. 그러나 일본군이 중국 대륙의 주전장에서 승리하고 도시들을 고립시키면서 공격은 순조롭게 진행되었다. 다음 과업은 여순항을 점령하는 것이었는데 러시아군 3만 명이 방어 중이었다. 일본의 노기 장군은 1904년 8월 7일 제3군으로 여순을 점령하기 위해 공격을 개시했다. 초기에 노기 장군은 급속 공격으로 항만을 장악하려 시도했지만, 여러 차례의 강습 공격은 실패했고 일본군은 매우 심대한 손실을 입게 되었다. 그럼에도 불구하고 일본군은 러시아군이 1905년 1월 2일 항복할 때까지 여순 확보를 위해 무려 5달간의 공격을 계속했다. 이때에 일본군은 6만여 명의 사상자가 발생했다. 그러나 일본의 입장에서 이러한 희생은 승리를 가져오게 한 매우 값진 것이었다. 1904년 10월 러시아의 니콜라스 황제는 여순항 증원을 위해 두 번째 함대인 발틱 함대의 이동을 명령했다. 만일 러시아 태평양 함대가 여순항을 확보하고 있는 가운데 발틱 함대가 황해(Yellow Sea)에 도착했다면, 일본은 두 개의 함대로부터 압박을 받고 해상에서 열세를 면치 못했을 것이다. 여순항에서 실패했다면 상황은 일본이 원하는 대로 전개되지 않았을 것이다.

또 한 번의 해전이 있기 전에 지상에서 치열한 전투가 벌어졌다. 여순항의 러시아군은 일본군에게 전략적인 불리점을 안게 했다. 일본군이 도시 확보를 위해 지상군의 전환을 시도하게 되면 만주 지역에서는 러시아군에 대항할 전력이 없어지기 때문에 일본은 북쪽 전역에도 관심을 가져야만 했다. 이것은 전력의 분산으로 이어져 전력의 약화를 가져올 수밖에 없었다. 이 지역에서 일본 지상군은 러시아군과 비교했을 때 병력 면에서 열세였는데, 일본군 약 17만 5,000명에 러시아군 20만 명이었다. 그럼에도 불구하고 일본군 사령관 오요사마(Oyosama) 장군은 전쟁을 끝낼 수 있는 위대한 승리를 일구어낼 수 있다는 자신감을 가지고 있었다. 그는 일본군의 월등한 기동력을 바탕으로 러시아군 주력을 포위해서, 이를 통해 러시아가 일본의 요구에 부응할 수 있는 평화조약을 강제할 수 있다고 믿었다. 이러한 목표하에 8개월간에 걸친 일련의 전장에서 유사한 형태의 공격으로 이어졌다. 일본군은 준비된 러시아군 방어선의 측방을 돌파하는 공격으로 일련의 전장을 승리로 이끌었다. 그러나 일본은 다수의 러시아군이 북방으로 도주함으로써 대규모의 러시아군을 격멸시키지는 못했다. 그 주된 원인은 일본군의 전력 고갈에서 비롯되었다. 일본은 공격간 심대한 손실을 입어 효과적인 추격을 할 수 없었다. 그럼에도 불구하고 1905년 2월, 3주간의 전투 막바지에 일본은 만주 지역을 장악했다. 이것은 3월 10일 선양(구봉천)에서 비록 러시아군을 완전하게 궤멸시키지는 못했지만 또 한 번의 위대한 승리를 한 것이었다. 이 전역 전투를 통해 일본은 한반도의 통제를 공고히 했지만 일본군 7만여 명의 사상자가 발생하는 대가를 치렀고, 이는 곧 일본군 전력이 약화되는 요인이 되었다. 따라서 일본은 단지 지상전만을 통해서 러시아가 화약(和約)을 제안하도록 강제하기에는 어려움이 있었다.

일본은 이를 결정적인 해전에서 승리함으로써 달성하려 했다. 이는 해전에서의 유리한 상황을 염두에 둔 타당한 근거를 가지고 있었다. 수적인 면에서 우세하지만 노후화된 전함과 훈련이 부족하고 사기가 낮은 러시아 수병들로 구성된 러시아 제2의 함대인 태평양 함대가 여순항에 고착되어 있었던 것이다. 발틱 함대 사령관 로즈데스트벤스키(Rozhdestvenski) 제독은 세인트 피터스버그에서부터 중국해까지의 장거리 항해를 해야 하는 것 때문에 우울함으로 가득 차 있었다. 여순항이 함락되면서 발틱 함대의 구조 임무는 더 이상 소용없었지만 일본군과의 해전을 위해 항해를 계속했다. 러시아 황제는 해전에서 승리를 통해 일본의 성공을 저지시키고 러시아의 승리를 공고히 하기를 희망했다.

　　로즈데스트벤스키 제독은 함대를 새로운 기착지인 블라디보스토크로 가장 빠른 항로를 통해 이동시켜 러시아 왕권의 권위를 지키고자 했다. 그는 함대를 대한 해협을 거치는 항로로 이동하도록 지시했다. 그곳은 일본의 쓰시마 섬과 가까운 지역이었고 함대는 오랜 항해 끝에 3월 27일 길목에서 기다리고 있던 일본 해군과의 해전을 하게 된다. 이틀간의 교전에서 일본은 작은 손실로 러시아 함대의 37척의 전함 중에 34척을 침몰시키거나 노획했다. 약 5,000여 명의 러시아 수병들이 전사하고 일본은 단 세 척의 함정과 110명의 전사자만이 발생했다. 이러한 일방적인 러시아 해군의 패전은 사기가 저하되고 훈련이 안 된 수병들로 구성된 구식 러시아 함정 등을 포함해서 여러 면에서 그 원인을 찾을 수 있다. 발틱 함대 지휘관들도 이 패전에 한몫을 했다. 로즈데스트벤스키 제독이 전투 수일 전에 이미 사망한 사람을 부사령관으로 임명한 것 같은 일이다. 그리고 그 자신이 첫 전투에서 부상당함으로써 더 이상 명령체계를 유지할 수 없었고, 러시아 함대는 상호 협조된 전투를 하지 못했으며, 어떠한 명령체계도 제구실을 하지 못했다. 각각의 러시아 전함들은 고립된 표적이 되어, 상호 협조된 공격을 하는 다수의 일본 함정으로부터 집중적인 포격을 받았다. 토고의 함대는 러시아 함정을 하나씩 하나씩 파괴해 나갔다. 진정 눈뜨고 볼 수 없었던 살육의 현장이었다.

일본군의 여순항에 대한 선제공격은 쓰시마 해전을 승리로 이끄는데 결정적인 역할을 했던 것이다. 여순항에 고착된 러시아 태평양 함대는 결국 궤멸되었고 이는 토고 제독이 쓰시마 해전에서 러시아와 동등한 전력으로 전투를 할 수 있게 해 주었다. 이 해전은 우수한 전함과 잘 훈련된 수병들을 갖고 있던 일본 해군에게 유리했다. 태평양 함대가 살아 있었다면, 쓰시마에서 러시아 군은 7 : 4의 수적으로 훨씬 우세한 전력으로 승리할 수도 있었지만 실패했던 것이다. 만약 세 배의 수적 우세를 갖고 있었다면 일본군은 다른 결과에 직면했었을 수도 있었다. 여순항에 있던 러시아 태평양 함대의 손실은 비록 발틱 함대가 약간의 수적 우세를 유지하고 있었지만 일본 해군이 해전에서 크게 승리할 수 있는 기회를 주었다. 결국, 선제는 일본이 잠재적으로 불리했던 군사적 상황으로부터 승리를 쟁취하는 데 기여했다.

러시아와의 화약(和約)은 일본이 1905년 러일전쟁의 승리를 의미하는 쓰시마 해전으로부터 이끌어 냈던 것이다. 한반도는 일본의 보호령으로 남게 되었으며 일본은 한반도를 넘보는 다른 국가들의 위협을 종식시켰고 제국주의가 고려했던 국가 안보에 필요한 요소들을 만족스럽게 달성할 수 있게 되었다. 러시아는 여순항과 랴오둥 반도를 일본에게 양도할 수밖에 없었다. 이러한 양보는 러시아의 만주 진출을 좌절시키기도 했지만 일본은 중국과의 전쟁 기간 중에 확보했던 지역을 러시아에게 강제적으로 빼앗겼던 1895년의 굴욕적인 치욕을 종식시킨 것이었다. 다시는 이러한 굴욕을 참지 않아도 되었고 전쟁을 통해 유럽의 한 세력에게 승리함으로써, 일본은 세계적인 강대국으로 부상하게 된 것이었다. 일본의 승리는 서방의 주요 열강을 패퇴시키면서 얻은 것이었다. 일본은 쓰시마 해전의 위대한 승리를 바탕으로 러시아가 점령하고 있던 사할린을 침공했다. 러시아는 사할린의 손실과 더불어 즉각적인 평화 협상을 제안했다.

일본은 이후 제국주의의 확장과 더불어 새롭게 대두되는 문제들에 직면하게 되었다. 이러한 문제들은 즉각적이고 예기치 못한 형태로 나타났다. 일본이 군사적으로 성공했다고 해서 전쟁이 종결된 것은 아니었던 것이다. 그것은 미국 대통령 루스벨트에 의해 기인했다. 그는 러시아의 체면을 세워 주면서 사기왕성한 일본과의 평화를 중재했고 양측은 1905년 9월 5일에 이에 합의했다. 이 조약은 일본의 승리에 두 가지 제약 요인이 고려되었기에 이루어졌다. 첫째는, 러시아가 지상군을 계속 투입해서 싸우고자 했다면, 일본의 전쟁 지속은 어려웠을 것이다. 재정적인 부담과 병력 유지의 애로점들은 본국에서 많은 문제들을 야기하고 있었다. 둘째는 미국의 후원하에 이루어진 평화 중재는 일본이 역내의 강대국이 되었다는 사실을 뒷받침을 하고 있지만 아시아 지역에서 유일한 강대국은 아니라는 사실이었다. 그때부터 평화 중재자였던 미국과의 경쟁이 불가피해지고 있었다. 역내에서 러시아 해군력의 궤멸과 더불어 영국의 영향력이 사라지고 있었고, 필리핀을 식민지로 갖고 있으면서 하와이에 해군기지를 갖고 있는 미국에 의해 아시아에서의 균형이 이루어지고 있었다. 일본은 이렇게 새롭게 부상한 적과 전쟁으로 얻은 기회들을 공유하고 싶지 않았다. 일본의 산업 능력은 미국과 비교가 되지 않았는데 이러한 결점은 극복될 수 없는 것이었으므로 충돌한다면 어느 나라가 승자가 될지는 명확했다. 일본 군국주의 지도자들은 무엇이 이러한 약점을 극복할 수 있는 최선의 방안인지를 고심하게 되었다. 전쟁의 씨앗을 뿌려 많은 것들을 확보해 가려했던 계획들은 덧없는 것이 되어 갔고, 이전에 크게 중요하게 고려되지 않았던 태평양 지역에서 일본과 미국 사이에는 어두운 그림자가 드리워지고 있었다.

일본이 선택한 선제의 분석 및 비판

1904~1905년간 일본과 러시아와의 충돌은 일본의 오래된 두려움을 반영한 것이었다. 러시아가 일본의 경고와 권고를 무시하고 아시아 대륙

으로 진출을 지속적으로 실천한 것이 그 증거이기도 하다. 일본은 러시아의 한반도에서의 영향력 확장을 위한 술책을 가장 위협적으로 생각했다. 러시아의 조선 황제에 대한 지원은 일본에게 직접적인 적대 행위로 한반도의 불안정한 정치 상황에 기름을 끼얹는 행위였고, 일본은 러시아가 조성한 상황을 전적으로 수용할 수 없었다. 일본은 한반도의 안정적인 관리를 위해 중국과 이미 충돌한 바 있었고, 1895년의 청일전쟁의 승리로 한반도에서 행동의 자유를 확보하려 했지만 제대로 성사가 되지 않고 있는 가운데, 러시아는 독일과 프랑스의 지원하에 중국과의 전쟁에서 승리한 일본의 진출을 차단하고자 했다. 결국은 위험스러운 전쟁으로 결말지어졌으며 일본은 이 전쟁을 통해 많은 기회를 갖게 되었다. 불안정한 한반도는 유럽의 관심과 점령의 각축장이 되어 갔다. 따라서 이러한 유럽열강의 관심은 일본을 직접적으로 위협하는 것이었다. 한반도 확보는 일본의 국가적 안전을 위해서도 중요했고 일본의 이익을 보장받기 위해서라도 필요하다면 군사적 행동도 불사해야 했다. 이러한 일본의 입장은 유럽 국가와의 충돌로 이루어지게 되었으며, 일본은 결국은 그렇게 될 수밖에 없겠다는 결론에 도달했다.

1904년에 이르러 일본에게 가장 도전적인 세력이 러시아라는 점은 놀랄 만한 사실이 아니었다. 러시아가 보여 준 팽배한 자신감과 거만한 행동 때문에 일본이 중국 본토에서 양국의 야심을 위해 상호 균형을 찾고자 노력하는 일들은 시간이 갈수로 더욱 어려워지고 있었다. 러시아는 일본이 당시에 장악하려 시도했던 만주의 확보에 만족하지 않고 있다는 사실이 명확해지고 있었다. 러시아는 대륙—시베리아 철도를 블라디보스토크의 성장을 위해 활용하고 있으면서, 여순항까지의 철로를 연장시켜 이익을 극대화하려 하고 있었다. 여순항의 러시아 해군력의 증강 또한 극동아시아에서의 러시아 황제의 야심을 보여 주는 것이었다. 한반도는 당시 아시아 지역에서 세력을 확장 중에 있는 러시아에 기울어 있었으며, 러시아는 사할린과 일본 북방의 쿠릴 열도까지 장악하고 있었다. 이러한 사실들은 일본이 서구열강의 다른 국가들과 함께 아시아 지역의 국가들을 강제적으로 국교를 열도록 하고 있는 시기에, 단지 러시아만이 일본을 계속적으로 위협하고 있었다는 것을 말해 주는 것이었다.

이러한 공세적인 적대 행위에 직면하여 일본은 그들의 새로운 적으로부터 체면을 구기는 일이 없도록 하면서 그들의 침략과 점령을 저지하기 위해 군사력 열세를 극복하기 위한 계획을 포함하여 신속한 조치를 취하기 시작했다. 일본 수뇌부는 1903년까지 이 계획을 착실히 실천해서 전쟁을 준비할 생각이었다. 일본이 유럽열강과 경쟁하는 것은 너무 현저한 격차로 인해 영국의 도움 없이는 불가능했다. 해외로 파견되었던 일본의 정부 요원들은 영국이 다른 유럽 국가들과 비교가 되지 않을 정도로 막강한 해군력을 바탕으로 탐욕스러운 통상 요구를 할 경우, 아시아 지역에서 가장 큰 위협으로 자리 잡을 것으로 일찍부터 인식하고 기민하게 대처해야 한다고 주장했다. 그리고 영국도 1900년대 초기에 경제적인 장악에 필요한 능력을 확대하기 위해서는 기존의 동맹국을 버리고 새로운 동맹국을 필요로 하던 시기였다. 일본은 영국과의 조약을 통해 관계를 개선하면서 아시아 지역에서 일본의 유리점을 놓치지 않았다. 영국과의 조약은 단지 타 국가로부터의 야만적인 행위를 방지하는 것 이상의 의미를 주었다. 또한 일본은 영국제 함정으로 해군을 무장시켰다. 신속한 해군력의 준비는 본토를 방위하는 수준을 넘어서는 것이었다. 일본은 유럽열강과 함께 제국주의 세력과 어깨를 나란히 할 수 있는 준비를 했다. 이때에 영국의 역할은 조약을 통해 양국 관계를 고무시켰고, 일본에 대한 무기 판매를 가능케 하였다. 일본이 새로운 강대국으로 부상하기 위해 노력하는 동안 러시아는 반대로 생각하고 있었다. 러시아는 일본의 이러한 변화를 경시하고 있었으며, 아시아 지역의 한 국가를 희생해서 주도권을 확보하려 했다.

또 하나의 명확한 동기는 일·영 동맹관계의 발전이었다. 일본은 러시아와의 충돌 가능성이 다가옴에 따라 영국과의 관계를 통해 다른 유럽 국가들의 아시아 진출을 좌절시켰다. 유럽 대륙에서는 아시아 지역에서의 유럽 국가들의 세력 확장에 대한 야심 혹은 일본의 태평양 지역에서의 세력 확장에 대한 위협을 고려하는 것보다는 프랑스, 독일 그리고 러시아 간의 세력 균형에 관심을 가지고 있었다. 이러한 이유로 1904년 일본은 러시아와의 충돌 전에 나름대로 확신을 가지고 러시아를 공격하게 되었다. 일본이 주저한다는 것은 불리점을 극복하는 것을 어렵게 하는 또 다른 문제의 발생을 의미했다. 유럽열강은 국가 간 상호 동맹을 통해서, 혹은 어느 날 갑자기 모두가 일본을 위협하거나 영국을 포함한 일정한 그룹을 구성해서 갑자기 일본을 위협할 수도 있었겠지만, 상대적으로 아시아 지역에 대한 진출은 본격적으로 진행되지 않고 있었다. 그 와중에 러시아는 아시아 지역에서 군사력을 증강시키면서 그 의도를 명확히 하고 있었다. 아시아 지역에서 러시아의 완전한 전력 증강을 앉아서 기다리는 것은 향후에 일본이 공격을 받을 가능성이 높아지는 것을 의미했다. 일본은 러시아가 인적 및 물적 자원의 우세를 통해 승리에 대한 확신을 가지고 지속적인 전력 증강을 하고 있다고 인식했다. 러시아는 수많은 병력과 함정을 보유하고 일본과의 장기전에서 승리를 꿈꾸고 있었다. 반면, 일본은 그렇게 되기보다는 단기간에 확실한 승리를 통해 전쟁을 신속하게 종결시킨다는 것이 계획의 핵심이었다.

이것이 일본이 선제의 개념을 갖게 되는 근간이 되었다. 일본의 선제 공격은 신속한 승리를 염두에 두고 실행 가능하도록 상황을 조성하는 것이었다. 선제는 전쟁 개시를 위한 전술의 하나로서, 일본이 전쟁을 수행하는 데 있어서 능력을 확실하게 발휘할 수 있도록 하기 위해서 어떠한 국면에서도 나타날 수 있는 것이었다. 일본은 자국의 이익을 확보하기 위해 군사력을 한반도로 이동시켜 한반도를 장악해야만 했다. 일본 제국주의의 해군은 이 과업의 견인차 역할을 했으며, 이 과업을 수행하기 위해서는 러시아의 역내 해군 전력을 무력화시켜야만 했다. 여순항에 대한 기습공격을 통해 러시아 함대를 파괴 혹은 무력화시킨 것은 일본의 전역 계획을 실행에 옮기는 데 있어 최상의 조건을 확실하게 제공했다. 일본은 전쟁을 개시할 때, 공격전에 상대에게 알려주어야 하는 의무를 전혀 고려하지 않았다. 러시아와의 외교적 관계가 단절된 상태에서, 일본의 선제는 러시아가 이미 일본을 공격할 계획을 가지고 있다는 데에 그 이유를 두고 있었다. 사실, 제물포항에서 최초의 포격은 러시아 해군이 먼저 했었다. 토고 제독은 군사적 필요성은 국제법에 우선하며 군사적 이점을 확보하기 위해서는 도덕성의 손상에 우선한다는 확신을 가지고 공격했다. 1904년, 제국주의 일본은 서구열강의 한 국가인 러시아와 전쟁을 시작하게 되었으며, 의도적으로 전쟁을 선포하지 않고 공격한 일본의 행동은 서구 전쟁의 도덕적인 기준을 넘어선 것이었다.

일본은 오래지 않아 도덕성이 결여된 상태로는 선제적 전쟁을 할 수 없음을 인식하게 된다. 일본은 그들이 거부해 왔던 유럽의 열강들이 팽창을 위한 대외정책을 실현할 때 보여 주었던 오만하고 거만한 자세를 가진 군국주의의 전형을 따라가고 있었다. 한반도와 중국은 일본의 주요 표적이었다. 일본이 자국의 안보를 위해 한반도에 대한 통제가 필요하다고 주장했던 것은 지속적으로 간섭하겠다는 것을 의미했다. 일본은 유럽이 중국을 다룰 때 공공연하게 취했던 형태를 답습해서 1876년 강제적인 강화조약을 통해 한반도를 강제적으로 개항시켰다. 이러한 강제적인 조약들을 실천하기 위해서 얻어진 결론은 전쟁을 해야 하는 것이었다. 일본은 1894년 중국과의 전쟁에서 승리를 자신했었다. 중국은 일본의 군국주의를 만천하에 공지할 수 있는 전시장이었다. 일본은 이를 매우 잘 실천했고 유럽 열강은 이 승리를 주목했다.

그러나 러시아는 일본을 얕잡아 보면서 적대적 위협을 멈추지 않고 있다고 생각했다. 따라서 일본은 유럽의 전쟁 수행 방식을 현실적으로 직시하면서 이익을 위해서는 러시아를 굴복시켜야만 했다. 좀 더 자세히 당시 상황을 살펴보면 사실 일본이 생각했던 것만큼 러시아의 위협은 크지 않았다고 볼 수 있다. 일본이 아시아로 진출하려는 러시아의 야심을 방관하고 있었더라도 당시의 러시아 경제 상황을 볼 때 러시아가 중국을 가로

질러서 일본 가까이 혹은 직접 일본까지 진출하기에는 어려웠기 때문이다. 러시아 내에서 활동하던 일본 첩자들은 러시아의 경제를 허약하게 만드는 많은 문제점에 대해 충격적인 첩보들을 보고해 왔다. 일본은 전쟁과 경제적 관계 사이의 득실을 고려하면서 러시아와의 1904~1905년간의 전쟁에서 이미 성공을 염두에 두고 있었음이 분명하다. 일본은 당시 미국으로부터 10억 달러 이상의 채무를 지고 있는 경제적 상황하에서 이러한 제한점을 극복하고 전쟁을 치른다는 것은 일종의 모험이었다. 러시아도 이와 비슷한 처지였지만 일본보다는 무역을 통한 경제적 활동 자체가 미미해서 충격이 적었고, 재정적인 문제에 있어서도 약간은 일본보다 나은 편이었다.

아무튼 일본은 러시아를 주적으로 보고 있었다. 왜냐하면 일본은 전쟁에서 이길 수 있다는 생각을 갖고 있었고 전쟁을 통해 얻을 많은 이익들을 염두에 두고 있었기 때문이다. 러시아와의 전쟁에서의 승리는 아시아 지역에서 일본의 존재를 확고히 하고 역내에서 강대국의 위치를 성공적으로 보장받을 수 있는 빠르고 확실한 보증수표이기도 했다. 또한 이를 통하여 일본의 안전한 안보를 보장받을 수 있는 것이었다.

1900년대 초 영국의 압박을 받았던 일본이 영국과의 외교적 협정을 맺은 것은 일종의 보험이기도 했다. 영국의 거대한 군사력에 도전하는 것은 전혀 고려하지 않고 있었으며, 영국과의 동맹 자체가 국가의 군사적 승리는 물론 모든 상황을 순조롭게 이어갈 수 있을 것으로 판단했기 때문이다. 일본은 러시아가 일본의 경쟁국이라고 주장하면서 영국이 여러 면에서 러시아를 견제하도록 요구했다. 이를 통해 일본은 1894~1895년간의 중일전쟁으로 얻은 보상금을 이용하여 영국으로부터 함정들을 구매하게 되는데 이는 서구 형태의 제국주의를 추구하려는 증거이기도 했다. 일본은 또한 제국주의적 패권을 추구하려 했다. 제국주의 패권을 위해 장차 대규모 전쟁을 수행하는 데 필요한 무장을 하기 위해서는 시간이 필요했으며, 이러한 계획을 추진해 나가는 데 있어서 선제를 단지 자위적 방어 수단으로만 선택하는 것은 바람직하지 않았다.

　　일본은 당시에 서구열강의 접근 방식을 잘 수용했으며 '강력한 러시아'의 위협이 임박하였기에 전쟁의 명분은 정당하다고 주장하였다. 반대로 러시아의 허세는 실제보다 못하다는 사실을 인식한 일본은 양국 간의 전쟁을 통해 승리를 추구할 수 있었기에 러시아의 위협적인 행동들을 내심 반가워하고 있었다. 이러한 일본의 태도가 확실했다면, 일본은 아시아 지역에서 한반도와 중국을 희생시키는 대가를 치르더라도 한반도에서 입지를 구축하고 약화된 적과의 전쟁을 열망하면서 전쟁의 필요성을 적극적으로 추구했다고 볼 수 있다. 어느 국가라도 한반도를 통제하려 한다면 그것은 일본을 겨냥하는 것이라는 일본의 주장은 일본이 사실은 아시아 지역에서 패권을 확장하려는 의도를 갖고 있었기에, 자국의 안보 문제를 역으로 이용했다고 볼 수 있다. 이러한 일본의 의도는 1904년에 미완성 상태에서 1930년대까지도 완성되지는 않았지만 세기가 바뀌었어도, 일본의 지배권 유지를 위해 지속적으로 추진되어 오고 있었다. 각각의 사례는 1904년과 1941년 일본의 공격이 선제공격에서부터 시작되었다는 것을 눈여겨볼 필요가 있다. 오랜 기간의 간격이 있지만 일본의 선제공격은 군사적 주도권 확보를 위해 사용되었으며 이는 일본이 추구하는 패권주의를 대변하고 있다고 할 수 있다. 따라서 1904년 전쟁 상황은 패권 확장의 구실을 위해 공격을 개시한 것이지, 일본이 주장했던 것처럼 전쟁의 명분이 자위적 방어를 위한 것은 아니었다.

　　예상했던 것처럼, 일본은 서구적 제국주의를 추구하였다. 여순항의 기습공격과 제물포항에 대한 동시공격은 전쟁 선포 없이 시작했다. 은밀한 공격은 최초의 적대적인 적과의 전쟁에서 군사적 승리를 보장하기 위한 계획이었다. 이러한 비도덕적 행동을 호전적인 적으로부터 어쩔 수 없는 자위적 방어를 해야 했기 때문이라는 구실을 내세우면서 선제공격을 한 것이 1904년 러일전쟁의 시작을 알리는 기습공격이었다. 이러한 일본의 행동은 러시아의 관점에서는 확실한 비도덕적 행동이었다. 러시아 황제는 여순항이 공격을 당한 그날 밤, 그의 일기에 '선전포고 없는 공격'이라고 기록하고 있다.[3] 미국의 언론들은 일부 소수만이 일본의 선제공격을 비난했다. 뉴욕 타임지는 "권위 있는 유력 인사들이나 어느 국가의 의견을 비추어 봐도 일본의 선제공격을 비난하는 말은 없었다"[4]는 기사를 게재하면서 일본을 두둔했다. 공교롭게도 당시 일본을 지원했던 미국은 이후 40년 후에 일본으로부터 진주만 기습공격을 당하게 된다.

　일본은 전쟁을 치르는 데 있어서 비록 다른 국가들로부터 전쟁에 대한 접근 방법에 대해 비난을 받는 것을 감수하더라도 승리를 위해서 선제공격을 선택했다. 선제공격을 통해 전쟁을 하게 될 수밖에 없었다는 정당성을 내세웠고, 직면한 위협 혹은 불법적인 패권 확장과 문명의 충돌을 야기할 수 있는 원인들 사이에 균형을 유지하기 위해서라도 선제공격이 필요했다는 것을 보여 주려고 했다. 일본 해군사령관 토고가 그의 관점에서 어떠한 도덕적 가책 없이 단순히 군사적 이점을 확보하기 위해 실시한 선제공격이 비난을 받지 않은 가운데, 선제공격을 통해 패권을 잡기 위한 동기를 만들어 낸 것은 매우 인상적인 것이었다. 그러나 일본 해군사령관 토고가 그의 행위에 대해 신념을 갖고 있었다 하더라도 선제공격 측면에서의 도덕성 문제는 거론 될 수밖에 없다. 일본의 군사적 이점 확보는 점차 잠재적인 위협을 견제하면서 태평양에서 패권을 유지하겠다는 국가 이익에 기여하였지만, 선제공격을 실시한 목적은 그 이후에 더욱 명확해졌다. 그것은 일본은 본토에 대한 위협이 급박하게 직면한 상태가 아니었다. 일본의 선제공격은 아시아 지역에서 러시아의 남진을 저지하고 한반도와 중국을 장악하기 위한 과감한 시도였으며 영토 확장을 추구하는 유럽열강

3　David Shimmerlpenninck Van Der Oye의 *Toward the Rising Sun: Russian Ideologies of Empire and the Path to War with Japan* (DeKalb, IL: Northern Illinois University Press, 2001), 108쪽.

4　William H. Honan의 "Port Author:the First Pearl Harbor," in *"Fire When Ready, Gridley!": Great Naval Stories from Manila Bay to Vietnam, Ed. William H. Honan* (New York: St.Martin's Press, 1993), 42쪽.

들과 어깨를 나란히 하기 위한 것이었다.

　1904~1905년의 러일전쟁은 제국주의 열강 간의 전쟁이었다. 승리자가 역내의 주도권을 장악하게 되는 전쟁이었다. 주도권 장악하기 위해서는 전쟁에서 승리해야만 했다. 이러한 점에서 일본이 선택한 선제공격은 도덕성이 결여되어 있었으며, 일부에서는 면죄부를 주고 있기도 하지만, 결과적으로 그것은 명백하게 '침략전쟁'이었다는 것을 주시해야 한다.

04

전쟁의 올가미가 된 선제

— 1914년, 제1차 세계대전

개 요

독일군들은 1914년 8월 4일 벨기에 영토로 진입했지만, 자신들이 벨기에에 주둔하는 프랑스군을 공격하려 했다는 구실과는 다르게 프랑스군은 없었다. 프랑스군이 있을 것으로 예상했는데 없었다는 이유는 앞뒤가 맞지 않는 것이었다. 선발대로 진입한 독일군은 벨기에 영토에 진입한 것에 대한 유감의 뜻을 전하면서 저항하지 말라는 메시지가 담긴 포고문을 발표하였다. 이틀 후, 독일의 에릭 루덴도르프(Eric Ludendorff) 장군은 벨기에 리에주(Liege) 지역의 양도를 요구했다. 벨기에는 이를 거부하였고 독일군은 도시를 장악하고 항구로 이어지는 통로를 즉시 봉쇄했다. 독일군은 리에주(Liege)를 8월 16일 장악했다. 제1차 세계대전의 발발이 독일이 벨기에를 침공했던 8월 4일에서 8월 16일의 단지 2주간의 원인에서 비롯된 것이 아니라는 것이 여러 가지 사실들을 통해서 밝혀지면서 독일의 전쟁계획 수행에 부정적으로 작용했다. 벨기에는 독일이 단지 프랑스를 공격하기 위해 벨기에를 경유하려 하는 것이라는 주장에 응하지 않고 독일에 저항했다. 독일 정부는 자국의 방어를 위하여 벨기에를 침공할 수밖에 없었다는 주장을 계속해 왔다. 그러나 한 명의 프랑스군도 없었다는 사실 앞에 어떠한 적으로부터 독일을 방어하려 했는가에 대한 의문을 던져 주었다. 독일은 강대국들로 둘러싸여 있는 상황을 타개하겠다는 목적하에 자신들만의 도덕적 정당성을 가지고 벨기에를 침략했던 것이다. 독일이 서부지역의 자유를 확보하기 위해서 벨기에를 공격한 것은 잘못된 선택이라고 할 수도 있었지만, 독일에게는 적들로부터 포위된 상황하에서 독일을 방어하는 데 커다란 기회를 줄 것으로 생각했다. 독일이 어떤 생각을 하고 있었는지에 관계없이, 독일의 선제적 전쟁 개시는 유럽 대륙을 전쟁의 소용돌이로 몰고 감으로써 '선' 혹은 '정의'의 환상을 깨뜨린 것이었다.

제1차 세계대전은 유럽 국가들 사이에 예상되었던 치열한 투쟁과 함께 시작되어, 유럽의 역사 속에서 지울 수 없는 고통을 남기고 종료되었다. 1914년 늦은 여름, 독일은 중립국인 벨기에를 경유해서 프랑스를 공격했다. 영국은 독일의 벨기에 침공에 따라 프랑스를 지원하기 위해 전쟁에 참전하게 되었다. 독일의 서부지역 공격은 동부지역의 상황을 안정적으로 관리하기 위한 조치의 일환이었다. 세르비아 극렬분자가 오스트리아 황태자를 암살하였을 때, 오스트리아·헝가리 제국은 세르비아에 배상을 요구했지만 이는 엄청난 대가를 요구하는 것이어서 두 국가는 충돌하게 된다. 이 국지적 충돌을 처음에는 러시아가 개입했고 이어서 독일이 개입했다. 이들 국가들의 개입은 자국의 동맹국을 보호하려는 시도로서, 러시아는 세르비아를, 독일은 오스트리아·헝가리 제국을 지원하면서 유럽은 전쟁의 소용돌이에 휘말리게 되었다. 독일의 서부지역 공격은 전쟁이 공식적으로 개시된 8월 1일 이후 수일도 지나지 않아 모든 유럽의 강국들이 참전하는 전쟁의 시발점이 되었으며, 영국은 프랑스와 러시아를 지원했다. 다른 유럽 국가들도 1914년 이후 다양한 이유로 전쟁에 참전하게 되었으며, 이로써 세계대전으로 발전되었다. 터키는 독일과 오스트리아·헝가리 제국을 지원하기 위하여 1915년 참전하여 주요 세력으로 등장하게 된다. 그해에 이탈리아는 동맹국과 제휴를 하였고, 더욱 중요한 것은 미국이 1917년에 동맹국을 지원하게 되는데 당시에 러시아는 혹독한 재난을 벗어나기 위한 시련 속에 있던 때였다. 전쟁에 참전하는 순서에 관계없이 독일은 적대적 상황이 시작되기 전에 이미 선점했던 지역들에 대한 전략적 딜레마에 직면하게 되었다. 독일은 확대된 적들과 마주하게 되었고, 두 개의 전선에서 싸워야만 했다. 이러한 불리점을 극복하기 위해 독일은 그들의 적을 선제적으로 타격해서 강대국으로 둘러싸여 있는 상황으로부터 벗어나고자 했다. 공격은 실패로 돌아갔고 궁극적으로 독일이 1918년 11월 전쟁에서 패배하는 원인이 되었다. 이 전쟁으로 유럽은 1919년 평화가 온 이후에도 엄청난 피해로 인하여 차세대에게 부담을 지우는 대가를 치르게 되었다.

　엄청난 피해를 발생시킨 제1차 세계대전은 집중적인 연구의 대상이 되었고 이에 따라 많은 연구서적들이 출간되었다. 많은 학자들은 전쟁을 촉발시킨 독일, 유럽 대륙의 동맹체제, 제국주의의 식민지 쟁탈전, 혹은 확증하기는 어렵지만 당시의 유럽 대륙의 군국주의적 분위기를 다루고 있다. 그러나 대부분의 연구는 결국에는 독일에 초점을 맞추고 있다. 제임스 졸(James Joll)은 그의 저서 『제1차 세계대전의 기원』(*The Origins of the First World War*)에서 "독일과 오스트리아의 계획은 가장 위험한 전쟁계획이었다"라고 기술하고 있으며, 로렌스 라포레(Laurence Lafore)는 그의 저서 『오랜 갈등』(*The Long Fuse*)에서 "독일은 상황을 악화시키는 가장 특징적인 역할을 했다"고 덧붙이고 있다. 학자들 간에 많은 논쟁이 있지만, 결국 독일이 전쟁 개시의 책임을 져야 한다는 데 동의하고 있다.[1] 그러나 이들이 독일의 공격이 선제공격이었다고 강조하고 있음에도 불구하고, 전쟁의 책임에 대

1　James Joll의 *The Origins of the First World War*, 2nd ed. (London: Longman, 1992), 105쪽; Laurence Lafore, *The Long Fuse: An Interpretation of the Origins of World War I*, 2nd ed. (New York: J. B. Lippincott company, 1971), 110쪽.

한 논쟁에서는 충분하게 선제를 다루고 있지 않다. 저명한 학자인 홀거 헤르비그(Holger Herwig)는 그의 저서 『왜 이런 일이 일어났는가』(*Why did it Happen*)와 최근에 재편집을 하여 발간한 『제1차 세계대전 기원』(*The Origins of World War I*)에서 독일의 공격은 선제공격이었다고 기술하고 있으며, 존 H. 마우러(John H. Maurer)의 『제1차 세계대전의 발발』(*The Outbreak of the First World War*)에서도 독일의 선제공격을 기술하고 있다. 제임스 졸은 그의 저서에서 전쟁의 원인을 "선제공격이라고 말할 수 있는 것은 적대국들로 포위된 상황하에서 스스로를 방어하기 위한 것이었거나 혹은 그들이 전쟁만이 강대국으로 가는 길이라고 생각했었기 때문이다"라고 명확하게 기술하고 있다. 따라서 선제는 두 가지의 동기를 갖고 있다고 볼 수 있다.[2] 본 장에서는 독일 지도부가 선제를 택한 원인에 중점을 두고 제1차 세계대전의 발발을 야기한 독일의 핵심적인 역할이 무엇이었는가를 살펴보며, 독일이 전쟁을 시작했다는 것을 비난하기 보다는 결국에는 성과를 거두지 못하고 쓰라린 대가를 감수할 수밖에 없었던, 독일의 정책 결정권자가 채택했던 선제전략에 대해 분석해 보고자 한다.

독일이 선제를 선택한 이유

독일의 강대국이 되고자 했던 열망은 세계적인 영향력 확보를 위해서 치열하게 경쟁하던 유럽 제국주의 시대에 생긴 것이었다. 독일은 이러한 논리로 무역과 식민지 확보를 통해서 유럽 대륙에서 독일의 위치를 확

---

2 Holgr H. Herwig의 "Why did it Happen?" in *The Origins of World War I*, Eds. Richard F. Hamiltion and Holger H. Herwig (Cambridge, UK: Cambridge University, 2003), 444쪽; John H. Maurer. *The Outbreak of the First World War: Strategic Planning, Crisis Decision Making and Deterrence Failure* (Westport, CT: Praeger, 1995), 119쪽; Joll, *The Origins of the First World War*, 235쪽.

실하게 하고자 했으며, 따라서 동일한 목적을 가지고 있었던 유럽의 다른 국가들과의 충돌이 불가피할 수밖에 없었다. 사실, 독일은 당시에 이러한 경쟁에서 뒤쳐져 있었지만 이를 따라 잡기 위해 기를 쓰고 있었다. 독일의 철로와 상선단 같은 기반 체제는 1870년대 이래 정부의 지원을 받으며 성장해 왔다. 독일은 당시에 자국의 산업이 경쟁력을 갖추는 수준만큼 도달하기 위해 노력하고 있었지만, 유럽의 강대국들과는 여전히 커다란 국력의 격차를 가지고 있었으며, 특히 영국이 그러했다. 대영제국은 독일의 모델이었으며, 영국은 당시 수많은 식민지를 통하여 산업이 비약적으로 발전되고 있었으며, 강력한 해군과 상선단은 본국에 필요한 자원을 지속적으로 지원하고 있었다. 다시 말하면, 영국은 독일이 부족한 것들을 가지고 있었다. 독일은 이 격차를 빠른 시간 내에 좁히려고 하였지만 오래지 않아 두 강대국이 충돌 없이 확고한 지위를 공유할 수 있을지에 대해서는 의문을 가지고 있었다.

독일은 여기에 매우 부정적인 입장이었다. 당시, 영국은 유럽 대륙의 세력 균형을 원하고 있었으며, 만일 독일이 유럽에서 영향력을 행사할 만큼 세력이 확장된다면, 영국은 동맹국들과 함께 독일을 부상을 저지하려 할 것이었기 때문이었다. 영국과 프랑스는 과거의 원한 관계를 극복하기 위해 노력하고 있었다. 게다가 영국은 나폴레옹 전쟁과 같은 과거 프랑스와의 전쟁 시에 영국·독일 간에 유지해 왔던 긴밀한 협력의 역사를 외면하고 있었다. 또한 독일은 영국의 세대교체가 이루어진 외교 그룹의 새로운 인물들이 공개적으로 프랑스에 호감을 갖고 있는 것을 인식했다. 특히 이러한 호감은 프랑스의 문화에 대한 선호에서 비롯되고 있었다. 국력이 약화된 프랑스는 독일의 망령을 매우 심각하게 경계하고 있었다. 세력 균형이라는 이름하에, 영국은 독일이 강대국의 반열에 오르지 못하도록 하려고 독일에 저항하고 있는 프랑스와 동맹을 맺고 있었다. 이러한 영국의 입장으로 독일은 전쟁이 필연적일 수밖에 없다고 생각하고 있었다.

다른 유럽 국가들은 독일을 다른 이유에서 경계하고 있었다. 러시아가 독일 동쪽에서 위협을 주고 있었지만, 러시아는 당시 황제(차르)의 왕권 부패와 같은 내부 문제로 혼란을 겪고 있었다. 러시아의 국력은 쇠퇴하고 있었다. 1905년 러일전쟁 시 해군의 참혹한 패배는 이러한 상황을 더욱 악화시키고 있었다. 그러나 러시아가 회복된다면, 독일 지도부는 독일제국의 미래를 확고하게 자리 잡게 하기 위해서라도 러시아의 위협을 다시 한 번 고민할 수밖에 없었다. 이러한 독일의 우려를 말해 주는 사례로 독일 수상 테오발트 폰 베트만홀베크(Theobald von Bethmann-Hollweg)는 1914년, 전쟁 전일에 "자꾸만 러시아에 대한 걱정이 커져갔고 이는 점차 감당하기 어려운 악몽처럼 다가왔다"라고 말하고 있다. 충돌은 불가피했었고, 시기의 선택은 늦지 않아야 했다. 또 다시 지연하는 것은 단지 러시아가 힘을 추스를 시간을 주는 것이었다. 독일 총참모장 헬무트 폰 몰트케(Helmuth von Moltke) 장군이 "전쟁이 빠르면 빠를수록 우리에게 더욱 유리하다"라고 언급한 것처럼 독일은 당장이라도 전쟁을 고대하고 있었다. 전쟁 사학자 제임스 L. 스토크스베리(James L. Stokesbury)는 이러한 이유로 그의 저서에서 "독일에게 1914년의 전쟁은 거의 선제였다"[3]라고 기술하고 있다. 독일이 치밀하게 1914년의 전쟁을 계획했었다면, 스토크스베리의 이러한 기술은 전혀 불필요했을 것이다. 러시아의 위협이 독일에게 1914년의 선제전쟁을 선택하게 한 것이었다.

독일 서쪽에 자리 잡고 있는 독일의 위험한 적대국인 프랑스는 별개의 문제였다. 당시의 역사를 살펴보면, 독일이 프랑스를 얕잡아 본 것은 독일이 러시아를 처리하려 했던 연장선상에 있었다. 1870~1871년간의 프랑스·프러시아 전쟁에서 프랑스를 철저하게 유린하면서 독일의 우월한 군사력을 과시한 바 있었다. 또다시 프랑스와 전쟁을 하더라도, 독일은

---

3 Bethmann Hollweg이 Gordon A. Craig를 인용, *Germany, 1866-1945* (New York: Oxford University, 1078), 334쪽; Molke's statement appears in Fritz Fishcher, Germany's Aims in the First World War, Trans. (New York: WW Norton, 1967), 50쪽; James L. Stokesbury, *A Short History of World War I* (New York: William Morrow and Company, 1981), 62쪽.

신속하게 승리를 일구어낼 수 있다고 자신했다. 단지 이제 막 발을 내딛으려는 단계였을 뿐이고, 언제 프랑스와 다시 전쟁을 하느냐가 관건이었다. 독일은 프랑스를 격멸하고 완전히 파괴할 수 있을 것이라고 생각했다. 독일은 기력을 회복해서 독일을 공격하려는 음모를 가지고 있는 프랑스가 분노로 가득 찬 이웃 국가로 남아 있기를 원하지 않았다. 프랑스를 격멸하는 것은 독일이 유럽 대륙에서 주도권을 확보하기 위한 하나의 단계이기도 했다. 독일은 세계적인 강대국이 되기 위한 이러한 계획을 실천하기 위해 자원을 확보해 나가고 있었다. 프랑스를 격멸해서 주도권을 장악한 가운데 자신감을 가지고 동쪽으로 방향을 돌려 러시아의 위협을 제거하고 역내에서 번영된 독일의 이익을 추구하려 했다. 따라서 이러한 목적들을 달성하기 위해서 출발은 프랑스로부터 시작되어야 했으며, 프랑스는 독일의 주적이었으며 표적이었다.

요약하면 유럽 대륙에서는 독일이 성장한 반면 다른 국가들의 국력은 약화된 상태였다. 러시아와 프랑스는 역사적으로 힘의 쇠퇴기를 맞이하고 있었다. 영국도 러시아나 프랑스처럼 약화되고 있었는데, 여기에는 여러 가지 이유가 있었지만, 독일과 같은 나라들이 대영제국의 식민지에 대한 도전을 하는 것과 같은 것이었다. 다시 말하면, 독일은 새롭게 탄생한 국가로서 한 방향, 즉 '위대한 국가'라는 목표에 몰입하고 있었다. 독일 지도자들은 유럽 대륙의 상황을 살피면서 어떻게 헤쳐 나가야 할지를 구상하고 있었다. 유럽 국가들은 독일의 부상을 저지하기 위해 동맹을 통해 이를 억제해 보려 했다. 1940년의 영국·프랑스 화친(和親) 조약은 이러한 점에서 발전된 형태였다. 독일에게는 역사적인 앙숙 관계인 두 나라의 화친이 독일을 제압하려는 시도로 보였다. 영국과 프랑스 두 나라의 협력관계는 효과를 발휘하고 있었다. 러시아와 프랑스는 이미 화친(和親) 조약을 맺고 있었으며, 프랑스는 영국에 의지하고 있었다. 독일이 동쪽으로는 러시아, 그리고 서쪽으로는 대영제국을 등에 업고 있는 프랑스 등 3개국의 위협에 직면하고 있다는 것은 명백한 위험이었다. 1907년 3국 동맹이 맺어지면서 그 위협은 현실화되었다. 독일이 강대국으로 부상하려는 것을 막으려는 포위 상황이 완성된 것이었다.

독일이 이렇게 포위된 상황의 위험을 극복해야 하는 것은 열강들의 새로운 식민지 경쟁만큼이나 유럽에서 지배적 국력의 위치를 점하기 위해서도 전쟁을 해야 하는 이유가 되었다. 그러나 독일은 1914년 전쟁 이전에도 강대국이 아닌 약소국가들과의 전쟁으로 치달을 수도 있다는 것을 염두에 두지 않으면 안 되었다. 발칸 반도에서 있었던 이전의 두 전쟁에서 강대국들은 대규모 전쟁의 위험이 국지적 충돌로부터 출발하였다는 사실을 경험한 바 있었다. 그렇기 때문에 이러한 관점에서 전쟁 개시의 적시성은 보다 체계적인 분석을 필요로 한다. 1914년의 제1차 세계대전이 1905년 혹은 1911년의 제1, 2차 모로코 전쟁, 혹은 1908~1909년의 보스니아 합병전쟁으로 비롯되지 않고 세르비아와 오스트리아ㆍ헝가리제국 간의 충돌로 발생했는가에 대한 해답은 독일이 유럽 대륙에서 적대국들의 포위 상황을 제거하려고 선제전쟁을 결심한 데 그 원인이 있다.

물론 독일은 군사적으로 프랑스를 우선적으로 격파해서 확실하게 괴멸시키려는 의도를 갖고 있었다. 그러나 독일의 동쪽과 서쪽의 약소국가들이 독일이 추구하는 목표를 제한했다. 벨기에의 중립국 선언은 독일의 전쟁목표에 혼선을 주었다. 벨기에의 중립국 선언은 벨기에가 프랑스의 방패 역할을 하면서 프랑스의 방어를 지원하는 형세가 되었기 때문이다. 독일의 전략가 알프레드 폰 슐리펜(Alfred von Schlieffen)은 서부지역 공격에 무게를 두면서 프랑스를 격파하기 위해서는 강력하게 공세적으로 시도되어야 하며 여기에 벨기에를 포함시켜야만 한다고 생각했다. 독일의 대군은 기동공간이 필요했지만 벨기에는 프랑스를 공격하기 위한 침공로상에 위치하고 있으면서 중립선언을 하게 됨에 따라, 독일의 프랑스 공격을 어렵게 할 뿐만 아니라 프랑스에게 방어를 제공하는 상황이 되었다. 이로 인해 독일은 원거리를 우회하여 프랑스를 공격하게 됨으로써 초기의 유리점을 확보하기 어려운 가운데, 동쪽 러시아의 공격으로부터 측면이 취약해지는 위험을 감수해야 되는 상황으로 발전되었던 것이다. 당연히 두 개의 전선에서 전쟁을 해야 하는 위험을 감수해야 했으며 이러한 취약점을 해결하기 위해서, 독일은 벨기에가 비록 중립국이며 약소국이라고 해도 점령해야 한다고 결심했다.

독일 지도자들은 벨기에를 공격하는 것만으로 문제가 해결될 수 있는 단순한 상황이 아니라는 것을 잘 알고 있었다. 왜냐하면 벨기에가 영국과 협력 관계에 있었기 때문이다. 이는 독일이 벨기에를 공격하면 영국과의 전쟁으로 이어진다는 것을 의미했다. 그리고 벨기에를 공격하고 나면, 영국과 긴밀한 동맹관계에 있는 프랑스와 부딪쳐야 했다. 이들 3개국은 독일에 대항하는 각기 다른 이유를 가지고 있었다. 프랑스는 생존을, 영국은 세력 균형을, 벨기에는 중립국 위치에서 받게 될 피해였다. 따라서 독일이 서쪽에서 우선적인 전쟁 목표로 선정한 프랑스하고만 대치하고 있었다면, 약소국이 걸림돌이 되는 역할을 하는 것을 최소화할 수 있었을 것이다. 벨기에가 전쟁이 일어나면 중립적인 위치를 지키도록 하게 하기 위한 외교적 노력이 독일의 중요한 전쟁 수단의 하나로 대두되었다. 독일군이 벨기에 영토를 경유할 때, 벨기에가 중립적 위치만 지켜 준다면, 영국이 전쟁에 개입하기 전에 상황을 종료시킬 수 있었다. 그것은 이웃 국가인 벨기에가 그저 독일에 저항하지 않고 독일군의 통로를 열어 주기만 하면 되는 매우 간단한 일이었다. 독일은 벨기에가 당연히 그렇게 응할 것이라는 것과 독일과 싸우지 않을 것이라는 확신이 필요했다.

독일의 외교적 노력은 수년간에 걸쳐 시도되었지만 작은 성과만 있었으며 포위 상황은 계속되고 있었다. 독일 외교관들은 터키와의 동맹을 위해 매우 정열적으로 노력했지만 그 결과도 미미했다. 그즈음 터키는 발칸전쟁에서 영토와 주도권을 상실하고 있었다. 터키의 무력함은 독일에게 큰 힘이 되지 않는다는 것을 의미했다. 단지 독일은 터키와의 동맹을 통해서 실추된 외교적 역량을 회복하려는 의도에서 노력을 했던 것이다. 독일은 필요한 것을 얻지 못했다. 근본 원인은 재정적인 문제와 연결되어 있었다. 터키는 재정적 지원을 받기 위해 프랑스와 접촉하여 지원을 받았으며, 이것은 독일에게는 감당하기 어려운 모욕이었다. 독일의 동맹국을 확보하려는 노력은 독일이 유럽 대륙에서 고립되어 있지 않다는 점을 확실하게 하기 위해서도 필요한 것이었다. 독일이 직면하고 있는 외교적 고립 상황은 적대국들로부터의 포위 상황을 더욱 악화시켰다. 결과적으로 독일은 1914년 터키와 동맹관계를 맺지 못하고 전쟁을 시작했다. 터키가 전쟁 개시 수개월 후에 독일의 동맹국으로 참전했을 때 터키가 독일이 처한 포위 상황을 완화시키고 독일의 힘을 강화시키는 데 기여하였는지에 대해서는 논쟁의 여지를 안고 있었다. 독일은 상황을 실제보다 과장되게 인식하고 있었고, 두려움으로 인해 냉정한 분석을 통해 자신들의 능력을 정확하게 평가하지 못했다. 그로 인해서, 독일이 1914년에 단독으로 전쟁을 시작하는 동안에도, 이러한 인식에서 벗어나기 어려웠다. 포위된 상황은 심리적인 위협을 유발시켜 독일을 괴롭혔다. 이것은 독일이 극복할 수 없었던 장애 요인이었다.

독일의 중부 유럽의 중요한 동맹국은 오스트리아 · 헝가리였다. 문제가 많은 이 국가는 독일의 전쟁 계획 입안자들에게는 쇠퇴하는 제국일 뿐으로 손을 잡지 않으려 했음에도 불구하고, 동맹국으로 위치에 있었다. 가장 최근에 일어난 세르비아와의 충돌은 독일이 이 나라를 돌아보게 하였으며, 이를 계기로 독일제국이 공고한 결속을 맺게 되었다. 황태자 페르디난드(Ferdinad)가 암살되었을 때 독일 외무상은 오스트리아 황태자로 하여금 '오직 전쟁만이 있을 뿐'이라는 강력한 항의 서한을 세르비아에 보내도록 하였고 그의 의도대로 이끌어 갔다. 이러한 행동으로 인해 러시아가 개입하게 될 것이라고 독일은 판단하고 있었다. 이것은 독일이 원하던 결론이었지만, 러시아는 독일의 군 지휘관들에게 모든 상황에서 고민을 안겨주는 나라였다. 몰트케(Moltke) 장군은 러시아가 신속하게 군사력을 건설한다면, 유럽에서의 충돌이 불가피 할 것으로 생각했다. 따라서, 이 전쟁은 러시아의 군사력이 독일을 능가하기 이전에 이루어져야 한다고 믿었다. 독일의 동원체제는 러시아보다 유리했다. 러시아의 속도가 느린 동원체제는 러시아가 주력을 전장터로 투입할 준비를 하기 이전에 독일이 서쪽의 프랑스를 공격할 수 있는 기회를 줄 수 있었다. 러시아와의 전쟁을 수년간 주저하게 되면 현재 독일의 군사적 유리점이 약화될 우려가 있었다. 러시아를 염두에 두었던 것은 결국 유럽의 슬라브 민족의 영향력을 고려했기 때문인데, 이는 초기의 인종주의적 사고(思考)로, 이후에 1939년의 나치 독일의 선제전쟁의 정당성 주장에 기여하게 된다. 몰트게는 독일은 유럽의 문명을 보호하고 발전시키기 위해서 전쟁을 택했다고 주장하면서 이러한 인종주의적 감정을 분명히 했다.[4] 독일의 황제 윌리엄 2세는 공공연하게 "유럽 대륙에 독일 민족이 존재하느냐 사라지느냐?"라고 언급하면서 러시아와의 전쟁을 인종전쟁으로 간주하고 있었다.[5] 왜냐하면 러시아에 대한 두려움으로 인해 세르비아와 오스트리아·헝가리 간의 문제인 '7월 위기'를 구실삼아 유럽에서 위험을 무릅쓰고 전쟁을 일으키게 되었기 때문이다.

러시아가 전쟁의 주원인이었다는 논리는 독일 수상 베트만홀베크(Bethmann-Hollweg)에게 그가 계획을 실천해 나가는 데 유리한 구실로 작용했다. 단순히 프랑스를 선제공격하는 것보다 러시아를 다른 어떤 구실로 고착시켜야만 사회주의 혁명사상이 독일 본토로 유입되는 것에 대한 걱정 없이, 서쪽의 프랑스를 공격하기 위해 벨기에의 중립적 위치를 훼손시킬 수 있는 논리를 제공받을 수 있었기 때문이다. 독일의 가장 극렬 정당이었던 사회민주의당은 독일이 선제적으로 전쟁으로 치달아 가는 것을 반대하지 않았다. 유럽에서 독일의 입지를 지키려는 '방어전쟁'은 사회민주당의 인기보다도 더욱 국민들을 고무시켰기 때문이다. 독일의 보수 엘리트들은 사회주의자들이 독일 의회의 의석을 갖는 것을 걱정했었고, 사회주의자들

---

4 Herwig의 "Why did It Happen?" in *The Origins of World War I*, 186쪽.
5 Fischer의 *Germany's Aims in the First World War*, 33쪽.

에 대한 대중적 지지가 징집되는 병사들에게 잘못된 의식을 퍼뜨려 군대를 오염시키지나 않을까 걱정했다. 결국 외부 세력과의 전쟁은 내부의 화합을 고양시켰고, 사회주의자들은 자위적 방어를 위한 집회를 하기까지 하였다. 베트만홀베크 수상이 강제적으로 사회민주당을 불법화하는 조치를 취하거나 강제력을 동원해서 무력화시키려는 것보다 바람직한 상황이 조성되고 있었던 것이다. 선제는 그가 자칫 그동안 준비해 왔던 전쟁 준비를 수포로 돌리게 할 수 있는 정치적 혼란과 독일을 불안하게 할 수 있는 상황들에 대해서 두려움을 갖지 않고 전쟁계획의 실천에 집중할 수 있게 해주었다. 다시 말하면, 독일을 적들로부터의 포위 상황으로부터 구하겠다는 계획은 새롭게 탄생한 독일제국이 전쟁 중에 분열되는 일이 나타날 개연성을 차단하였으며, 이는 위대한 국가로 가는 중요한 원동력이 되었다.

베트만홀베크는 러시아와의 전쟁을 본국의 내부 문제들에 대한 위험을 완화시키는 데 필요하다는 것을 발견했고, 러시아가 유럽에 전쟁의 도화선에 불을 붙이고 있다는 점을 강조했다. 그는 러시아가 독일을 '위협하고 자극'해서 독일이 선제적으로 행동할 수밖에 없다는 점을 강조함으로써 영국으로 하여금 전쟁에 개입할 수 있는 명분을 찾게 할 수 없을 것이라고 믿었다. 독일이 유럽을 통제하기 위해 시도한 전쟁의 호전성을 은폐시켜 주지는 않더라도, 러시아의 점령으로 파괴될 수 있는 유럽 문명을 방어하기 위해 유럽 대륙을 위해 노력하는 것이라고 주장했다. 이렇게 하면 영국으로부터 독일이 프랑스를 공격하는 것은 유럽의 세력 균형을 훼손한다는 경고를 완화시킬 수 있을 것이라고 생각했다. 사실 독일은 이러한 믿음에는 실체적인 근거가 없었는데도 불구하고 독일은 계속해서 이에 집착하면서 영국과의 동맹관계인 프랑스와 러시아를 무시하였으며, 이에 따라 영국은 동맹과의 조약을 명예를 가지고 지키겠다는 경고를 계속했다. 예를 들면, 영국의 홀데인(Haldane) 경은 1912년 2월 독일을 방문했을 때 독일 대사에게 이 점을 분명히 했다. 이 회담은 해군 군축에 대해 논의했던 중요한 회합이었다. 회담은 그 이전의 군축회의와 마찬가지로 영국의 해상 지배력에 도전하려는 독일의 의도를 파악하는 데 시간을 보냈다. 이는 영국이 프랑스에 대한 관심을 뒤늦게 갖게하는 요인으로 작용했다. 독일의 베트만홀베크 수상은 다른 한편으로 유럽의 상황을 면밀히 관찰하면서, 독일의 의도를 어떻게든 감출 수 있는 무언가가 필요하다고 믿고 있었다. 이는 독일의 의도가 명확하지 않거나 합리적이지 않은 징조이기도 했다. 독일의 노력에 비해 성과가 미미한 결과는 베트만홀베크가 생각한 것보다 더 큰 괴리를 가져왔다. 독일 지도부 내에서는 이러한 불합리한 점에 대한 공통된 인식을 가지고 있었으며, 이는 1914년 독일이 전쟁 개시를 결심하는 데 일조를 하게 되었고, 선제공격은 이러한 모든 문제점들을 극복할 수 있을 것이라는 믿음을 갖게 하는 중심 역할을 하였다.

베트만홀베크가 주저하는 모습을 보이면, 군 수뇌부에서는 선제의 가치를 강조하면서 그가 이런 문제들을 극복하도록 조언했다. 독일이 분별 없는 행동을 진행하면서, 그로 인하여 야기될 결과들(특히 영국의 입장과 의도 판단)에 대해 무게를 두지 않은 것은 몰트케가 그에게 독일 군사력의 우세성과 러시아와 프랑스의 군사적 약점을 강조하면서 베트만홀베크 수상이 이러한 문제를 걱정하지 않도록 확신시켰기 때문이었다. 서쪽의 프랑스에 대한 공격은 영국의 개입에도 불구하고 신속하게 끝났다. 개입한 영국군은 소규모였고 프랑스에서 전장의 상황을 바꾸기에는 전개조차도 매우 늦은 상황이었다. 영국과 함께 전쟁을 했지만 프랑스는 6주 만에 패배하였고, 독일은 이제 동쪽으로 방향을 돌릴 수 있었다. 동부전선에서는 독일군이 도착하기 전까지 오스트리아군이 러시아를 고착할 예정이었다. 독일은 영국을 포함한 모든 적들과 교전할 수 있었다. 왜냐하면 당시에 조성된 군사적 유리점이 있었기 때문이다. 그것은 지연하면 잃게 될 절호의 기회였다. 독일의 적들은 점차 강해지고 있었으며, 1914년은 선제공격을 위한 적시적인 해였다.

독일과 오스트리아·헝가리 제국 간의 전쟁 목표는 명확하게 차이가 있었다. 독일은 일반적인 전면전쟁을 원했고, 오스트리아는 전쟁을 통해서 세르비아와의 발칸 문제를 해결하기를 희망했다. 전쟁 목표의 차이가 있었지만, 결국은 독일의 이익에 부합되는 것이었다. 대규모 전쟁은 오스트리아로 하여금 독일과 결속할 수밖에 없게 했다. 독일이 3국 동맹을 해체시키고, 오스트리아 문제 해결을 통해 독일의 위신이 회복될 수 있었다면, 전면적인 전쟁이 일어나지 않았을지도 모른다. 독일은 발칸 반도에서 극적인 성공을 거두면서 이탈리아와 루마니아를 동맹국으로 편입시킬 수 있었다. 또한 터키를 독일 쪽으로 다시 편입시킬 수 있었다. 독일은 전쟁을 통하여 많은 것을 얻을 수 있었는데, 독일에게 가장 중요했던 것은 독일을 포위하고 있는 동맹국을 해체시키고 독일에 반대하고 있는 동맹국들 간에 불화를 조성시키는 것이었다. 강대국들이 무력한 상태에 있을 때, 독일은 프랑스 혹은 러시아를 각각 공격하여 승리를 거두거나 혹은 러시아와 프랑스 두 국가를 굴복시켜서 포위의 위협 상황을 종결시킬 수 있을 것으로 믿었다. 이것은 선제행동의 전제 조건이었다.

동쪽의 오스트리아와 세르비아의 긴장관계는 독일에게 전쟁을 개시할 수 있는 '호재'였음에도 불구하고, 서쪽에서의 전망은 밝지 않았다. 벨기에는 독일군이 프랑스를 공격하기 위해 자국의 영토를 경유하는 것을 거부하고 있었다. 독일은 벨기에의 의지를 꺾기 위한 노력을 계속했다. 독일 황제는 1904년 벨기에의 왕 레오폴드 2세(Leopold II)에게 벨기에의 중립을 조건으로 200만 파운드를 제공하겠다고 제안했다. 그러나 그것은 치졸한 외교적 행동이었다. 벨기에의 중립을 조건으로 뇌물을 건네려 했던 것은 결국 실패로 돌아갔다. 이 제안은 탐욕스러운 벨기에 왕의 마음을 움직이기도 했지만, 그의 의도가 좌절되었을 때 독일의 제안은 국제외교적 망신이 되고 말았다. 독일은 이 일로 인해 벨기에에 대한 분노가 더욱 크게 유발되었으며, 결국은 독일의 외교적 실패로 남게 되었다. 독일 황제는 벨기에 왕 레오폴드 2세의 승계자인 알버트(Albert) 왕을 설득하려 했지만 이것마저 실패로 돌아갔다. 결국 독일은 벨기에를 희생시키면서 프랑스에 대한 선제공격을 결심하게 되었다. 독일 황제는 재정적 지원의 제안을 더 이상 시도하지 않았다. 외교적 노력이 실패하자, 약소국에 의해 손발이 묶이는 것을 원치 않은 독일은 군사적인 대안들을 모색하기 시작했다.

독일은 1914년까지 포위 상황으로부터 벗어나기 위한 군사적 대안을 찾는 데 골몰하고 있었다. 유럽 국가들은 독일이 부상하는 것을 원치 않았으며 독일은 이러한 상황을 협상 테이블에서는 도저히 해결할 수 없다는 것을 알고 있었다. 전쟁만이 유일한 해결방안이었다. 결국 독일의 군사 기획자들은 어떻게 포위 상황으로부터 벗어날 것인가에 대한 해결책을 들고 나왔고 실천에 옮기게 되었다. 해답은 명확했다. 독일은 적들이 연합하기 전에 한 번에 하나의 적을 각개격파를 시키는 것이었다. 동부지역은 독일에게 성공의 가능성이 적었는데, 러시아를 공격한다는 것은 대규모 지상전과 이에 수반되는 위험을 감수해야 했기 때문이다. 러시아군이 후퇴하게 되면 독일군은 이를 추격하다가 약화될 것이며 반면에 러시아군은 재정비를 해서 상황을 역전시킬 가능성이 있었다. 이럴 경우 러시아는 독일의 공격 계획을 살피면서 불의의 반격을 가할 수 있게 되는 것이었다. 독일의 입장에서는 분명 원하지 않는 상황이었다. 반면에 서부지역은 훨씬 좋은 여건을 가지고 있었다. 프랑스는 러시아만큼 광활한 영토를 갖고 있지 않았으며, 독일의 강력한 군사력을 운용할 수 있었다. 이것은 프랑스에 대한 공격이 초기에 전쟁의 주도권을 가질 수 있는 이점을 줄 수 있음을 의미했다. 이 공격을 통해서 서부지역에서 막강한 군사력으로 승리를 거두고 이후에 동쪽으로 방향을 돌릴 수 있기 때문이다. 즉 독일은 자신감을 가지고 두 개의 전선에서 적을 요리할 수 있을 것으로 판단했다. 이를 위한 가장 좋은 조건은 선제공격을 하는 것이었다.

1914년 독일의 정치 및 군사 지도자들은 선제공격을 하기에 적합한 여건이 조성되었다고 결론을 내렸다. 그리고 독일은 군사적 필요에 의해 벨기에의 중립적 입장을 무시했다. 이것은 공격을 위한 구실이었으며, 전쟁으로 가기 위해 불가피한 필요 조치이기도 했다. 독일의 전쟁 지도부는 서부지역에서 벨기에를 경유해서 프랑스를 공격하는 것 자체가 정당성이 결여되어 있다고 하더라도 전체적인 전쟁 목적을 달성하기 위해서는 정당하다는 데 동의했다. 어찌되었든 간에 독일이 전쟁을 개시하려는 것은 확실했다. 이 전쟁에서 독일은 국가의 운명을 걸었으며, 따라서 관건은 반드시 승리해야만 한다는 것이었다. 자연스럽게 군사적 긴급 조치가 기타 모든 고려 사항들을 무시할 수 있게 했다. 이러한 이유로 슐리펜 계획은 단지 포위된 전장에서 승리를 하는 것뿐만 아니라 '선제'라는 본래의 합리적 정당성을 유지하는 데 기여하였다. 독일의 이 계획은 적대적 충돌이 생기자마자 벨기에를 경유해서 프랑스를 공격하는 것이고 6주 안에 프랑스를 괴멸시키는 것이었다. 그러고 나서 동부지역으로 방향을 돌린다는 것이었다. 독일의 몰트케는 서부지역에서 신속하게 전쟁을 종료한 후에 러시아를 공격한다는 슐리펜 계획을 계승하고 전쟁 계획을 입안했다. 독일이 전쟁을 개시하기 위해 벨기에의 중립성을 훼손하는 어떠한 잘못도 궁극적으로 독일이 전쟁을 승리로 이끌어 생존을 보장받고, 유럽이 추악한 집단인 러시아를 격퇴한다면 문제가 될 것이 없었다. 1914년 8월까지 독일은 모든 준비를 끝내고 오스트리아 · 헝가리 정부에게 세르비아에 대한 강력한 대응을 하도록 유도했다. 오스트리아는 세르비아가 황태자 페르디난드(Ferdinand)의 암살에 대한 잘못에 대해 충분한 보상을 하리라 믿지 않는 가운데, 세르비아를 침공하겠다고 위협했다. 오스트리아의 최고위급 군사 지도자였던 총참모장 콘라트 폰 호첸도르프(Conrad von Hotzendorf)는 독일에게 오스트리아의 세르비아에 대한 공격이 러시아를 자극할 경우 지원이 필요하다고 요청했고, 이에 대해 독일은 러시아와 프랑스와의 전쟁을 준비하고 있던 시점에 있었으므로, 독일의 지원을 '백지수표' 형태로 제시하면서 강력한 메시지를 전달했다. 전쟁을 원했던 독일에게 선제에 대한 야심은 강력했다. 수년간의 전쟁을 통해서 자신감에 충만했던 독일 황제는 대담한 조치들을 실천하면서 "누구든지 유럽 전쟁간 우리와 함께 하지 않는 것은 우리를 반대하는 것이다"라고 언급했다. 그리고 그는 군사적 논쟁에 있어서도 "나폴레옹과 프레드리히(Frederick) 대왕은 적의 기선을 제압하기 위해서 전쟁을 할 수 밖에 없었다"는 역사적 사실을 상기시켰다.6 독일은 벨기에를 경유해서 프랑스를 공격하게 되었고, 주변 국가들로부터의 포위 상황은 군사력에 의해 신속하게 제거되었으며, 이를 통하여 두 개의 전선 형성으로 인해 발생할 수 있는 부정적인 문제들을 회피할 수 있게 되었다. 독일은 선제라는 이름으로 중립국의 중립성을 훼손했던 것이다.

독일의 선제공격 경과

1914년 여름, 유럽 대륙에는 팽팽한 긴장 상태가 고조되고 있었으며, 특히 국가 동원의 여부는 적대적 충돌의 시간을 판단할 수 있었기에 중요한 요소로 대두되고 있었다. 유럽의 모든 국가는 독일이 제일 먼저 동원을 완전하게 시행할 것으로 생각하고 이에 대한 계획을 수립하고 있었다. 독일 황제는 러시아가 오스트리아·헝가리와 세르비아 간의 충돌에 대비하기 위해서 부분 동원령을 발령하여 일부 군대를 동원했다는 소식을 듣고 총동원령을 발령했다. 그에게는 선택의 여지가 없었다. 슐리펜 계획과 6주간의 전쟁 계획을 치밀하게 준비하고 있는 가운데 독일은 전쟁 초기에 달성할 수 있는 유리점을 확보하기 위해서 단 한 시간도 허비하지 않으려 했다. 독일은 동부지역으로 공격방향을 전환하기 이전에 서부지역에서의 전쟁을 가능하게 할 수 있는 러시아의 느린 전쟁 준비를 염두에 두고 있었기 때문에, 러시아의 동원령 발령 여부가 초미의 관심사항이었다. 프랑스 또한 신속한 동원령을 마친 상태였으며 유럽에는 전쟁의 기운이 감돌고 있었다.

독일은 계획대로 신속하고도 완전하게 총동원을 마친 후, 곧 이어 200만 명의 병력을 프랑스와의 접경지대로 전개하였다. 독일군은 일곱 개

6　Barbar W. Tuchman의 *The Guns of August* (New York: Macmillan, 1962), 24쪽.

의 군(軍)으로 구성되었고 계획은 단순했다. 이 계획은 공격 개시와 동시에 대규모의 독일군이 벨기에를 경유해서 프랑스의 방어선을 일거에 돌파한 후, 프랑스의 측면으로 방향을 전환하여 해협을 따라 전진하는 한편, 후속하는 부대로 하여금 프랑스군을 압박함으로써 독일의 선도부대와 독일의 방어선 사이에 프랑스군을 대규모로 포위하는 것이었다. 이 계획은 고대 카르타고의 한니발 장군이 구사했던 방법으로 독일의 슐리펜 장군이 기원전 216년에 칸느 전투에서 로마군 8만 명을 섬멸했던 위대한 승리의 확대판을 만들고자 고안해 낸 것이었다. 칸느 전투가 카르타고에게 로마와의 전쟁에서 최후의 승리를 가져다주지는 못했지만, 독일에게 그 결과는 중요한 것이 아니었다. 독일은 우선 프랑스를 격파한 다음, 이어서 러시아와의 또 다른 전쟁을 준비해야 했기 때문에 고대전쟁에 대한 자기성찰을 할 여유가 없었다. 두 개 전선에서의 전쟁을 피하는 것이 슐리펜 계획의 우선적인 고려사항이었다. 만약 독일이 추구했던 서부지역에서의 전쟁에서 신속한 승리를 하지 못하고 두 개의 전선에서 전쟁을 해야 하는 현실에 직면하게 된다면, 그것은 전쟁에서 패배한다는 것을 의미했다. 이 점에서 슐리펜 계획은 일종의 도박이었다.

두 개 전선에서 전쟁을 하게 되는 전략적 위험만이 슐리펜 계획을 성공적으로 시행하는 데 걸림돌이 되는 것이 아니었다. 적시성은 또 하나의 문제였다. 이 계획은 한 치의 오차도 없이 시행되어야 했다. 문제가 발생한다면 독일은 6주간의 전쟁을 통해 프랑스를 격파할 수 없을 것이며 이어서 동부지역으로 방향을 전환하여 군대를 투입할 수 없게 되기 때문이었다. 이 계획의 성공을 위해, 첫 번째로 고려된 사항은 병력이었다. 슐리펜은 포위를 성공하기 위해서는 공격 부대의 우측에 추가적으로 20만 명이 필요하다고 판단했다. 독일은 추가적인 병력이 없었으며, 만약 있었다고 하더라도 그들을 전개할 공간이 없었다. 도로는 벨기에를 경유해서 프랑스로 전진하고 있는 독일군으로 가득 차 있었다. 다시 말하면 독일군의 이동속도는 슐리펜을 만족시킬 정도로 이루어지지 않았다. 슐리펜은 독일 수상 베트만홀베크가 '독일이 프랑스를 침공'하더라도 영국은 참전하지 않을 것이라는 가정에 집착하고 있었던 만큼 그도 그의 계획에 집착하고 있었다. 영국의 역할은 새로운 고려 사항으로 대두되었다. 만일 영국군이 참전하고 프랑스로 군대를 투입하면, 독일군이 파리로 전진하는 것은 방해를 받고, 결국 독일의 전쟁 계획은 지장을 받게 될 것인가? 이 사실은 선제공격의 실행과 무관하게 독일이 원하는 시간 안에 프랑스를 격파하는 것이 실패할 수도 있다는 것을 의미했다. 더욱 가능성 있는 것은 영국의 참전으로 인해, 프랑스와의 전쟁 기간이 길어지는 것이었다. 그렇게 되면, 슐리펜 계획에 의해 시행되는 선제의 정당성을 확보하기가 곤란해질 뿐만 아니라, 두 개의 전선에서 전쟁을 해야 한다는 최악의 결과를 초래할 수도 있었다.

이러한 비관론이 독일을 괴롭혔으며, 슐리펜 자신은 1905년 12월,『위대한 비망록』(*Great Memorandum*)에서 이러한 부정적인 요소들로 인해 자신이 심각하게 고민해 왔고, 병력이 더 필요했었다는 점과 영국이 프랑스 전선으로 투입할 가능성을 무시했었다고 언급하고 있다. 다시 말하면 슐리펜 계획은 성공을 위한 보증수표가 아니었다. 슐리펜에 이어 참모총장에 오른 몰트케는 슐리펜 계획에서 언급하고 있는 사실들을 통상 생각할 수 있는 제한 사항으로만 간주했다. 이후에 몰트케는 무능한 지휘관으로 판명되었는데, 그는 냉정한 사고가 부족했으며, 따라서 독일군이 서부지역으로 공격할 때 발생될 수 있었던 내재된 위험을 간과했다. 그는 전쟁이 발발하기 이전에 다른 군 지휘관들로부터 실패한 몰트케라는 인식을 받고 있었다. '그렇게 될 수 있다'는 희망 사항만으로 다른 독일 지도자들을 설득한 것은 그가 가진 한계였다. 독일의 전쟁 계획은 성공의 가능성을 갖고 있었다. 왜냐하면 슐리펜 계획이었기 때문이었다. 그러나 비난을 받던 몰트케는 1914년의 포위 상황으로부터 독일이 자유로워지기 위해서 계획한 슐리펜 계획을 수정한 것은 합리적인 사고가 결여된 독일 자체의 문제들을 고려했기 때문이라고 변명했다. 수정된 계획은 무언가가 결여된 가운데 전쟁의 시간이 도래하고 있었다. 독일 수뇌부는 수정된 슐리펜 계획을 실천에 옮길 경우 발생할 수 있는 실패요인들을 애써 외면하면서 이 계획이 순조롭게 진행될 것으로 믿었다.

1914년 8월, 두려움 속에서 전쟁이 시작되었다. 독일이 성공적으로 군대를 동원한 이후에 우려해 왔던 일들이 닥치기 시작했다. 먼저, 완고한 벨기에의 방어선은 독일군을 4일간이나 지연시켰으며, 이로 인해 독일의 계획에 커다란 차질을 가져왔다. 두 번째로, 영국의 다섯 개 사단은 생각한 것보다 더 빠르게 프랑스로 전개되었다. 추가적인 영국 원정군과 더불어 동맹국의 저항은 점차 강해지기 시작했고 독일은 다시 한 번 전쟁 계획을 수정해야 했다. 이러한 문제들은 다행히 프랑스가 범한 일련의 실책으로 보상을 받게 되었다. 프랑스군 사령관 조셉 조프르(Joseph Joffre)는 양측 간 강력하게 요새화된 방어선을 유지하고 있는 가운데 프랑스군에게 국경을 거쳐 독일로의 진격을 명령했다. 프랑스군은 엄청난 손실을 입게 되었다. 더욱 상황을 악화시킨 것은 슐리펜이 "독일군의 대규모 병력 전개로 프랑스군은 공격을 시도하지 않을 것이나, 만일 공격을 한다면 독일에게 유리하다"라고 판단했던 일들이 실제로 벌어진 것이었다. 이로 인해 프랑스군은 더욱 포위의 위험에 놓이게 되었으며 독일이 슐리펜 계획을 실천하는 데 커다란 기회를 주게 되었다. 프랑스 입장에서 그나마 다행스러웠던 것은 독일 성공의 저해 요인이 된 몰트케의 무능함이었다. 독일군 지휘관들은 프랑스 군의 진격을 성공적으로 격퇴한 후에 계속 추격하기를 원했고, 몰트케가 이를 승인하면서 우측방을 담당하던 부대를 전환하여 이들을 증원하였다. 위대한 일익 포위 상황이 점차 양익 포위로 변화되었으며 몰트케는 당시 상황을 이해하고 성과를 확대하기 위해 어떻게 해야 할 것인가에 대해 명확한 판단을 하지 못하고 있었다. 독일군은 병력의 분산으로 말미암아, 프랑스의 초기 방어가 비록 실패는 했었지만 독일의 공격을 강력하게 방어하고 있던 프랑스군에게 충분한 위력을 보이지 못하는 허약한 공격을 함으로써, 독일군의 진격은 멈추게 되었고 슐리펜이 계획한 위대한 일익 포위 계획은 실천되지 못했다.

　충분하게 증강되지 못한 독일군의 우측방은 중요한 시기에 취약점을 드러냈다. 독일군이 파리로 접근했을 때, 몰트케는 파리 남부지역으로 계속해서 전진하도록 지시했고, 관성을 받은 병력의 집중 현상으로 발생한 병력 부족으로 인해, 파리 북부지역에 대한 공격의 기회를 상실한 것이다. 몰트케는 전쟁 발발 전에도 수정된 슐리펜 계획에 대한 검토를 거절함으로써, 슐리펜 계획의 원대한 실행을 할 수 있는 기회를 놓쳤다. 그러면서도 그는 마치 신성한 슐리펜 계획을 지키는 것이 그의 의무인 것처럼 행동했다. 프랑스는 이 기회를 놓치지 않고 반격을 개시했고 조프레 장군은 독일 우측방의 취약점을 놓치지 않고 공격을 하였다. 이것이 1914년 9월 초의 마른(Marne) 회전이다. 이 회전은 양측 간에 치열한 공방이 오고간 전투였다. 프랑스군은 전선에 투입될 병력 수송을 위해서 택시를 이용하기도 했는데 이는 프랑스가 얼마나 다급했는지를 말해 준다. 결국 프랑스는 독일의 진격을 멈추게 하였다. 독일은 슐리펜 계획의 실패로 절망과 몰락의 길로 들어서게 되었으며, 특히 군 수뇌부의 충격은 더욱 컸다. 몰트케는 신경쇠약에 시달렸으며 이로 인해 자리에서 물러나게 되었다. 몰트케의 후임인 에리히 폰 팔켄하인(Erich von Falkenhayn)이 겨우 전선의 안정을 유지했지만 독일이 전쟁 초기에 프랑스를 수주일 만에 격파하고 위대한 승리를 거두려 했던 계획은 수포로 돌아갔다. 독일 수뇌부는 선택의 여지가 없이 불확실한 결과와 함께 두 개의 전선에서 장기간의 전쟁을 할 수밖에 없게 되었다.

독일의 선제공격은 성공했는가?

　독일이 1914년 8월에 프랑스에 대한 공격을 한 것이 전쟁 막바지인 1918년까지 보여 주었던 마지막 기동전이었다. 독일이 마른(Marne) 강 일대에서 승리함과 더불어 독일과 프랑스의 방어선은 신속하게 스위스로부터 영국 해협까지 신장되었다. 양측은 방어선을 요새화하고 참호화된 방어체계를 구축한 상태로, 서로 대치한 가운데 기동을 통해 국면을 전환시키고자 적 방어선에 접근하는 일련의 시험적 시도를 반복해 가면서 교착상태에 빠지게 되었다. 적에게 접근하는 일련의 시도를 할 때마다 수천 명의 병사들이 죽어 갔다. 1916년의 베르됭(Verdun)과 솜(Somme) 대회전 이후에야 양측은 참호 체계의 가공할 만한 특징을 이해하기 시작했다. 1918년까지 어느 쪽도 강력한 돌파를 하지 못했는데, 여기에는 세 가지의 중요한 이유가 있었다. 첫째, 미국이 참전하면서 동맹국은 수적인 우세를 달성하고 있었다. 두 번째, 동맹국은 새로운 무기인 전차를 독일군 방어선을 돌파하는 데 사용했다. 세 번째, 독일군의 저하된 사기는 결국 서부전선에서 효과적으로 전투할 수 있는 능력을 감소시켰다.

독일의 동유럽 전선에서 치러진 일련의 인상적인 전투 직후에 독일이 얻은 서부전선에서의 승리는 슐리펜 계획으로 조성된 살육의 전장터로부터 매우 어렵게 얻어 낸 승리였다. 이 승리는 바로 효과를 나타냈는데, 러시아와 독일 양측 간의 적대적 충돌이 시작되었을 때, 독일이 원하는 정도까지 러시아가 계획대로 움직여 주지 않았지만, 오스트리아 전선에서 러시아의 군사적 행동을 제약시키는 역할을 하였다. 수주일 후에 대규모 러시아군이 동프러시아 방향으로 진격을 시작했고 독일 본토 내로 전쟁이 확산될 수 있는 상황으로 발전되고 있었다. 그러나 독일의 두 장군, 파울 폰 힌덴부르크(Paul von Hindenburg)와 에리히 루덴도르프(Erick Ludendorff)는 긴밀한 상호 지원을 발휘하여 탄넨베르그(Tannenberg)에서 한 개의 러시아군을 섬멸하고 또 다른 러시아군을 격퇴시켜 9월 첫째 주에 독일에 가해졌던 위협을 제거했다. 이 승리는 오스트리아에서의 실패한 전투를 만회하려고 애쓰던 시기에 이루어졌다. 오스트리아도 세르비아와 러시아, 두 개의 전선에서 전투를 하고 있었다. 결과는 참담해서 오스트리아는 전쟁 초기에 패배로 가고 있음을 인식하고 있었다. 오직 독일의 지원으로 버텨내고 있었다. 독일의 오스트리아를 지원은 서부전선에 대한 공격력을 약화시켰다. 이것은 프랑스의 배후를 감소된 병력만으로 공격할 수밖에 없음을 의미했다. 요약하면, 동유럽 전선에서의 전투는 전쟁 개시 전에 독일이 가정했던 일련의 상황에 착오가 있다는 것을 의미했는데, 첫째는 독일이 프랑스를 점령하는 동안 오스트리아·헝가리는 러시아를 고착시키는 데 어려움을 겪고 있었으며, 둘째는 동유럽 전선에서 독일이 러시아를 격퇴할 수 있는 기회를 조성하는 데 실패했던 것이다. 이러한 두 가지의 사실은 실질적으로 패배했기 때문이 아니고, 슐리펜 계획을 통해 승리할 수 있다는 낙관론적인 희망이 물거품이 되었다는 점이 더욱 더 커다란 충격을 주었다. 독일이 서부전선에서 선제공격을 결심하고 시행한 것이 동부전선에서는 기회를 상실하게 하는 결과를 가져온 것이었다.

독일이 동부전선에서 결정적인 승리를 획득할 수 있을 것이라는 생각은 전적으로 그들이 시도했던 선제의 실패로 인한 것만은 아니었다. 여러 가지 다른 이유들이 있었다. 전쟁 초기에 독일이 벨기에를 공격하면서 독일은 더 많은 적들과 대치하게 되었다. 이러한 불리점을 방지할 수 있었던 것은 단지 슐리펜 계획뿐이었다. 슐리펜 계획의 전략적 실패는 이 계획을 실천함으로써 피하고자 했던 두 개 전선에서의 전쟁의 위험에 직면하게 되었다. 그리고 이 전략적 실패로 인해서 동부전선에서 달성한 어떠한 승리도 전략적 이점을 가져다주지 못했다. 전쟁이 지속될수록 더욱 암울한 상황이 계속되었다. 영국의 해상 봉쇄는 독일의 숨통을 더욱 조였고 이에 대항하여 독일은 잠수함전을 시행하게 되었다. 전쟁을 어려운 상황으로 만든 것은 무엇보다도 미국이 동맹국의 일원으로 참전하게 된 것이었다. 결국 독일의 적은 엄청나게 증가하였고 독일이 패하는 것은 시간문제였다.

미군이 유럽 대륙에 도착하기 전에 독일은 또 한 번의 승리를 만들어내려고 시도했고, 동부지역에서 어떻게라도 이를 달성함으로써, 서부지역에 집중할 수 있는 여건을 마련하고자 했다. 이는 슐리펜 계획을 완전히 반대로 적용한 것이었다. 독일은 이 목표를 달성하려는 의도를 가지고 혁명가 레닌(Lenin)이 다시 러시아로 돌아가도록 보장해서, 그가 러시아 왕정을 전복시키고 러시아가 혼란에 빠짐으로써 전쟁에서 발을 빼게 되기를 희망했다. 독일의 레닌을 이용한 계획은 1918년 초에 결실을 맺게 된다. 이어서 독일은 동부전선에서 명성을 떨쳤던 힌덴부르크 장군과 루덴도르프 장군으로 하여금 서부전선에서 최후의 대규모 공세를 취하도록 했다. 독일의 서부전선에 대한 공세는 슐리펜 계획이 더 이상 유용하지 않다는 것을 보여 주었다. 1914년과 같은 신속한 기동이 가능하지 않았기 때문이다. 보병들은 지뢰밭에 갇혔고 강습부대(storm troopers)는 적 방어선 앞에서 무력함을 드러냈다. 독일이 또 한 번의 전장에서 승리를 하려고 계획한 것은 동맹국의 의지를 꺾기 위한 것이었다. 그러나 이것은 허황된 희망이었다. 독일은 수차례의 전투에서 승리를 했지만, 또 한 번 결정적으로 기여할 수 있는 진정한 승리는 만들 수 없었다. 동맹국의 의지는 보다 공고해져 갔고, 미국의 참전을 환영하는 가운데, 도착한 미군은 독일의 전쟁 의지를 우선적으로 파괴하는 데 주안을 두었다.

이 결과는 1918년 11월 전쟁의 당사국들이 평화를 추구하면서 나타났다. 4년 이상의 전쟁은 유럽의 세력 판도를 바꾸어 놓았다. 전쟁은 유럽 대륙 강대국들의 국력을 약화시켰으며, 이는 범세계적인 변화의 조짐이 일어나는 계기가 되었다. 식민지는 주인이 바뀌었고 미국과 일본이 강대국으로 부상했다. 반대로 유럽의 위상은 약화되었다. 거대하고 비참했던 전쟁은 유럽정신의 피폐를 가져왔고, 이것은 한 세대 후에 아돌프 히틀러(Adolph Hitler)의 등장을 예견하는 것이었다. 베르사유 조약을 맺음으로서 공식적으로 전쟁은 종료되었지만 전쟁의 잔해들은 치유되지 않았으며, 유럽은 불확실한 평화 상태에서 또 다시 불이 붙을 수 있는 긴장 상태에 있었다. 또 다시 세계적인 충돌을 일으킬 수 있는 요인들을 안고 있었던 것이다. 단지 그것이 무엇인가를 당시에는 확언할 수 없었을 뿐이었다. 그러한 불안감이 국가들 사이에 자리 잡고 있었다.

1919년 유럽의 정치가들은 새롭게 변화하고 있는 현실에 주의를 기울이지 않았는데, 이것은 유럽은 물론 세계적으로 더 큰 재앙과 함께 거대한 변화를 가져 불러오게 하는 미래의 대규모 전쟁이 일어날 가능성이 있음을 암시하고 있었다. 제1차 세계대전에서 실패한 독일의 선제공격이 커다란 변화를 가져왔다는 주장은 지나치게 과장된 것일 수도 있다. 그러나 선제의 실패로 인한 결과에 무게를 두면, 선제로 인해 전쟁이 발발했다고 말하는 것은 전혀 과장된 것이 아닐 것이다. 독일이 1914년 8월 선제공격을 통해서 신속하게 승리하려 했던 계획은 실패했고, 프랑스와의 결정적 전장은 지루한 살육전이 되었으며, 1918년 11월 11일 총성이 멎었을 때, 유럽은 전쟁의 피로에 지친 상태로 소진되어 있었다.

독일이 선택한 선제의 분석과 비판

1870년 이후 유럽의 세력 판도에 있어서 독일은 강대국으로서의 역할을 끊임없이 도모했고, 이로 인해 한 세기 후에 유럽 대륙을 전쟁의 소용돌이로 몰고 갔다. 그러나 독일의 입장에서 보면 전쟁은 자위권 행사인 선제의 의미를 가지고 있었다. 시대적으로 볼 때, 독일은 유럽 내에서 일정한 위치를 지키고 있으면서도 왜 강대국의 위치로 부상하지 못했을까? 이러한 현상은 영국에 의해 강력하게 견제당하고 있는 가운데, 러시아나 프랑스 같은 인접 국가들로부터도 견제를 당하고 있었기 때문이다. 독일의 식민지 확보는 산업 발전을 위해 필요한 재원을 확보하는 것이었으며, 이것은 군사력 증강을 위한 기반이기도 했다. 독일의 식민지 경쟁은 다른 나라들처럼 자국의 이익을 확보하려는 공통된 목표였다. 이렇게 함으로써 독일은 유럽의 강대국으로서의 정당한 위치를 차지할 수 있다고 믿었다.

이러한 인식이 자리 잡고 있었던 것은 게르만 민족에 대한 우월성을 갖고 있었기 때문이었다. 러시아와 프랑스는 국력이 쇠약해졌고 영국만이 강력한 국력을 유지하고 있었다. 이러한 시기에 독일은 새롭게 부상하고 있었고, 이를 위한 도전이 필요했다. 자긍심이 강한 독일은 유럽의 한 세력으로서 궁지에 빠진 상태에서 끈질긴 노력으로 이를 지켜 내고 있었다. 영국은 유럽 대륙의 세력 균형을 추구했고 독일을 강력하게 견제하고 있었다. 러시아는 내부 혼란과 내전을 수습하고 서부 유럽을 지배하려는 커다란 위협세력으로 등장하고 있었다. 독일과 오랜 반목의 역사를 가지고 있었던 프랑스는 독일을 축출하기 위해 러시아와 제한적으로나마 협상을 준비하고 있었다. 독일이 유럽에서 강력한 위치를 확보할 정도로 국력이 부상하는 것을 막기 위한 동맹이 마침내 체결되었다. 독일을 포위하고 있던 적대국가들인 러시아 · 프랑스 · 영국이 맺은 3국협상이 바로 그것이었다.

독일은 군사적으로 이를 해결하는 것 외에는 선택의 여지가 없었다. 오스트리아 · 헝가리와의 관계를 공고히 하지 않게 되면, 독일 동맹국의 상실로 이어질 수 있었다. 가장 가까운 이러한 동맹국을 잃는 것은 독일의 영향력하에 있는 발칸 국가들, 즉 터키 같은 국가들의 추가적인 이탈을 초래할 수도 있었기 때문이다. 만일 그렇게 되었다면 독일은 완벽하게 포위되었을 것이다. 따라서 다른 측면에서 보면, 오스트리아 · 헝가리와의 관계를 유지하고 있었던 것은 이러한 포위 상황을 다소나마 모면하기 위한 수단이었다. 독일의 이러한 약점을 이용해서 프랑스, 러시아, 영국은 발칸 반도에서의 영향력을 확보하였고, 독일 동맹국들의 입지를 제한했다. 유럽 국가들이 독일의 반대편을 지원하게 되면 독일은 완전하게 고립될 처지에 있었다. 1914년 이전에 발칸 반도의 위기가 지난 후, 상황은 점차 독일에게 불리하게 변화해 가고 있었다. 따라서 독일은 오스트리아 · 헝가리의 지원을 확실하게 하기 위한 기회를 포착하려 했고 이어서 1914년 7월에 동맹을 맺게 된다.

독일이 상황을 타개하기 위해 군사적으로 행동하기 위해서는 다수의 전선에서 전쟁이 불가피하다는 것을 의미했고 이것은 명확하게 바람직하지 않은 상황이었다. 그러나 군사적 행동의 문제점을 극복하기 위해서는 선제를 통해서 유리한 상황을 만들어 간다면 극복할 수 있을 것으로 생각했다. 약체인 프랑스를 먼저 격파하는 것은 광활한 영토를 가진 러시아를 공격하는 것보다 현실적이었다. 서부전선에서 승리를 쟁취한 뒤에 동부전선으로 방향을 전환하여 유사한 승리를 달성할 계획이었다. 슐리펜 계획은 선제전쟁을 승리로 이끌게 할 수 있는 독일의 전략이었다. 이 계획은 풀어야 할 난제의 하나였던 벨기에의 중립성을 무시하고, 서부전선의 광정면을 공격해서 프랑스의 측방으로 방향을 돌려 거대한 포위 공격을 통해 승리하는 것이었다. 벨기에의 영토를 경유하는 것은 대수롭지 않은 일이었지만 독일이 벨기에의 중립성을 무시하게 되자 이로 인해 영국이 프랑스와 러시아와 함께 참전하게 되는 커다란 부작용을 불러왔다. 독일은 동부전선과 마찬가지로 서부전선에서도 약소국에 볼모로 잡혔던 것이다. 독일 수뇌부는 이러한 현실을 참을 수가 없었다. 어느 국가의 주권을 침해하는 것은 독일의 적인 프랑스를 격파하는 것에 비교하면 심각하게 고려할 사안이 아니었다. 어떠한 실책도 독일이 승리하게 되면 다 해결될 것이기 때문이었다.

독일에게는 몇 가지 또 다른 이유들이 있었는데, 본국 내의 소요 사태를 잠재우고 위대한 독일을 통합하기 위한 조치들이 필요했다. 시간을 지체하게 되면 러시아의 증강된 전력이 독일에게 예기치 못한 결과를 가져다줄 수 있었기 때문이다. 러시아의 위협은 독일의 존망 자체에도 재앙이 될 것이며 위대한 게르만 민족의 멸망으로 이어질 것으로 믿었다. 이러한 측면에서 시간을 지체한다는 것은 성공의 가능성을 약화시키게 되어 재앙을 가져다 줄 것으로 판단했다. 게다가 프랑스도 점차 전쟁준비를 하게 되면서, 결국 독일이 신속하게 격파하기 어려운 상황으로 갈 수 있었기 때문이다. 또한 시간이 갈수록 독일에 대한 포위 상황은 더욱 공고해지면서, 독일은 고립될 수밖에 없었다. 독일 입장에서는 당연히 싸워야 했고 결국 1914년 여름에 전쟁을 개시했다. 실천에 옮긴 전쟁계획이 성공한다면, 위대한 독일은 유럽 국가들 사이에 우뚝 설 수 있게 되는 것이었다.

독일이 전쟁을 일으킨 이유들에 대해 보다 분석적으로 문제들을 식별해 보면, 독일의 포위 상황은 스스로 자초한 일이기도 했고, 1914년 유럽을 전쟁으로 몰고 간 것은 무모한 독일의 행동에 있었다고 볼 수 있다. 독일의 대영국 정책은 영국으로 하여금 프랑스와의 동맹을 촉진시키는 계기가 되었다. 독일이 해군력을 건설하면서 영국과의 군비경쟁을 유도할 때 영국은 이러한 상황을 피하려 했다. 영국은 프랑스와의 동맹관계를 통해서 프랑스 해군을 영국 해군에 편입시킴으로써 군비경쟁을 피하면서도 해상 지배력을 유지하려 했다.

이러한 이유로 프랑스는 영국의 확실한 동맹국이었으며 영국은 이러한 동맹관계를 통해서 유럽 대륙에서의 세력 균형을 이루려는 장기 계획을 실천에 옮기고 있었다. 영국은 독일이 프랑스를 격파하게 되면 독일에 대한 견제가 실효를 거두지 못하고 독일이 유럽 대륙의 강력한 세력으로 등장하게 될 것으로 보았다. 따라서 영국의 정책은 반독일 정책이었다. 그런 측면에서, 영국은 독일에 대한 민족적 감정도 있었지만, 독일 이외의 어떤 다른 세력도 유럽 대륙을 지배하려 한다면, 이를 의심해서 외교와 동맹국 간의 결속을 통해 이를 저지하려 했을 것이다. 프랑스는 더 이상 전쟁을 원하지 않고 있었으며 평화를 갈망하면서 이것을 동맹관계를 통해서 유지하려고 노력했다. 영국의 이러한 정책적 목표는 독일을 다른 측면에서 분노케 했다. 만일 러시아가 독일을 장악하려 했을 때 영국이 유럽 대륙의 세력 균형을 위해서 독일을 위해서 노력할 것인가는 또 다른 문제였다. 독일은 외교적 노력을 통해서 독일의 고립 상황을 종결하고 러시아의 위협을 방어하기 위해서 영국과의 동맹을 맺는 방법이 있었다.

독일 수뇌부는 영국의 정책과 보조를 맞추면 되는 이러한 단순한 방법을 거절했다. 대신에 전쟁을 일으켰다. 독일은 전쟁을 통해 유럽을 장악해 나가는 동안 영국이 비켜 서 있을 것으로 믿었다. 이러한 희망 사항은 독일 수상 베트만홀베크의 머릿속에 가득 차 있었다. 그는 1912년 영국과의 협력을 통해 발칸 반도의 위기를 극복한 바 있었다. 베트만홀베크는 영국이 지역 내의 영토 협약을 이끄는 회의의 개최를 묵과하면서 오스트리아에게 피할 수만 있다면 군사력을 사용하지 못하도록 경고했다. 그는 또한 독일의 해군력 건설에 대한 영국의 우려를 완화시키려 했으며, 스스로 그러한 그의 계획이 잘 진행되고 있다고 믿고 있었다. 이것은 7월 이전의 한 달간의 기간에 극명하게 나타났는데, 베트만홀베크는 런던 주재 독일 대사에게 자신감 있는 어조로 "때때로 당신은 지나치게 비관적인 시각을 가지고 있다. 만일 전쟁이 일어나면 영국이 우리에 대항하여 프랑스 편에 서게 될 것이라고 하는데 나는 의심할 여지없이 영국은 중립을 선언할 것이라고 믿는다"라고 말했다.

그는 오스트리아 지원에 대해 백지 보증을 했는데 그렇게 한 데에는 여러 가지 이유가 있었으며, 그중에 하나는 오스트리아가 독일과의 동맹에서 떨어져 나갈 수 있다는 우려와 러시아에 대한 위협 인식 때문이었다. 이들 두 국가는 독일에 대한 포위상황을 더욱 악화시킬 수 있었기에, 사전에 발생할 위험을 회피하기 위한 것이었다. 그에게는 독일이 전쟁을 개시하기 위해 현재의 포위 상황에 대한 비관론에 매달리기보다는 전쟁을 위한 독일의 포위 상황을 완화시키는 것이 더욱 중요했다. 오스트리아·헝가리는 독일이 동맹국 관계를 해체하겠다는 경고로 자기들을 전쟁으로 몰아가고 있는 독일의 정책에 불만을 가지고 있었을 수도 있다. 베트만홀베크가 오스트리아·헝가리를 전쟁을 할 수밖에 없는 상황으로 몰고 가면서도, 영국은 중립적 위치에 있도록 할 수 있다는 낙관적인 희망을 가진 것은 모순되는 것이었다. 베트만홀베크의 변덕스러운 성품은 명확한 독일의 의도가 무엇이었는지에 대해 혼란을 주고 있었다.

전쟁을 결심하는 데 있어서 언제나 어느 정도의 위험조차 감수하려 하지 않는 주요 인사들의 변덕스러움이 한몫을 했다. 베트만홀베크만이 아니었다. 참모총장 몰트케 또한 전쟁이 발발했을 때에도 슐리펜 계획에 매달리면서 이점을 강조했다. 이러한 사실들은 독일 황제에 의한 유명한 몰트케 소환 사건을 보아서도 알 수 있는데, 황제는 당시 영국이 중립을 지키겠다고 동의했기 때문에 서부지역 전쟁을 위한 동원령을 중지하라고 명령했다. 이제 독일은 프랑스와의 전쟁을 하게 됨으로써 두 개의 전선에 대한 전쟁을 걱정하지 않고 동부전선에 주안을 둘 수 있게 된 것이었다. 몰트케는 계획의 수정을 거절했다. 독일의 동원은 계속되었고, 목표는 프랑스였다. 그는 독일의 측방에 적국인 프랑스를 남겨두는 것은 바람직하지 않다고 주장했다. 독일 황제는 당시에 아직 존재하지 않고 있는 적과 대치하려는 열망에 어찌할 줄 몰랐다. 독일 황제는 몰트케를 해임했고, 참모총장의 협조 없이 서서히 다가오고 있는 전쟁을 어떻게 대처할 것인가에 대한 정치적인 토의를 계속했다. 다음날 영국의 중립 약속이 착각이었다는 것이 밝혀지면서, 몰트케는 황제로부터 우선적인 목표인 프랑스를 상대로 한 동원령에 대해 재승인을 받았다. 슐리펜 계획은 변경되지 않은 상태로 계획대로 선제적으로 실천될 것이 명확해졌다. 하지만 슐리펜 계획의 추종자였던 몰트케는 능력의 한계를 드러낸 무능한 인물이었다.

독일의 정책에 있어서 군사적 영향으로 인한 문제는 다른 여러 상황에 영향을 미쳤다. 독일은 벨기에를 공격하여 중립국의 지위를 폭력적으로 훼손하였기 때문에 침략자가 되었다. 슐리펜 계획의 실행을 위해서는 그렇게 할 수밖에 없다는 필요성에 군사 지도자들은 고무되어 있었다. 독일이 포위 상황에 있다는 위협 인식이 군사 지도자들이 저지른 실책에 대해 면죄부를 주었지만 외교관들은 이러한 상황에 불만이 가득했다. 베트만홀베크는 독일이 벨기에의 중립성을 훼손하더라도 영국은 이를 관망하면서 프랑스와 제휴하지 않고 독일과도 대치의 각을 세우지 않도록 하기 위한 외교적인 노력을 했다. 전사학자 라포레(Lafore)의 『오랜 갈등』(The Long Fuse)에서는 독일이 추구했던 원대한 꿈에 대한 비판을 "의심할 여지 없이 당시 독일의 세계 정세관은 꿈속에 있었다. 이러한 꿈은 뼈아픈 과대망상증이었고 따라서 독일은 심각한 일장춘몽의 길을 걷게 되었다"[7]라고

---

7 Lafore의 *The Long Fuse*, 194쪽.

기술하고 있다. 여기에서 주목할 만한 점은 독일의 군사기획자들과 정치가들이 러시아의 현존하는 위협을 지나치게 과대평가했다는 것이다. 당시에 러시아는 전쟁으로부터의 복구와 내부의 혼란을 수습하는 데 바쁜 시기를 보내고 있었다. 독일이 이러한 러시아에 대해 극렬한 용어를 사용하며 그 위협으로 인해 세상의 종말이 올 것처럼 과장함으로써 독일 국민들은 러시아의 위협에 대해 두려움을 갖게 되었다. 독일이 이러한 두려움을 고조시켰던 목적 중의 하나는 러시아로 인해 독일이 위협에 처해 있다는 것을 확신시킴으로써 독일 내부의 소요 사태를 사전에 방지하고 독일인들을 결집시켜 전쟁을 하기 위한 수단으로 사용하기 위해서였다. 독일 지도부는 전쟁을 계획하는 동안 매우 치밀한 준비를 했다. 1914년까지 치밀한 전쟁 준비를 하면서, 전쟁을 하지 않을 것처럼 하거나 혹은 전쟁이 일어난다면 한정된 형태로 일어날 것처럼 은폐해 왔다. 이것은 독일이 그렇게 상황을 유도했기 때문에 그렇게 비추어졌다.

선제공격으로 얻을 수 있는 이점에 대한 열망으로 인해 독일은 제1차 세계대전을 일으키는 부담을 감수했다. 그때까지, 독일은 8월 전쟁 발발 시, 서부지역에서의 선제공격은 프랑스가 벨기에를 공격했기 때문이라고 정당하다고 주장했다. 독일은 벨기에를 보호하려는 했던 것처럼 행동했다. 당시 일부 믿는 사람도 있었지만 진실은 오래지 않아 밝혀졌고, 아무도 독일의 주장을 믿지 않았다. 그러나 독일의 벨기에 침략 행위는 선제공격과 긴밀한 유사성을 갖고 있다. 선제가 성공적으로 전쟁을 수행하기 위한 도구로 사용하기에는 불필요한 곳에서 그 자체의 생명력을 가지고 있었던 것이다. 독일은 선제를 전쟁에서의 성공을 위하기보다는 적대국들로부터 포위된 상황에서 스스로를 방어한다는 구실로 전쟁으로 가기 위한 목적으로 사용했다. 전혀 균형 감각이 없었던 독일의 빌헬름(Wilhelm) 황제가 이것을 요구했다. 독일 황제의 단순한 가치관은 독일을 포위하고 있는 국가들 사이에서 무기력하게 공존하거나 아니면 전쟁을 해야 한다는 것이었으며, 독일을 포위하고 있는 국가들로부터 받고 있는 거대한 위협에 직면해서 선제전쟁은 필연적이라 생각하고 원하던 바를 행동에 옮겼던 것이다. 독일 황제는 그가 추구했던 것이 무엇인가에 관계없이, 장기간에 걸쳐 독일의 국력을 고갈시켰고, 세계 질서를 재편하는 데 결정적인 역할을 한 것은 확실하다. 전쟁을 개시했던 1914년 8월 초, 이미 독일에게 희망의 빛이 없었던 것이다.

⑤

의문스러운 생존의 터전

― 1939년, 제2차 세계대전과 나치 독일

개 요

독일과 폴란드 간의 국경선의 독일 경계지역에서 몇 명의 병사들이 독일군의 체크포인트에 가까이 접근해 왔다. 그들은 독일군 초병의 정지 명령을 무시하고 접근하면서 사격을 개시했다. 순간 당황했던 체크포인트의 독일군 경계병들은 곧 이어 응사를 시작했고, 접근하는 수명의 병사들을 사살했다. 사격이 중지되고 접근하던 인원들이 철수한 후 독일군은 그들이 사살한 폴란드 병사들을 굽어보았다. 그로부터 수 시간 후에, 독일의 차량화 대열이 먼저 공격을 시도한 폴란드로부터 독일을 방어하기 위해 폴란드로 진격을 개시했다. 독일의 체크포인트로 접근하던 병사들을 사살한 독일의 영웅들은 좀 더 자세히 사살한 병사들을 관심을 가지고 살펴보아야 했을 것이다. 이들 병사들은 폴란드의 군복을 입은 독일인들이었기 때문이다. 독일의 폴란드 공격은 죄수들을 동원해서 독일·폴란드 국경선에서 총격전을 벌임으로써 폴란드에게 전쟁 발발의 책임을 전가하려는 술책이었다. 이러한 진상이 밝혀지지 않은 미묘한 상황하에서, 아돌프 히틀러(Adolph Hitler)는 독일은 외부의 침략으로부터 방어할 권리를 갖고 있다고 선전하면서 제2차 세계대전의 도화선에 불을 당겼다. 이것은 폴란드를 겨냥한 선제공격이라 할 수 있다. 전쟁 직후에 독일의 이중성은 여러 면에서 명확한 증거들에 의해 밝혀졌다. 나치의 책략에 의한 폴란드의 독일 공격 구실뿐만 아니라 독일이 방어라는 명목하에 전쟁을 개시한 것은 또 다른 형태의 선제의 의미를 가지고 있음을 알 수 있다.

폴란드에 대한 공격과 더불어, 나치는 1939년 9월, 제2차 세계대전의 서막을 열었다. 6년간의 전쟁으로 5,700만 명이 사망했다. 이 전쟁은 남극 대륙을 제외한 모든 대륙에 영향을 주었으며, 수많은 국가들이 전쟁의 악몽에 시달렸다. 물론 이러한 악몽은 전쟁 기간을 통해 서서히 나타나서 점차 떨쳐내기 어려운 고통스러운 시련으로 다가왔다. 최초 수년간, 독일군은 막강한 전력을 자랑했다. 독일군은 폴란드를 4주 만에, 프랑스는 6주 만에 함락했다. 영국이 1940년 말까지 강력하게 저항하고 있었고, 러시아는 1941년까지 독일의 막강한 전력에 대항하여 잘 버텨내고 있었다. 이 해의 막바지에 일본은 하와이 진주만의 미군 함대를 공격함으로써 세계 전쟁이 되었다. 일본과 독일은 이탈리아를 포함하여 세계 전쟁의 두 축을 이루고 있었으며, 최소한 범세계 질서의 재편에 도전하고 있었는데, 이것은 궁극적으로는 세계 지배를 위한 시도였다. 러시아, 영국, 미국 등의 동맹국은 1942년, 이 두 축에 대한 최초의 반격을 개시했다. 영국이 이집트 엘 알라메인(El Alamein)에서 독일과 이탈리아 연합군을 격파하는 동안 러시아는 스탈린그라드(Stalingrad)에서 독일군을 격파하였다. 같은 해에 태평양에서는 미국이 일본에 대한 반격을 시작하여 미드웨이 섬에서 최초의 해전을 하게 되었고 이어서 6개월간 지상전과 해상전이 남태평양 솔로몬 열도 지역의 과달카날에서 치열하게 전개되었다. 1943년은 동맹국이 상황을 역전시킨 해였다. 강력하게 두 축을 제압하는 것만으로 만족할 수 없었으며, 이는 두 축을 완전하게 격파하거나 동맹국들의 손아귀에 틀어쥐어야만 전쟁을 종결시킬 수 있었기 때문이었다. 미국과 영국의 연합군은 1943년에 이탈리아를 굴복시켰고, 러시아는 같은 해에 쿠르스크(Kursk)에서 또 한 번의 독일군 공세를 막아낸 후에 공세로 전환하였다. 러시아는 반격을 개시하여 프랑스 노르망디(Normandy)에서의 연합군 상륙작전의 지원하에 독일 동유럽을 향해 신속하게 기동했다. 동서 방향의 연합군 공세에 의해 1945년 4월 독일이 저항을 포기함으로써 전쟁은 종결되었다. 4개월 후에, 일본은 미국의 지속적인 공격, 특히 핵폭탄 사용과 더불어 항복을 선언하였다. 제2차 세계대전으로 인한 살육과 파괴, 고통은 모든 국가들에게 전쟁으로 발생한 모든 파괴적 행위는 무언가를 얻으려 했던 것이 아니라 전쟁 그 자체가 목적이었다는 점을 상기하게 되었다. 적대적 상호관계에 있어서 서로의 목표는 반대편을 완전하게 격파하는 것이었다. 전쟁이 끝났을 때 한쪽, 즉 연합국이 이 목표를 달성했다. 엄청난 재앙을 가져온 과정을 거쳤지만, 결국 세계의 질서는 수호되었다.

이러한 재앙으로 인한 파괴는 대부분은 독일에게 책임이 있다고 비난한다. 제2차 세계대전은 다른 시기에 다른 장소에서 시작되었지만 1939년 독일의 폴란드 공격이 시발점이었다. 전쟁 개시의 시발점이 언제였는가 하는 문제에 대해 논한다고 해서 달라지는 것은 없다. 히틀러의 사악함으로 독일이 전쟁을 개시했고 이어서 전 세계가 전쟁의 소용돌이에 들어가게 된 것은 분명하다. 침략의 선봉에 섰던 히틀러의 관점에서 위대한 독일을 추구하려는 여러 시도들에 대한 결정을 선제의 시각으로 관찰해 보고자 한다. 히틀러는 독일 국민들에게 독일의 안보에 긴박한 위협을 주는 적들과 마주하고 있다고 설득하면서 국가안위를 지키기 위해 스스로 방어를 해야 한다고 강조했다. 여기에서 방어는 독일 문화를 보호하는 것을 말했다. 다시 말하면 선제는 독일이 침략자의 얼굴이 아닌 방어를 위해서였으며, 이것이 전쟁을 시작할 수밖에 없었다는 도덕성을 지탱해 주는 역할을 하였다. 그러나 독일의 행동은 비도덕적이었으며, 진정한 선제의 개념과는 다른 목적을 가진 전쟁이었다.

나치가 선제를 선택한 이유

　　제1차 세계대전 이후 독일의 상황이 히틀러가 1933년 권력의 중심에 있으면서 독일의 군사화에 결정적인 역할을 했다는 것은 의심할 여지가 없다. 제1차 세계대전 종료로 맺은 베르사유 조약은 여러 면에서 독일의 정체성을 침해했다. 정치적으로 독일의 새로운 정부였던 바이마르(Weimar) 공화국은 국가의 질서와 권위에 대한 독일인들의 자부심을 실추시켰다. 경제적인 측면에서 독일의 자본주의는 국가의 재정을 악화시킴으로써 정치적 무질서를 더욱 부추겼다. 군사 규모에 대한 제한과 독일이 겪고 있는 상황들은 나약해진 독일의 실체이기도 했다. 독일인들은 제1차 세계대전의 후유증으로 허약해진 조국의 상황을 받아들이고 있었고, 지도자들의 이에 대응한 조치에 무기력한 모습을 보면서 심리적인 공황에 빠져 있었다. 히틀러는 이러한 사회적 위기를 발견했고, 이를 이용해서 독일 상황의 전반을 지배하는 위치에 오르게 되었다. 그리고 이러한 위기를 전혀 생각하지 못했던 방법으로 활용했다.

　　위기를 이용해서 독일의 적대국에 대한 분노의 감정들을 결집시키는 것은 그렇게 어려운 일은 아니었다. 당시에 영국은 독일의 국력이 강해지는 것을 억제하고 있었고, 프랑스는 독일의 군사력이 아예 제거되기를 원했다. 제1차 세계대전 이후의 평화 시기는 전승국들이 독일을 약화시킬 수 있는 기회를 주었다. 일련의 조치로, 동맹국들은 독일이 전쟁을 일으킬 수 있는 능력 자체를 제거하기 위해 소규모의 군대 유지만을 허용하였으며 독일 산업 중심지인 라인 공업지구는 군수산업을 하지 못하도록 제한했다. 독일은 이러한 제약들로 인해 한때 주변국에 군림했던 위상이 크게 추락한 가운데 영토적 제약과 더불어 할 수 있는 일이 거의 없을 정도로 무력화되었다. 프랑스는 독일의 알자스로렌(Alsace-Lorraine) 지방을 차지했고, 새롭게 탄생한 체코슬로바키아와 폴란드 같은 작은 나라들은 이전에 독일의 영토였던 광대한 토지를 차지했다. 그 지역에는 수많은 독일인들이 거주하고 있어 수많은 이산가족이 발생했다. 이러한 이산가족 간의 교류에 대한 제약은 독일을 무력하게 하는 것보다도 더한 심리적 고통을 안겨 주었다. 프랑스는 폴란드와 체코슬로바키아를 독일의 확장을 견제하는데 이용하고자 했다. 이들 새로운 작은 국가들의 행동에 독일인들은 분노했지만, 이들 국가들이 군사 동맹국의 일원으로서 강제력을 발휘할 수 있는 지원을 받고 있기에 어쩔 수 없는 노릇이었다. 추가적으로 소련 연방은 '약소국'들의 독일에 대한 견제를 다양하게 활용하고 있었다. 미국은 전쟁 이후의 새로운 질서 속에 그 입지가 부상하고 있는 가운데 대서양을 가로질러 세력권을 서서히 확장해 나가고 있었다. 모든 영토가 적대 국가들로 둘러싸여 있고, 자체 방어능력도 빼앗긴 가운데, 히틀러에게 제1차 세계대전으로 인한 무덤과 같은 상황에 직면하고 있던 독일인들의 정서를 자극하고 설득하는 일은 그리 어렵지 않았다.

베르사유 조약으로 인한 많은 제약에도 불구하고, 희망적인 사항은 독일의 통합을 인정하고 유럽 대륙에서의 정통성을 인정받은 것이었다. 전승국들이 이점을 용인한 것은 사실 획기적이었다. 그러나 동맹국의 정치가들은 그들이 독일에게 부여한 변화와 제약 사항을 가지고 이 위대한 국가를 조롱하기도 했다. 기껏 해봐야 독일은 무기력한 국가로 남게 될 것이고, 최악의 경우에는 독일에 대한 관리자 역할을 하고 있는 프랑스와 영국에 손을 내밀어야만 존재할 수 있는 상황이었다. 독일이 부상할 경우 야기될 수 있는 위험성을 잘 알고 있는 동맹국들은 어떻게 독일을 통제할 것인가를 고심하면서 독일 국민들이 전후에 스스로 길을 찾거나 다른 방향으로 국가를 이끌어갈 수 있는 유인책들을 제시해 주었다.

1919년에, 제1차 세계대전 이후의 평화는 유럽 대륙에 있는 독일이라는 독소를 잠재적으로 통제하려는 영구적인 계약과도 같았다. 결국 유럽 대륙에서 독일의 영향력은 그들이 가지고 있는 능력만큼만 발휘할 수 있었다. 이러한 독일의 위상은 히틀러로 하여금 전쟁을 생각하게 했다. 그는 독일 국민들이 유럽 대륙에서 실추된 독일의 영향력에 실망하고 있다는 것을 명확히 알고 있었다. 베르사유 조약은 독일 국민들에게 모멸감을 안겨 주었다. 독일 국민들은 이 조약이 독일의 국경선을 변경시키고 불명예를 안겨 주고 있기 때문에 조약을 파기해야 한다는 데 동의하고 있었다. 그러나 이러한 독일 국민들의 동의는 히틀러가 가지고 있던 더 커다란 야심, 즉 유럽을 지배하려는 그의 목표와는 거리가 있는 것이었다. 히틀러는 그 자신의 야심과 국민들의 정서를 융합시켰다. 그는 우선 독일의 문명을 소멸하려 시도하고 있는 적들의 행동에 일일이 대응하기보다는 굴욕적인 상황을 참아야 한다고 주장했다. 적들과의 대응에 실패하게 되면 독일의 문명은 막다른 길에 도달하게 되는 것을 의미했다. 이렇게 국민들에게는 모호한 화법으로 설득하면서도 측근들에게는 독일의 영향력을 다시 회복하기 위해서는 폭력이 필요하다는 명확한 상황인식을 제시했다.

독일의 이념과 인종적 우월성에 대한 히틀러의 생각은 그의 계획을 보다 적극적으로 추진하면서 전쟁의 필요성을 상기시키는 역할을 했다. 최고의 문명적 가치를 가지고 있는 아리아 인종의 문명은 그 고결함을 승리를 통해서 지켜야 하고 다른 인종들로부터 포위되어 있는 상태에서 투쟁을 통해서 생존해야 한다는 것이었다. 이처럼 세계적인 문명을 지키는 차원에서도 독일은 도덕적 의미를 부여하고 정당성을 주장했다. 이 주장의 진정한 의미는 독일이 자체 방어의 수단으로 영토를 확장하고 광대한 영토를 이용하여 이익을 추구하면서 강대국을 따라 잡는 것이었다. 약소국으로 존재하는 한 적들로부터 국경선에 대한 제약을 받을 것이며, 끝내는 국가의 파멸로 갈 수밖에 없는 것이라는 상황인식에서 비롯된 것이다. 전승국가들은 그들이 원한다면 언제든지 독일을 강제할 수 있다는 인식을 가지고 있었다. 그래서 독일이 영토를 필요 이상으로 확장하는 것 자체가 방어의 수단이 될 수 있는 것이라 생각했다. 이러한 영토 확장은 히틀러에게 위대한 독일을 건설하기 위한 비전의 근원이었다. 이를 위해서 독일 인구는 더욱 늘어나야만 했으며, 인구증가를 지원하기 위해서는 추가적인 영토 확장을 통해서 이득을 얻으면서 필요한 자원을 확보해야 한다는 것이었다. 히틀러는 레벤스라움(Lebensraum, 생존의 터전)을 확보하면 독일이 번영된 국가가 될 수 있다고 주장했다. 히틀러에 의하면 영토 확장이 도덕적 정당성을 가지고 있었던 것이다. 또한 그는 독일이 위대한 문명을 가지고 있기 때문에 이를 지키기 위해서 전쟁이 필요하다고 인식했다. 이러한 독일의 영토 확장에 독일의 적들이 반기를 들 것이 명확했기 때문에 독일의 입장에서 볼 때 전쟁은 필요 불가결한 것이었다.

독일이 영토 확장을 결심하게 되면서 전쟁이 불가피했는데, 문제는 언제, 어디를, 어떻게 공격하는 것이었다. 독일의 주목표는 동유럽 지역이었다. 소련 연방의 영토는 독일이 번영을 위해 필요한 영토 확장과 자원의 확보, 그리고 증가하는 인구를 수용하기 위해서 필요했다. 영토 확장을 통해 발생하는 이익은 실질적인 자체 방어 환경을 제공받으면서 동시에 번영을 누리는 것이었다. 독일이 동유럽 지역에서 전쟁을 머뭇거리게 되면 궁극적으로 심각한 피해를 입게 될 것으로 판단했는데, 그 이유는 동유럽 지역의 저열한 민족들이 독일을 오히려 장악하려 들 것으로 보았기 때문이다. 히틀러의 입장에서 볼 때, 독일인들의 희생정신과 민족적 우수성을 가지고 유럽을 장악함으로써 이러한 재앙을 막아야 하는데 시간은 계속 흐르고 있었다. 독일이 동유럽 지역으로, 즉 러시아 영토로 진격하려 했던 공격 계획은 매우 복잡하면서도 전략적 취약점을 가지고 있었다. 동유럽 지역으로의 공격은 서부지역으로부터의 공격을 초래하거나 반대의 결과를 초래할 수도 있었기 때문이다. 서부지역의 국가들은 독일이 동유럽 지역으로 공격하는 것을 묵과할 것인가? 이러한 우려 때문에 히틀러는 우선 러시아와 평화조약을 맺어 고착시키고 서부지역의 이러한 적들을 먼저 격파하려고 했다. 동유럽 지역으로 방향을 전환하기 전에 서부지역의 국가들이 저항하지 않을까라는 의문을 해소하기 위해 서부지역 국가들을 독일군에 편입시켜 최상의 능력으로 동유럽 지역에서 전쟁을 수행하고자 했다. 여기에서 중요한 점은 동유럽 지역에서든 아니면 서부지역에서든 한 번에 한 국가만을 상대로 전쟁을 하는 것이었다. 이처럼 독일이 두 개 전선에서 동시에 전쟁을 하지 않는 것이 패배의 위험을 확실하게 피하는 길이었다. 독일은 그들의 주요 표적이 러시아였기 때문에 서부지역을 공격할 때, 모든 국가를 공격 대상으로 삼지 않았다. 히틀러는 공격의 우선순위를 정리하면서, 독일의 오랜 숙적이면서 강대국인 프랑스를 먼저 격파해야겠다고 결론을 내렸다. 이때에 영국이 동맹국으로 개입하게 되겠지만 독일이 서유럽 지역을 강력하게 구축하게 되면 영국의 개입과 무관하게 동유럽 지역으로의 전환이 가능하다고 생각했다. 이를 위해서는 영국의 생각을 어떻게 바꾸느냐가 관건이었다. 독일의 궁극적인 목표는 세계를 지배하기 위해서라도 독일이 이전에 독일의 적들에게 고개를 숙였던 것처럼 종주국의 입장에서 영국을 굴복시켜야만 했다. 예측 불허의 나치 정권의 목표는 강경한 합리성에 기초하고 있었다. 첫째로, 히틀러는 그 스스로가 살아 있는 동안에 세계를 정복하겠다는 야심을 숨기지 않았고, 적어도 그가 시작해 놓으면 다음 세대가 완성할 것이라고 생각했다. 둘째, 히틀러는 독일과 적대적 이념관계에 있었던 러시아와 외교관계를 수립하는 등 국익을 위해서라면 어떤 국가와도 외교적 협상을 서슴지 않았던 비스마르크를 추종했다. 히틀러는 이를 위해 외교적 융통성과 빈틈없는 정치적 수완을 발휘했다. 셋째, 히틀러는 한 번에 마주하게 될 적대국가의 수를 최소화하고자 노력했다. 제1차 세계대전에서처럼 두 개 전선의 동시 전쟁으로 인해 승리의 기회를 놓치게 되는 것을 피하기 위해서였다. 이처럼 독일이 꿈꾼 범세계적인 야망은 엉뚱한 것처럼 보였지만 갑작스럽게 현실화되어 가고 있었다. 문제는 히틀러가 얼마나 오래 생존해서 얼마나 많은 피를 흘리고 얼마나 큰 재앙을 유럽과 독일, 그리고 적대국들에게 입히느냐에 있었다.

독일은 먼저 폴란드를 공격대상으로 선택했다. 빅토르 로스웰(Vicotor Rothwell)은 그의 저서 『2차 세계대전의 기원』(*Origins of the Second World War*)에서 1937년 11월 히틀러는 "폴란드에 대한 선제공격과 관련하여 목소리를 높였던 것 같다"고 기술하고 있다.[1] 1939년 폴란드에 대한 독일의 공격은 월등한 군사적 능력으로 성공적으로 달성되었는데, 이것은 히틀러가 실천한 군사력 증강이 일련의 단계적 목표에 도달했음을 의미했다. 독일은 베르사유 조약에 명시된 군비 제한을 거부하면서 1936년까지 현저하게 재무장을 달성했다. 히틀러의 명령에 의해 독일군은 다시 태어났고 1936년에는 독일 산업의 중심지였던 라인란트(Rhineland)를 재장악했다. 이것으로 독일의 재무장 의도는 명확했으며, 독일은 이러한 시도를 중지시키려 했던 프랑스와 영국의 의지가 약화되어 주저하고 있는 기회를 놓치지 않았다. 독일은 이렇게 프랑스와 영국이 또 다른 전쟁에 대한 두려움으로 주저하고 있는 기회를 놓치지 않고 더욱 군사력 건설을 공고히 해나가면서 1938년 3월에는 오스트리아를 합병했다. 히틀러는 내부적으로 군사력 건설을 추진하면서 대외적으로는 적대국들이 호감을 갖는 발언을 했다. 히틀러는 이들 국가들이 전쟁으로 가는 것을 원하지 않는다는 것을 간파하고 이를 이용해서 독일이 더 많은 것들을 얻을 수 있다고 생각했다.

적대국들에게 그들이 생각하는 것만큼 독일이 강하지 않다는 믿음을 주면서 1938년에 체코를 점령한 것은 또 다른 독일의 성공이었다. 체코를 무력으로 장악하면서 독일이 적대국의 목록에서 체코를 삭제해 나갈 때, 영국과 프랑스는 히틀러의 이러한 시도를 중지시키려는 의지를 보여주지 못했다. 이들 국가들이 뮌헨 회의에서 체코를 희생시켜서 히틀러를 달래려 했던 사실은 1년 후에 독일에게 폴란드와의 전쟁으로 가는 길을 열어준 결과를 가져왔다. 그러나 게르하르트 와인버그(Gerhard Weinberg)가 『히틀러의 외교정책』(*Hitler's Foreign Policy*)에서 지적하기를 히틀러의 외교정책은 논란의 여지가 있었는데, 뮌헨 회의에서 있었던 중요한 논점을 간과하고 있다는 것이다. 히틀러는 사실 뮌헨 회의에서 그가 전쟁을 시작하려던 목표가 좌절되었다고 생각했는데, 그 이유는 영국이 예기치 않게 히틀러가

---

1 Victor Rothwell의 *Origins of the Second World War* (Manchester: Manchester University Press, 2001), 92쪽.

전쟁의 빌미를 갖기 위해 제시한 추가적인 요구 사항들을 수용했기 때문이다.[2] 히틀러는 이러한 영국의 협상을 달래기가 아니고 기민한 정책적 변화라고 이해했던 것이다. 영국을 비롯한 동맹국들은 전쟁 준비를 하기 위해서 더 많은 시간이 필요했고 재무장하는 데 많은 시간을 필요로 했다. 히틀러는 독일이 언제고 공격할 수 있는 군사력을 갖추고 있는 유리한 상황에서 다른 적대국들에게 재무장할 시간을 주게 되면 모든 것을 잃게 될 것이라고 믿었다. 히틀러는 총체적인 준비를 통해 1945년에는 전쟁으로 갈 수 있다고 언급했는데, 그 의미는 언제라도 전쟁으로 갈 수 있다는 뜻이었다. 독일의 군비 증강을 저지하려는 동맹국들의 의지가 결여되자, 히틀러는 곧 전쟁 계획을 수립했다. 전사학자 노먼 리히(Norman Rich)는 그의 저서 『히틀러의 전쟁 목표』(Hitler's War Aims)에서 "독일은 지금 가혹하고 급박한 공격의 위협에 직면하고 있으며, 독일에게 성공의 기회가 유리하게 조성되었다. 그러나 적들이 독일을 압박하고자 하는 방책을 시행하도록 허용해서 장차 독일이 붕괴될 수도 있는 확실한 상황과 마주하고 있다. 이제 이를 해결하기 위한 시간이 무르익었으며 따라서 공격해야 한다"[3]라고 언급했다고 기술하고 있다. 뮌헨 회의에서 의결된 동맹국들의 협정 조항들은 히틀러에게 선제공격의 기회를 주지 않았던 것이다.

그 결과는 1939년에 이르러 폴란드와의 전면전쟁으로 확실하게 현실화되었는데 그것은 히틀러가 그렇게 되기를 원했기 때문이었다. 히틀러는 폴란드가 독일을 지원하리라고는 전혀 기대하지 않았다. 히틀러는 서폴란드 지역을 공격해서 독일의 등 뒤에서 비수를 들이댈 수 있는 실레지아(Silesia), 포메라니아(Pomerania) 그리고 동프러시아 등 세 지역을 모두 확보했다. 그가 폴란드를 공격하지 않고 동유럽 지역으로 방향을 전환했다고 하

---

2   Gerhard L. Weinberg의 *Hitler's Foreign Policy: The Road to World War II, 1933-1939* (New York: Enigma Books, 2005), 775쪽.

3   Norman Rich의 *Hitler's War Aims: Ideology, the Nazi State, and the Course of Expansion* (New York: Norton, 1973), 129쪽.

더라도 폴란드는 무기력하고 별로 도움이 되지 않은 동맹국에 지나지 않았을 것이다. 사실 히틀러의 전쟁 계획에 있어서 동유럽 지역에서의 폴란드 격파는 별 의미가 없었고, 단지 하나의 작은 영토를 손에 넣은 것에 지나지 않았다. 히틀러가 전쟁을 준비하고 모든 가용한 방법으로 전쟁을 주도하고자 하는 동안, 폴란드는 독일이 유럽에서 전쟁을 일으키기 위한 열쇠 역할을 했을 뿐이다. 독일의 폴란드 공격은 독일의 영토였던 부분을 되찾는 정도의 의미였는데 이것은 체코슬로바키아를 점령했을 때에 독일이 겉으로 주장했던 것보다 사실은 더 가치 있는 것이었다. 독일의 목표는 뮌헨 회의에서 히틀러의 제안을 거부한 국가와의 전면전쟁과 폴란드 자체를 완전히 제거하는 것이었다. 서유럽 세력들이 독일의 폴란드 공격을 반대했다면, 히틀러는 소련 연방과 평화를 추구하면서 서부지역으로 공격하여 위협을 제거하고 동유럽 지역에서 대규모 전쟁을 시작하려 했을 것이다. 어떤 상황이었든 간에 독일의 확장을 위한 전쟁의 시간은 다가오고 있었다.

마지막 순간의 외교활동은 다가오는 전쟁의 목적이 무엇인가를 명확히 보여 주는 것이었다. 소련은 1939년 8월 24일 독일과 불가침 협정에 동의했다. 이러한 상황 전개를 보면서 히틀러는 식탁을 그의 주먹으로 힘차게 내리치면서 외쳤다. "그들을 내 손아귀에 넣었다." 그가 이 외침 속에서 '그들'이라고 한 것은 서부지역의 세력들이었다. 히틀러는 이제 독일이 폴란드와의 전쟁에서 자유로워졌다고 여겼다. 프랑스와 영국은 독일이 폴란드를 공격했을 때, 소련의 지원 없이도 독일에 선전포고를 할 수도 있었다. 그러나 히틀러는 이들 국가들이 전쟁의 위험을 무릅쓰지 않을 것이라고 생각했다. 독일이 오스트리아를 합병하고 체코를 점령하는 동안 선전포고를 하지 않았던 사례에 비추어 볼 때, 프랑스와 영국은 독일이 폴란드를 공격하더라도 서부지역에서 어떠한 충돌도 일어나지 않을 것으로 확신했다. 히틀러는 적대국 지도자들의 성향을 간파하고 있었고, 그들이 전쟁을 망설이고 있다고 믿었다. 그들이 참전을 한다 해도 동유럽 지역에서 위협이 되지 않아 독일은 제1차 세계대전 때처럼 두 개 전선에서 동시에 전쟁을 치르지 않을 수 있었다. 이러한 이유로 서부지역에서의 승리는 충분한 가능성을 가지고 있었다. 프랑스와 영국은 이러한 점을 이해하고 있기 때문에 그들이 폴란드를 위해서 참전하지 않을 것이라고 히틀러는 믿고 있었으며, 실제로 상황이 그렇게 전개됨에 따라 이제 전쟁으로 가는 절호의 시간이 다가오고 있었다.

영국과 프랑스가 폴란드를 위해 참전하겠다는 의사를 재천명했을 때, 히틀러는 이들 국가들이 실제로는 그렇게 하지 못하고 물러나 있을 것으로 확신했다. 만일 영국과 프랑스가 그때 개입했다면 제2차 세계대전은 1939년 9월 초 수일 동안에 발발했을 것이다. 전쟁을 일으켰지만, 히틀러는 그때까지도 프랑스와 영국이 참전하게 되면 폴란드를 어떻게 처리해야 할지를 가지고 고심하고 있었다. 그의 이러한 고심은 후에 입증이 되었는데, 영국이 독일에게 최후통첩을 알려 왔을 때, 히틀러는 걱정스럽게 외무장관에게 "이제는 어찌해야 하는가?"[4]라고 물었다. 이것은 그가 낙담했다는 증거였는데, 영국의 최후통첩은 독일이 서부지역 열강의 개입 없이 폴란드를 제거할 수 있다는 도박이 실패했음을 의미했다. 그럴 가능성을 염두에 두고 그는 또 다른 국지전쟁을 열망했다. 이러한 가능성이 일어났다 하더라도, 그의 선택은 다르지 않았을 것이다. 당시 히틀러를 지켜본 사람들은 그가 폴란드와의 전쟁을 시작한 그 주에는 지치고 고통스러워했다고 전하고 있다. 그러나 폴란드를 침공하기 전날에는 숙면을 취했다. 그의 편안함은 또 다른 국지전쟁에 대해서 전혀 고려하지 않고 있었기 때문이라고 전하고 있다. 그는 전쟁에 대한 솔직한 의도를 감추지 않았는데 그의 걱정은 폴란드와의 전쟁을 어떻게 일으키는가에 있었다.

1939년 폴란드와의 전쟁 시, 히틀러는 동맹국의 개입 가능성에 놀람

---

4 Overy의 *The Road to War*, 70쪽. 외무장관 리벤드로프는 "제 생각에 프랑스도 이같은 최후통첩을 곧 전달해 올 것으로 보입니다"라고 조심스러우면서도 정직하게 언급했다.

과 당황함을 느꼈으며, 그의 통찰력이 실패로 귀결될지도 모른다는 초조
감에 시달렸다. 그러나 그는 또한 가장 중요한 것은 적시성이 아니고 어떻
게 그가 의도하고 있는 전쟁의 확전을 위해 싸울 것인가였다. 적대국들을
각개격파한다는 계획을 가지고 있었고 이 전략은 폴란드 침공 이후에도
변하지 않았다. 그에게 있어서 폴란드와의 전쟁은 그에게는 서부지역에서
의 전쟁을 의미했고 그는 이 전쟁을 그가 결정할 수 있다고 생각했다. 서
부지역에서 승리를 달성한 이후에 동유럽 지역으로 전환하여 주표적을 공
격할 수 있을 것으로 확신했다. 따라서 독일이 폴란드를 침공 시에 프랑스
와 영국의 최후통첩은 독일의 영토 확장 계획을 저지하기에는 구속력이
약했다. 그러나 독일의 공격 계획은 어렵게 진행되고 있었다. 이것은 히틀
러가 예상하지 못했던 것이지만 그렇다고 그렇게 비관적이지도 않았다.

사실 1939년의 전쟁은 독일에게 세 가지의 유리점을 주었다. 먼저 독
일은 재무장의 이점을 유지할 수 있었다. 다른 국가들이 독일의 군사력을
따라잡기에는 역부족이었다. 두 번째로는 폴란드와의 적대 관계를 청산한
후 독일은 그들의 영토 확장 전쟁을 정당하지 않은 평화라는 그림자 속에
더 이상 감추어 두지 않아도 되었다. 독일에 가혹한 베르사유 조약은 단지
폴란드와 전쟁을 한 표면적인 이유가 아닌 히틀러의 독일을 위한 '생존의
터전'(Lebensraum)을 위한 확장은 더욱 선제의 동기를 명백하게 해주었고,
더 이상 나약한 상태로 유럽에 남아 있지 않아도 되는 것이었다. 히틀러는
폴란드와의 전쟁을 통해서 그가 추구하는 바를 더욱 속도 낼 수 있게 되었
는데, 이때에는 이미 히틀러가 주장하는 생존의 터전을 확장하기 위한 야
심을 중단시키기에는 너무 늦었음을 의미했다. 세 번째는 폴란드와의 전
쟁을 통해서 서부지역으로 전쟁을 확대하는 것은 히틀러에게 폴란드와의
전쟁이 얼마나 중요한지를 상기했다. 히틀러는 그가 너무 늙어서 활력과
능력을 잃기 전에 행동에 옮겨야 한다고 믿었다. 그에게는 독일을 이 역사
적인 진행 과정에 있게 해야 한다는 생각으로 가득했다. 이러한 생각은
그에게 중대한 동기 의식을 부여했으며, 따라서 전쟁으로 발생할 비용들

은 중요한 고려사항이 아니었다. 히틀러의 어떤 희생을 통해서라도 위대한 독일로 가야 한다는 유혹이 그의 정신을 지배하고 있었다. 사실 그것은 그가 추구했던 목표였으며, 전쟁을 통해서 독일이 받았던 정신적 외상을 치유하고 위대한 문명을 탄생시키기 위해서 필요했던 것이다. 1939년의 폴란드와의 전쟁은 그런 의미에서 기회를 주었으며, 히틀러가 기대했던 것보다 결과가 빠르게 나타났다.

폴란드와의 전쟁은 히틀러가 주장한 생존의 터전을 계획한 후에 이제 실천에 옮기는 마지막 단계였다. 독일이 폴란드를 공격한 것은 역설적으로 독일 국민의 의식을 일깨웠다. 이것은 '폴란드인의 의문'으로 오랫동안 자리 잡고 있다. 독일인들은 스스로에게 이것은 단지 1918년의 상처를 바로 잡은 것뿐이라고 자문하고 있었다. 그러나 선제는 단지 히틀러에게만 의미가 있었다. 히틀러는 폴란드의 저항이 그가 유럽을 장악하기 위해 전쟁을 일으키기를 원하는 기회를 주기를 열망하였다. 독일 국민들은 전쟁이 없는 가운데 필요한 영토 확장을 희망했다. 하지만 히틀러의 생각은 달랐는데, 이는 유럽에서 독일의 적대국가들은 더 많은 영토를 확보하려고 한다고 생각했기 때문이다. 독일이 전쟁 없이 성공적으로 영토를 회복하는 것과 폴란드에 대한 공격을 통한 영토 회복과의 상반된 행동은 각국이 독일의 폴란드 침공의 목적을 판단하는데 초점을 흐리게 했다. 독일 국민들은 폴란드를 격파함으로써 독일의 영토 확장이 완성되었다고 스스로 인식하고 있었다. 반면, 히틀러는 이러한 점을 생존의 터전을 목적으로 한 선제전쟁을 시작한 것으로 인식하면서 이제부터가 그가 열망했던 영토 확장의 시작이라고 확신했다.

나치 독일의 선제공격 경과

폴란드와의 전쟁 원인은 과거 독일의 도시였던 단치히(Danzig)의 해방에 있었다. 폴란드는 이 도시를 독일에 다시 돌려주기를 거부했고, 이로 인해 독일 주민들은 '폴란드의 회랑' 안에 갇혀 있었다. 이 회랑은 폴란드가 단치히로 접근하는 데 사용되었으며, 독일을 동쪽으로 분리시키는 회랑이었다. 단치히는 제1차 세계대전 이후에 일개 변방의 도시일 뿐이었다. 그러나 독일에게는 명백한 이유가 있었는데 정서적으로 단치히는 독일이 잃어버린 영토였던 것이다.

따라서 히틀러는 오트스리아와 체코에 했던 것처럼 전쟁의 위협을 가장했다. 독일은 폴란드에게 이 영토의 반환을 요구했고, 그렇게 결정되기를 바랐다. 그러나 시간이 흐르면서 히틀러는 뮌헨 회의에서의 잘못을 되풀이하지 않으려고 했다. 폴란드 국경에 대해서는 협상의 여지가 없었다. 폴란드는 저항할 것이며 독일은 이를 이용해서 폴란드를 침공하고자 했다. 영국은 폴란드가 독일의 요구를 수용하는 것을 허락하지 않았고 이어서 전쟁이 발발했다. 독일 주재 영국 대사에 관한 유명한 일화가 있는데, 그는 독일의 폴란드 침공 바로 전날까지도 독일에게 요구한 바에 대한 목록을 받지 못했다. 이러한 독일의 거의 완벽하고도 명확한 폴란드 침공은 히틀러에게는 단치히 자체보다 더 큰 의미가 있었다. 이것은 히틀러가 주장하는 생존의 터전을 확보하기 위해 폴란드를 거쳐 서부지역으로의 전쟁 시작을 알리려는 의도가 시행되고 있다는 것을 의미했다.

히틀러는 영국의 의도를 타진해 가면서 계획보다 일주일 늦게, 독일군을 1939년 9월 1일 폴란드 영토로 진입시켰다. 독일은 선전포고를 하지 않았다. 이러한 독일의 행동은 프랑스와 영국의 반응을 지연시켰다. 영국과 프랑스는 독일군을 철수시키라는 최후통첩을 보냈지만, 이들 양국이 독일에 대한 선전포고를 9월 3일에야 함으로써 의미가 없게 되었다. 물론 폴란드는 전쟁 수일 만에 이미 위태로움에 직면한 상태였다.

독일은 세 개의 다른 방향으로부터 공격을 했다. 독일 본토, 독일의 후방 및 측방에 위치한 국가들로부터의 위협을 제거하기 위해 장악했던 동프러시아, 체코 등 세 방향에서의 공격은 효과적이었다. 폴랜드는 세 개 전선을 동시에 방어하기에는 거의 불가능했다. 독일의 공격 계획은 중요한 전략적 이점을 가져다줄 수 있었지만, 전술적인 오류로 인해서 이러한 이점이 상실되었다. 독일의 기갑부대들은 전쟁을 조기에 종료하려는 의도로 맹렬하고 신속하게 전진하는 동안 쓸데없이 분산되어 버렸다. 이로 인해 우세한 독일의 기동력은 효과를 발휘 하지 못했고 전격전(blitzkrieg)도 효과가 미약했다. 독일은 공중 공격으로 이러한 결점을 상쇄시켰다. 독일 지상군은 항공력의 도움을 받으며 폴란드의 하천 방어선을 돌파했다. 그리고 곧이어 폴란드의 수도 바르샤바를 위협하기에 이른다.

당시에 폴란드군은 많은 병력 손실에도 불구하고 도시를 방어하기 위해 병력을 집결하고 있었다. 동유럽 지역에서 폴란드군을 증원한다면 독일을 난처한 상황에 빠뜨릴 수 있었다. 폴란드의 저항이 장기화되면 프랑스와 영국이 폴란드를 구출하기 위해 독일에 반격할 시간을 벌게 할 수 있었다. 이러한 상황은 매우 심각했으나 희망이 없는 것도 아니었다. 점차 곤란한 상황으로 치닫고 있을 때 소련이 1939년 9월 17일 동부 폴란드로 침공했다. 소련군은 폴란드군의 저항이 미약한 가운데 기동하여 독일군과 연결했다.

폴란드는 점령되었으며, 더 이상의 저항은 없었다. 폴란드와의 전쟁은 1939년 첫 번째 주에 종료되었다. 이것은 히틀러의 현저한 외교적 성과로서 이념이 다른 두 국가, 즉 독일과 소련이 주변 국가들의 저항을 종식시키기 위해 협력했던 것이다. 히틀러는 동유럽 지역으로 확장하려는 궁극적인 그의 목적을 연기하는 융통성을 보여 주었다. 소련은 독일과의 협공을 통해서 영토를 확장하는 성과를 달성했다. 독일 또한 폴란드를 희생시켜 일부 영토를 확보했는데, 대부분의 전투를 독일군이 수행했음에도 불구하고 소련보다 더 적은 영토를 차지했을 뿐이다. 상황이 더욱 안 좋았던 것은 소련이 동유럽 지역으로 계속 영토 확장을 시도하고 있었기 때문이다. 히틀러는 소련이 시도하고 있는 영토 확장 지역은 독일의 방어를 위해서도 매우 중요하다고 인식하고 있었다. 독일이 이렇게 소련에 양보를 한 것은 히틀러의 폴란드에 대한 선제전쟁의 전반적인 목적이 훼손당했다는 것을 의미했다. 독일의 궁극적인 전쟁 목적은 동유럽 지역에 독일 국민을 위한 생존의 터전을 확보하는 것이었기 때문이다. 그러나 히틀러의 관점에서 볼 때, 당시 소련이 확보한 영토들은 잠시 차지하고 있는 것에 불과했다. 독일은 소련의 개입 없이, 서부지역에서의 전쟁을 정리한 후에는 동유럽 지역으로 전환할 예정이었기 때문이다.

독일이 공격 중 과도한 살상을 한 것에 대한 비난들은 전격적인 승리를 통해서 완화시킬 수 있었다. 히틀러는 폴란드인들의 자주권에 대해 언급을 하기도 했지만, 독일은 맹렬한 공격으로 폴란드의 대부분을 점령했다. 이 결과가 독일이 오랜 동안 추구했던 히틀러의 영토 확장에 관한 순서 중의 한 목표였다면, 폴란드 침공에서 소련과의 협상을 통해 폴란드를 분할한 것은 모순점을 가지고 있었다. 독일의 주적인 소련이 지금은 독일의 의도를 실행하는 데 필요한 협력자였기 때문이다. 히틀러의 폴란드와의 전쟁 결심은 당연히 서부지역에서의 전면전을 의미하는 것이었다. 독일 국민들은 히틀러가 전쟁을 시작한 진정한 의도가 무엇인지에 대해 의문을 가지고 있었다. 그의 성공이 독일의 성공과 함께 종결될 것인가? 그가 과연 전면전을 시작할 의도가 없었는지? 혹은 폴란드를 공격한 근본 목적이 무엇이었는지에 대한 의문들이었다.

전쟁으로 돌입하면서 히틀러는 이제 독일은 '위대한 독일'을 복원하는 길목에 서 있으며 그렇게 하려는 것이 자신의 목적이라고 국민들에게 공포했다. 독일의 선제가 임박한 폴란드 공격 위협으로부터 독일을 방어하려 했다는 것은 구실에 불과했다. 폴란드의 방어준비태세가 이러한 사실들을 입증하는데, 폴란드는 독일이 공격을 개시했을 때 병력을 내부로 철수시켰다. 게다가 폴란드 정부는 독일을 자극하지 않기 위해서 동원령 선포를 지연하기까지 했다. 독일의 공격은 선제공격이었는데 생존의 터전을 확보한다는 측면에서의 선제공격이었다. 폴란드에 대한 공격은 이제 시작에 불과했다.

히틀러는 폴란드와의 전쟁을 통해서 독일의 영토 확장을 위한 유럽에서의 전면적인 전쟁을 시작할 기회를 창출했다. 히틀러는 독일 국민들에게 이제 폴란드와의 위기는 종식되었다고 선언했다. 이 선언 이후에 독일 국민들은 히틀러를 맹종하기 시작했다. 히틀러는 독일이 선제전쟁을 해야 하는 이유로 독일이 직면한 위기를 다시 정의함으로써 그의 의도를 명확히 했다. 히틀러는 폴란드와의 전쟁을 통해서 그가 가지고 있는 거대한 야망을 조용하게 확신을 가지고 실천해 나가고 있었다.

폴란드 점령 후에 히틀러는 폴란드에 대한 선제공격의 의미와 이점에 대해서 논박하는 것을 방지하고 설득력을 얻기 위해 더욱 더 공개적으로 그가 선택했던 선제의 이유를 주장했다. 히틀러는 공세적 행동의 실천 의도를 숨기지 않았다. 그가 극렬한 인종 정책을 실행했을 때나, 유럽을 지배하려는 야욕을 실천해 가고 있을 때나, 그는 독일의 확장에 대한 의도를 숨기지 않았다. 테일러(A. J. P. Taylor)는 그의 저서 『제2차 세계대전의 기원』(*Origins of the Second World War*)[5]에서 이 점을 강조하고 있다. 그의 의도에 대한 독일 국민들의 정신적 교감은 현실화되었고, 독일 국민들은 히틀러의 생각을 행동으로 실천했다. 전쟁이 발발하면서 독일인들은 히틀러를 중심으로 공고하게 결속했는데, 전쟁 목적에 대해서 독일 국민들이 불명확한 인식을 갖고 있었더라도, 히틀러에게는 명확했다. 그는 독일 국민들에게 그리고 전 세계에 선제전쟁의 전반적인 의미를 이해시키려 했다.

---

5 A. J. P. Taylor의 *The Origins of the Second World War* (New York: Atheneum, 1962), 71쪽.

나치 독일의 선제공격은 성공했는가?

히틀러가 생존의 터전을 확보한다는 미명하에 실천한 선제공격의 이유를 살펴보면, 폴란드를 격파하는 것만으로는 충분하지 않았다는 것을 알 수 있다. 그것은 단지 서막에 불과했다. 독일이 동유럽 지역에서 생존의 터전을 확보한다는 목표 달성을 위해서는 폴란드를 공격한 이후에 더 많은 전쟁을 해야만 하는 것을 의미했다. 독일은 영토 확장을 위한 전쟁을 계속했고, 이러한 전쟁 계획은 보다 민첩하게 이루어졌다. 히틀러는 영토 확장을 위한 대부분의 전쟁을 그가 선택하고 시행했다. 그의 의도는 서부 지역에서 먼저 교전한 후에 동유럽 지역으로 방향을 돌리는 것이었다. 시간이 지나면서 한 개 전선에서 한 번에 하나의 적과 교전한다는 기준이 매우 중요한 것이라는 것은 주지의 사실이었다. 그러나 결과적으로 이러한 기준으로부터 히틀러의 계획은 실패했다고 볼 수 있는데, 그것은 그의 계획대로 실천되지 못하고 상황에 의해 변화되었기 때문이다. 프랑스와 영국의 완강했던 입장을 주시해 보면, 독일의 폴란드 침공은 서유럽 국가들과의 전면전을 의미하는 것이었다.

독일이 폴란드를 공격했을 때, 영국과 프랑스는 폴란드에 대한 지원에 소극적이었다. 이들 국가들은 대독 선전포고를 했지만 독일이 폴란드를 유린하는 동안 사태를 관망하는 입장이었다. 프랑스와 영국은 1940년까지도 명확한 행동을 보여 주지 않았다. 그들은 히틀러의 야욕을 제약할 수 있도록 베르사유 조약의 합법성이 유지되는 범위 안에서 허용 가능한 독일의 요구사항만을 수용하면서 사태가 호전되기를 희망했다. 그러나 독일이 1940년 4월 덴마크와 노르웨이를 차례로 공격하면서 이러한 희망은 더 이상 의미를 가질 수 없었다. 히틀러는 여러 가지 이유를 들어 스칸디나비아 국가들을 점령해야 한다고 명령했는데, 여기에는 동맹국이 독일의 배후로 상륙하는 것을 방지하려는 목적이 포함되어 있었다. 독일군이 이 두 개 국가를 불과 수주일 만에 점령한 이후에 히틀러는 프랑스로 공격

방향을 전환했다.

9개월간에 걸친 서유럽 전선에서의 긴장 상태를 마무리하면서 1940년 5월에 드디어 히틀러는 프랑스에 대한 공격을 명령했다. 소련이 독일과의 협정으로 동원을 하지 않고 있는 가운데 히틀러는 서유럽 지역에서의 전쟁에 승리를 확신하고 있었다. 다행스럽게도 독일의 군사력 발전은 이러한 공격에 크게 기여하였다. 독일군의 기본 계획은 어떤 면에서 보면, 제1차 세계대전 당시의 슐리펜(Schlieffen) 계획의 반복이기도 했다. 북서 유럽 국가들을 경유해서 프랑스 방향으로 맹렬하게 진격하여 프랑스의 측방으로 방향을 전환함으로써 포위를 통해 승리하는 것이었다. 이러한 시도는 성공의 가능성이 높았지만 동맹국들이 이미 독일의 이러한 기동을 예측하고 있었기 때문에 이루어지지는 않았다. 독일은 1940년 프랑스를 포위 공격하여 전장을 승리로 이끌었으며, 이때에 독일군은 프랑스가 예상하지 못한 방향으로 공격했다. 히틀러는 독일 항공기의 추락으로 독일군의 계획이 연합군에게 노출되었을 때 공격 방향을 변경하였다. 그의 계획은 극복이 곤란하고 험한 지형인 아르덴(Ardennes) 숲 지대를 극복하고 기동하여 전략적 타격을 실시하면서 프랑스 해안을 따라 깊숙하게 전진하는 것이었다. 이러한 기동은 연합군을 양분하면서 독일이 원하는 지역에서 결정적인 승리를 이끌어낼 수 있었다.

기동부대들은 아르덴 숲 지대의 극복이 곤란한 지형으로 인하여 기동력 발휘에 제한을 받았다. 독일군은 계획을 면밀하게 검토하면서 우세한 항공력의 엄호하에 기습적인 기동을 실시했다. 연합군은 독일군이 이 지역을 통해 공격할 것이라는 첩보들에 주의를 기울이지 않았다. 또한 그 지역이 주 공격 방향이라고 믿지 않았다. 독일군의 돌파가 이루어 졌을 때 기습의 효과는 배가 되었다. 당일 독일군 전차들은 프랑스 해안까지 진격했다. 이에 따라 연합군은 북서 유럽 지역으로 이동해서 독일의 주공을 절단하는 계획을 시행하고자 했다. 그러나 영국이 프랑스의 덩케르크(Dinkirk) 항에서 비상 후송 계획을 통해 대부분의 영국군 병력을 구출하여 후송함에 따라 프랑스의 방어선은 급격히 무너졌고, 결국 서유럽 지역에서는 프랑스만이 독일과 대치하는 상황으로 전개되었다. 그때까지, 한 번에 하나의 적을 처리한다는 독일의 계획이 이상 없이 진행되고 있었다. 윌모트(H. P. Willmott)는 그의 저서 『위대한 십자군』(*The Creat Crusade*)[6]에서 '할부 방식의 점령'(Conquest by installment)이라고 기술하고 있다. 사실, 독일이 폴란드를 공격할 당시에 프랑스와 영국이 1939년 9월에 대독 선전포고를 한 것은 독일이 다중의 적과 직면하는 상황으로 발전된 것이었다. 그런 측면에서 독일이 그토록 회피하려 했던 두 개 전선에서의 전쟁이 시작됨으로써 제1차 세계대전 시와 같은 악몽을 떠올리게 하였고, 오직 한 개 전선에서 하나의 적과 싸우겠다는 히틀러의 계획은 실패였다고 볼 수 있었다. 프랑스가 독일의 침공으로 유린당하고 있는 가운데에서도 영국은 독일의 평화협상 제의를 단호하게 거절했다. 히틀러는 결국 영국을 침공하기로 했다. 그러나 영국의 해상 전력을 무력화시키기 위해서는 우세한 항공력을 필요로 했다. 영국이 1940년 가을과 겨울에 독일 공군을 제압하면서 독일의 영국 침공 계획은 수포로 돌아가게 되었다.

　　서유럽 지역에서 완전한 승리를 거두지 못한 가운데, 히틀러는 그의 관심을 동유럽 지역으로 돌렸다. 그는 독일 국민에게 필요한 생존의 터전을 확보하기 위해 동유럽 지역으로 확장하는 시간이 도래했다고 믿게 했다. 그는 동유럽 지역과 서유럽 지역, 즉 두 개 전선에서의 전쟁을 감수하고자 했다. 이러한 두 개 전선에서의 전쟁에 대한 두려움을 갖고 있는 장군들은 해임시켰다. 그가 이렇게 한 데에는 두 가지 이유가 있었다. 첫째는 영국의 군사력이 너무 약해서 독일에게 크게 위협이 되지 않을 뿐만 아니라 영국은 독일과의 전쟁을 통해서 얻게 될 이득이 크지 않기 때문에 이에 반하는 행동을 하지 않을 것이라는 점이었다. 만약 영국이 이점을

6　H. P. Willmott 참조, *The Great Crusade: A New Complete History of the Second World War* (New York: The Free Press, 1989).

인식하지 못한다면 언젠가 격파하면 된다는 것이었다. 둘째는 소련은 군사력이 미약하고 독일의 전격전에 매우 취약하기 때문에 수주일 안에 장악이 가능하다는 점이었다. 따라서 독일은 동유럽 지역에서 얻은 생존의 터전에서 얻게 될 이익을 최대한 활용해서 군사력을 재정비한 후에 최종적으로 영국을 장악하면 된다고 판단했다. 나아가서 독일은 이러한 일련의 성공을 통해서 세계 지배까지 가능할 것으로 기대했다. 히틀러에게 선제전쟁의 결실은 거의 그의 손안에 들어와 있는 것처럼 보였다.

그러나 상황은 매우 빠르게 독일의 계획과는 반대 방향으로 전개되고 있었다. 독일이 1941년 6월 러시아를 침공했지만 그들의 계획처럼 6주 안에 장악할 수 없었다. 러시아는 동유럽 지역에서 끈질기게 저항하였으며, 점차 이곳이 독일의 주전장이 되어 갔다. 이러한 상황은 영국에게 군사력 복원에 필요한 시간을 벌어 주었다. 일시적으로 숨을 돌린 영국은 먼저 북아프리카의 독일군을 제압하고 이탈리아, 프랑스 순으로 전투를 이어가기 시작했다. 아울러 강대국으로 부상한 미국과 함께 서유럽 지역에서 반격을 개시함으로써 독일군은 점차 이 지역에 대한 방어를 할 수밖에 없는 상황이 되었다. 1942년 말까지 독일은 그들이 그렇게 피하려 했던 두 개 전선에서의 전쟁을 하고 있었다. 독일은 마치 제1차 세계대전에서와 같은 상황으로 동유럽과 서유럽 지역의 신장된 두 개 전선에서 전쟁을 할 수밖에 없게 되었으며, 독일의 자원들은 거의 고갈되어 가고 있었다. 두 개 전선에서의 전쟁은 몇 년 만에 독일에게 치명적인 타격을 주었다. 연합군 공군은 독일의 도시들을 차례로 폭격하였다. 연합군은 이러한 우세한 공군력으로 먼저 독일군을 고착시키고 약화시킨 후에 밀어내는 방법으로 공격을 하였다. 얼마 가지 않아 독일은 본토를 지키기 위한 두 개 전선에서의 치열한 전투를 하게 되었다. 1944년 말까지 독일군은 국경선을 지키기 위해 필사적이었다. 그러나 1945년 4월 독일은 드디어 모든 것을 잃게 되었다. 히틀러의 전쟁을 구획화하여 조금씩 영토를 확장하는 생존의 터전을 확보하기 위한 선제공격이 실패했음을 의미했다. 그러나 이점을 좀 더 살펴보면, 독일의 실패는 폴란드와의 전쟁에서부터 출발한 것이 아니라, 와인버그(Weinberg)가 그의 저서 『군비의 세계』(*A World at Arms*)[7]에서 기술한 바와 같이, 1940년 말 영국의 입장에서 비롯되었다고 볼 수 있다. 그 이전까지 히틀러는 한 번에 하나의 적과 전쟁을 한다는 전략을 성공적으로 유지해 나갔었다. 1939년 서유럽 지역에서의 전쟁은 러시아의 개입에 대한 위협에서 벗어나 진행되었으며, 매우 성공적으로 이루어졌다. 폴란드를 격파하고 점령하였으며, 서유럽은 오래지 않아 독일의 통제하에 들어갔다. 단지 영국만이 독일의 유일한 적대국으로 서유럽 지역에 잔류하고 있었다. 이런 상황에서 히틀러가 동유럽 지역으로 군사력을 전환하여 전장을 확장하려 했던 것은 도박이었다. 사실 영국은 확고한 독일의 주요 표적이었다. 영국에 대한 침공을 먼저 했어야 했는데, 히틀러에게 생존의 터전을 위한 위대한 전쟁을 영국 때문에 그만 두기에는 그 유혹이 너무 컸다. 히틀러의 이러한 결정이 결국은 독일의 패배를 가져왔다. 히틀러의 선제전쟁은 영토 확장이라는 이름하에 나치가 두 개 전선에서 싸울 수밖에 없게 되면서 종말을 고하게 되었다. 그러면서 독일은 그들이 그렇게도 두려워했던 자체 생존을 위한 최후의 상황에 직면하고 말았다.

히틀러에 의한 폴란드 공격의 성공을 또 다른 측면에서 관찰해 볼 필요가 있다. 당시의 환경은 영토 확장에 대한 독일의 의도를 충족시키지 못하고 선제전쟁이 성공할 수 없는 상황이었다. 이러한 상황에서 독일이 폴란드 침공으로 일구어 낸 성공은 성공했다는 자체에 국한해서 보기보다는 어떠한 결함이 있었는가를 보다 더 상세하게 관찰해 볼 필요가 있다. 독일은 선제전쟁을 통해서 광대한 영토 확장을 이루어가면서, 새로운 질서를 만들어 갔다. 이 제3제국은 동유럽 지역에서 생존의 터전을 확보하기 위한 계획을 실천해 나갔다. 이를 위해서 유태인과 슬라브족을 표적으

---

7 Gerhard L. Weinberg의 *A World at Arms: A Global History of World War II* (Cambridge: Cambridge University Press, 1944), 44쪽.

로 완전히 몰살시킨다는 방법을 동원해서 수천만 명의 인명을 희생시켰다. 어느 누구라도 나치의 교조주의를 비인간적이라고 비난할 수밖에 없는 이유가 여기에 있다. 따라서 독일은 그들이 장악한 확장된 영토에서 저지른 이러한 만행으로 전쟁을 위해 쏟아 부었던 모든 노력을 헛되게 하는 대가를 치르게 되었다. 따라서 히틀러의 선제전쟁은 표면적으로 나타났던 승리에만 의미를 둘 수 있을 것이다. 수년간에 걸친 전쟁을 통해서 히틀러는 최초의 전쟁 목적이었던 동유럽 지역으로의 확장을 통해 위대한 독일을 건설한다는 계획을 집요하게 실천해 나가고 있었다. 이 과정에서 독일은 점령한 지역에서 새로운 자원의 확보를 기대하면서 획득한 식민지의 영토를 확보하기 위해서는 공포스러운 살육의 대가는 치룰 수밖에 없다고 생각했다. 그러나 상상 외로 인명의 손실은 엄청나게 발생했다. 이것은 독일의 선제공격이 성공보다는 실패했음을 보여 주는 가장 강력한 증거이기도 하다. 독일이 저지른 범죄행위는 그들이 성공의 가치를 어떻게 주장하든 간에 설득력을 상실하고 있다. 독일이 점령한 지역에서의 저지른 비인간적인 행위로 인한 재앙은 히틀러의 확장 정책이 계획대로 진행될 수 없게 된 가장 근본적인 원인이었다.

나치 독일이 선택한 선제의 분석과 비판

1939년 히틀러의 폴란드 공격은 여러 면에서 그가 선제행동의 관점에서 시행한 것으로 볼 수 있다. 당시에 독일은 적대국들로부터 포위되어 있었고 소진된 국력으로 이들 국가들의 자비를 구해야만 하는 상황에 있었다. 영국과 프랑스는 독일에 많은 제약을 주는 조약을 통해서 독일의 재정 자원들을 갈취하여 독일의 새로운 경제개발의 기회를 박탈하였고, 독일은 전범 국가로서 전쟁 채무를 갚아야만 했으며, 타 국가들의 왜곡된 시각으로부터 벗어나지 못하고 있는 고통스런 평화 속의 위협에 시달리고 있었다. 프랑스와 영국은 월등한 군사력을 바탕으로 독일을 견제하고 제약하였으며 이들 국가 이외의 많은 약소국들도 이들과 동참하고 있었다. 폴란드와 체코가 그 한 예가 될 수 있다. 이러한 유럽 국가들 외에 독일은 더욱 위험스러운 동맹국의 일원인 소련과 대치하고 있었다. 독일의 입장에서 보면 러시아는 유럽의 이익에 배치되는 국가였다. 그리고 대서양을 가로질러서는 신흥 강대국인 미국이 세계 질서를 유지하는 데 큰 목소리를 내고 있었다. 동맹국들이 말하는 세계 질서는 독일 입장에서 보면 모두가 독일에 적대적인 것들이었다. 이러한 상황하에서 히틀러는 독일이 선택할 수 있는 길은 전쟁을 통해서 위상을 회복하든지 아니면 붕괴되는 것이라고 생각했다.

독일의 이러한 비관적인 상황은 히틀러에게 권력을 잡을 수 있는 길을 열어 주었다. 히틀러는 이러한 기회를 이용해서 1918년의 모멸감으로부터 벗어나 자유로운 독일, 활기차고 위대한 독일을 건설해야 한다고 외쳤고, 그의 주장은 국내외 독일 국민들의 지지를 받았다. 독일을 다시 건설한다는 것은 1918년 이후 독일을 세계 속으로 다시 부상시키는 것을 의미했다. 독일의 위대함을 다시 이룩하기 위해서 재무장은 필연적이었다. 독일의 위대함을 위해 제3 제국이 다시 형성되게 된 것이다. 히틀러는 이를 위한 기초로 전쟁을 하지 않고 협상을 통해 과거 독일의 공업지대였던 라인란트(Rhineland)를 확보하고, 오스트리아 그리고 체코를 통제하게 되었는데, 독일 국민들의 눈에 히틀러는 진정 위대한 지도자였다. 폴란드와의 전쟁은 독일의 침략성만큼이나 동맹국들 간의 비협조적인 자세에 그 원인이 있었다. 히틀러는 제1차 세계대전 이후의 시대에 적대국들의 방해에도 불구하고 독일을 위대한 국가의 반열에 올려놓으려 했다. 이러한 히틀러의 시도는 독일의 세력 확장을 두려워했던 유럽 대부분의 국가들로부터 견제와 의구심을 받고 있었다. 히틀러는 이러한 분위기로 인해 독일의 행동에 제약이 되지 않기를 바라면서도 한편으로는 이러한 분위기에 개의치 않고 독일의 재무장을 실천해 나갔다.

독일은 적대국들이 요구하는 참을 수 없는 굴욕을 강요하는 행동들이 정당한 독일의 권리를 거부하고 있다고 생각했다. 당시의 유럽 상황은 정치적 판도가 크게 바뀌고 있었는데, 러시아 세력은 유럽으로부터 한 발뒤로 물러나서 더 이상 유럽에서 중요한 역할을 하지 못하고 있었다. 프랑스와 영국은 민주주의의 열망에 의해 국가가 마비될 수도 있는 내부의 혼란을 극복해 나가고 있었다. 영국과 프랑스에 의해 수립된 독일의 바이마르 공화국도 비슷한 정치·사회적 문제로 혼란을 겪고 있었다. 당시 제1차 세계대전 이후 강제된 유럽의 평화는 독일 국민들 입장에서는 견디기 어려운 시대이기도 했다.

새로운 세계 질서는 자유민주주의에 기초하고 있었는데, 이렇게 전후에 형성된 유럽의 환경에서 독일은 왜 그들이 새로운 세계 질서를 창출하는 데 동참하지 못하고 있으며, 왜 자신들의 의지로 국가 이익을 위해 행동하는 것에 대해 제약받고 있는지, 그리고 왜 미래를 만들어 가는 데 제 역할을 하지 못하는가에 대한 강한 의문을 가지고 비관적 상황에 빠져 있었다. 왜 독일의 비전은 법과 질서에 의해 그 권위를 인정받지 못한 채 계획되고 지시된 사회적 발전만이 허용되고 있는가라는 문제와, 왜 독일의 이념을 유럽을 통해 전파할 수 없는가 하는 것들이었다. 이런 측면에서 독일의 영토 확장은 자위적 방어의 일환이었고, 히틀러의 선제정책은 대부분의 독일 국민들에게 확실하게 감동을 주는 것이었다.

그러나 '대부분의 독일 국민'이란 그 인원의 숫자와 구성 인원을 고려할 때 히틀러 지지자들에 대한 무의미한 정의에 불과했다. 지지자들의 면면을 살펴보는 것은 어려울 수 있겠지만 중요한 부분이다. 왜냐하면 히틀러의 선제전쟁에 대한 일부 광신적인 추종자들에 의한 것만이 아니라 단지 히틀러와의 권력을 공유하기 위해 외부의 독일이 직면한 위협을 과장했다는 것을 고려해 보면 좀 더 다른 해석을 할 수 있기 때문이다. 히틀러는 독일이 당면한 불길한 위협에 대처하기 위해서라는 명목하에 선제행동으로 독일 국민들을 끌어들인 측면도 있었다. 그는 독일이 임박하게 직면한 위협에 대항하기 위해 독일 국민들이 통합되어야 한다는 강제성을 부여함으로써 이를 정치적 반대세력을 잠재우는 도구로 사용했다. 히틀러가 추구한 완전한 국가 통제는 현실적으로는 상당한 거리를 가지고 있었다. 히틀러가 권력을 잡은 1933년, 그리고 독일이 전쟁을 개시했던 1939년 이전의 기간 중에 히틀러는 그에 대한 대중적 지지를 확실하게 유지할 필요가 있었다. 사실 전쟁 기간 중에도 히틀러에 대한 대중적 지지를 관리하는 것은 나치 정권의 우선순위로 자리 잡고 있었다. 그는 독일을 전쟁 위협의 위기를 넘어 영구적인 위대한 국가로 탄생시키기 위해서 어떠한 위협의 상정과 위협의 과장은 총통에 대한 확실한 충성을 독려하기 위해서 필요했다. 국가를 위해서 전쟁을 선택하는 것은 그 이전의 문제였다. 이러한 관점에서 히틀러의 선제는 외부 적대 세력으로부터 자위적 방어를 위한 것이 아니라 그 자신의 정치적 권력을 유지하기 위한 대중의 지지를 얻기 위해 일종의 도구로 활용되었다.

히틀러는 권력을 확실하게 장악하기 위해 모든 대중들로부터 절대적인 지지를 받기를 열망했다. 그가 절대 권력을 장악하기에는 부족했던 점들이 있었기 때문이었다. 사실 그는 독일 사회의 비주류였다. 다시 말하면 그는 오스트리아인의 얼굴을 가진 독일의 지배자였다. 그리고 히틀러는 여전히 계층적 사회구조를 유지하고 있는 독일의 현실 속에서 자신이 평민출신이기 때문에 대중을 위한 지도자라는 점을 강조했다. 그러면서 대중들로부터 지지와 존경을 받을 수 있는 상징적인 인물임을 각인시키기 위해 정열적으로 정치활동에 매진하였다. 그러나 그는 엘리트 계층으로부터 인정받지 못했는데, 특히 산업 분야의 엘리트로부터 인정을 받지 못했다. 군대의 장군들도 똑같은 반응을 보였다. 그들은 엘리트는 프러시아 귀족의 기반을 갖고 있어야 한다고 믿었다. 이 외부인이며 평민 출신인 히틀러는 독일을 위해 무언가 해줄 수 있는 능력이 결여된 가운데 위대한 독일을 재건하겠다는 경박한 행동으로 오히려 독일에 심각한 폐해를 가져다줄지도 모른다고 생각했다.

　　히틀러는 그에 대한 이러한 악의적인 분위기를 인식하고 있었으며 이를 타개하기 위해서 반대파에 대한 신속한 정치적 공세를 퍼부었다. 히틀러는 기초적인 성공, 즉 법과 질서를 세우고, 경제의 재건을 통해서 대부분의 엘리트를 장악했다. 그에게 군대의 충성심을 획득하는 것은 더욱 어려웠다. 그들은 히틀러가 지시했던 라인란트 진주를 너무 위험하다는 이유로 반대했다. 왜냐하면 베르사유 조약에 위배되는 군대를 동원하여 라인란트로 진주하겠다는 분별없는 행동으로 프랑스, 어쩌면 영국의 독일 침공을 자극할 수도 있었기 때문이었다. 그러나 히틀러는 이 계획을 밀어붙였고, 성공을 거두었다. 히틀러는 1936년 라인란트를 다시 장악해서 무르익은 매우 가치 있는 기회를 놓치지 않았고, 이어서 전쟁을 치르지 않고 오스트리아를 병합하고, 체코로부터 과거의 독일 영토를 되찾았다. 히틀러는 이러한 일련의 성공을 통해 중요한 기회를 얻게 되었으며, 이를 통해 엘리트 장교 집단과의 차별성을 보여 주었다. 많은 사람들이 히틀러를 다시 보게 되었다. 그 후에 결과를 통해서도 여러 가지 사례가 있지만 기회가 주어졌다면 히틀러는 프랑스와 영국으로부터 더 많은 양보를 얻어 내어 독일의 위상을 더 높였을지도 모른다. 이러한 그의 행동은 군대가 히틀러를 추종하는 전환점이 되었다. 그는 이제 군대를 전쟁을 시작하기 위한 도구로 자유롭게 통제할 수 있는 축복을 받게 된 것이었다.

　　히틀러는 1936년 훨씬 이전부터, 모든 정치적 반대 정파들보다 더 깊은 통찰력을 발휘했으며, 1933년에 수상으로 선출되었을 때 매우 신속하게 권력을 통합했다. 엘리트들 집단은 그들이 할 수 있는 만큼만의 기대를 걸고 있을 시기였고 승승장구하고 있던 히틀러를 통제할 수 있는 세력이 없었다. 만일 엘리트 계층이 히틀러의 초기 행동을 과소평가하지만 않았다면, 그들은 확실하게 히틀러를 제거했을 것이다. 그들은 히틀러에 대해 부정적인 생각을 가지고 있었지만 히틀러가 권력을 유지하는 것을 허용했다. 사실, 히틀러에 대한 여러 번의 암살 시도와 그를 제거하려는 시도들이 있기도 했지만, 히틀러는 이를 건제했다.

여기에서 살펴보고자 하는 것은 독일의 엘리트 계층과 대부분의 독일 국민들이 히틀러가 국가를 통제하도록 참고 있었냐는 것이다. 이에 대한 해답은 히틀러가 매우 정교하게 독일 국민들이 원하는 바를 이루어 준 것에 있다. 독일 국민들이 직접적으로 느끼는 현실은 심각한 정치적 혼란과 경제적 파탄이었다. 그리고 제1차 세계대전으로 인한 후유증인 전범 국가로서의 책임을 이행하는 것은 너무나도 큰 고통이었다. 사회적 혼란은 상황을 더욱 어렵게 했다. 독일의 도시들은 공공연한 폭력이 난무하고 있었다. 1918년 이후의 독일 상황은 극심한 혼란 속에서 점차 위험한 상황으로 치닫고 있었다. 외부의 적들이 침략을 하지 않더라도 내부의 혼란으로 붕괴될 가능성마저 보이고 있었던 것이다. 히틀러는 이러한 혼란과 독일 국민들의 두려움을 매우 잘 처리했다. 그는 우선적으로 정부의 안정을 이루어냈고, 경제 발전을 우선순위로 천명했다. 그리고 독일의 재무장과 폴란드와의 전쟁을 우선순위에 올려놓았다. 이러한 그의 목표들은 독일 국민들의 승인을 받았는데, 이는 많은 국민들의 대중적 지지를 받으며 히틀러의 위상이 높아졌기 때문이었다. 히틀러는 이렇게 독일의 정체성의 위기를 치유하고 정치권력의 통합을 이루어 냈다. 히틀러는 이러한 성취를 통해 자신감을 가지고 선제전쟁을 시도할 수 있게 되었다. 그러나 우선순위는 명확했다. 히틀러에게 있어서 선제는 정치권력의 통제가 먼저였고, 위대한 독일을 위한 그의 비전은 두 번째로 고려할 사항이었다.

만일 히틀러가 아주 짧은 시간에 중요한 정치적 임기응변을 보여 주었다면, 그의 동기를 정확하게 판단하는 것이 매우 어려웠을 것이다. 그는 독일의 지도자로서 정통성이 부족하다는 것을 명확하게 인식하고 있었기 때문에 독일이 직면한 외부의 위협을 그의 권력을 유지하는 데 이용하고자 했다. 따라서 그는 독일이 직면한 위협을 과장함으로써 독일 국민들로 하여금 무언가 새로운 것을 추구해야 한다는 열망을 갖도록 만들었다. 거기에는 오스트리아 지도자가 베르사유 조약의 부당한 조치들을 종결하는 약속이기도 한 독일과의 합병에 동의하는 것을 포함하고 있었다. 그러나 세계를 지배하기 위해서는 엄청난 인명의 손실이 불가피했는데 이것은 전혀 별개의 문제였다. 바로 여기에 히틀러와 독일 국민 사이의 뿌리 깊은 차이점이 존재하고 있었다. 사실 히틀러가 독일이 마주하고 있는 임박한 공격의 위협과 이러한 위협을 해결할 수 없는 굴욕적인 제약 상황을 강조한 것은, 그가 실천하고자 했던 것이 선제공격이 아니라, 그것은 불안정하게 지켜나가고 있던 나치 정권의 권력을 강화하기 위한 일종의 보증이라고 판단했기 때문이었다. 히틀러의 곁에는 측근들이 등용되고, 장군들은 고분고분한 사람들로 채워졌고 국민들은 강력한 독일을 재건한다는 명분 하에 희생을 바라고 있는 그의 모호한 요구에 선뜻 나서지 않고 있었다. 나치 정권의 의도는 확연하게 알 수 있는 것이었지만, 소수의 국민들만이 이에 응하고 있었다. 대부분의 독일 국민들은 스스로의 가치관에 만족하면서 히틀러가 지도하는 독일이 유럽에서 위대한 국가로서의 정당한 위치를 찾게 될 것이라는 막연한 생각만을 하고 있었다. 이러한 상반된 결과는 히틀러가 권력을 유지하고 선제전쟁을 시작하기 위해 뚜렷하게 의도한 기회를 만들어 가게 했다. 그는 독일이 직면한 위협은 영토 장악을 통해서 정리할 수 있다는 주장을 믿고 그에게 맹종하는 추종자들을 가지고 있었다. 히틀러는 선제전쟁 대한 확실한 믿음을 가지고 있었지만, 정치가들은 이러한 환상에 의심을 품고 있었다. 히틀러의 궁극적인 의도는 권력을 유지하는 것이었으며, 선제는 두 번째 목표에 불과했다.

히틀러는 독일의 생존을 위해 외부 세력으로부터 위협받고 있는 독일 문명을 보존한다는 미명하에 영토 확장이 필요하다고 역설했다. 그러나 합리적 선제는 두 가지 측면을 고려해 볼 때, 자위적 방어를 명분화하는 데 실패했다. 첫째, 히틀러는 독일이 대치하고 있는 외부 위협을 지나치게 과장했다. 프랑스와 영국 모두는 독일의 재부상을 매우 경계했지만, 이들 국가들은 독일이 견제를 받는 가운데에서도 파괴되지 않고 정통성이 보존되기를 희망하고 있었다. 또한 독일을 견제하고 있는 약소국들은 독일에 전혀 위협이 되지 않았다. 이들 국가들은 너무 작아서 각각의 국가가 아무리 쇠잔한 독일이라 하더라도 감히 도전할 수 있는 입장이 아니었다. 또한 이들 약소국들은 상호 동맹을 맺고 있지도 않았다. 단지 프랑스 혹은 영국과의 동맹국들이 독일에 위협이 될 뿐이었다. 그러나 이들 국가들이 독일을 파멸시키기 위해 침공할 가능성은 거의 없었다. 만약에 프랑스와 영국이 독일의 어떠한 모험주의적 행동에 제재를 가한다고 하더라도 독일을 파멸시키려 하지는 않았을 것이다. 러시아의 약화는 독일이 우려하는 동쪽으로부터의 위협이 그만큼 적다는 것을 의미했다. 독일에 대한 재정적 후원국이었던 미국은 유럽 대륙으로부터 고립된 상태를 유지하고 있어 어떤 상황 하에서도 유럽 대륙에 군사적 개입을 하지 않을 것이 확실했으며, 미국 단독으로 독일을 공격할 가능성은 더욱 없었다. 즉 당시 독일에는 임박한 위협 자체가 존재하지 않았다. 따라서 독일의 선제공격은 필요하지 않았었다.

히틀러는 스스로 선제전쟁의 필요성을 만들어 갔다. 전쟁의 패배로 말미암아 값비싼 대가를 치르고 있는 상태에서 독일 문명의 번영은 요원할 뿐만 아니라 스스로를 보존하기 위한 노력도 어렵기 때문에 선제공격을 해야만 한다는 믿음을 가지게 했다. 만일 독일이 위대한 국가로 다시 탄생하기 위한 하나의 방책으로 히틀러가 선제를 택했다면 사실 자위적 방어를 위한 전쟁은 불필요했던 것이다. 위대한 국가 독일은 전쟁 없이도 유럽 대륙에서 영향력을 발휘할 수 있었고, 문명에 대한 가치를 확보할 수 있었다. 그만큼 독일은 국가의 크기와 지리적 위치에 걸맞은 위상을 가지고 있었다. 제1차 세계대전으로 쇠퇴한 국력을 가지고 있었어도 현실적으로 이러한 영향력을 지속할 수 있었다. 그러나 평화를 원하는 유럽 국가들과의 동화(同化)는 독일의 우월성을 치켜세워 나가려는 히틀러에게는 성에 차지 않는 것이었다. 나치주의자들은 전쟁을 통해서 이를 성취하고자 했다. 이로써 위기는 지속적일 수밖에 없었고 더 많은 전쟁을 필요로 했다. 생존의 터전을 위한다는 나치의 전쟁은 종결되지 않았던 것이다. 다시 말하면 독일은 전쟁 없이도 그들이 원하는 위대한 국가로의 복귀가 가능했기에 히틀러의 선제전쟁은 실패한 것이었다.

　　대부분의 독일인들은 독일에게 어렴풋이 다가온 적들을 좌절시킨 선제공격에 의미를 부여하고 있었다. 그러나 계속적인 전쟁을 위해 비상사태를 연장해 나가는 것에 대해서는 부정적이었다. 그들은 독일의 명예가 회복되고 나면 선제공격을 중단하고 유럽의 본래의 위치로 복귀하면 된다고 생각했던 것이다. 그러나 그것은 히틀러가 희망하고 있는 것이 아니었다. 외부의 위협을 제거하고 새로운 위대한 독일을 건설해서 유럽에서 보다 더 중요한 역할을 하는 것은 히틀러가 추구했던 선제공격의 목적이 아니었다. 사실 선제공격은 그의 야심을 실행하기 위한 부분에 지나지 않았다. 이러한 그의 사상은 이념과 인종적 우월성을 확보함으로써 도덕적 가치를 지니게 된다고 믿었다. 이것은 히틀러에 있어서 제1차 세계대전 이후에 발생한 독일에 대한 부당한 조치들을 수정하는 것 자체보다 더 중요한 것이었다. 히틀러는 이러한 사상을 실천하기 위해서 영토를 확장하고 열등한 민족을 말살하려고 했다. 그가 독일의 팽창을 위해 정한 악마적 목표는 추잡하고 부도덕한 것으로 아직까지도 사람들의 뇌리 속에 사라지지 않는 기억으로 자리 잡고 있다. 독일의 영토 확장은 단지 생존의 터전의 구실하에 전쟁을 일으키기 위한 선제였으며, 전쟁을 통해서 위대한 독일의 문명을 보호하고 나아가서 전 세계로 확산시킨다는 미명하에 도덕적 정당성을 주장했던 구실에 불과했다. 독일은 이러한 문화적 우월성을 추구한 결과로 엄청난 대가를 치르게 되었다.

　　독일의 전쟁 계획은 다행스럽게도 좌절되었다. 독일은 패배하였으며 사악하고 잔인한 살육 행위는 히틀러의 비전과 함께 사라졌다. 그러나 히틀러의 독일 팽창을 위한 도덕적 정당성에 대한 주장은 쉽게 사라지지 않았다. 히틀러는 전쟁을 선제행동으로 시작하지 않았다. 그는 단지 선제라는 이름으로 전쟁을 일으켰을 뿐이었다. 이러한 극명한 차이점을 보았을 때, 독일은 히틀러가 계획했던 선제전쟁에 따라 제2차 세계대전을 시작하지 않았다고 볼 수 있다. 그러면서도 독일은 그러한 목적을 가지고 전쟁을 치렀다. 독일을 위한 도덕적 정당성으로 선제전쟁을 시작했다는 히틀러의 주장은 전쟁 기간 동안 저지른 범죄행위와 만행에 면죄부를 주기 위한 구실에 불과했다. 히틀러는 독일 문명의 수호자 역할을 하려 했고 그가 실천했던 행동들을 도덕적으로 포장해서 그렇게 결론이 나도록 확산시키는 데 집착했다. 악마의 얼굴을 가지고 있는 전쟁을 하면서도, 그의 주장을 고귀한 이상으로 포장시켰던 것이다. 히틀러는 독일과 전 세계를 대상으로 독일의 위대함을 추구했고, 세계는 독일 문명을 선물로 받아들일 것으로 믿었으며, 선제전쟁이라는 미명하에 그가 저지른 사악한 범죄적 행위들에도 불구하고 그는 자신의 야심에만 집착했던 것이다.

06

싸워야 할 적의 선택

— 1941년, 일본의 미국과의 도박 진주만 공격

개 요

일본군 조종사들은 진주만(Pearl Harbor)에 대한 제2 제파 공습을 실시하고 항모에 돌아왔을 때 의아한 생각을 하고 있었다. 제3 제파가 재타격을 위한 준비를 마친 상태에서 이륙하지 않고 있었기 때문이다. 왜 제3 제파가 이륙하지 않았는가에 대한 의문은 일본의 진주만에 대한 선제공격을 좀 더 자세히 살펴보면 그 이유를 알 수 있다. 일본의 진주만 공격의 목적이 미국의 전쟁 수행 능력을 파괴하는 것이라는 점을 염두에 두고 보면 제3 제파의 공격이 이루어졌어야 했다. 그러나 공격함대 사령관이었던 나구모(Nagumo) 제독은 제3 제파의 출격을 중지시켰다. 그는 제1, 2 제파의 공격으로 진주만의 미 해군 전력에 이미 충분히 피해를 주었다고 생각했지만, 공격 중에 발견하지 못한 미 항공모함을 심각하게 고려하고 있었다. 당시 진주만에 위치하지 않고 있던 미국의 항공모함이 파괴되지 않은 상태에서 진주만을 공격하기 위해서 제3 제파를 출격시켜야 할지에 대한 고민을 하고 있었다. 왜냐하면 이미 충분히 파괴된 진주만을 다시 공격하는 것보다는 아직 어딘가에 건재하게 살아 있는 미국의 항공모함으로부터의 공격, 즉 항공모함에 탑재된 항공기에 의한 공중공격을 걱정했던 것이다. 그는 공격을 중지시키고 철수를 결심했다. 그리고 일본의 선제공격의 목적은 충분히 달성되었다고 믿었다.

이렇게 시작된 일본의 진주만 공격은 미국에 일시적인 재앙을 주었지만 복수의 불씨를 남겨 놓았다. 진주만에 첫 폭탄을 투하하기 이전부터 일본 내에서는 이에 대한 논란이 있었다. 나구모 제독은 감수해야 할 위험이 너무 크기 때문에 미국에 대한 공격을 일관되게 반대해 왔었다. 미 항공모함을 격침시키지 못하고, 미군기지에 대한 최대한의 피해를 주지 못한 채 서둘러 철수한 것은, 그의 미국과의 전쟁에 대한 불안감을 반영하고 있는 것이기도 했다. 공격을 완료하기 이전부터 불안해했던 일들이 현실화되었으며, 이는 진주만에 대해 선제공격을 실시하는 동안에도 영향을 주었던 것이다. 일본은 1941년 12월 7일 진주만 공격의 성공으로 이룬 성과와 관계없이 미국과의 전쟁으로 엄청난 시련을 겪게 되었다.

일본이 진주만 공격을 결심하게 된 것은 1931년에 공식적으로 개시한 만주 통제를 위한 아시아 대륙 지배계획을 실천하는 과정에서 이루어졌다. 이후 6년 후에, 일본이 공식적으로는 '중국 사건'이라고 수사적 표현으로 자신들의 행동을 변명하고 있지만, 일본군은 중국의 취약한 시기를 이용해서 기세등등하게 중국으로 진입하면서 중국과의 전쟁을 시작했다. 일본군들은 중국으로 진입하는 동안, 잘 알려진 '난징 대학살'과 같은 수많은 중국인들에 대한 야만적 행위들을 자행했다. 일본의 이러한 행위는 곧이어 독일, 공식적으로는 나치 제국과 함께 자행한 야만적 행위와 맥을 같이 했고, 중일전쟁은 일본이 진주만을 공격한 직후부터, 제2차 세계대전의 한 축을 이루고 있었다. 일본의 공격은 거침이 없었으며, 태평양 지역에 대한 지배력을 신속히 확장해 나갔다. 그러나 일본이 광대한 전구 작전지역 내에서 전쟁을 통해 자국의 이익을 위한 전리품을 챙기는 동안, 그

부작용은 실로 엄청났다. 일본의 새로운 '대동아 공영권'은 1942년 6월의 미드웨이 해전에 이은 1942년 8월 과달카날의 솔로몬 제도에서의 반격과 같은 미국의 신속한 반격에 직면하게 된다. 1943년 초부터, 미국은 전쟁의 주도권을 장악하고 맥아더(Douglas MacArthur) 장군 지휘하의 남태평양 지역과 니미츠(Chester Nimitz) 제독 지휘하의 중부 태평양 지역에서 강력한 기세로 일본을 압박했다. 미국은 일본 지상군을 패퇴시키면서 1945년 중반에 항공력과 해군력으로 태평양 지역을 거슬러 일본 본토까지 강력하게 위협했다. 때때로 일본의 극렬한 저항에 부딪치기도 했지만, 미국은 1945년 8월 일본의 두 도시에 핵폭탄을 사용하면서 태평양 전쟁의 마지막 전기를 마련했다. 만약 제2차 세계대전이 유럽 지역으로만 한정되어 있었다면, 미일전쟁은 태평양 지역에서 일어난 일본과의 전쟁으로만 기억되었을 것이다.

독일의 경우와 마찬가지로, 제2차 세계대전에서의 일본의 역할은 사악하였으며, 그런 점에서 진주만에 대한 기습공격은 일본의 침략성을 보여 주는 하나의 상징이기도 했다. 일본이 스스로 이 공격을 선제행동이라고 부르는 것은 나치 독일이 그랬던 것처럼 태평양에서 일어난 전쟁을 '선제적 충돌'이라고 확대 해석하여 도덕적 면죄부를 갖기 위한 것이었다. 전쟁기간 동안 독일과 일본이 저지른 가증스러운 범죄행위들은 그들 스스로에게는 명백한 타당성을 가지고 있었기에 일본이 말하는 태평양에서의 제2차 세계대전의 발생 원인을 살피는 데 있어서는 좀 더 상세한 접근이 필요하다. 전쟁사 서적을 통해 이러한 점을 만족스럽게 밝히는 것이 저술가들만의 사명은 아닐 것이다. 윌모트(H. P. Willmott)는 제2차 세계대전에 대한 그의 저서 『위대한 십자군』(*The Great Crusade*)에서 일본의 진주만 공중공격을 선제공격이라고 표현하고 있지만, 그가 과연 무엇을 말하고자 했는가에 대해서는 명확하게 설명하기가 어렵다.[1] 이 장에서는 일본의 태평양에

---

1 H. P. Willmott의 *The Great Crusade* (New York: The Free Press, 1989), 165쪽.

서의 선제전쟁을 검토해 보고자 한다. 또한 1941년 전쟁 이전의 세기 동안 미·일 간의 관계를 균형적 시각으로 역사적으로 먼저 고찰하면서 1969년 레이크 가와구치(Lake Kawaguchi) 회합2에서 발간된 『역사로서의 진주만』(*Pearl Harbor as History*)도 검토해 보았다. 이 회합에 참석했던 학자들은 "미·일 관계는 양측이 보는 시각이 서로 달랐었기에, 평행선을 달리고 있었다"3라고 주장했다. 그 회합의 결과는 일본의 시각으로 강조되었음을 먼저 말하고 싶다.

진주만을 선제공격한 이유

여러 가지 특징적인 면에서 일본의 태평양 전쟁 시의 선제공격은 히틀러가 유럽에서 실천했던 선제의 이론과 유사성을 가지고 있다. 일본의 목적은 국가의 생존을 위해서 영토를 인근 아시아 지역으로 확장시켜서 자국의 산업발전에 필요한 원자재를 확보하는 것이었는데, 석탄과 철강은 만주에서, 석유와 고무는 남아시아에서 확보하고자 했다. 이러한 목표를 달성하기 위해서 일본은 한반도, 만주, 그리고 타이완을 포함하는 내선(內線)을 장악하고자 했다. 외선(外線)은 프랑스의 식민지였던 인도차이나, 영국의 식민지였던 말레이 반도, 그리고 네덜란드의 식민지였던 동 인도 제도를 포함하는 것이었다. 일본이 군사적 목표지역에서 원자재를 확보하지 못할 경우, 강대국의 지위를 확보하는 것은 불가능했다. 이것은 일본의 발전이 중단되고 국민들은 엄청난 시련을 겪게 될 것으로 생각했다. 따라서 일본은 확장정책을 필요로 했다.

일본 지도자들은 독일이 주장했던 것과 유사하게 경제적 불가피성이

2　미·일 관계의 진전을 위한 회합의 산물로 "진주만의 역사"라는 제목으로 작성된 문건.

3　Dorothy Borg and Shumpei Okamoto의 *Pearl Harbor as History: Japanese-American Relations, 1931-1941* (New York: Columbia University Press, 1973), 14장.

하나의 지배적인 요소였었다고 입을 모으고 있었다. 당시 일본의 목표는 아시아 지역에서 식민주의와 백인들의 억압을 몰아내고 그 결과로 '새로운 질서'를 설정하는 것이었다. 이러한 일본의 '대동아시아 공영권' 건설 추진을 위해서는 아시아 지역에서 일본의 진출을 허용하지 않으려 했던 프랑스, 영국, 네덜란드 등 식민지 열강을 군사력에 의해 퇴출시켜야 할 필요가 있었다. 일본의 확장과 아시아 권역에서 영향력 확보를 통해 아시아의 우수 민족들은 아시아의 이익을 위해 궁극적으로는 역내의 모든 백인들을 몰아내야 한다는 것이었다.

물론 일본의 이러한 목적은 독일과는 좀 더 다른 점들이 있었다. 히틀러가 독일 문명의 전파를 위해서 점령한 지역의 국민들을 희생시킨 것과는 달리 일본은 다른 아시아 국가들의 '억압으로부터의 자유'를 주장했다. 일본이 주장이 독일과 달랐던 것은 서구 제국주의에 고통을 받고 있는 아시아 국민들의 발전을 제시하는 보다 포괄적인 개념이었다. 일본이 주장하는 신질서하에서 아시아 국가들은 서구열강으로부터 자유로워져야 한다는 데 대해 일부 아시아 국가들은 호의적으로 일본을 옹호하기도 했다. 일본이 제시한 비전은 식민지배하의 굴종을 끝내고, 아시아 국가들이 열망하는 동등한 조건으로 국제사회의 일원이 될 수 있다는 '완전한 아시아의 부흥'을 포함하는 것이었다. 당시 아시아는 과거 동서 관계의 역사 속에서 서구열강의 침탈로 혹사당한 기억을 가지고 있었고, 낙후되고 빈곤한 상황하에 있었는데, 이것은 일본의 비전을 주장하는 데 유리하게 작용했다.

일본과 독일이 내세웠던 목표는 서로 다른 차이점을 보이고 있지만, 내면적으로는 나치 독일과 마찬가지로 일본의 소수 엘리트 계층들은 아시아 지배에 대한 음모를 가지고 있었다. 일본의 관점에서 '대동아 공영권'은 아시아 지역에 일본 본토를 방어할 수 있는 영역을 설정하는 것이었다. 일본은 이미 한반도, 만주와 대만, 그리고 사할린 열도 일부를 지배하고 있었다. 어느 국가도 일본의 야욕을 봉쇄하지 못하고 있었다. 일본은 미국이 서반구를 지배하는 것을 포함해서 다른 강대국이 했던 것과 마찬가지로, 영향권역을 지속적으로 확장해서 자신들의 지배력을 확보하지 못할 이유가 없다고 생각했다. 그리고 미국은 이러한 일본의 '대동아 공영권'을 이해해 주리라 확신했다. 일본은 자신들의 확장정책에 어느 나라가 적대적 입장을 취할 것인가를 고려하면서, 미국 대통령 프랭클린 D. 루스벨트(Pranklin D. Roosevelt)가 주창하는 라틴아메리카에 대한 선린 외교정책(Good Neighbor Policy)[4]과 유사하게 미국과 우호적인 관계를 맺고 있었기 때문에 미국이 일본의 행동을 반대하는 적대국가로 분류되는 것을 원치 않았다. 이런 점에서 미국은 단지 일본을 방해하지 않고 계획을 지지해 주기만 하면 되는 것이었다.

일본이 확장정책을 실천하는 동안 서구열강이 이를 견제하고 제한하려는 것과 관계없이, 일본 지도부는 서구열강으로부터 일본의 야심이 완전히 달성될 때까지 방해받지 않기를 희망했다. 서구열강은 일본이 극동아시아에 '공영권'을 설치하려는 권리를 존중하지 않고 있었다. 이러한 점에서 일본은 자국의 세력권 형성은 인정하면서도 일본의 세력권 형성을 부정하는 미국의 상반된 정책에 대해 동조할 수 없었다. 일본 정부는 다시 한 번 두 국가를 비교하며 설득했다. 미국이 영향력을 확장한 것과 마찬가지로, 일본의 아시아에서의 목표는 자연스럽게 일본의 국력을 확대하려 한다는 것이었다. 이것을 실천하는 데 당연히 대가가 따르겠지만, 미국이 지난 세기에 받았던 대가와 크게 다르지 않다는 논리였다. 외무성 장관 마츠오카(Matsuoka)는 "미국이 과거에 얼마나 아메리카 인디언과 멕시코인들을 고통스럽도록 괴롭혔었는지 그들에게 물어봐라"[5]라고 주장한 것은 이러한 일면을 반영하는 것이었다. 미국이 그랬던 것처럼, 일본은 현재 아시아 주변 국가들을 대상으로 단지 '시도'해 보려 한다는 것이었다.

---

4   Robert J. C. Butow의 *Tojo and the Coming of War* (Princeton, NJ: Princeton University Press, 1961), 120쪽.

5   Butow의 *Tojo and the Coming of War*, 107쪽.

이러한 일본의 미국과의 비교 논리는 달성되지 못했다. 대부분의 일본인들은 이러한 방법으로 미국을 설득할 수 있을 것으로 보지 않았다. 미국의 시각에서 보면, 일본은 열등한 국가였다. 일본이 서구 문물을 빠르게 따라잡고 있다 하더라도 미국은 커다란 의미를 부여하지 않았다. 일본은 이러한 미국의 태도에 분노하면서 최선을 다해 미국과 경쟁하고자 했다. 일본의 방어 세력권 형성의 목표를 현실화시키기 위해서는 미국과의 전쟁은 불가피했다.

잠재적 거대 군사대국인 미국에 대한 두려움도 전쟁을 포기하게 하지 못했다. 이유는 간단했다. 전쟁을 포기하면 일본은 멸망에 직면하는 것이었다. 일본은 이길 수 없는 전쟁을 하게 될지도 몰랐다. 그러나 그렇게라도 하지 않으면 일본이 미래를 위해 생존에 필요한 자원들을 확보할 수 없게 되기 때문에 결국에는 파멸할 수도 있는 것이었다. 일본의 이러한 신념에 따라 미국과 전쟁을 해야만 하는 명예로운 명분이 있었고, 혹은 적어도 피할 수 없을 것으로 생각했다. 이에 따라 선제를 심각하게 고려하였고, 선제적인 군사적 타격을 통해 전쟁 초기에 위대한 승리를 거둘 수 있다고 생각했다.

좀 더 살펴보면, 일본은 미국을 상대로 한 전쟁에서 이길 수 있다고는 생각하지는 않았다. 미국은 너무 거대해서 현실적으로 태평양 지역에서 몰아내기는 어려웠다. 일본 해군사령관 야마모토(Yamamoto) 제독은 이러한 비관론을 가지고 진주만 공격을 계획하고 있는 동안에도 미국과의 전쟁을 위해서는 강력한 예비전력이 필요하다고 주장했다. 다른 이들이 그의 주장에 동의했다. 이러한 반대 여론에 부딪치자 일본 정부는 미국을 상대로 한 전쟁에 회의를 가지고 있던 해군성 장관 오이카와(Oikawa)를 1941년 4월에 해임하면서 미국과의 전쟁에 박차를 가했다. 1941년 일본 해군사령부는 태평양 진출을 지원할 수 있도록 조직을 개편했다. 그러나 이러한 숙군에 관계없이 미국과의 전쟁에 대해 어떻게 일본이 이 거대한 군사 대국을 상대로 승리할 수 있을 것인가에 대한 의문은 여전히 자리 잡고 있었다. 강대국 미국에 대한 인식은 강력한 쇄국주의 정책하에서도 넓고 깊게 자리 잡고 있었던 것이다. 그러나 미국의 능력을 인식하고 있는 가운데에서도, 일본은 그때까지 이루어 놓은 거대한 군사력의 잠재력을 기반으로 그들이 추구하고자 하는 방향으로 계속 내달을 수밖에 없었다.

미국의 지도자들은 국민 대다수의 반대에도 불구하고 미국의 군사적 능력을 키우려 했다. 일련의 해군 군비 협정이 1922년 워싱턴 회의와 1939년 런던 회의에서 개최되었는데, 이때에 일본도 협상에 참여했다. 이 회의들은 각국의 이익을 기초로 하여 군비경쟁의 출혈을 피하기 위한 목적이었는데, 조약 마지막 과정에서 1940년부터 시작된 미국의 재무장 계획으로 말미암아 성과 없이 끝났다. 미국에서는 논란 끝에 비전법안이 통과되어 두 개의 대양 해군 건설에 필요한 충분한 예산이 확보됨으로써 재무장 계획이 승인되었다.

미국의 해군력 증강은 1940년 한 해만 살펴보아도 매우 인상적인데, 전투함정 9척, 항공모함 11척, 순양함 12척과 구축함 181척의 건조가 진행 중에 있었다. 일본의 해군력 건설 장기계획은 1948년에 종료될 예정이었으며, 미국을 도저히 따라잡을 수 없었다. 그러나 일본은 단기간에 미국과 동등할 만큼 전력을 유지할 수 있었는데, 이는 런던 군비협정이 폐기되면서 제3차, 4차 재정비 계획에 의해 1941년까지 달성할 수 있었기 때문이다. 이러한 이점을 유지하기 위해서 전쟁 준비는 빠르면 빠를수록 유리했다. 또한 그 시기에 일본 함정들은 질적으로도 미국보다 우세했다. 대형 야마토(Yamato)급의 전투함은 미국 함정의 성능을 앞질렀다. 이러한 무기체계의 우세는 일본으로 하여금 미국과의 해상전에서 현저한 유리점을 확보할 수 있게 했다. 그러나 해상전의 빠르게 변화하는 환경적 특성과 한정된 시간으로 인해 일본이 보유한 이러한 무기체계의 질적인 우세는 가까운 미래에 사라질 수 있었다. 곤도(Kondo) 제독이 "우리는 조기에 결정적 전장을 해야 한다"[6]라고 언급한 바와 같이 일본의 그 당시 미국과의 군사력 비교를 통해서, 미국과 전쟁을 한다면 승리를 거둘 수 있다는 확신을 가지고 있었다. 이러한 양국의 군사력 균형은 일본이 채택하려 했던 선제의 합당한 이유로 무르익었다.

요약해 보면, 일본은 아시아에서 단지 미국과 평화로운 공존관계를 유지하는 것에 만족하면서 자신들의 이익을 확보하기 위한 어떠한 조치도 취하지 않고 가만히 주저앉아 있을 수는 없었다. 당시에 미국은 일본이 받아들이기 어려운 대중국 지원을 하고 있었고, 이러한 미국의 행동은 분명 일본에 해를 끼치는 것이었다. 그러나 당시 상황을 살펴보면 미국이 중국을 지원하고 대변하고 있는 것은 다소 수사적일 뿐이었다. 일본이 1931년 만주 장악을 개시할 때, 미국은 일본의 '침략행위'에 대해 강력한 구두경고를 했었다. 일본은 미국이 내부의 정치적 혼란으로 시달리고 있던 중국을 대변하고자 하는 행동을 이해할 수 없었다. 중국의 민족주의자 장제스와 공산주의자 마오쩌둥 간의 내전으로 혼란에 빠진 중국은 일본의 만주 지역에서의 이익에 위협이 되고 있었다. 일본은 자국의 이익을 위해서도 상황을 안정적으로 관리해야만 했고, 폭발 직전의 중국 내부 혼란은 자칫 일본이 추구하고 있던 균형자적인 위치가 상실될 가능성이 있다는 것을 의미했다. 이것은 미국 대통령 루스벨트가 불안정한 상황하에 있던 라틴아메리카의 많은 현안들을 적극적으로 관리해 온 것과 유사했고, 특히 미국의 먼로 선언(Monroe Doctrine)[7]에 의해 라틴아메리카의 안정을 위해서 미국 개입의 정당성을 주장한 것과 유사한 것이었다.

일본은 미국의 반대에 조심스러운 주의를 기울이면서 중국에 대한 침략계획을 진행시켜 나갔다. 중국 본토가 내전으로 혼란을 겪고 있는 시기에, 일본은 1937년 중국의 수도인 북경 외곽에서 중국과의 전쟁을 시작

6　Stepnen E. Pelz의 *Race to Pearl Harbor: The Failure of the Second London Naval Conference and the Onset of World War II* (Cambridge, MA: Harvard University Press, 1974), 218쪽.

7　1823년 12월 2일 제임스 먼로에 의해 제창된 미국의 외교방침, "유럽열강은 더 이상 미 대륙을 식민지화하거나 미국이나, 멕시코 등 미 대륙에 있는 주권국가에 대한 간섭을 거부한다"는 방침.

했다. 미국은 또 다시 일본에 강력한 구두경고를 했다. 루스벨트 대통령은 10월 연설을 통해 전쟁의 확산을 방지하기 위해서 침략자를 격리시켜야 한다고 국제사회에 주문했다. 일본이 1937년 12월에 미국의 파나이(Panay) 함정을 격침시켰을 때, 양국 간의 긴장은 더욱 확실하게 골이 깊어갔다. 미국의 파나이 함은 당시 양쯔 강에서 유조선을 호송 중에 있었는데, 일본 전투기에 의해 공격을 받고 침몰되면서 해군 수병 세 명이 사망했다. 일본 의 야만적인 공격에도 불구하고 미국은 단지 일본의 사과를 받아들이고 일본의 행위를 면책해 주었다. 미국이 일본의 범죄행위를 묵인한 것은 이 로 인해 양국이 서로 충돌한다면 상호이익에 배치되는 것이었기 때문이 다. 그 당시 미국의 이러한 행동은 일본에게 전쟁을 추구하게 하는 한 요 인으로도 작용을 했으며, 이것은 적대국에 대한 선제적 조건을 적용하는 데에도 영향을 주었다.

미국의 소극적이며 수사적인 접근은 양측의 국가 이익을 고려한 행 동으로 이해할 수 있다 하더라도, 미국의 1938년 장제스 정부에 대한 재 정적 지원은 보다 고려되어야 할 사항이었다. 그해 12월 루스벨트 행정부 는 장제스 정부에 대한 지원을 2,500만 불로 확대했다. 미국의 정책은 명 확했는데, 장제스 정부를 지원해서 일본을 중국 본토에서 철수 시키고, 일 본의 남아시아와 태평양으로의 진출을 억제하는 것이었다. 이것이 미국의 전략이었으며, 순조롭게 진행되어 가고 있었다. 일본의 중국과의 전쟁은 벌써 오랜 기간 지속되고 있었고, 미국은 이미 많은 비난을 감수하고 있었 다. 미국은 중국에서 장제스 정부를 지원해서 일본이 아시아 제국으로서 의 위치를 확보하려는 계획을 확실하게 저지하면서 일본이 중국 문제를 간섭할 수 있는 위치에 있게 되는 것을 허용하지 않으려는 '개방 정 책'(open door policy)을 완강하게 시행하고 있었다. 당시에 일본은 장제스 정 부를 축출하기 위해 협상하거나, 아니면 장제스를 권력에서 끌어내리기 위해서 세 개 사단으로 3개월에 걸쳐 1억 엔 규모의 전비를 사용하면서 전투를 치르고 있었다. 일본이 1937년에 상하이 공격을 한 1년 후에도 장제스 정부는 계속 저항하고 있었으며, 일본은 지루한 전쟁을 하면서 20개의 사단과 25억 엔의 전비를 사용하였다. 일본이 주장했던 '중국 사건'을 위한 경제적 손실은 막대했다. 이 문제를 해결하기 위해 일본은 남방으로 눈을 돌렸다. 이것은 영국이 중국을 지원하기 위해서 미얀마와 북인도차이나의 철로를 이용하는 통로를 차단하는 것이었다. 이렇게 함으로써 종국적으로 일본은 장제스 정부를 강제적으로 붕괴시킬 수 있었거나 혹은 외부의 지원으로부터 고립된 중국에 대한 일본의 기득권을 강제할 수 있을 것으로 보았다.

그러나 일본의 남방 진출은 국제적인 우려를 고조시켰다. 일본 지도부는 미국과 영국의 결속 관계로 인해 영국에 대해 어떠한 위협을 주게 되면, 미국이 영국 편에서 전쟁에 개입하게 하는 원인이 될 것으로 믿고 있었다. 즉 영국과 전쟁을 하는 것은 미국과 전쟁을 하는 것이었다. 일본 전쟁 지도부는 모든 가능성을 가정에 기초해서 면밀하게 계산했다. 결론은 미국의 식민지였던 필리핀 문제를 부각시키는 것이었다. 일본이 남아시아를 침공하게 되면 일본과 유럽열강들 간의 이해관계가 있는 전쟁에 미국이 개입할 가능성이 있다는 두려움을 갖고 있었지만, 필리핀을 확보하지 않고는 이루어질 수 없었다. 당시에 필리핀은 미국에 해군 군사기지를 제공하고 있었고, 미국은 그곳에 위치하면서 일본이 달성하려는 목표를 저지할 수는 없다 하더라도 충분히 방해할 수 있었다. 루스벨트 대통령은 캘리포니아 샌디에이고에 있던 태평양 함대를 1940년 4월 하와이의 진주만으로 이동시켰는데, 이것은 미국의 확고한 의지를 보여 주는 것이었다. 미국은 일본이 남방으로 침공을 시작하면, 태평양 함대를 하와이에서 필리핀으로 이동시켜서 일본의 남진을 차단할 계획이었다. 어떠한 방책을 택하더라도, 일본은 남방 진출이 필요했고, 이것은 결국에는 미국과의 전쟁이 불가피해지고 있음을 의미했다.

또한 일본은 서구열강의 통합된 전력을 추가적으로 고려해야 했다. ABCD 국가, 즉 미국(America), 영국(British), 중국(China), 그리고 네덜란드

(Dutch)는 서로 공조하여 일본이 주장하는 평화적인 방법에 의해 남아시아의 자원을 확보하려는 것을 거부하고 있었다. 또한 영국과 미국은 일본이 태국과 인도네시아 사이의 국경 분쟁을 해결하려고 노력하고 있는 것을 일본이 평화를 미끼로 역내에 영구적인 군사기지를 설치하려 하고 있다는 의심을 가지고 반대했다. 일본이 동남아시아에서 서구열강과 충돌하고 있는 동안, 장제스 정부는 남아시아 통로를 통해서 미국과 영국으로부터 지원받아가며 일본과의 전쟁을 지속하고 있었다. 영국은 일본의 요청에 따라, 1940년 7월에 미얀마로부터 중국으로 이르는 미얀마 루트를 3개월 동안 봉쇄하기도 했지만 일본 입장에서는 충분하지 못한 조치로 이해되었다. 미국의 압박은 보다 더 공세적이었다. 같은 해인 1940년 8월, 미국은 일본의 프랑스에 대한 압박에 대응하여 북인도차이나 지역에 경제제재를 가하였고, 일본의 철강 수입을 포함해서, 파철 및 석유제품 등에 대한 수입 통로를 봉쇄했다. 이러한 미국을 중심으로 한 대일본 경제 봉쇄에 가장 큰 타격을 준 것은, 네덜란드가 영국과 미국의 후원을 받으면서 일본의 동인도 제도에서의 충분한 양의 석유를 확보하기 위한 협상권리와 노력을 방해한 것이었다. ABCD 국가의 폭압적인 행동은 일본의 외교적 노력을 제약했고 따라서 일본이 평화적인 방법으로 필요한 경제 자원을 확보할 수 없게 했던 것이다.

전쟁의 이유는 명확했다. 일본 제국의 번영에 필요한 자원을 확보하기 위해서는 '공영권'에 대한 권리를 가져야 했다. 그래야만 고립으로부터 붕괴로 이어지는 최악의 상황을 타개할 수 있었다. 그리고 이 상황을 벗어나기 위해서는 선제전쟁이 불가피하다는 것을 의미했다. 유럽 대륙이 제2차 세계대전의 소용돌이에 빠지면서, 일본은 남방으로의 진출할 기회를 갖게 되었다. 나치 독일이 유럽의 각 전선에서 승리하면서, 서구열강의 기존 아시아 지역에서의 기득권 유지가 어려워졌다. 프랑스가 제일 먼저 타격을 받았다. 1940년 9월에 독일이 프랑스를 점령하면서 일본은 인도차이나의 북부지방을 점령하고, 중국으로 가는 철도망을 차단했다. 이때 일본은 장제스 정부를 지원하는 총 보급품의 40%가 이곳으로부터 지원되고 있다고 판단하고 있었다.

프랑스는 쇠약해진 국력으로 묵묵히 일본의 압력에 순응할 뿐, 선택의 여지가 없었다. 그러나 다른 유럽의 식민지들은 저항하고 있었다. 네덜란드는 여전히 동인도 제도에서 석유 자원의 소유권을 유지하고 있었다. 반면에 영국은 독일의 침공에 직면해서 아시아 지역에서의 이권을 지키는데 어려움을 겪고 있었다. 그때까지 독일은 네덜란드 점령을 통해서 영국에게 심각한 위협을 주고 있었으며, 이들 국가들은 거의 패색이 짙은 상태에 까지 가 있었는데, 이 시기에 일본은 더욱 적극적인 행동을 할 수 있었다. 특히 영국은 아시아 지역에서 일본을 제어할 해상세력이 없었다. 독일 정보국은 1940년 영국 전시 내각의 회의 문서를 노획하여 일본 해군사령부에 넘겨주었는데, 영국 해군은 독일의 침공에 대비해야 했기 때문에 아시아 지역에서 활동하지 못할 것이라는 확신을 주었다. 이것은 제2차 세계대전 당시 일본과 독일 간에 결성된 동맹관계를 통해 얻은 것이었다. 이들 두 국가의 관계는 필요한 정보를 적시에 주고받으며 그 유용성을 공유하고 있었다. 독일의 성공에 힘입어 일본은 군사력을 남아시아로 확장시킬 수 있었고, 지역 내의 약화된 유럽열강을 격파할 수 있다는 자신감을 가지고 움직였다.

일본의 남아시아 침공에 대한 열망은 다른 요인으로 기세가 꺾였는데, 그것은 북쪽에 자리 잡고 있는 일본의 거대한 적, 소련(구 러시아)이었다. 오랜 숙적이면서도 결코 무시할 수 없는 러시아와 일련의 군사적 충돌을 해왔는데, 첫 번째는 한반도에서, 그리고 1938년 러시아의 국경 지대에서, 그리고 1939년에는 일본의 괴뢰정부인 만주국과 몽고 국경지대에서의 충돌이었다. 각각의 교전에서 일본은 승리했었지만, 심각한 피해를 입었었다. 이러한 경험은 일본 군사기획자들로 하여금 복수를 열망하게 하기도 했지만, 또다시 소련과 전쟁을 하게 된다면, 그 결과에 대한 두려움을 동시에 가지고 있었다. 결국 일본은 남아시아를 공격하는 것이 가장 최선의 방책으로 판단했다. 지상군은 장제스 정부를 완전히 고립시켜 전쟁을 종식시키면서 중국을 붕괴시키기를 희망했고, 해군은 함대를 위해 석유를 확보하고자 했다. 지상군과 해군의 지원하에 외무성 장관 마츠오카는 1941년 4월 소련과의 불가침 협정을 성사시켰다. 이 외교적 성과를 통해 일본은 북방의 러시아 위협을 염려하지 않고 남아시아로의 침공을 거세게 밀어붙일 수 있게 되었다.

마츠오카의 성공은 일본이 전략적 포위 상황(영국, 프랑스 그리고 미국의 북진과 소련으로부터의 남진)으로부터 벗어날 수 있게 해주었다. 그러나 수개월 만에 상황이 변화되었다. 독일이 1941년 소련을 침공하면서 일본은 이전의 문제를 다시 고려해야만 했다. 일본이 두 동맹축의 동반자로서 함께 소련을 공격하는 것은 매력적인 것이다. 무엇보다도 북쪽의 소련의 위협을 제거하면 북쪽 안전에 신경을 쓰지 않으면서 남아시아의 자원을 확보하고 활용할 수 있었기 때문이었다. 이에 따라 일본 지상군은 자연스럽게 한반도와 몽고 국경에서 소련으로부터 받은 모멸감을 복수할 수 있는 기회로 이용하고자 했다. 그러나 곧이어 수많은 현실적 장애가 있음을 인식했다. 일본군은 소련과 대치하기 이전부터 강력하게 군사력 증강을 건설해 왔지만, 1938년과 1939년의 만주에서 철수하면서, 소련의 군사력에 대응할 만큼 충분한 전력을 유지하지 못하고 있었으며, 이러한 상황하에서 소련을 공격하는 것은 비현실적이었다. 일본 해군은 계획대로 석유자원 확보를 위해 반대 방향인 남쪽에 대한 공격을 밀어붙이고 있었다. 소련은 나치와의 고통스러운 전쟁을 하고 있는 동안에 일본을 위협할 수 없었다. 일본의 선택은 적극적으로 남아시아를 공격을 해서 역내의 자원을 확보하고, 그런 후 북쪽으로 공격 방향을 전환하는 것이었다.

일본은 독일과 소련의 전쟁이 그대로 진행되도록 관망하는 정책을 추진했다. 소련이 독일의 손아귀에서 명확하게 붕괴할 조짐을 보이면, 북쪽으로 공격해서 소련의 완전한 파괴를 시도하되, 소련이 독일의 맹공으로부터 생존하기 위해 버터 나가는 동안 남아시아 공격 방책을 추구하는 것이었다. 이후 3개월 동안, 일본은 소련의 생존 가능성을 판단하기 위해 상황을 세밀하게 관찰한 후에 남쪽으로 계속 진출하는 것이 최선의 방책이라고 판단했다.

　일본이 유리한 상황을 어떻게 지속적으로 관리할 것인가에 대한 고민을 하고 있는 가운데, 오래지 않아 미국은 일본이 감내하기 어려운 타격을 주었고, 이러한 미국의 행동은 일본으로 하여금 어디로 먼저 공격 방향을 진행시켜야 할 것인가를 명확히 해야 한다는 결심을 하게 되는 계기가 되었다. 미국은 일본의 남인도차이나 점령에 대한 조치로, 그해 7월에 미국 내의 모든 일본의 자산을 동결했고 일본이 북인도차이나 점령 시에는 강철과 고철의 대일본 판매를 제한하는 조치를 취했다. 이에 따라 일본은 1941년 여름, 보다 확고한 입장을 갖게 되었다. 미국의 원유를 포함한 대일본 제재는 일본의 경제적 취약점을 타격하면서 위협을 주고 있었으며, 일본은 더욱더 남아시아에서 자원을 확보하기 위해 서둘러야 한다는 생각을 하게 되었다. 미국의 일련의 경제봉쇄 조치들은 일본의 생각을 확고하게 했는데, 일본은 경제적 제재에 너무나도 취약했으며, 이러한 직면한 위협을 해소하기 위해서는 전쟁이 필요하다고 생각했다. 미국의 경제제재에 따라 위협이 가중되면서, 일본은 이제 행동할 필요가 있었다. 해군제독 나가노 오사미(Nagano Osami)는 일본이 미국의 경제 제재를 포함한 일련의 포위된 상황에 직면해서 "싸우는 것 외에 선택의 여지가 없다"라고 언급하기도 하였다. 일본의 대동아 공영권의 추구를 위한 전쟁은 미국의 간섭을 제거하기 위해서라도 태평양 일대로 확대되어야 했다.

　해군은 이제 어떻게 미국과의 전쟁을 치르어 낼 것이냐에 대해 심사숙고하게 되었다. 미국과 전면전을 하는 것보다는 미국의 의도를 저지하는 것으로 계획이 발전되었다. 이것은 일본이 미국을 상대로 승리를 기대할 수 없었기 때문에, 어떻게 일본의 목적을 달성할 것인가, 즉 일본이 확보한 지역으로부터 일본을 끌어내리려 하는 미국의 행동을 중단시키는가였다. 일본은 미국이 두 가지 형태로 반응할 것으로 예측했다. 첫째는 미국의 함대는 일본의 위대한 대동아 공영권 안의 아시아 국가들의 해방을 위한 행보를 방해할 수 없을 것이라는 것이었다. 두 번째는 미국이 일본의 방어권역의 후방에서 공격한다면, 일본은 어떠한 희생을 치르더라도 반격해서 미국이 의도를 포기하도록 저지시킬 수 있다는 것이었다. 일본은 새롭게 확보한 자원들을 이용해서 경제발전을 가속화시키면서, 미국의 산업능력을 따라잡고, 미국과의 전쟁에서 위대한 승리를 하기 위해서라도, 먼저 미국을 시험해 볼 필요가 있다고 생각했다. 전쟁이 시작되면, 일본은 미국에 강력한 일격을 가해서 미국의 도전 의지를 약화시키고, 최소한의 피해를 입고 추구하는 목적을 달성한다는 것이었다. 이렇게 성공하고 나면, 미국이 태평양 일대에서 일본에 도전하지 못할 것으로 판단했다. 일본이 추구했던 선제공격은 이러한 관점에서 보면, 전쟁이 시작되기 이전부터 목적을 달성하기 위한 수단이었다.

　이러한 결론은 미국과의 협상 과정에서 굳이 다시 재고해 볼 필요가 없었다. 1941년 5월 협상에서도, 미국은 전혀 입장의 변화가 없었다. 일본은 미국이 유럽에서 독일과의 전쟁에 참여하게 되는 상황이 무르익으면서, 미국을 공격하지 않겠다는 약속을 해야만 하게 될지도 몰랐다. 그때까지 미국의 영국 지원은 분명해 보였으며, 이것은 영국이 일본의 적대국이라는 사실을 더욱 명확하게 해주었다. 일본에 대한 무역 문제는 더욱 더 불균형을 이루고 있었다. 미국은 일본의 중국과의 무역 차별을 재차 강조하면서, 중국에 양보할 것을 요구하면서도 일본과의 경제협약 재개 등 어떠한 약속도 하지 않았다. 이것은 일본에게는 가혹한 것이기도 했지만, 사실 중국 문제에 있어서 가장 핵심사안으로 양국 간에는 추가적인 논의를 필요로 하고 있었다. 이러한 문제들이 9월에 이르러서 쟁점으로 부각되었고, 일본의 실질적인 양보에도 불구하고 문제가 해결되지 않고 있었다. 일본은 중국의 세 개 주요 지역에만 25년간 주둔하고, 그 외 대부분의 지역에서 일본군을 2년 안에 중국에서 철수시키겠다고 제안했다. 또한 일본은 중국의 자원에 대해 정상적인 무역활동을 하겠다는 것에 동의했다. 마지막으로 일본은 만주와 관련해서 만주의 독립국가 지위를 주장한 반면, 미국은 만주를 중국의 일부로서 장제스 정부가 관리해야 한다고 상반된 주장을 했다. 따라서 만주 문제는 양국 간의 극명한 문제로 대두되게 되었다.

일본의 입장에서 보면, 미국은 단지 일본을 강제적으로 중국에서 몰아내고, 일본의 대동아 공영권 구상을 제거하는 목적만 가지고 있었다. 일본이 추구하는 영향력의 확대를 반대하는 미국의 행동은 일본이 전쟁을 결심하게 된 가장 큰 요인이었다. 일본은 미국으로 인해 경제적 붕괴로 가는 심각한 위협에 직면해서, 이를 중지시키기 위해서도 선제행동이 필요했다. 일본은 심사숙고한 후에, 세 가지의 중대한 결심을 하게 되었다. 첫째, 전쟁은 불가피하다. 둘째, 전쟁은 미국을 포함한 서구열강에 대항하여 남아시아에서 먼저 해야 한다. 이곳에서 성공한 후에 전쟁을 북쪽으로 확대한다. 셋째, 미국과의 전쟁을 성공적으로 이끌기 위해서는 기습공격으로 미국의 도전의지를 꺾어 놓아야 한다. 이러한 결심에 따라 일본의 군사 기획자들은 하와이 진주만에 위치한 미 해군을 공격 표적으로 계획하였다.

진주만에 대한 선제공격 경과

공격함대 사령관 나구모(Nagumo) 제독은 지휘 책임을 통감하고 있었다. 그는 350대의 전투기를 탑재한 여섯 척의 항공모함으로 구성된 공격함대를 지휘하고 있었으며, 탑재된 항공기들은 일본 항공 전력의 핵심이었다. 이것을 잃는다는 것은 일본 해군에게는 재앙이었고, 일본의 희망이 상실되는 것을 의미했다. 전쟁에서 신속하게 승리하기 위해 선제공격을 하는 것은 패배할 수도 있는 위험을 감수해야만 하는 것이었다.

일본군 지도부는 진주만을 공격할 때 발생 가능한 위험을 최소화하고자 했다. 함정들은 서로 다른 시간과 다른 항만에서 항해를 시작했다.

공격함대는 우선 침묵을 유지하는 가운데, 악기상이 빈번한 항로를 따라 표적으로 접근해 갔다. 때마침 불어 주는 강풍은 나구모가 미국의 항공기나 함정에 탐지되지 않고 하와이까지 275마일을 근접할 수 있도록 도와주었다. 이렇게 은밀하게 접근하는데 있어서, 가장 중요한 역할을 했던 것은 일본이 선전포고의 시기를 특별하게 고려했던 점에 있었다. 외교관계의 단절을 발표하는 것을 일본이 항공기에 의한 공격 종료 30분 후에 이루어지도록 계획했다. 1941년 12월 7일 이른 아침까지 모든 것이 질서 있게 진행되었고, 일본의 진주만에 대한 선제공격을 주간에 실천하는 데 무리가 없었다.

나구모 제독은 진주만의 미 해군기지에 대한 제2 제파 공격을 계획했다. 전투기 214대로 구성된 제1 제파가 일요일 7시 55분에 하와이에 도착했다. 완벽한 기습으로 저항은 거의 없었으며, 일본 전투기들은 아주 짧은 시간에 수십 척의 미국 전함들을 타격했고, 공격을 받은 함정들은 대부분이 침몰되었거나 화염에 쌓여 침몰 중이었다. 또한 일본 전투기들은 포드(Ford) 섬의 공군 비행장을 공격해서 신속하게 미 항공전력을 무력화시켰다. 제2 제파는 170대의 전투기로 구성되어 9시 15분에 하와이 상공에 도착했다. 이때는 제1 제파 때보다 강력한 대공포의 저항을 받았지만, 미 해군 함대를 완전히 파괴하면서 항만을 초토화시켰다. 두 차례의 공격이 끝났을 때, 미 태평양 함대의 모든 함정들을 포함해서 총 18척의 대형 함정이 심각한 손상을 입거나 침몰되었고, 수백 대의 항공기가 파괴되었으며, 2,400여 명이 사망하고 1,200여 명이 부상을 당했다. 일본은 기습적인 공격으로 미국의 진주만 해군 전력을 완벽하게 파괴했던 것이다.

그러나 곧이어 이러한 군사적 성공에 차질이 발생했다. 일본 조종사들은 미국의 항공모함을 발견하지 못했다고 보고했다. 미 항공모함을 파괴하기 위해서 제3 제파의 출격을 준비시키고 있던 나구모는 이 점을 우려했고, 항공모함을 발견하지 못함으로써, 미국의 공중공격으로 그의 항모단이 입을 피해를 심히 두려워했다. 그리고 제2 제파에 의한 공습으로 진주만의 미군을 충분히 파괴했다고 생각한 그는 공격을 중단하고 서둘러 1시 35분에 귀환을 명령했다. 일본이 공격을 중단함으로써 진주만의 저유시설과 선박건조 도크 등은 파괴되지 않았고, 진주만의 많은 함정들이 심대한 손상을 입었음에도 작전이 가능한 상태로 있을 수 있게 되었다. 미국은 함정들이 엄청난 피해를 본 12월 7일 이후 수개월 간에 걸쳐 신속한 복구를 통해 진주만이 조만간 미국의 군사작전을 유지시키는 중요한 역할을 할 수 있도록 가동시켰는데, 일본의 이 조급한 철수는 결과적으로 미국이 전력을 신속히 복구하는 데 있어서 중요한 요인으로 작용했다.

일본의 선제공격으로 이끌어진 군사적 승리는 공격이 완전히 끝나기도 전에 외교적인 실패에 직면했다. 워싱턴의 일본 대사는 미국과의 관계를 단절하는 각서의 문안을 작성하는 데 허둥대다가 미 국방성에 일본 지도부가 계획했던 시간에 맞춰서 전달하지 못했다. 결론적으로, 공격은 선전포고를 한 이후 25분까지도 계속되고 있었다. 미 국무성 장관 코델 헐(Cordell Hull)은 격하고도 냉담하게 일본이 전달한 선전포고 각서에 대해서 "나는 50년간 공직에 있으면서 이처럼 파렴치한 거짓과 기만으로 점철된 문서를 본 적이 없다. 거짓과 기만의 정도가 너무 커서 지구상의 어느 정부가 오늘날까지 이렇게 날조된 문서를 작성하는 지를 상상하지 못했다"[8]고 분노했다. 그의 반응은 일본의 공격에 분노하는 미국의 분위기를 대변하는 것이었다. 진주만에 대한 일본의 '비열한 공격'은 이전의 그 어느 때보다도 일본에 대한 분노로 들끓게 했다. 일본으로부터 군사적으로 엄청난 피해를 입었으며, 공격을 은폐하려 했던 외교적 변절로부터 받은 모욕으로 미국은 이를 응징하고자 강력하고도 신속하게 일본과의 전쟁을 추진했다. 일본은 초기 전장에서 엄청난 승리를 거두었지만, 초기의 성과를 통해서 미국을 협박하려 했던 의도는 물거품이 되었다. 미국은 일본의 진주

---

8   Akira Iriye의 *Pearl Harbor and the Coming of the Pacific War: A Brief History with Documents and Essays* (Boston, MA:Beford/St. Martin's,1999), 105쪽.

만에 대한 선제공격으로 인해 분노로 들끓었으며, 가능한 한 빠른 시간 안에 일본에 시련을 안겨주려 했다.

진주만에 대한 선제공격은 성공했는가?

미국이 일본의 진주만 공격으로 인해 분노와 모욕감으로 들끓고 있는 것과 관계없이, 초기 주도권은 일본에게 있었다. 일본의 진주만 공격은 진정 미국에 비수를 꽂은 것이었으며, 미국은 태평양 지역 일대에서의 일본의 공격을 저지하지 못했다. 일본은 태평양 지역에서 수차례의 효과적인 공격을 계속했다. 미국령 웨이크(Wake) 제도와 괌(Guam)은 진주만 공격 후, 수일 만에 일본의 공격으로 함락되었다. 이어서 일본은 필리핀 제도를 침공하기 위한 공격을 개시했다. 일본이 1942년 5월에 필리핀의 마지막 미국 방어부대를 격퇴한 후, 아시아 지역에서 미국의 영향력은 급속히 축소되었다.

미국의 패배는 역내에 있던 영국에 커다란 재앙을 불러왔다. 홍콩의 영국군 주둔지에는 1만 2,000명이 주둔하고 있었는데 크리스마스에 일본에 항복했다. 그리고 수주일 후인 1942년 2월 15일 싱가포르의 영국군 방어선이 붕괴되어 13만여 명 이상이 포로가 되었다. 일본군이 미얀마로부터 영국군을 추격하고 자바에서 네덜란드의 저항을 격퇴하면서 아시아에서의 이 두 국가들이 유지하고 있던 식민지 지배의 지위는 순식간에 상실되었다. 이러한 방법으로 일본은 역내를 충격으로 몰아가고 있었으며, 바야흐로 위대한 '대동아 공영권'의 신질서를 선포할 수 있는 시기가 도래하고 있었다.

일본의 확장은 독일과 비견할 만큼 놀랄 만한 성과였으며, 독일이 유럽 지역을 점령하는 것과 비교할 때, 시간적인 면에서는 독일을 훨씬 능가했다고 볼 수 있다. 독일의 경우에는 완전한 성공을 이루지 못한 가운데,

영국과 소련의 지속적인 저항을 받고 있었다. 그러나 일본은 반대의 상황을 선언할 수 있었다. 방어의 권역은 현실적으로 갖추어 졌으며, 일본은 이제 미국의 반격을 기다릴 수 있었다.

한 가지 일본의 태평양 전쟁 초기의 군사적 성공과 비견할 만했던 것은 미국이 매우 신속하게 반격을 개시했다는 것이었다. 심대한 타격을 받았던 미국의 군사력은 아시아 지역에서 일본의 주도권에 도전하기 시작했다. 먼저 일본의 항공모함단이 1942년 6월 미드웨이 해전에서 패배를 맞이하게 되었다. 미국의 주도면밀한 계획과 행운의 결합은 미군의 전투기들이 네 척의 일본 항모를 이틀 만에 침몰시켰고, 그 후에 공격 방향을 환태평양 일대의 일본군에게로 전환했다. 그해 여름이 끝날 즈음에, 미국 해병대는 남태평양의 솔로몬 제도까지 점령하고 방어하고 있던 일본군을 과달카날(Guadalcanal)에서 격멸하였다. 6개월간에 걸친 치열한 전투 후에 결국 일본군은 항복했지만, 그들은 해군이 막대한 피해를 받고, 항공모함단이 완전히 괴멸될 때까지 저항했다.

미국의 반격이 시작되고 난 이후, 일본은 새로운 방어선을 제대로 구축할 수 없었으며, 미국의 공격을 감당하기 어려운 상황으로 치닫게 되었다. 일본은 이러한 역전된 상황을 후회하기에는 이미 늦었다는 것을 알고 있었다. 솔로몬 제도에 대한 미국의 공격은 이곳을 거점으로 호주를 점령하려 했던 일본의 야심찬 목표를 사라지게 하였으며, 과달카날 전역의 일본군에게는 재앙을 가져다주었다. 일본의 호주 점령은 태평양 지역에서 미국의 영향력을 완전히 제거하기 위해 시도했던 것은 아니었다. 일본의 목적은 태평양 일대의 방어권역을 형성하는 것이었다. 적어도 미드웨이에서의 전투를 위해서라도 이미 확보하고 점령했던 방어권역을 유지하는 가운데, 호주를 포함한 태평양 일대의 섬들을 확보해서 완전한 방어권역을 형성하려 했던 것이다. 이러한 방어권역 형성을 위해서 일본은 남태평양 일대를 점령하고자 공세적으로 행동했다. 그러나 그것은 일본의 군사적 능력을 넘어서는 것이었고, 본래 계획했던 전쟁 목적을 넘어서는 것이었다. 점차 일본 지도부는 이 오류를 인식했지만, 너무 지나친 자신감을 가진 '승리의 질병'에 빠져 있었다. 이러한 일본의 노력은 1942년 말까지 지속되었는데, 오류를 수정하기에는 너무 늦었었다. 결과적으로 그것은 일본이 진주만 공격 이후의 성공을 지나치게 과신한 탓에 많은 지역을 확보하기 위해서 전력을 분산 운용하게 되었으며, 이로 인해 성공적인 방어를 할 수 없었던 점이 가장 뼈아픈 오류였다. 진주만 공격 이후에 이룩했던 성공의 기간은 실로 단명한 것이었다.

미국이 태평양 지역에서 일본의 야심을 신속하게 차단함으로써 미국과의 전쟁을 통해 목표를 달성하겠다는 일본의 기대감은 여지없이 무너졌지만, 양국 간의 충돌이 짧아질 것이라는 것을 의미하는 것은 아니었다. 일본은 전투가 교착상태에 빠지면 호기를 이용해서 승리하려고 끊임없이 시도했다. 일본의 목표는 계속적으로 미국과 충돌해서 미국에 막대한 피해를 입히고 전쟁을 포기하도록 하는 것이었다. 또한 일본은 이 전쟁을 통해서 최소한 한반도, 만주, 대만 그리고 중국에 대한 지배권을 유지하는 내부 권역을 끝까지 지키려 했다. 성과가 좋으면 최대한 남아시아 일대에서 알류샨(Aleutian) 열도로 이어지는 확장된 외부권역을 방어하려는 희망을 놓지 않고 있었다.

그러나 1942년 여름과 가을까지 치러진 미국과의 전쟁에서 받은 피해로 내외부 방어권역에서의 방어가 점차 어려워지기 시작했다. 미국은 일련의 승리에 만족하지 않고, 일본을 응징하기 위해 일본 본토에 대한 피의 전투를 고대하고 있었다. 양측은 각각 전쟁이 장기화될 것으로 인식하고 있었다. 일본은 미국의 강력한 공격에 관계없이 필사적으로 방어하였으며, 미국은 부대의 전진을 가속화하기 위해 신축적인 전략을 채택했다. 미국의 '섬뛰기'(island hopping) 전역계획은 보다 강력하게 방어 중인 섬들을 우회해서 선별된 표적에 대한 공격을 하는 것이었다. 1945년 초까지 미국은 일본 본토 가까이로 접근하면서 이오지마와 오키나와를 공격했다. 이 두 곳에서의 전투는 치열하면서도 많은 사상자가 발생하는 힘겨운 전투였다. 미국은 인명 손실의 발생이 불가피한 치열한 전투를 최소화하기 위해서 원자폭탄의 사용을 고려했다. 원자폭탄은 1945년 9월 공식적으로 태평양 전쟁의 종전을 가져 오게 하였으며, 이로써 일본의 선제에 대한 응징은 명확하게 달성되었다.

태평양에서의 일본이 달성한 초기 6개월간의 괄목할 만한 성공은 진주만 공격에서 시도한 선제공격으로부터 비롯되었다. 진주만에 대한 선제공격은 전사(戰史)에서도 매우 드문 사례이며, 선제의 목표를 정하고 공격해서 성공했으며, 실제로 이러한 목표들을 달성하기도 했지만, 이로 인해 일본은 아직까지도 재앙적인 패배의 고통을 받고 있다.

진주만에 대한 선제의 분석과 비판

일본은 아시아에서 혐오스런 서구열강의 영향력을 몰아냄으로써 도덕성을 새롭게 회복하고 서구 유럽의 식민지배 체제를 종식시키기를 희망했다. 일본의 이러한 시도는 기념비적인 의미를 갖고 있었는데, 어떤 측면에서 보면, 아시아의 토착세력, 위대한 아시아인들이 유럽의 지배에 맞서서 대항하는 것을 의미하고 있었기 때문이다. 그러나 이것은 일본이 내세운 것으로, 일본의 이익을 위한 것이었을 뿐 모든 아시아 국가를 위한 것은 아니었다. 일본의 이러한 시도에 예상했던 것처럼 서구열강은 기득권을 순순히 양보하지 않으려고 강력하게 저항했다. 이러한 저항에 부딪쳐 일본은 '일본의 자유'를 주장하면서, 일본의 생존을 위해서도 남아시아 지역에서 기득권을 확보해서 자국의 산업발전을 추구하려 했다.

남아시아 지역의 철, 강철, 석유, 고무 등의 천연자원의 확보 없이는 일본의 발전은 요원한 것이었다. 따라서 일본은 서구열강의 기득권을 바라만 보고 있는 것은 재앙을 불러오는 것이라고 판단했다. 이를 타개하기 위해서 일본은 아시아 지역에서 서구열강의 지배력에 도전해서 원하는 바를 쟁취하는 것 이외에는 선택의 여지가 없다고 생각하고 있었다. 초기에 일본 지도부는 협상과 외교를 통해 이를 해결하려 했지만, 이러한 노력이 실패하면서, 일본이 필요로 했던 자원과 재화는 점차 고갈되어 가고 있었다. 따라서 서구열강과의 전쟁은 불가피했다. 일본은 자국에 영향을 주는 재난과 싸우는 것이 아니고 재난을 가져다주는 원인과 싸워야 했으며, 그로 인해 또 다른 재난을 불러일으킨다 하더라도 명예를 가지고 이러한 원인과 맞닥뜨려야만 했다. 일본의 미래를 위해서 선제전쟁을 하고자 했던 것이다.

전쟁의 목적은 선제였고, 선제행동을 통해 전쟁을 개시하는 것이었다. 일본의 남아시아 진출에 있어서 거대한 적과의 충돌은 피할 수 없는 현실이었으며, 그것은 거대한 미국이었다. 미국은 강력한 영향력을 행사하고 있었고, 일본은 수차례의 모욕을 감내하면서, 서서히 미국과의 전쟁을 준비하기 시작했다. 미국은 혼란을 겪고 있는 유럽 대륙으로부터 이격되어 있는 가운데, 미국 국민들의 전쟁을 반대하는 정서는 높았지만, 미국 지도부가 해군력의 재건을 시도하고, 전쟁에 대비한 계획을 설득력 있게 실천해 가면서 서서히 수그러들었다. 미국의 재무장은 군비경쟁을 종식시키려 했던 워싱턴 조약과 런던 협약의 폐기를 의미했다. 일본은 시간이 흐를수록 월등한 자원과 재화를 가지고 있는 미국의 군사력을 따라갈 수 없다는 것을 잘 알고 있었다. 따라서 일본은 단기간의 노력으로 일정한 기간 동안만이라도 미국과의 대등한 군사력을 유지하려 했다. 이렇게 해서 시간이 흐를수록 직면하게 될 많은 문제들을 일거에 해결하기 위해서는 빠른 시간 내에 미국을 공격을 해야 한다는 수뇌부의 동의가 이루어졌다.

일본 입장에서 미국의 적대적 행위는 이미 한계를 넘고 있었다. 일본의 중국과의 전쟁에 미국이 중국을 도덕적·재정적으로 지원하면서 저항 의지를 고양시키고 있었기에 커다란 부담을 주고 있었다. 장제스 정부의 전쟁 지속력은 일본에게는 커다란 문제였다. 중국과의 계속되는 전쟁으로 일본의 군사력과 재정은 악화되고 있었다. 중국과의 전쟁을 하는 전반적인 목적이 중국을 장악해서 일본의 산업을 부흥시키려는 것이었는데, 오히려 전쟁이 길어지면서 어려운 상황에 직면하고 있었다. 일본 수뇌부는 이러한 이유로 중국 정부에 대한 외부 지원을 매우 심각하게 생각하고 있었다. 따라서 장제스 정부를 고립시키는 것만이 중국을 붕괴시키고 중국과의 전쟁을 종식하는 유일한 길이었다. 일본은 1937년 이후, 여기에 최우선 목표를 두었는데, 이것은 서구열강과의 더 많은 충돌이 불가피하다는 것을 의미했다. 영국과 프랑스는 일본의 중국 지원을 중단해 달라는 일본의 요청을 거절하면서, 그들의 식민지였던 미얀마와 인도차이나의 통로를 이용해서 중국을 계속적으로 지원하고 있었다. 영국이 일본의 위협으로 잠시 미얀마 루트를 이용한 중국 지원을 중단한 적이 있었지만 효과는 거의 없었다. 일본이 대중국 통로 장악을 위해 인도차이나를 점령했을 때, 미국은 보다 격앙된 적대감으로 반응하면서, 대일본 경제제재에 나섰는데, 이것은 일본 제국에 커다란 위협을 주는 것이었다. 미국의 이러한 행동은 일본에게는 대동아 공영권 설정의 실천을 방해하는 명백한 간섭이었으며 일본 경제의 생명줄을 위협하는 것이었다. 점차 일본은 오직 군사력에 의해서만 이를 확보할 수 있을 것이라는 생각을 하게 되었다.

미국에 의해 조성된 위협은 너무나도 명확했으며, 일본의 군 수뇌부는 어떻게 미국과 전쟁을 할 것인가를 심사숙고하기 시작했다. 그리고 해군 수뇌부는 해상에서 미국의 군사력을 무력화시키겠다는 선제공격 계획을 입안했다.

미국은 계속해서 일본을 압박하며 자극했다. 일본이 필요로 하는 자원들을 가지고 있는 인도차이나는 프랑스, 말레이는 영국, 동인도 제도는 네덜란드의 식민지였다. 일본이 자원 확보를 위해서 이들 식민지배 국가들을 공격하는 것은 결국, 이들 국가들을 지원하고 있던 미국과의 충돌로 이어지는 것이 불가피하다는 것은 명확했다. 남아시아의 서구열강들은 모두가 일본이 필요로 하는 것을 확보하지 못하도록 방해하고 있었다. 일본은 1939년의 제2차 세계대전 발발 이전부터 남아시아에서 서구열강을 여하히 제거할 것인가를 심각하게 고려하고 있었다. 나치 독일이 네덜란드, 프랑스를 점령하고 영국을 위협하는 상황으로 발전하자, 일본은 남아시아에서 입지가 약화된 유럽의 식민 지배국가들을 공격하기 시작했다. 일본은 이러한 공격을 하면서도 미국의 반응을 끊임없이 살펴왔다. 미국의 대중국 지원은 계속되고 있었으며, 영국과 프랑스는 일본의 팽창을 저지하려는 정서가 팽배한 가운데, 일본이 남방으로 진출하는 것은 이들 국가들과의 충돌뿐만 아니라 미국과의 충돌이 불가피하다는 것을 의미했기 때문이다. 일본은 자국의 생존을 위해서 남방으로 진출을 해야만 했고, 이를 위한 전쟁계획에는 미국과의 충돌도 포함하고 있었다. 일본의 입장에서 미국에 대한 선제공격은 일본의 미래를 보장할 수 있는 선제전쟁의 성공을 가능하게 하는 첫걸음이었다.

일본의 남방 진출 계획을 변경시킬 수 있는 중요한 고려사항들이 존재하고 있었다. 그것은 북방의 소련을 어떻게 처리할 것인가였다. 북방전선은 이미 일본의 계획에 많은 차질을 가져다주고 있었다. 일본에게 손실을 가져다준 소련의 1938년과 1939년의 군사적 성공과 새롭게 탄생한 소비에트 연방은 분명 일본에게 커다란 위협으로 자리 잡고 있었다. 이러한 적을 북방에 놓아두고 남방으로 진출한다는 것은 해결할 수 없는 군사적 재난을 자초하는 것이었다. 일본 전쟁 지도부는 이 문제를 심각하게 고려하면서 계획을 재검토했고, 독일이 유럽 대륙에서 조성하는 상황을 지켜보면서 방향을 정한다는 신중한 해결책을 선택했다. 일본은 동맹국인 나치 독일의 행동이 예측 불허한 것으로 생각하고 1939년 소련과 불가침 조약을 맺었고, 독일은 1941년 소련을 침공했다. 소련이 나치 독일과 죽음을 불사한 충돌의 상태에 있는 동안은 북방전선은 더 이상 문제가 되지 않았다. 따라서 일본은 소련과의 조약을 담보로 남방 진출의 길로 나아갔다.

당시 미국이 또다시 일본에 대한 압박 수위를 높이면서 남아시아에서의 전쟁은 현실화되었다. 일본이 남인도차이나를 점령한 후에, 미국이 일본으로 가는 원유 수송선을 차단했을 때, 일본에 대한 미국의 위협은 더욱 명확해졌다. 미국의 대 일본 경제제재는 일본의 경제적 취약성에 타격을 주었을 뿐만 아니라 A(America), B(British), C(China), D(Dutch) 국가들과의 위협에 직면하게 하였다. 미국의 경제제재는 특히 석유 분야에서 일본을 괴롭혔다. 그러나 미국과 영국은 대일본 경제제재 조치를 거기에서 그치지 않았다. 다른 국가들의 정상적인 일본과의 교역을 차단했고, 원유를 수송하는 데 필요한 강철 드럼의 수출을 금지시켰다. 이러한 미국의 대일본 경제제재에 네덜란드를 포함한 많은 나라들이 석유 수출 금수 등의 제제에 동참했다. 결국, 일본은 경제적 몰락의 위기에 직면하게 되었고, 이러한 경제적 의존도를 종식시키고 일본의 이익을 확보하기 위해서라도 가까운 미래에 행동에 나설 필요가 있다고 생각하게 되었다.

일본은 경제적 취약점을 해결하기 위한 합리적인 대안으로 '대동아 공영권' 논리를 주장했다. 미국의 일본에 대한 압박은 단지 일본의 주장을 더욱 확고하게 해주는 역할을 했을 뿐이다. 미국의 압박이 단기간에 종료되었다면, 일본의 미국과의 전쟁을 하겠다는 어리석은 노력을 주춤거리게 했을 수도 있다. 그러나 일본이 이러한 도전을 회피하는 것은 기대하기 어려웠으며, 일본은 선제전쟁을 통해 미래를 보장받으려 했다. 일본 해군이 단지 잠시 동안만이라도 미국의 군사력을 저하시키려 했다 하더라도, 이 과업은 매우 중요한 핵심사안이었다. 그렇게 하기 위해서 일본은 해상세력을 진주만 가까이로 접근시켜야 했다. 일본 해군이 하와이 해역의 진주만에 대한 선제공격은 태평양에서 전쟁의 주도권을 확보하고 미국의 전쟁의지를 약화시키기 위한 것이었다.

여러 면에서, 일본이 남아시아 지역에서의 행동은 방어적이었으며, 그들이 실천한 선제는 그런 측면에서 도덕적이었다고 주장하는 것은 커다란 모순을 가지고 있다. 일본이 주장하는 대동아 공영권의 번영은 모든 아시아 국가들의 보다 나은 삶을 위한 것이 아니었고, 단지 일본의 이익을 위한 변명이었을 뿐이었다. 일본이 중요하게 고려하고 있던 것은 경제적 자원이 있는 곳의 가치, 그리고 국가발전을 이룩하는 데 필요한 자원의 확보였는데, 제1차 세계대전 이후, 자원의 부족으로 고통을 겪었던 독일의 쇠퇴를 보면서, 일본은 이러한 문제들이 결코 일어나지 않도록 해야 한다고 믿고 있었다. 일본의 확장정책은 아시아 국가들을 점령해서 그곳의 국민들을 복속시키는 것은 물론, 지속적인 확장을 보장할 수 있도록 필요한 자원을 확보하기 위한 주도권을 유지하는 것이었다. 일본의 확장정책의 궁극적인 목적은 경제적 물자 확보를 위해 실천되었던 것으로, 이것을 서구열강의 주도권을 종식시켜서 아시아 국가들의 번영과 억압으로부터 해방시키겠다고 주장했던 것은 자신들이 마치 아시아 국가들을 위해서 자비로운 행동을 하는 것처럼 포장한 것에 불과했다. 일본의 행동은 필요에 의한 선제라 할 수 있지만, 태평양 지배를 확실히 하려는 목적을 가지고 있었기에 도덕성을 상실하고 있다.

일본의 재무장은 아시아 지역에서 지배력을 확고하게 하기 위해 필요한 해상전력 건설에 중점을 두고 있었다. 일본은 군비증강을 위해서 이미 발효 중에 있는 해군조약을 파기했다. 일본의 입장에서, 미국의 재무장 계획을 단지 일본의 군사력 건설을 견제하기 위한 것으로 보였다. 일본은 미국이 재무장 계획을 추진하기에 경제적인 부담을 안고 있던 시기인 1934년 해군조약의 탈퇴를 결정했다. 미국에서는 정부와 의회가 재무장의 시작과 중단에 관한 조율을 거쳐 경제 부흥을 위한 루스벨트 대통령의 장기정책을 승인했다. 일본은 1934년 이후, 보유하고 있던 해군력의 이점을 미국과의 전쟁에 대비해 최대한으로 이용하고자 갈망했다. 이러한 일본 해군전력의 우세는 미국의 위협이 임박했기 때문에 선제가 필요했다는 근거에 결함을 주는 것이었으며, 나아가서는 미국의 군비 확장을 촉발시키는 계기기 되었다.

일본 내부에서는 중국 문제와 관련해서 미국의 간섭이 도를 넘어서고 있다는 정서가 팽배했다. 미국의 중국에 대한 인도적 지원과 재정적 지원은 미국이 일본을 지원했던 것과 견주어 볼 수 있다. 미국은 일본에게 중국 공세행동의 자제를 주문하면서도 일본에 전쟁물자의 지원을 계속하고 있었다. 사실상 일본은 미국의 지원으로 중국에 대한 공세행동이 가능했다. 일본은 중국 문제에 대해 직면하고 있는 현실과 장차 예상되는 현실 모두를 너무 과도하게 받아들이고 있었다. 일본이 장제스 정부를 전복시키는 것은 도달하기 어려운 일이었다. 일본은 그럴 만큼의 충분한 군사력을 보유하고 있지도 않았는데, 이것만으로도 일본이 강대국이 아니라는 사실을 명백히 보여 주는 것이었다. 일본이 당시의 질서 속에서 좀 더 자신들의 목표를 낮추어 잡았더라면, 외교 경로를 통해 무역협정을 맺음으로써 목표를 달성할 수 있었을 것이다.

학자들은 세계적인 경제불황으로 조성된 경제적 여파가 일본 군국주의의 변칙적인 부흥을 가져왔다는 데 주목하고 있다. 이로 인해 일본에서는 전쟁을 통한 대외 정책이 힘을 받고 있었다. 그러나 일본의 사회적 현실은 사실상 그럴 만한 능력이 부족했다. 전쟁은 일본의 제한된 국력의 실상을 감추어 주었고, 경제적 고립을 극복하기 위한 기회주의적인 사고는 그들이 가지고 있던 문화적 자부심을 통해 현실적인 약점을 감추고 있었다. 일본은 1930년대에 경제적 자립의 필요성을 가지고 있었으나, 오히려 대동아 공영권을 위해 전쟁을 일으키는 어리석은 행동을 했으며, 결과적으로 약점을 극복하기 위해 전쟁을 선택함으로써 상황을 더욱 악화시켰다.

이러한 약점을 가지고 있던 일본에게 제2차 세계대전의 상황 변화는 많은 기회를 제공해 주는 역할을 했다. 영국, 프랑스, 네덜란드는 유럽에서 거의 패배에 직면해 있었는데, 이것은 아시아 지역에서 그들의 식민지를 유지할 수 있는 능력이 약화된 것을 의미했고, 일본으로서는 남방 진출을 위한 목적을 달성하는 데 필요한 유리한 상황으로의 변화이기도 했다. 단지 미국만이 일본에 걸림돌이 되고 있었다. 일본은 남방 진출을 위해서 미국을 비롯한 결속된 서구열강 세력을 넘어서야 했다. 일본이 추구했던 남방 진출과 중국과의 전쟁에서 승리하는 것은 결과적으로 미국과 이길 수 없었던 전쟁을 해야 하는 것을 의미했다. 일본은 미국과의 전쟁이 불가피했었다는 또 다른 구실을 찾고 있었는데, 그것은 미국이 일본의 팽창을 저지하기 위해서 자위적 방어 차원에서 조치했던 필리핀의 방공망 보강과 진주만의 태평양 함대의 재배치 등이 그것이다. 한편, 미국의 원유 금수 조치에 대한 보복은 일본이 남인도차이나를 점령한 후에 일본을 직접 겨냥한 것이었다. 일본은 왜 미국이 다른 서구열강의 식민지 지배국가들과는 달리 아시아 지역을 지배하지 못하게 방해하고 있는지에 대해 강한 불만을 갖고 있었다. 그러나 미국의 이러한 일련의 조치들은 결코 일본을 패망시키려 했던 것이 아니었다. 그리고 일본에 직접적인 위협이 되지도 않았었다. 일본이 극단적인 결심으로 치달았던 것은 그들의 팽창정책을 저지하고 있다고 믿고 있던 자신들이 만들어 놓았던 가치관에 기인한 것이었다.

일본의 전쟁 반대론자들은 일본의 미국에 대한 공격이 선제공격이라고 주장하는 것을 어리석은 행동으로 치부했다. 잠재적인 동맹국으로 볼 수 있었던 미국, 영국, 중국 그리고 네덜란드의 군사력은 일본에 큰 위협이 되고 있지 않았었다.

그러한 사례를 보면, 먼저 일본은 미국과 네덜란드가 함께 일본에 대한 원유 금수 조치를 시행하고 있다는 것과는 다르게 두 국가로부터 충분한 양의 원유를 공급받고 있었다. 물론 대일본 원유 금수 조치가 1941년까지 강력하게 시행되고 있었지만, 일본은 이미 충분한 양의 비축유를 저장하고 있었다. 둘째는 미국과 영국은 일본의 팽창을 저지하기 위해서 자국의 해군력을 역내로 전개하지 않고 있었으며, 심지어 미국은 필리핀을 포기하고 하와이로 물러나 관망하는 입장이었는데, 이것은 일본의 팽창을 저지하기 위한 소극적인 조치였다. 오히려 영국이 싱가포르를 중심으로 한 방어를 주장했으며, 식민지의 이권을 강력하게 주장하고 있었는데, 이는 미국 지도부의 심기를 불편하게 하는 것이었다. 당시 미국과 영국 간에 충분한 협조가 없었다는 점을 말해 주는 것이다. 세 번째는 역내 상황을 좀 더 크게 조망해 보면, 소련은 태평양 전쟁 마지막 날까지 일본의 팽창을 저지하기 위해 필요했던 서구열강과의 동반자 관계를 맺지 않았다. 이것은 일본이 1941년 12월 훨씬 이전에 소련이 서구열강 동맹의 하나로 일본을 포위하는 한 축을 담당하려 할 것이라는 생각과는 달리, 소비에트 연방으로 재탄생하여 역내의 동맹국 선상에 있지 않았던 것이다. 이러한 주변국 상황을 볼 때, 일본이 전쟁을 일으킨 것과 관련하여 분명하게 말할 수 있는 것은 일본은 자원이 필요했고 누구라도 일본의 자원확보를 위한 노력을 방해하면 결국은 적이라고 생각했다는 것이다. 이처럼 일본이 주장하고 있는 것들은 자신들의 팽창을 위한 기회주의적인 얼굴을 숨기고 있었기에 그들의 행동이 선제전쟁의 목적에 부합된다고 인정할 수 없는 것이다.

일본이 미국과의 전쟁은 피할 수 없었기 때문에 진주만을 선제공격했다는 논리는 이해하기 어렵다. 일본의 진주만 공격을 통해 시작된 아시아 태평양 지역에서의 전쟁은 어떤 면에서는 일본의 의도로 인해 피하기 어려웠다. 일본의 군 수뇌부는 진주만 공격과 더불어 남방 진출이 최종적으로 완성되기 전까지 북방 혹은 남방으로의 진출을 저울질하고 있었다. 따라서 중국과의 전쟁을 계속했으며, 북방에는 소련의 위협이 사라지지 않고 있었기에 일본이 주장하는 선제전쟁은 결국 ABCD 국가들의 세 개 전선과 공개적인 대치 상황을 만들게 된 것이었다.

일본은 12월 7일 다시 한 번 일본이 서구열강들로부터 포위되어 있다는 경각심을 가지고 있었는데, 이것은 그들 스스로가 만들어 낸 허구에 불과했다. 왜냐하면 일본의 전쟁은 진주만에 대한 선제공격으로부터 시작된 것이 아니기 때문이다. 진주만 공격은 전쟁이 계속되고 있는 가운데 단지 새로운 전선을 추가시킨 것일 뿐이었다.

일본이 미국과의 전쟁에서 '자위적 방어'라는 이름으로 선제를 택한 이유에 대한 변명 중에서 단지 일본 지배하의 아시아의 문화를 보존하려 했다는 주장에 정당성을 부여받게 할 수도 있겠지만, 일본 지배하의 아시아 국가들이 일본이 주장하는 '해방'과는 다르게 일본에 적극적으로 저

항한 것을 보면, 일본의 '아시아 문명의 수호'를 위한 것이었다는 변명은
이치에 맞지 않는 것이었다. 따라서 일본의 태평양에서의 선제는 스스로
조작해 낸 것에 불과할 뿐이다. 결국, 일본이 주장했던 세계적인 문명 중
의 하나인 '아시아 문명의 보존'이라는 것은 구실에 지나지 않았으며, 일
본이 추구했던 '희망적 진실'(hoped-for truth)은 거짓으로 귀결될 수밖에 없
는 것이다.

07

소련의 먼로주의

— 1939년, 소련·핀란드 간의 겨울전쟁

개 요

집중포격이 새벽 6시 50분에 시작되었다. 포격 후 1시간이 지날 즈음, 보병 지원을 받는 소련군의 전차 수백 대가 소련·핀란드 국경선을 넘어, 핀란드 방어선으로 접근해 들어갔다. 전방 진지에 있던 소수의 핀란드군은 거대한 규모의 병력이 보이자 겁을 집어 먹고 소련군이 방어선에 도달하기도 전에 도주하기 시작했다. 정말 인상적인 군사력의 전개였다. 소련의 공격은 소련·핀란드의 전 국경선에 걸쳐서 이루어졌다. 소련군 전투기들은 핀란드의 수도 헬싱키를 공습하였고, 저항은 거의 없었다. 그만큼 소련의 공중 우세를 말해 주는 것이었다. 사실, 양측의 현격한 전력 차이로 보아 핀란드가 이러한 소련의 대규모 군사력을 앞세운 맹공격을 저지할 수 있을 것으로 보이지 않았다. 그러나 소련군은 공격 개시 수일이 채 안 되어 주춤거리며 정지했다. 소련군 모든 대열이 핀란드의 저격수들에 의해 정지되었다. 핀란드의 스키 부대는 빠른 기동력으로 소련군의 대열을 끊임없이 괴롭혔고, 정지된 차량을 공격하거나 야간에는 포사격으로 무질서하게 이동하는 소련군 병력을 공격했다. 핀란드군들은 소련군 전차에 기어 올라가 지뢰나 화염병을 사용해서 파괴하였다. 이러한 소련군의 초기 우세의 상실은 모든 교전 지역에서 빈번하게 일어나고 있었고, 곧이어 소련군의 선제공격이 실패하고 있다는 것이 명확해지고 있었다. 그들은 이제 단지 목숨을 보존하기 위해 싸우고 있었다. 소련군의 선제공격은 예기치 못한 상황으로 변하고 있었다.

소련은 제2차 세계대전 초반에 별개의 전쟁을 핀란드와 치렀다. 이 별개의 전쟁은 소련과 독일 간의 불가침 조약으로 인해 발생했다. 두 국가는 1939년 8월 불가침 조약을 조인한 후, 다음 달에 폴란드를 분할했다. 소련 지도자 이오시프 스탈린(Iosif Vissarionovich Stalin)은 이제 소련 북동 지역의 국경선에 대한 안전을 확고히 할 수 있는 자유를 갖게 되었다고 확신했다. 발틱 국가인 에스토니아, 라트비아 그리고 리투아니아를 복속시킨 후, 그는 1939년 10월에 관심을 핀란드로 전환했다. 핀란드는 소련의 국가 방어를 확고히 하기 위해 필요한 지역으로 소련의 위성 국가로 편입되어야 했다. 핀란드는 소련의 영토 양보 요구와 핀란드 안전보장에 대한 제안을 거절했고, 양측은 전쟁을 준비하게 되었다.

양측 간의 교전은 11월 말에 시작되었으며, 소련은 신속하게 핀란드의 저항을 무력화시키고 장악하기 위해 대규모 지상 공격을 개시했다. 그러나 초기의 승리는 덧없는 것이었다. 소련의 지상군은 얼마 지나지도 않아 강력하고 능력 있는 적들과 절망적인 교전을 하고 있음을 인식하기 시작했다. 핀란드의 매서운 겨울이 시작되면서 소련군의 고통을 배가시켰으며, 핀란드가 승리할 수 있는 기회가 증가되고 있었다. 그러나 5주 후에 대규모 소련군 증원군이 도착해서 핀란드를 밀어붙이면서 핀란드도 지치고 말았다.

양측은 1940년 중반에 종전을 합의하게 된다. 결과적으로 소련이 1939년 이 겨울전쟁에서 핀란드에 승리했지만, 이 승리는 제2차 세계대전의 다음 단계에서 소련에 더욱 큰 문제를 안겨 주게 되었다. 독일이 1941년 6월 소련을 공격했을 때, 핀란드는 제3 제국의 자발적인 동맹국이 되었기 때문이다.

전쟁사 서적에서는 이 전쟁에서 핀란드인들이 소련군을 압도하는 영웅적인 투쟁들을 묘사하고 있다. 예측이 어려운 격변의 시기에, 민주주의가 소련의 침공에 의연하게 대응했던 것이었다. 핀란드의 저항은 실패로 끝났지만, 이 전쟁을 통해 적절한 지원만 있다면, 민주주의 국가들이 공산주의의 폭력적인 행위에 대항하여 승리할 수 있다는 것을 보여주는 메시지를 전달했다.

어떻게 핀란드인들이 소련의 승리가 확실했던 일방적인 전쟁에서 이겨낼 수 있을 정도로 치열하게 저항했는가를 설명할 수 있을까? 핀란드의 저항은 서구 민주주의 정신을 고양시켰고, 대서양을 지나 미국에까지 도달했다. 서구의 민주주의 국가들은 나치 독일이 승리에 승리를 거듭하며 전장을 장악해 갈 때, 진정으로 이러한 희망을 필요로 했다. 그때까지도 핀란드의 저항을 통한 조국 수호의 열망은 불확실했다. 독일의 공격이 시작될 때, 소련은 민주주의 국가와 동맹국이 되었으며, 영국과 미국은 이 침략국가와 공산주의 국가인 소련과의 부조화스러운 동맹관계를 관망하고 있었다. 그러나 민주주의 · 공산주의의 대결 구도로 성급하게 조망하기 훨씬 이전부터, 소련이 핀란드를 침공한 선제를 이해하는 데는 많은 쟁점을 안고 있다.

윌리엄 R. 트로터(William R. Trotter)는 이 전쟁을 기술한 『얼어붙은 지옥』(*A Frozen Hell*)에서, 소련의 대핀란드 외교는 전방방어를 추구하기 위한 것이었다고 주지하면서 "선제공격 전략의 숨겨진 내막"이라고 언급했다.[1] 안토니 F. 업톤(Anthony F. Upton)의 『핀란드 1939-1940』(*Finland 1939-1940*)에서는

1　William R. Trotter의 *A Frozen Hell: The Russo-Finnish Winter War of 1939-1940* (Chapel Hill, NC: Algonquin Books of Chapel Hill, 1991), 12쪽.

만일 핀란드가 1939년 이전에 독일의 계획을 수용했다면, "러시아는 핀란드 영토로 선제공격을 강제하려 했을 것이다"라고 언급하고 있다.[2] 이러한 측면은 소련은 적대세력이 핀란드 영토를 경유해서 소련을 공격할지도 모른다는 두려움으로 완충지대(Buffer Zone)의 확보가 필요했고, 스탈린은 적대국가가 핀란드 영토를 경유해서 소련을 공격할지도 모르는 상황이 일어나지 않도록 핀란드에 대한 공격에 집착했었다는 것이다. 이 장에서는 소련·핀란드 간의 겨울전쟁을 통해, 소련이 약소국인 핀란드를 상대로 대규모 선제공격을 한 이유와 그 도덕성에 대해 살펴보고자 한다.

소련이 선제를 선택한 이유

세계는 새롭게 탄생한 공산주의 국가인 소련의 의도에 대한 의구심으로 가득 차 있었다. 소련은 스탈린 시대에 서구열강들이 이미 점령했거나 영향력을 미치는 지역으로부터의 도발에 직면해서 공산주의 국가로서의 생존을 확실하게 보장받으려 했다. 문제는 어떠한 국가가 소련에 가장 위협을 주고 있는가 였다. 폴란드를 포함해서 독일은 반코민테른 동맹의 수장이었으며, 특히 소련의 국경을 위협하고 있었고, 그 영향력이 발틱 지역, 그리고 핀란드까지 뻗어 있었다. 또 다른 세력은 영국과 프랑스로서, 이들 국가들의 우세한 해상전력은 소련의 골칫거리였음은 물론, 이들 국가들은 해상에서의 이점을 이용해서 용이하게 북쪽으로 이동할 수 있었고, 이들이 핀란드를 협박해서 소련을 공격할 수 있는 발판으로 사용할 수 있었기 때문이다. 어떤 상황이든 간에, 소련의 입장에서 볼 때 핀란드는 소련의 안보에 예기치 못하는 위험을 줄 수 있는 지역이었다. 특히, 서

---

2   Antohny F. Upton의 *Finland, 1939-1940* (Neewark, NJ: University of Delaware Press, 1974), 17쪽.

부 유럽에서 독일과 영국·프랑스 동맹국 간의 전쟁의 결과에 따라서 다가올 현실일 것으로 생각했다. 전쟁에서 승리한 국가는 자유롭게 소련을 겨냥하게 될 것이기 때문이었다. 독일이 이기게 된다면 발틱 지역에서의 지상전은 대규모가 될 가능성을 가지고 있었고, 동맹국이 승리 한다면 해상세력이 핀란드 근해로 진출할 것이 확실했다.

소련이 국경 근처에서 이러한 거대한 위협을 고려하고 있는 동안, 핀란드는 소련 연방의 일원이 되기를 거부했다. 핀란드의 인구는 단지 300~400만에 지나지 않았고, 소규모의 군사력만을 보유하고 있어서 소련에 대한 잠재적인 위협은 극히 제한적이었다. 소련이 핀란드를 염두에 두고 가장 크게 고려하고 있었던 것은, 핀란드에 의한 공격이 아닌, 다른 열강이 핀란드를 점령하고 유리한 위치를 이용해서 소련을 공격하는 것이었다. 소련은 핀란드의 약한 군사력이 이러한 개연성을 갖고 있기 때문에 우려하고 있었다. 이러한 시나리오가 전개된다면 소련으로서는 저지가 곤란해지는 것이었다.

소련이 주도했던 핀란드와의 협상이 1939년 11월, 양국 간의 불화로 위기에 봉착했을 때, 핀란드 대표는 완강하게 소련의 침공에 저항할 것이라는 입장을 전달했고, 이에 따라 소련이 측방을 보강하기 위해 시도했던 지역을 확보하는 것이 어렵게 되었다. 소련은 핀란드의 저항은 필연적이겠지만 핀란드가 상대하기 어려운 우세한 군사력으로 핀란드를 공격한다면 손쉽게 방어선을 돌파할 수 있을 것으로 판단했다. 소련은 단번에 상황의 반전을 가져올 수 있는 특별한 대안이 나타나지 않는 한 무력으로 소련이 처한 어려운 안보 상황을 타개해야만 한다고 생각했다. 따라서 핀란드가 계속해서 소련을 거부한다면, 이러한 필요성에 의해 선제를 선택하고자 했다.

스탈린은 핀란드가 소련 영토 침공을 위한 발판이 되는 것을 방지하고, 레닌그라드(현재의 피터스버그, 핀란드 전 인구와 비슷한 350만 명의 인구, 그리고 러시아의 소중한 전통과 이념을 가지고 있는 상징적인 도시)로 접근할 수 있는 해상로를 보호하기 위해 핀란드 영토 내에 해군과 공군기지의 사용을 요청했다. 레닌 그라드는 소련의 무르만스크 항구 훨씬 북쪽에 위치하고 있으면서 소련 의 외부와 중요한 무역통로 역할을 하고 있었고, 따라서 핀란드는 다시 한 번 전략적 위협의 전진축을 제공해 주는 중요한 위치에 있음을 상기시 켰다.

소련의 입장에서 보면 핀란드를 점령하는 적대국은 유리한 위치에서 소련에게 타격을 가할 수 있었다. 이러한 문제를 해결하기 위해서, 소련은 비교적 제한된 영토를 필요로 했다. 따라서 소련은 핀란드에게 카렐리안 (Karelian) 지협으로부터 70km의 양도를 요구했는데, 이것은 레닌그라드로 부터 국경선을 핀란드 안쪽으로 70km 물러나 달라는 뜻이었다. 그리고 소련은 인근의 해상 통로를 차단하기 위해 발틱 해로 돌출된 바위지대에 위치한 핀란드 영토의 항코(Hanko) 항 양도를 주장했다. 이러한 방법으로 소련 해군은 레닌그라드로 접근하는 통로를 봉쇄할 수 있을 것으로 믿었 다. 두 번째의 항구로 포르크칼라(Porkkala)를 동일한 이유로 탐내고 있었 다. 핀란드 최북단의 영토를 양도하는 것은 리바치(Rybachi) 반도의 일부분 이 소련으로 귀속되는 것을 의미했고, 이를 통해서 소련은 무르만스크를 보호하면서 소련의 대서양 진출로를 확보하려 했다. 이러한 양도의 조건 으로 소련은 많은 핀란드인들이 거주하고 있던 핀란드 동쪽의 국경지역에 위치한 대규모 영토와의 교환을 다른 호의적인 조건과 함께 제안하면서 이것을 상당히 타당한 제안이라고 생각하고 있었다.

소련의 전략가들은 소련이 필요로 하는 조건을 충족하기 위해서 전 반적인 안보 구상을 핀란드와 협조하려 했다. 소련의 노력은 다른 국가의 영토에서 독일과 전쟁을 하려 한 것이었으며, 이러한 방법으로 소련 본토 가 전쟁으로부터 받는 피해를 분산하려 했다. 따라서 소련은 발틱 국가들 에 대한 통제를 필요로 했다. 그러나 소련의 생각은 단순히 완충지대를 구축하는 것이 아니었다. 소련은 독일이 공격해 온다면, 가장 가능성 있는 목표가 우크라이나일 것으로 판단했다. 이를 저지하기 위해서 소련은 독일이 소련 남쪽으로 공격할 때 발틱 3국을 발판으로 독일의 노출된 측방을 공격하고자 했다. 소련이 주장하는 '전방방어'(forward defense)를 완성하기 위해서는 독일의 공격이 이루어지기 전에 에스토니아, 라트비아, 그리고 리투아니아를 선제적으로 장악해야 했다.[3] 그리고 소련은 발틱 국가의 하나인 남아있는 핀란드를 포함해서 주변의 모든 국가들을 장악하려는 계획 하에, 곧 다가올 독일과의 전쟁을 준비하기 위해서 마지막으로 남아 있는 핀란드를 몰아붙였다.

그러나 핀란드는 발틱 국가의 일원이 아닌 스칸디나비아 국가의 일원으로 생각하고 있었으며, 소련과 발틱 국가들 간의 혼란의 소용돌이 속으로부터 비켜 나가기를 원하고 있었다. 핀란드는 1939년 초에 이러한 주변 상황의 변화를 우려하면서 이를 해소하고자 스웨덴에 접근했지만, 얻은 것이 별로 없었다. 스웨덴은 핀란드가 제안한 올랜드(Aland) 섬의 요새화에 대해 수용하기를 주저했다. 이는 양국 간의 전략적 완충지역으로 일련의 섬들이 산재해 있었는데, 핀란드의 요구를 수용하게 되면 이익에 배치되는 많은 나라들을 자극하게 될 것을 우려해서였다. 독일도 스웨덴의 철광석에 접근하는 것을 저지당할 수 있는 이러한 잠재적인 방어지대의 형성에 우려를 표명하고 있었다. 소련은 방어준비 태세를 통해 독일 혹은 영국의 공격을 저지할 수도 있으나, 공격 중에 있는 독일과 같은 나라가 핀란드를 침공해서 형성된 방어지대를 점령하고 중요지역을 확보한 이후에, 계속해서 레닌그라드로 진격할 것이라는 점을 우려하고 있었다. 영국 또한 지역 내의 이익 추구와 관련해서 핀란드와의 동맹을 반대했는데, 요새화된 섬을 독일이 차지하게 되면, 영국 해군이 독일로 수송되는 철광석의 통로를 차단하는 것이 불가능하게 될 것이라는 판단을 하고 있었기 때문이다. 스웨덴은 중립적인 위치에서 전쟁의 소용돌이에 말려들지 않기를

---

3   Carl Van Dyke의 *The Soviet Invasion of Finland, 1939-1940* (London: Frank Cass, 1997), 2쪽.

희망하면서 주저했던 것이다. 따라서 핀란드의 이러한 요청을 거절하지도 않았지만, 행동으로 옮기지도 않고 있었다.

이러한 이유들로 인해 핀란드가 원했던 스칸디나비아 국가들과의 동맹은 이루어지지 않았다. 핀란드의 이러한 행동은 소련의 경각심을 한층 더 고조시켰다. 스탈린은 핀란드가 향후 소련의 희생을 강요하게 될지도 모르는 섬의 요새화를 추구하고 있다고 생각했다. 그리고 핀란드의 이러한 행위는 독일의 보호를 받기 위한 첫 단계의 행동으로 보였다. 소련은 핀란드로부터 거절된 지역에 양측의 건설기술팀과 관찰팀을 두자고 제안하기도 했다. 이러한 핀란드의 외교적 노력과 이를 우려하는 상황들이 교차되면서 핀란드의 안보체제 구축을 위한 노력은 제대로 이루어지지 않았고, 소련으로 하여금 핀란드에 대한 선제공격을 고려하게 하였다.

핀란드는 소련과의 협상에서 강경노선을 계속해서 유지하면서, 소련의 영토 양도 제안을 거절했다. 단지 핀란드는 소련이 요구하는 제안 중에 일부에 대해서는 양보하겠다는 의사를 밝혔는데, 그것은 핀란드 만(灣)의 수어사리(Suursaari) 섬을 소련과 공유하고 카렐리안 지협을 연한 국경선의 12마일 조정만을 허용한 것으로 핀란드 본토와 북방의 리바치(Rybachiy) 반도에 대해서는 전혀 양보하지 않았다. 핀란드 정부는 군인이면서 정치가였고, 많은 업적을 남긴 야전사령관 만네르하임(Mannerheim)의 충고에도 불구하고 강경 노선을 유지했다. 만네르하임은 핀란드군의 준비되지 않은 상황을 강조하면서 소련과의 타협을 주장했다. 그는 또한 소련의 제안은 실제적인 가치를 가지고 핀란드의 안보에 영향을 미칠 수 있다고 주장했다. 궁극적으로 만네르하임은 소련과 타협을 통해 문제를 해결하지 않으면 도저히 이길 수 없는 소련의 침공을 불러들이게 될 것이라는 결론을 내렸다.

만네르하임의 양보 제안을 지원하기 위한 국제적 상황의 통찰력 있는 분석이 필요하지 않게 되었는데, 그것은 소련이 시도했던 독일 혹은 영국과 프랑스 등 서방국가 중의 한 국가와 협정을 맺기 위한 노력이 결실을 맺었기 때문이었다. 소련은 1939년 8월 24일 독일과 '불가침 협정'을 맺게 되는데, 이것은 독일이 원하는 것이기도 했다. 소련은 이 협정을 통해서 독일과 폴란드를 분할했고, 이어서 1939년 9월 25일, 발틱 국가들을 대상으로 행동을 개시했다. 발틱 3국은 저항하지 않았으며, 소련은 이들 국가들을 수일 내에 장악했다. 이때부터 핀란드는 명확한 소련의 다음 목표였다. 1939년 10월 5일, 스탈린의 막역한 측근의 하나였던 뱌체슬라프 몰로토프(Vyacheslav Molotov)는 핀란드대사에게 "확고한 정치적 문제들"을 논의하기 위한 회담을 요청하는 문서를 전달했다.[4] 그리고 소련은 그들의 요구사항을 반복하면서 핀란드를 압박했다. 핀란드는 독일에게 소련이 발틱 국가들을 강제적으로 편입하면서 위협을 주고 있다고 호소했으나, 독일은 소련과의 동맹관계가 확고하다는 외교문서를 10월 7일 핀란드에 전달하면서 개입할 의사가 없음을 분명히 했다. 따라서 핀란드는 고립무원의 상황에 처하게 되었다.

1939년 말에 소련은 독일과 불가침 조약을 맺은 후에 독일에 대한 우려를 하지 않고 핀란드를 향해 직접적인 압박을 가할 수 있는 최상의 기회를 맞이했다. 그즈음 소련은 일본과 만주에서의 국경분쟁을 종식시켰고, 이제 소련은 확실하게 핀란드를 굴복시키는 데 전력을 다할 수 있게 되었다. 소련은 핀란드에게 소련군의 진주를 허용하는 것은 소련을 외부 침공으로부터 방어할 뿐만 아니라 핀란드를 방어하는 것이기도 하다는 점을 강조했다. 그리고 과거 발틱 국가들에게는 허용하지 않았던 핀란드에 대한 내정 간섭을 하지 않겠다는 제안을 하면서 핀란드가 이를 받아들일 것으로 낙관하고 있었다.

핀란드는 역사적으로도 외부 세력의 공격에 매우 취약한 지리적 위치에 있었고 제1차 세계대전 이후에 공산주의자들과 반공주의자들 간의

4　Leonard C. Lundin의 *Finland in the Second World War* (Bloomington, IN: Indiana University Press, 1957), 51쪽.

투쟁을 포함한 치열한 내전을 겪은 후에 이룩했던 국가적 기반이 점차 악화되고 있었다. 이런 점을 고려했을 때, 소련의 제안은 소련의 위협으로부터 독립국가의 지위를 유지할 수 있는 일견, 파격적인 것이기도 했다. 사실 레닌은 핀란드를 소련에 의무를 다하는 충실한 새로운 국가로 즉각적인 인정을 했었다. 또한 핀란드의 공산화를 보장하기 위한 핀란드 내의 플로레타리아들의 저항이 활기를 띠기를 희망했었다. 이러한 그의 희망은 독일군이 적시적으로 개입하여 핀란드의 보수주의자들이 공산주의 운동을 제압할 수 있도록 지원하면서 어긋나게 되었다. 이때 살아남은 많은 핀란드 공산주의자들이 소련으로 망명했다. 이들은 20여 년이 지난 시기에 조국으로 돌아가 공산주의 정부를 건설하려는 열망으로 가득 차 있었다. 이들은 스탈린에게 핀란드를 공격해야 한다는 확신을 주었으며, 소련군이 진주하게 되면 많은 핀란드 국민들이 열렬하게 환영할 것이고, 통합의 의미로 소련군에 편입될 것이라고 스탈린을 설득했다.[5]

핀란드는 소련이 공격한다면 내부의 위협들로 인해 스스로 방어가 곤란한 구조적 모순을 가지고 있는 상태에서 어떻게 저항할 것인가 하는 암울한 상황을 맞이하게 되었다. 소련 입장에서는 쉽게 끝장을 낼 수 있는 핀란드 문제를 그대로 놓아두기에는 감수해야 할 것들이 너무 많았다. 소련은 그들이 가지고 있는 유리한 카드를 올바르게 사용해야 했고, 공격을 통해서 적은 대가로 핀란드를 장악하려 했다. 소련군의 공격에 가장 큰 장애는 핀란드로 진입할 때 만나게 될 눈 덮인 도로만이 있을 뿐이었다.

핀란드는 독일에 접근할 수밖에 없었고, 당연히 친독일 성향을 갖게 되었다. 1937년 8월, 잠수함으로 구성된 독일의 해군 전단이 헬싱키에 진입했다. 그 다음해인 4월과 5월에는 대규모 독일 사절단이 헬싱키를 방문해서 핀란드의 보수주의자들이 독일의 지원하에 공산주의자들을 격퇴함

---

5 Max Jakobson의 *Finland Survived: An Account of the Finnish-Soviet Winter War* (Helsinki: The Otava Publishing Company, 1961), 143쪽.

으로써 이루어 낸 성공적인 내전의 종식을 축하했다. 이어서 1939년 6월 독일 총참모장 할더(Halder)가 핀란드를 방문해서 카렐리안 지협 부근에서 실시된 핀란드군의 기동훈련을 참관하고 핀란드로부터 훈장을 수여받았다. 이러한 독일 대표단의 공개적인 대핀란드 외교활동은 소련이 공격하면 독일이 지원할 것이라는 의미를 내포하고 있었다. 소련은 이러한 공공연하고 공개적인 핀란드의 행동을 묵과할 수 없었다.

소련의 낙관적이었던 판단은 1930년대 중반에서 말기에 걸친 핀란드·독일 간의 관계에 의해 어려움을 겪게 되었다. 핀란드의 친독일 정책은 핀란드와 소련 간의 관계를 더욱 악화시켰다. 핀란드의 스빈허프드(Svinhufvud) 정부는 명확하게 친(親)나치 성향을 가지고 소련을 영원히 타협할 수 없는 적대국으로 간주하고 있었다. 그러나 소련은 1937년에 권력을 잡은 핀란드의 칼리오(Kallio) 정부가 독일의 야심에 의구심을 가지고 소련과의 관계 개선에 나설 것으로 기대하고 있었다. 소련이 기대한 바와 같이 칼리오 대통령은 권력을 장악하자마자 호의적인 신호를 보냈다. 그러나 독일의 할더 일행을 초청한 것은 명백하게 소련을 무시한 처사였다. 독일의 지원하에 핀란드군은 군사훈련을 실시하고 카렐리안 지협을 연하여 요새를 구축했으며, 핀란드 소년단은 노래를 통해서 파시스트가 임박하게 다가오는 공산주의에 대해 결연하게 승리를 한 것을 찬양했다. 소련은 핀란드가 중립적 위치에서 친독일로 기울어져 가고 있다는 것을 인식했다. 소련은 왜 독일군이 북방에 나타날 때까지 기다리고 있어야 하는가 하고 자문했다. 소련은 선제가 필요하고 그것도 신속하게 실천해야 한다고 판단했다.

사실 스탈린은 전쟁을 통해서 문제를 해결하려 하지는 않았다. 그는 그때까지도 양보를 하지 않고 있는 핀란드의 대표단에게 소련이 요청했던 항코에 주둔할 병력을 4,000명으로 축소하고 서부지역의 전쟁이 끝나면 반드시 철수시키겠다고 제안했다. 그리고 카렐리안 지협의 꼭 필요하다고 생각하는 작은 영토만을 양도해줄 것을 요청했다. 이것은 스탈린 입장에서는 커다란 양보를 한 것이었는데, 11월 3일 협상이 재개 되었을 때에도 핀란드는 여전히 입장을 바꾸지 않고 있었다. 스탈린은 소련의 안보에 필요하다는 점을 반복해서 주장하면서 핀란드에게 항코의 구매를 제안하기도 했다. 그러나 핀란드는 스탈린 이러한 제안을 거절함은 물론 항코가 아닌 다른 섬의 양도 가능성에 대한 요청마저도 거절했다. 스탈린은 11월 9일 최종 협상에서 항코를 지목하면서, "이 섬이 너희들에게 그렇게 중요하냐?"라고 격앙된 목소리로 소리를 질렀다.[6] 핀란드 대표단은 그들이 소련의 제안을 수용할 수 있는 어떠한 권한도 가지고 있지 않다는 답으로 일관했다.

스탈린이 핀란드와의 협상에서 상당한 융통성을 가지고 있었다는 것은 그가 초기에 요구했던 것과 비교해 보면 더욱 확실하게 알 수 있다. 초기에 요구했던 것은 양국 간의 상호방위협정을 포함하면서, 소련이 항코 섬에 3년간 병력 5,000명의 주둔과 핀란드 본토에서 가까운 항구에 소련의 함정을 전개할 수 있는 권리, 그리고 핀란드의 모든 섬을 포함하면서 카렐리안 지협의 소련·러시아 간의 국경선으로부터의 핀란드 안쪽으로 70마일의 영토 양도, 무르만스크 보호를 위해 리바치 반도의 일부를 통제하겠다는 것이었는데 이러한 요구사항에서 후퇴해서 단지 하나의 섬만을 요구했던 것은 사실 스탈린 입장에서는 엄청난 양보였었다. 그때까지 핀란드는 소련으로부터 보다 더 많은 양보를 얻어낸 후에 협상을 종결하려는 의도를 가지고 있었지만 스탈린의 요청은 최종 통보이기도 했다. 핀란드는 입장 변화를 거부했고 결국 핀란드 대표단은 11월 13일에 모스크바를 떠났다.

소련은 프랑스, 영국 등 서구열강들이 전쟁이 일어나면 핀란드를 지원하겠다고 약속한 것으로 인해서 핀란드가 더욱 완강하게 버티고 있다고 생각했다. 핀란드의 비타협적인 태도는 그렇게 설명될 수밖에 없었다. 스

---

6 Upton의 *Finland, 1939-1940*, 41쪽.

탈린은 이제 군사적 방법 이외에는 선택의 여지가 없다고 생각했다. 소련의 전방방어 전략의 일환으로 1939년 6월까지 핀란드를 점령하려는 계획은 독일과의 전쟁을 의미하기도 했다.

스탈린은 독일과의 적대관계가 형성되기 이전에 핀란드를 신속히 점령하고자 하는 새로운 계획의 수립을 명령했다. 소련의 총참모장 샤포스니코프(Shaposhnikov)는 소련·핀란드 전 전선에 걸쳐 주도면밀한 작전계획을 수립하면서 50개 사단의 규모를 투입하는 것을 건의했다. 이렇게 함으로써, 핀란드의 방어선을 신장시키고 핀란드의 저항의지를 약화시켜서 확실한 승리를 거둔다는 계획이었다. 그러나 스탈린은 이 계획이 너무 지나치다고 생각했다. 그는 소련군의 우세한 전력은 핀란드군을 압도해서 약소국 핀란드를 수일 이내에 붕괴시킬 수 있을 것으로 믿고 있었으며, 전쟁이 일어나면 대부분의 핀란드인들이 소련군을 해방군으로 환영할 것이며, 이러한 소련을 지지하는 세력들은 총구를 지주와 부르주아 계급으로 겨냥할 것으로 믿었다. 스탈린은 이러한 유리점이 있기 때문에, 레닌그라드 군구 전력만으로도 공격은 성공할 것으로 판단하고 실천에 옮기도록 명령했다. 레닌그라드 군구 사령관 메레츠코프(Meretskov)는 카렐리안 지협으로 진격하는 치밀하지 못한 공격을 계획했다. 그는 샤포스니코프가 성공적인 핀란드 침공에 필요하다고 주장했던 규모의 60%만을 전개했다. 이 공격계획은 1939년 7월 스탈린의 재가를 받았고, 전쟁이 발발하면, 단지 수 주일 만에 원하는 결과를 달성할 수 있을 것으로 기대했다.

핀란드를 장악하는 것이 손쉬울 것이라는 기대가 어리석었음이 전쟁 개시 후 얼마 되지 않아 나타나기 시작했다. 그러나 스탈린은 핀란드를 얕잡아 보면서 오만하게 개시했던 침공계획의 문제점을 지적하기보다는 전쟁 초기에 공격을 주저하면서 선제공격을 한 것에서 기인한 것으로 인식했다. 이것은 스탈린이 핀란드와 다시 한 번 협상의 여지가 있지 않을까 하는 희망을 가지고 있었다는 것을 말해 주는 것이었다. 사실 핀란드는 공격에 매우 취약했는데, 스탈린은 어떻게든 협상을 통해 문제를 해결하려 하다가 공격 명령을 내린 것이었다. 그의 핀란드에 대한 분노는 협상에 깊숙이 관여하면서 핀란드의 완강함으로 생긴 것이었다. 그의 핀란드에 대한 의심은 정점에 다다랐으며, 핀란드의 이러한 비타협적인 태도는 독일 혹은 영국, 프랑스로부터의 군사적 지원 약속에 근거를 두고 있다고 확신했다. 그렇기 때문에 핀란드는 소련의 안보에 명확한 위협을 주고 있다고 생각했으며 이러한 위협을 제거하기 위해서 필요한 군사력 사용을 주저하면서 승인했던 것이다. 독일과의 동맹관계에 있는 유리한 시기에 단숨에 핀란드를 공격해야 했으며, 시간은 기다려 주지 않을 것 같았다. 소련의 핀란드 공격은 서구열강이 핀란드를 발판으로 장차 소련을 공격하는 것을 방지하기 위한 목적을 가지고 선제적으로 시행되었다. 1939년 말의 세계 정세는 매우 긴박한 불확실성을 안고 있었으며, 이 시기에 소련은 향후 직면하게 될 위협을 사전에 제거하기 위해서 핀란드로부터 영토의 양보를 얻어내야 하는 것이 가장 큰 현안 문제이기도 했다.

소련의 선제공격 경과

소련이 주장하는 긴박하게 직면한 위협을 보여 주는 사건이 핀란드와의 국경지역에서 1939년 11월 26일 발생했다. 카렐리안 지협 인근 국경마을에 수 발의 포탄이 떨어져 수명의 소련군이 사망한 것이다. 소련 외무장관 몰로토프(Molotov)는 모스크바 주재 핀란드 대표단에게 핀란드의 국경선은 반드시 즉각적으로 뒤로 재설정되어야 한다고 주장했다. 핀란드는 이에 항변하면서 합동 조사를 요청했다. 그들은 이것이 소련이 새로운 협상을 통해서 핀란드의 양보를 얻어 내기 위한 날조된 사건으로 생각했다. 소련은 핀란드의 이러한 강경한 입장에 따라 군사적 수단만이 해결점을 찾을 수 있을 것으로 판단했다. 대규모의 소련군이 1,000km에 달하는 국경선을 연해서 11월 30일 핀란드에 대한 공격을 개시했다.

　　레닌그라드 군구의 병력들은 네 개의 축선을 따라 공격했다. 주공은 레닌그라드로부터 카렐리안 지협을 향해 공격했다. 주공을 지원하기 위해 한 개 군(軍)이 라도가(Ladoga) 호수 북쪽으로 전진해서 호수의 남쪽 해안에 걸쳐 있는 핀란드 방어선을 측방에서 공격할 계획이었다. 추가로 두 개의 군이 핀란드 중앙부를 공격해서 핀란드를 양분해서 스웨덴으로부터 지리적으로 고립시켜 외부 지원을 차단하는 것이었다. 또 하나의 군은 무르만스크를 보호할 수 있는 위치에 있는 북방의 페차모(Petsamo) 항구 방향으로 공격했다. 소련군은 병력 45만 명과 전차 2,000대, 항공기 1,000대를 동원했다. 핀란드는 단지 소집된 병력 18만 명과 소수의 구식 장갑차, 야포, 항공기를 보유하고 있었다. 전력의 불균형에 있어서 병력은 3 : 1, 전차 80 : 1, 야포 5 : 1, 항공기 5 : 1로 소련군은 엄청나게 우세한 전력을 보유하고 있었다. 소련군은 작은 노력과 희생을 통해서 승리할 것이라고 믿어 의심치 않았다.

　　소련은 여러 가지 이유로 약체인 핀란드군의 미약한 저항만이 있을 것으로 기대했는데, 북방의 라도가 호수 방향으로 두 개의 전진축을 통해 공격함으로써 카렐리안 지협의 핀란드 방어선을 양분하고 핀란드가 전력을 전환하지 못하게 되면 더욱 저항은 약할 것으로 생각했다. 그러나 소련의 다수의 축선에서의 분산된 노력은 핀란드의 신장된 방어선에 대한 공격의 이점을 상실하게 했다. 이러한 문제는 핀란드의 착잡한 산악 지형으로 인해 더욱 곤란에 직면하게 되었다. 핀란드 중앙과 북방으로의 공격은 단일도로 축선만을 사용해야 했고, 끝없는 산림지대의 착잡한 지형을 통과해야만 했다. 핀란드는 이러한 유리점을 이용해서 소련군의 공격 속도를 지연시키고 소규모의 부대로 거대한 소련군을 혼란시킬 수 있었다. 소련군의 전쟁개시 초기에 북쪽 라도가 호수 지역 방향으로의 전진은 핀란드군의 저항이 미약했기 때문에 사실 불필요한 노력이었다. 소련군은 북쪽에서 페차모를 점령했지만 이것은 아주 작은 전술적 승리에 불과했다. 핀란드 중앙에서 핀란드는 스웨덴의 지원을 받으면서 소련군이 핀란드 전력을 북쪽과 남쪽으로 양분하려는 시도를 성공적으로 저지했다.

소련군은 수 주일 동안 군사적으로 가치가 미약한 지역에서 전력을 낭비했던 반면에 핀란드는 전력을 보존하면서 양측이 가장 중요하게 고려하고 있던 레닌그라드 주변으로 전력을 집중적으로 운용했다. 핀란드의 망명자들에 의한 위협 또한 그 역할을 하지 못했다. 소련은 새로운 핀란드 정부를 내세웠지만, 지극히 소수의 핀란드인들의 지지만을 받고 있었다. 소련으로 망명했던 핀란드 공산주의자 오토 쿠시넨(Otto Kuusinen)과 소련의 지원으로 형성된 핀란드 정부의 지도자들은 아무런 역할도 할 수 없었으며, 이들의 영향력 또한 소련군이 진주한 지역에서만 효과가 있었다. 소련을 지원하리라 예상했던 핀란드 공산주의자들의 활동은 전쟁 초기단계부터 제한된 지역에서만 일어났다. 1939년 종전 후에, 스탈린은 이 점을 자인했다.

전쟁은 결국 레닌그라드 주변의 전역에서 결정될 수밖에 없었다. 소련은 수적인 우세 이외의 다른 이점을 이용할 수 없었다. 이러한 약점은 전쟁이 계속될수록 점차 명확해지고 피해는 더욱 커져갔으며, 핀란드 공격에 대한 불안감에 휩싸이게 했다. 소련군의 공격 접근로는 단지 70km의 폭을 가진 좁은 공간에서 명확하게 식별되었고, 핀란드군은 이 접근로를 연해서 성공적인 방어를 했다. 따라서 소련은 공격 초기부터 핀란드군의 강력한 저항에 부딪쳤다. 소련군의 장갑차와 포병, 보병 부대들은 핀란드의 방어선인 만네르하임(Mannerhein) 선을 맹렬하게 공격했지만 쉽게 극복할 수가 없었다. 소련군은 이 전선에 레닌그라드 군구 전력의 43%인 병력 20만 명, 전차 1,500대, 그리고 수백 문의 야포를 전개했다. 거기에 추가해서 기상이 허락하는 한 최대한의 항공 전력을 투입했다.

소련의 집중적인 전력의 투입도 핀란드 방어선에서 효과를 발휘하지 못했다. 단순히 수적인 우세는 소련군에게 엄청난 피해를 안겨 주었다. 공격개시 수 주일 만에 공격 기세를 상실했고, 더욱 치명적이었던 것은 엄청난 폭설로 인해서 도로 사용이 불가능해진 것이었다. 소련군은 지치고 당

황한 가운데 핀란드군의 끊임없는 공세행동으로 사상자의 수는 늘어만 갔
다. 자칫 핀란드의 반격에 위태로워질 수 있는 상황까지 와 있었다. 핀란
드군의 지휘관들은 자신들의 의도대로 소련군 전력을 분리시켰다. 제아무
리 끈질기고 강력한 공산주의자들이라 할지라도 지속되는 병력과 물자의
손실로 인해서 핀란드의 방어선을 돌파하는 것이 점점 더 어려워지고 있
다는 사실이 명확해지고 있었다.

　　소련의 핀란드 공격에서 기대했던 돌파가 전혀 이루어지지 않고 있
는 것은 국가적인 관심사항이 되고 있었다. 소련은 단지 수 마일만을 전진
한 가운데, 엄청난 대가를 치렀다. 소련군은 너무도 큰 피해로 인해 자신
들의 목표에 대해 저주를 퍼부으면서도 소련군 자체의 많은 문제점들을
반성하게 되었다. 소련군은 훈련, 리더십, 전술, 장비 등 여러 면에서 잘
정비되어 있지 않았다. 소련이 우려했던 점은 이러한 문제들이 단시간에
해결되지 않는 일이라는 점이었다. 스탈린은 이러한 점을 매우 우려했다.
소련의 핀란드 침공이 1939년 겨울 동안 얼어붙은 북쪽에서 격렬하게 이
루어지고 있는 가운데, 전 세계는 이 전쟁을 주목하기 시작했다. 프랑스와
영국이 독일과 교전이 없이 팽팽한 긴장만이 흐르는 '전투가 없는 전
쟁'(phony war) 상황에 있었기에 더욱 주목을 받았다. 스탈린은 핀란드와의
전쟁이 길어질수록 소련군의 전력이 약화될 것이며, 이것은 서부지역에서
독일 혹은 프랑스나 영국이 소련을 공격하려는 시도를 고양시킬 수 있을
것으로 생각했다. 따라서 빠른 시간 내에 핀란드와의 전쟁을 승리로 종결
시켜야만 했다. 스탈린은 감내하기 어려운 대규모의 사상자가 발생한다
하더라도 그렇게 해야만 한다고 생각했다. 소련의 선제는 엄청나게 비싼
대가를 요구했다.

　　소련의 신임 사령관 티모셴코(Timoshenko)가 전쟁으로 인한 손실에 대
한 책임을 지지 않아도 된다는 보장을 받은 후에 사령관직을 수락한 것은
이 점을 더욱 명확히 하고 있다. 이러한 냉혹한 현실은 소련군에게 다가올
새로운 공격에서 감내해야 할 운명을 대변하는 것이었다. 소련은 핀란드

와의 전쟁 초기에 경험한 실패로 인해 교리 개혁의 필요성을 인식하고 있었지만 제2차 공세를 시작했던 2월 11일까지의 단 20일 만에 달성될 수 있는 것이 아니었다.

제2차 공세는 60만 명의 병력과 2,000대의 전차를 카렐리안 지협을 연한 핀란드 방어선으로 투입시키면서 개시되었다. 소련군은 북쪽 방향의 공격을 중지하고 모든 역량을 레닌그라드 주변으로 집중시켰다. 대규모의 포병과 항공전력의 지원도 이루어졌다. 티모셴코의 전략은 병력과 장비의 피해에 대한 부담을 갖지 않은 가운데 대규모의 우세한 전력으로 방자를 압도하는 것이었다. 더욱 많은 소련군의 희생이 예상되었지만 스탈린에게는 외부세력이 개입하기 이전에 결정지어야 할 전쟁이었기에 어쩔 수 없다고 생각했다. 따라서 이러한 희생은 스탈린이 실천한 선제가 더욱 복잡한 상황에 휘말리기 전에 전쟁을 종결하기 위해서 필요한 가치 있는 대가에 불과했다. 이미 상황은 복잡하게 변화하고 있었고, 소련의 안보를 위해 시도한 선제공격으로 인해 자칫 소련은 위협에 직면하게 될 수도 있었던 것이다. 겨울전쟁은 진정 혹독한 대가를 치렀다.

소련군의 제2차 공세가 시작될 때, 핀란드 총사령관 만네르하임은 전쟁을 지속하기에는 시간이 제한된다고 판단했다. 그는 프랑스와 영국이 소련의 행동을 비난하고 있음에도 불구하고 동맹국들의 지원이 있을 것으로는 생각하지 않았다. 소련군은 핀란드가 일련의 방어 전투에서 승리하는 것에 관계없이 상황을 바꿀 수 있는 전력을 가지고 있었다. 그리고 소련군은 막대한 희생을 치르고서라도 전쟁에서 승리하겠다는 의지를 가지고 공격하고 있었다. 따라서 핀란드는 1940년 3월 중순, 소련과 타협을 했다. 사실 소련군은 제2차 공세가 시작된 달에도 커다란 성공을 거두지 못하고 있었다. 그러나 핀란드는 병력과 탄약의 고갈로 인해서 신장된 방어선이 돌파당할 수 있는 위기를 맞고 있었다. 핀란드에게 끈질기게 저항해서 승리를 하는 것은 의미가 없었다. 소련군의 공격은 계속될 것이 확실했으며, 소련의 대규모의 병력과 물적 자원의 격차를 극복한다는 것은 불가능했다. 소련이 핀란드와의 전쟁에서 치룬 대가는 실로 엄청났었는데 병력 4만 8,000명이 사망하고 15만 8,000명이 부상을 당했다. 이러한 대가는 단지 105일간의 전투에서 발생했다. 이러한 엄청난 대가를 치룬 스탈린의 선제공격은 과연 가치가 있었는지에 대한 의문을 갖게 한다.

소련의 선제공격은 성공했는가?

소련의 핀란드 공격이 성공했느냐에 대한 논의는 소련의 입장에서는 희생이 헛되지 않은 '성공'이었다. 전쟁에 승리하면서 스탈린은 핀란드에게 가혹한 요구를 했다. 핀란드만의 섬들은 전쟁 이전보다 더 많은 지역이 소련의 통제하에 남게 되었다. 또한 항코를 차지하고 이 항구를 핀란드 영토 내의 소련 거점으로 만들었다. 그리고 레닌그라드 주변의 라도가 호수 북쪽과 남쪽 모두의 대규모 영토를 할양받았다. 좀 더 북쪽으로는 일부 고지대를 장악해서 무르만스크와 레닌그라드 간의 철로를 보다 더 용이하게 보호할 수 있게 되었다. 그리고 리바치(Rybachiy) 반도를 포함한 핀란드 내륙의 일부 영토에 대한 통제권을 확보했다. 이 모든 성과는 소련이 전쟁 전에 안보를 위해 고려했던 요소들을 충족할 수 있었기에 성공했다고 볼 수 있다. 레닌그라드는 이전보다 더 안전해졌고, 무르만스크 또한 안전해졌다.

소련의 이러한 성공은 그러나, 선제의 가치에 대한 의문을 불러일으키고 있다. 핀란드는 스탈린이 특히 중요하게 고려했던 레닌그라드와 무르만스크, 두 도시에 대한 방어력 보강을 위한 완충지대의 역할을 했다. 그러나 소련의 방어지역 보강을 위한 완충지대를 확보하려는 노력은 전반적으로 부정적인 결과를 가져왔다. 그것은 소련이 1939년 핀란드를 공격한 이후에, 핀란드를 연해서 독일과의 전선이 생기게 된 것이었다. 사실 1940년 이전에는 독일이 군대를 핀란드에 전개할 계획이 없었기 때문에 소련이 1939년에 핀란드를 공격하지 않았다면 독일군의 핀란드 전개 가능성은 없었다. 1939년 소련의 공격 이후, 독일은 핀란드에 소규모의 군대를 전개해서 소련의 방어선을 신장시킬 기회를 찾고 있던 가운데 핀란드와 합의하에 독일군의 핀란드 주둔 계획에 합의했다. 그리고 독일은 핀란드에 군대를 주둔시킴으로써 스웨덴으로부터 독일에 이르는 철광석의 유입 경로를 보호하고자 했다. 소련은 정책의 실패를 인정해야 했다. 소련은 새롭게 확장된 영토를 보호하기 위해서 15개 사단 규모의 병력을 배치했다. 이것은 명백하게, 다른 강대국이 핀란드를 점령해서 이를 발판으로 소련을 공격할 수 있는 위협은 걱정할 정도는 아니었지만 발생할 가능성을 계속해서 남겨두게 된 것이었다.

그 가능성으로부터 더욱 상황을 악화시킨 것은 그 세력이 독일이라는 데 있었다. 1939년의 소련과의 전쟁에서 패배한 것에 대한 복수를 열망하고 있는 핀란드와 독일의 협력관계는 예상된 일이었으며, 핀란드에게 그러한 동기를 준 측면도 있었다. 사실 핀란드는 독일과의 협상에서 핀란드에 주둔하는 독일군 병력의 수를 최소화하려 했다. 왜냐하면 외부 세력이 자국의 영토에 주둔하는 것은 소련과의 관계에서와 마찬가지로 환영할 만한 일이 아니었기 때문이었다. 그리고 핀란드는 독일과의 협력이 소련의 또 다른 선제공격을 불러일으키지 않을까 걱정했다. 그리고 핀란드는 1939년 소련의 공격 이후 독일군의 핀란드 주둔을 통해서 독일과 소련의 경쟁관계를 이용하고자 했다. 이것은 소련은 그들이 피하고자 했던 위협이 오히려 다가오고 있음을 의미하는 것이었다. 따라서 소련의 핀란드 공격 이후에 나타난 결과는 소련의 선제전략이 이전에 없었던 위협을 만들게 됨으로써 실패했다고 볼 수 있는 것이다. 결국 위협을 제거하려 했던 선제의 진정한 목적과 상반되는 것이었다. 선제의 목적에 부합하는 성과를 거두지 못하고, 오히려 위협을 새롭게 조성한 것이었다.

독일은 핀란드와의 협력관계를 유지하면서, 소련의 동북방의 주요 도시를 1941년 6월 공격했다. 독일은 소련의 보급 물자를 양륙하는 중요한 항구인 무르만스크를 장악하려 했다. 독일과 소련의 전쟁 기간 중에 무르만스크는 동맹국의 장비 및 물자의 수송 항구 역할을 했다. 소련은 독일과의 전쟁 초기 2년간 수많은 항공기, 트럭, 전차, 그리고 보급 물자들이 맹렬한 독일군의 공격으로 극심한 피해를 당했다. 이러한 물자들은 소련이 전쟁을 수행하는 데 필수적인 것들이었다. 또한 무르만스크는 소련군의 전차를 생산하는 중요한 군수도시의 역할과 전쟁물자를 보급하는 중요한 지역이었다. 독일군은 도시를 장악하기 위해 치열하게 공격했지만, 소련군의 필사적인 저항으로 실패했다. 소련은 1939년 소련이 핀란드를 공격할 때 경험했던 착잡한 지형의 이점을 이용하면서 저항하여 독일군의 공격 기세를 꺾었다. 그리고 핀란드와의 전쟁으로 확보한 지역의 이점을 이용하면서 무르만스크를 경유한 철도망을 유지할 수 있었다. 그러나 엄청난 피해를 감수하면서 무르만스크 방어에 성공했다 하더라도 소련이 핀란드에 대한 선제공격으로 얻은 것이 무엇이었는가에 대한 의문을 불러일으켰다. 왜냐하면 소련이 1939년에 핀란드를 공격하지 않았다면, 독일은 무르만스크 혹은 레닌그라드를 연결하는 병참선을 위협하는 위치에 전개하지 않았을 수도 있었기 때문이다.

독일은 레닌그라드에 대한 강력한 공격도 시도했다. 독일군은 1941년 9월 첫째 날에 접근을 시도했지만 도시를 장악하지 못했다. 독일군은 도시 내부로 접근하는 대신에 포위를 한 가운데 포격으로 아사 상태를 조성함으로써 항복을 유도하려 했다. 이러한 독일군의 공격으로 레닌그라드는 약 900일간 고립되어 저항하는 어려운 시련을 겪었다. 이 시기에 핀란드는 레닌그라드 북쪽 및 북동쪽 방향에서 공격했는데, 독일군이 인접해 있지 않으면 공격을 중단하곤 했다. 그리고 독일과 핀란드가 카렐리안 지협을 경유해서 도시를 공격해 들어가는 상황은 이루어지지 않았다. 따라서 레닌그라드는 핀란드군의 이러한 행동으로 인해 북쪽으로부터의 강력한 압박은 받지 않았다. 이것은 핀란드가 레닌그라드에 대한 직접적이고 강력한 압박을 하지 않았던 것은 자신들의 허락 없이 레닌그라드 공격을 위해서 핀란드의 영토인 카렐리안 지협을 외국군이 사용하는 것을 거부하기 위한 것이었다. 이것은 다시 한 번 소련의 핀란드에 대한 선제공격의 가치에 대한 의문을 던져 주는 것이기도 했다. 게다가 핀란드군은 독일군이 레닌그라드를 남쪽에서 고립시켰을 때, 북쪽에서 도시가 처한 곤경을 완화시킬 수도 있었다. 그러나 이제는 핀란드군이 레닌그라드 북쪽지역에서 소련군을 견제하면서 스탈린이 레닌그라드에서 발생하고 있는 막대한 피해를 두려움으로 지켜보게 하고 있었다.

소련은 레닌그라드에 대한 처절한 방어전투는 소련의 북쪽 방어선을 지탱할 수 있는 저항선의 역할을 했다. 1939년에 핀란드와의 전쟁으로부터 확보한 섬들은 레닌그라드의 성공적인 방어를 위해 제대로 역할을 하지 못했다. 다시 말하면 거의 쓸모가 없었으며, 독일이 발틱 국가들을 경유해서 소련의 본토로 진격하는 것을 막지 못했다. 사실 1939년 소련ㆍ핀란드 전쟁을 치열하게 이끌게 한 원인이기도 했던 항코 항의 소련군 진지는 독일과의 전쟁시에 전혀 역할을 하지 못했다. 소련은 에스토니아의 탈린(Tallinn)을 상실한 후 이 지역을 포기했다. 항코는 탈린 반대편 해안의 측후방에 위치하고 있었다. 마찬가지로 핀란드만의 대부분의 섬들은 제구실을 하지 못했다.

많은 소련군 장군들은 소련에 대한 위협을 차단하기 위한 완충지대를 확보하고자 실천했던 핀란드와의 전쟁에 동조하지 않았었다. 이들은 독일군의 기동계획을 예측하고 있었기 때문이다. 사실 극단적인 아마추어적인 사고로 결정된 핀란드에 대한 공격계획의 합리성에 대해 많은 사람들이 의구심을 갖고 있었다. 이 자체는 선제에 대한 저주스러운 보답이기도 했으며, 수많은 인명을 손실하고 얻은 것들 중의 하나였던 핀란드만의 섬들의 가치는 두려움에 떨면서 고립되어 가고 있는 레닌그라드의 위협을 해소하는 데 전혀 도움이 되지 않았던 것이다. 반면에 독일은 에스토니아의 발진기지를 이용해서 발틱 해를 통해 소련 함대를 위협하면서 레닌그라드를 고립시켰다.

소련이 1939년에 핀란드와의 전쟁으로 확보한 영토는 치룬 대가에 비해 아주 적은 보상일 뿐이었으며, 설정된 완충지대는 북쪽에서 전혀 가치가 없었다. 그리고 핀란드와의 전쟁으로 핀란드를 독일의 편으로 돌아서게 했고, 이로 인해 이전에 없었던 새로운 적들과의 전선이 형성되었다. 다른 세력들이 소련·핀란드 전쟁기간 중에 핀란드를 지원하기 위해 참전을 고려하면서 새로운 위협은 더욱 불거졌다. 1939년 말에 프랑스와 영국은 핀란드의 민주주의를 지원하기 위해 5~6개의 사단을 핀란드에 전개하는 것을 고려했었다. 이들 동맹국들은 병력 전개를 위한 수송 문제와 스웨덴의 중립성을 훼손해서 전쟁이 확산되지는 않을까 하는 우려로 이 계획을 중단했었다. 이러한 우려는 영국과 프랑스가 일치된 견해를 갖고 있지 않았던 점에 의한 것이기도 했다. 대신에 이들 국가들은 핀란드의 방어력을 보강시킬 수 있는 물자와 장비, 특히 항공기 등을 지원했다. 동맹국들의 병력이 전개되지 않았음에도 불구하고, 3만~5만 명의 동맹군이 핀란드에 전개한다면 이것은 스탈린의 계획을 충분히 방해할 수 있는 전력이었다. 이것은 동맹군 병력의 규모에 의한 것이 아닌, 스탈린이 생각했던 소련의 위협을 제거하기 위해 선택했던 선제의 동기가 빈약했다는 것을 보여 주는 것이다. 동맹국들은 소련이 핀란드를 공격하기 이전에는 전쟁에 개입할 계획을 갖고 있지 않았다. 이러한 전반적인 상황을 살펴볼 때 소련의 선제는 총체적인 실패였다고 할 수 있다. 결국 소련이 선택했던 선제로 자신들이 약화시키려 했던 위협들을 자극했고, 프랑스와 영국의 개입을 가져왔으며, 소련에 커다란 위협을 주었던 독일로부터 시련을 당하게 되었다.

소련의 1939년 핀란드에 대한 선제공격은 실패했지만, 단 하나의 긍정적인 점이 있었다. 소련이 핀란드를 공격할 때 경험했던 빈약한 군사력 운용은 전쟁 이후에 대규모의 개혁을 가져오게 했다. 이 전쟁 이후에 소련은 병종간의 협동작전 능력을 크게 향상시켰고, 기갑, 보병, 해상, 공중 전력들 간의 합동작전 능력 또한 크게 발전시킬 수 있는 계기를 마련했다.

집단군의 공격전술은 교리로 정착되었고, 무기의 현대화를 통해 희생을 완화시키게 되었으며, 위장전술의 강조와 무모한 정면공격을 지양하게 되었다. 소련은 핀란드와의 전쟁 이후에 많은 장교들을 숙청함으로써 일시적으로 군 리더십에 손상을 받았지만 얼마지 않아 지휘체계를 재정비했다. 또한 장비 및 보급물자의 질도 크게 개선되었다. 소련은 핀란드 전쟁으로부터 경험했던 교훈을 통해 군사력 운용 전반을 정비함으로써 1941년 독일과의 전쟁을 버텨낼 수 있었다. 그러나 소련이 핀란드에 대한 선제공격으로 얻은 간접적인 이점이 소련의 선제가 전략적으로는 실패였다는 것을 변명해 줄 수는 없었다.

소련이 선택한 선제의 분석과 비판

1939년 겨울까지, 소련은 더 이상은 무시할 수 없는 위협에 직면하고 있다고 믿고 있었다. 소련의 적들이 핀란드를 경유해서 소련이 운명을 좌우할 수 있는 중요한 지역으로 가까이 접근해 올 것이라는 고민이었다. 레닌그라드는 인구가 밀집되어 있으며 경제적으로도 매우 중요함은 물론 역사적으로 그리고 상징적으로도 매우 가치가 높은 도시였다. 이 도시가 핀란드를 경유한 적들로부터 직접적인 위협을 받게 될 것이며, 적들이 침공한다면 방어에 취약하다는 것이었다. 소련의 북쪽에 있는 무르만스크 역시 중요한 경제적 중심지이면서 외부와의 연결 통로 역할을 하고 있는 절대 잃어서는 안 되는 지역이었다. 적들이 핀란드를 발판으로 공격하게 되면 소련은 아마도 붕괴될 수도 있다는 인식을 가지고 있었다. 이러한 위협을 제거하기 위해서는 다른 국가들이 핀란드를 선점해서 소련을 공격하기 이전에 먼저 선제공격을 해야 했다.

소련은 전쟁을 시작하기 전에 핀란드와의 협상을 통해서 양측이 만족하는 결과가 얻어지기를 희망했지만, 핀란드는 소련의 요구를 거부했다. 핀란드는 소련이 핀란드 영토의 일부였던 중요한 섬들을 점령하고 소련 해군이 해상으로부터 접근하는 적대 세력들을 저지하기 위한 것이라는 명목으로 주둔을 희망하는 항구의 사용을 거부했다. 스탈린은 핀란드만에 있는 섬의 사용 여부에 대해서 많은 융통성을 가지고 핀란드를 달래면서 성과를 얻어내려 했지만 핀란드는 그의 모든 요청을 거절했다. 스탈린이 요청했던 레닌그라드와 무르만스크 방어에 도움을 줄 수 있는 특정한 지역에 대해서도 전혀 양보를 하지 않았던 것이다. 또한 소련이 제안했던 핀란드와의 상호 영토 교환 조건도 받아들이지 않았다. 소련이 제시했던 교환 조건은 그들이 요청했던 핀란드 지역의 영토보다도 훨씬 큰 면적의 광활한 영토였다. 스탈린의 이러한 접근은 약소국 핀란드와의 협상에서 매우 관대한 융통성을 가지고 협상하려 했던 것을 보여 주는 것이었다.

소련의 핀란드와의 협상은 두 가지 측면으로 요약해 볼 수 있다. 첫째는 스탈린은 핀란드 자체만의 소련에 대한 직접적인 위협은 고려하지 않고 있었다. 그는 핀란드군은 전력이 약하고 열악한 무기 및 장비를 보유하고 있을 뿐이어서 레닌그라드 혹은 무르만스크에 위협을 줄 수 없다고 생각했다. 이러한 핀란드의 군사적 약점이 소련이 핀란드 문제를 다루는 데 정책의 핵심이었다. 즉 여타 강대국들이 핀란드의 이러한 약점을 이용해서 손쉽게 점령할 수 있다는 것이었다. 핀란드를 점령한 강대국은 핀란드를 발판으로 소련을 향해 직접적인 공격을 할 수 있다는 것이었다. 당시의 국제상황은 팽팽한 긴장 속에서 폭발 직전에 있었고, 1939년 9월 시작된 제2차 세계대전에서 어느 쪽이 승리를 하는가에 관계 없이 핀란드로부터의 위협은 실제로 일어날 가능성이 있는 것처럼 보였다. 따라서 소련은 핀란드로 인해 야기될 수 있는 최악을 상황을 염두에 두고 핀란드에게 소련군의 주둔을 요청했던 것이다.

두 번째는 스탈린의 입장에서 볼 때 이치에 맞지 않는 핀란드의 협상 거부에 대한 불신이었다. 그가 소련의 입장을 설명하면서 완곡하게 요청을 하는데도 핀란드는 전혀 양보하지 않았다. 스탈린은 핀란드의 이러한 행동이 다른 강대국과의 협력 관계를 염두에 두고 고집을 부리는 음모의 증거라고 생각했다. 즉 독일군이 동쪽에서 이동하게 되면 핀란드 영토 내로 독일군을 받아들일 의도가 있거나, 아니면 영국이 소련과의 북쪽 지역에서 전쟁을 하기 위해서 핀란드를 이용할 수도 있을 것으로 생각했다. 당시 핀란드의 완강한 행동은 소련으로 하여금 이러한 두 개의 가능성에 대한 믿음을 갖게 했다. 왜냐하면 핀란드 정부는 정치적 성향에 관계없이, 강력한 친독일 노선을 보이고 있었기 때문이다. 1933년부터 나치 독일은 시간이 갈수록 강력해지고 있었으며, 핀란드는 이러한 독일군 대표단을 초청해서 독일의 용맹성을 칭송하고, 핀란드에서의 군사적 기동을 허용하고 있었다. 이러한 핀란드의 행동은 분명히 소련을 향한 직접적인 시위이기도 했다. 소련이 1939년에 나치 독일과 상호 불가침 협정을 체결하면서 더 이상의 독일군을 이용한 이러한 시위는 없어졌지만, 여전히 스탈린은 영국과 핀란드 간의 협력 관계의 가능성에 대해서 의심하고 있었다. 소련은 왜 핀란드가 소련과의 협력은 배제하고 있는가에 대한 의심을 가지고 있었으며, 핀란드를 완전히 격리시키거나 패배시키기 위해서라도 무력 사용의 여부를 고려하기 시작했다.

스탈린은 독일, 프랑스, 영국이 협력해서 소련에게 위협을 줄 수 있는 여러 가지의 상황 변화 가능성을 고려했다. 이들 국가들은 1938년 협력해서 중부 유럽의 유일한 동맹이었던 소련을 협상 테이블로 부르지 않고 체코를 해체한 바 있었다. 따라서 이들 국가들은 1939년에 핀란드에 영향력을 행사하려는 협정을 체결할 가능성도 있었다. 유럽 대륙의 암울한 시기에 팽팽한 긴장을 유지하고 있는 가운데 전쟁으로 치달을 수 있는 시기에 독일, 프랑스, 영국의 3국이 체결한 뮌헨 협정은 조만간 소련을 삼키려는 의도를 담고 있지는 않은지 하는 우려를 갖게 했다. 사실 당시 상황으로 보아 그럴 만한 가능성이 있을 것으로 비추어졌고, 서부 유럽의 연합전선이 핀란드를 발판으로 소련을 공격할 수도 있을 것으로도 보였다. 소련의 입장에서는 이러한 상황이 무르익기 이전에 회피할 필요가 있었다. 따라서 북쪽으로부터의 예기치 못한 순간에 도래할 수 있는 위협을 제거하기 위해서는 강력하게 핀란드를 선제공격할 필요가 있었다.

　서부 유럽에서 열강들이 서로 전쟁을 치르고 있는 시기는 소련에게는 반가운 일이었다. 전쟁으로 이들 국가들이 고착되면 소련에게 위협을 줄 수 없었기 때문이었다. 그러나 스탈린은 이러한 열강의 대치 상황은 얼마 되지 않아 종결되고 전쟁이 끝나게 되면, 승리한 국가는 더욱 강력해져서 소련을 직접적으로 위협할 것으로 생각했다. 스탈린은 이것을 대비해야 한다고 생각했다. 히틀러와의 불가침 협정을 맺으면서, 소련을 수호할 수 있는 호기가 도래했다고 보았다. 소련은 전방방어 전략의 한 부분으로 이웃 국가들을 무자비한 강압으로 혹은 설득을 통해서 동의를 받아내야만 했다. 에스토니아, 라트비아, 리투아니아가 스탈린의 요구를 받아들였지만, 핀란드는 그렇지 않았다. 핀란드의 이탈이 가장 핵심적인 사안으로 대두되면서, 잘 계획된 '전방방어' 전선을 형성하는 데 영향을 주는 취약한 아킬레스건이 되었다. 서부 유럽이 전쟁의 소용돌이에 휘말려 있을 때에도 핀란드의 저항은 완강했고, 따라서 선제행동의 시간이 다가왔던 것이다.

　핀란드가 소련과의 협상을 거부하고 그로 인해서 소련이 1939년 11월 30일에 핀란드에 대한 선제공격을 하게 되었던 이유를 보면, 당시 핀란드는 소련이 핀란드 영토 내에 단지 몇 개의 군사기지만을 설치하려 하는 것이 아니라는 의심을 가지고 두려워했기 때문이다. 여러 가지 원인들을 살펴보면 핀란드의 이러한 의심은 타당한 것이었다. 핀란드는 발틱 해 주변 국가들인 에스토니아, 라트비아, 그리고 리투아니아가 소련이 주장하는 '전방 방어'의 구실에 따라서 자국의 영토에 소련군의 주둔을 허용하면서 주권을 잃고 있는 것을 눈여겨보고 있었다. 핀란드도 소련군의 주둔을 허용하게 되면 이들 국가들과 마찬가지로 독립국가의 지위를 상실하고 소련의 위성국가로 추락하게 되는 것이었다. 핀란드는 소련과의 동등한 지위를 유지하고자 했다. 게다가 소련이 요구하는 지역은 핀란드가 안보를 유지하는 데 있어서 필수적인 지역이었다. 소련에게 이들 지역을 양보하게 되면 카렐리안 지협의 후방전선에 심대한 취약점을 노출시키게 되고, 이로 인해 핀란드가 자부심을 가지고 있는 만네르하임 방어선이 무용지물이 되는 것을 의미했다. 소련이 핀란드의 항구를 사용하게 되면 소련은 핀란드 내의 군사기지 증강을 위해 지상군의 유입을 시도할 것이고, 결국에 가서는 핀란드를 다른 발틱 국가들에게 했던 것처럼 합병하려 할 가능성이 컸다. 소련이 제시했던 영토 교환 조건 역시 핀란드의 방어선을 약화시켜서 결국에는 아무것도 할 수 없게 된다는 것을 의미했다. 핀란드의 입장에서 소련의 요구에 굴복하는 것은 핀란드의 안전과 독립에 커다란 해악을 주는 것이라고 판단한 것은 당연한 것이었다. 스탈린의 주장은 그가 융통성 있게 많은 것을 양보하면서 관대한 것처럼 보이지만 그가 현실을 간과하고 자신에게 편리한 방편을 구사한 것에 불과했다.

　핀란드가 생각했던 방어에 유리한 지역은 전쟁 중에 양측에게 매우 중대한 영향을 주었다. 소련은 매우 어려운 환경하에서 공격을 해야만 했다. 핀란드의 혹독한 겨울의 강설은 도로를 봉쇄했고, 도로를 벗어나서는 울창하고 착잡한 산림지대와 호수 등을 극복해야 했기 때문에 부대의 전진은 많은 방해를 받았다. 이러한 지형 현상은 방자에게 두 가지의 유리점을 주었다. 첫째는 전차의 사용이 불가능했고, 둘째는 정해진 통로로만 병력의 기동이 제한됨으로써 핀란드군은 살상지대를 운용할 수 있었다. 핀란드군이 수적인 열세와 구식장비로 무장하고 있는 가운데에서 이러한 자연환경은 소련군의 기계화 부대를 무력화시키고 포병의 사격효과를 감소시켜 주는 진정 가치 있는 협력자였다. 다시 말하면 핀란드는 자신들이 원하는 시간과 장소를 선택할 수 있었으며, 수적인 열세와 자원의 제한을 지형이 주는 유리점을 이용해서 대등한 전력운용의 효과를 발휘하게 해 주었다. 핀란드는 자연환경을 이용해서 강력한 방어체계를 준비할 수 있었던 것이다. 게다가 핀란드 지도부는 더욱 방어에 유리한 시기인 겨울에는 소련이 공격을 하지 않을 것으로 판단했다. 따라서 소련과의 협상을 거부하면서 1940년 봄이 올 때까지는 별탈이 없을 것으로 판단하고 있었다. 그러나 스탈린은 핀란드와의 협상이 불가능하다는 현실에 부딪치면서 참을성을 잃게 되었다.

핀란드가 소련과의 협상을 거부하면서 고려했던 대부분의 일들이 맞아 들어갔지만, 소련이 봄에 공격해 올 것으로 판단했던 것은 어긋났다. 소련은 예상과는 다르게 겨울에 핀란드에 대한 공격을 개시한 것이다. 이것은 핀란드가 스탈린이 협상을 통해서 문제를 신속하게 해결하려 했던 의도를 간과했기 때문이었다. 소련의 입장에서는 핀란드의 이유 없는 저항을 신속히 장악하기 위해서라도 핀란드가 고립되어 있을 때 전쟁을 개시하려 했던 것이다. 스탈린이 독일과의 불가침 조약을 맺음으로써 독일의 개입 가능성을 배제시킨 가운데, 핀란드를 공격하기 좋은 여건이 조성되었다. 이점에서는 독일이 핀란드를 침공해서 이를 발판으로 소련을 공격하는 것을 저지하기 위해 핀란드를 선제공격해야 한다는 소련의 발상은 전혀 이치에 맞지 않았다는 것을 알 수 있다. 스탈린은 핀란드 대표단에게, 소련이 독일과 평화 상태에 있다는 것을 상기 시키면서도, "세상에서 어떤 것도 변할 수 있다"고 언급했다.7 소련이 독일과 맺은 불가침 협정은 확실히 유럽 국가들을 분열시키는 데 기여했다. 스탈린은 독일과의 불화가 생기거나 국제적 환경이 변화하기 이전에 전리품을 챙기려 했던 것이다.

당시에 핀란드의 안전에 대한 보장과 프랑스와 영국이 소련을 설득하려는 노력은 어디에서도 나타나지 않았다. 단지 일정 기간 동안 지루한 논쟁만이 있었을 뿐이었다. 프랑스와 영국은 개별적이고 독단적으로 핀란드와 관련한 문제에 개입하지 않으려 했었다. 사실, 영국은 1939년 9월 제2차 세계대전이 발발하기 이전에 스탈린과의 협상에서 자국의 입장을

---

7 Olli Vehvilainen의 *Finland in the Second World War: Between Germany and Russia*, Trans. Gerard McAlester (New York: Palgrave, 2002), 37쪽.

솔직하게 털어 놓았다. 소련과의 갈등을 피하기 위해서 프랑스와 영국이 소련의 폴란드에 대한 소련의 영향력을 인정해 준 것은 소련의 북쪽 지역에 대한 먼로주의에 동의하는 효과를 준 것이기도 했다. 이러한 일련의 상황변화는 점차 다가오고 있는 겨울전쟁 이전에 이루어졌다. 핀란드는 소련, 프랑스, 영국 등 강대국에 실망감을 가지고 있었다. 왜냐하면 프랑스와 영국은 핀란드에 대한 안전을 보장하겠다고 제안을 하면서도 이를 뒷받침해줄 수 있는 어떠한 조치도 취하지 않고 있었기 때문이었다. 거기서 나아가 이들 국가들이 핀란드를 또 다른 뮌헨 회의의 제물로 삼지는 않을까 하는 의심을 했다. 즉 핀란드를 보호해줄 수 있는 어떠한 장치도 마련되지 않았던 것이다. 소련이 수개월 이내에 핀란드를 공격하려 준비하고 있을 때까지도 서구열강은 소련에게 양보만을 하고 있었던 것이다. 따라서 스탈린이 주장한 영국의 군사력이 핀란드를 이용해서 지역 내에서 활동할 것이라는 두려움은 명백하게 그가 손쉽게 점령할 수 있는 이웃 약소국가에 대한 침략을 가장하기 위해 계획한 위선이었다.

핀란드는 독일 혹은 프랑스와 영국에게 핀란드의 영토를 개방할 지도 모른다고 소련이 의심하지 않도록 확신시키려 했었다. 그리고 소련이 자신들의 필요에 의해 선제행동으로 핀란드의 영토를 강탈하려고 공격하는 것을 저지하려 했다. 그러나 소련은 서구열강의 세력이 핀란드 영토에 진입하게 되면 소련의 방어력이 약화된다고 주장하면서 핀란드의 중립성을 강조하는 속임수를 쓰기도 했는데, 이것은 소련이 핀란드 점령을 통해서 외부의 적대세력을 저지하고 자국의 안전을 보장해야 한다는 명목으로 핀란드를 공격하기 위한 구실에 불과했다. 이것은 핀란드도 독립과 생존을 위해서는 소련과의 전쟁을 해야만 한다는 것을 의미하는 것이었다. 핀란드는 스스로를 지키기 위해 소련의 공격에 저항해야만 했다. 소련의 핀란드 침공이 일어날 수밖에 없는 상황은 핀란드에게 내부의 친소련 공산주의 세력을 제거하고 정치적인 안정을 꾀할 수 있는 실질적인 기회를 주었다. 이것은 1939년에 핀란드가 왜 소련과의 전쟁을 선택했는지를 이해할 수 있게 한다. 이러한 분위기 속에서 핀란드 내의 어떠한 친소련 공산주의 세력도 조국을 지키기 위한 전쟁을 반대할 수 없었다.

소련은 핀란드의 내부 불만세력과 공산주의자들로부터 해방자로서 환영을 받을 것으로 기대했다. 이러한 기대를 확신하지 않았던 일부 소련군 장성들은 대규모의 공격이 필요하다고 주장했다. 그러나 스탈린과 그의 추종자들은 약소국인 핀란드를 격파하는 데 그렇게까지 준비할 필요는 없다고 생각했다. 소련군은 압도적으로 핀란드군에 우세했고, 핀란드가 방어 전투를 성공적으로 수행할 기회조차 주지 않을 것으로 기대했다. 따라서 스탈린은 제대로 준비를 갖추지 않은 상태로 강력한 핀란드 방어선으로 군대를 전진시켰다. 이로 인해 소련은 공격 초기부터 핀란드의 강력한 저항에 부딪쳐서 예상했던 것보다 더 길고 값비싼 대가를 치르는 전쟁에 휘말렸다. 스탈린은 소련이 절약하고 있던 모든 자원을 동원한 새로운 공격을 지시했고, 그 즈음에 핀란드가 항복하면서 악몽의 충격에서 벗어날 수 있었다. 스탈린은 핀란드를 다른 국가가 이용하지 못하도록 하겠다는 전략적 목표를 이룩하는 데 엄청난 군사적 자원들을 사용했던 것이다. 승리는 했지만, 소수의 핀란드인들만이 소련군의 진입을 환영했고, 핀란드가 전쟁기간 중 이룩한 국가적 통합은 방어의 결정적인 결집 요소였으며, 결국 소련은 침공을 위한 공격 이외에 얻은 것이 없었다.

핀란드 입장에서는 소련의 1939년 11월의 공격은 확실하게 선제공격이 아니었으며, 소련의 침략정책에 의한 공격이었다. 두 가지의 관점에서 이점을 명확히 설명할 수 있는데, 첫째는 스탈린의 관점에서 전쟁의 주목적은 외부세력의 핀란드 개입을 저지하는 것이었으며, 핀란드가 약했기 때문에 소련은 공격을 필요로 했던 것이었다. 이렇게 함으로써 소련은 확실하게 적대 외부 세력의 핀란드 장악을 방지할 수 있었다. 핀란드는 소련을 위협할 만큼 강대국이 아니었으며, 위협적인 행동을 하지도 않았었다. 그러나 1939년 11월 소련이 핀란드에 대한 전쟁 개시를 염두에 두고 있던 가운데, 소련과 핀란드 국경 지역에 있는 마을에 대한 소련군의 포격에 핀란드 국민들은 겁을 내기보다는 더욱 강력한 저항의지를 불태웠다. 소련은 이러한 핀란드의 고조된 적대감을 비난하면서 핀란드를 침공할 때 그들의 핀란드 침공을 정당화하기 위한 선제를 위한 기만으로 이용했다.

둘째는, 스탈린은 과거 러시아 왕조가 추구했던 것과 같은 야심을 가지고 있었다. 러시아 황제는 제1차 세계대전의 혼란의 와중에서 핀란드에 대한 통제권을 상실했다. 레닌도 공산주의 운동의 혼란 속에서 서구열강의 강력한 저지로 인해 핀란드의 독립을 인정할 수밖에 없었고, 이로 인해 다른 나라들도 러시아로부터 이탈하는 원인이 되기도 했다. 공산정권의 맹주였던 소련은 이러한 과거의 복수를 위한 행동의 하나로 핀란드를 공격한 것은 감추고 있던 속내를 내보인 것이었다. 핀란드는 역사적으로는 러시아 제국의 일부였으며, 잠시 스웨덴으로부터 떨어져 나갔다가 1800년대 초 나폴레옹 전쟁 시기에 다시 러시아에 복속되었었다. 이후에 러시아의 현대화를 추구했던 피터대제는 핀란드에 대한 통제권을 되찾기 위해 스웨덴과 경쟁했었다. 스탈린은 1939년, 스스로는 핀란드로 인해 수용할 수 없는 안보 위협에 처해 있다고 말하고 있었지만, 그의 행동은 과거 러시아 제국의 행동과 같았다. 다시 말하면, 소련의 공격은 북쪽 지역에서의 헤게모니를 재창출하려 했던 것이었으며, 그것은 명백한 침략이었다.

1939년의 겨울전쟁은, 소련의 자국의 안보를 위한 다는 구실로 핀란드의 위협을 과장하면서, 발틱 해를 연한 헤게모니를 장악하려는 의도를 숨기고 시작한 선제공격이었다. 자위적 방어의 합리성은 여러 가지 면에서 확실하게 설득력을 잃고 있다. 가장 설득력을 상실하고 있는 것은 소련의 적대적 강대국이 핀란드를 점령할 가능성이 있기 때문에 핀란드를 침공한 것이라는 주장과 어디에도 있지 않았던 긴급하게 직면한 위협을 맞고 있다고 주장한 것은 이치에 맞지 않았다. 독일 혹은 프랑스와 영국도 겨울전쟁 이전에 소련에 위협을 주지 않았다. 어떠한 상황도 소련이 긴박한 위협에 직면하고 있었다는 것을 대변해 주지 않고 있으며, 양국 간의 군사적 불균형은 너무 심대해서 이것 하나만으로도 소련의 선제공격의 논리성을 부정할 수 있다. 핀란드의 영토 양보에 대한 요구는 스탈린 자신에게만 타당한 논리였다. 핀란드가 한번 양보하면 계속해서 소련의 압박을 받게 되리라는 것을 걱정한 것은, 결국에는 독립국가의 지위를 잃게 됨을 의미했기 때문이다. 따라서 핀란드가 소련과의 협상을 거부하면서 1939년의 겨울전쟁에서 강력하게 저항한 것은 정당한 것이었다. 핀란드는 소련을 침략자로 보았고, 조국의 안보를 위해서 소련의 공격에 대항해야만 했을 뿐이다. 따라서 핀란드는 소련에 의해 조성된 선제를 이해하고 있었다. 스탈린은 핀란드로부터의 외부세력의 위협을 저지하면서 소련의 안보를 위한다는 구실을 내세워 헤게모니를 장악하려는 야심찬 의도를 가지고 있었던 것은 명백했다. 그의 이러한 야심은 선제에 집착한 나머지 자위적 방어의 도덕성은 전혀 갖고 있지 않았으며, 단지 가증스러운 침략자로서의 변명에 불과했던 것이다.

08

선택한 지역에서의 전쟁

- 1950년, 한국전쟁에서의 중국의 선택

개 요

　　중국군의 연합군과의 초기 접촉은 자신들의 능력에 대한 시험이기도 했다. 중국군은 전장에서 유엔군, 특히 미군과 전투를 하게 되는 상황 하에서 적들이 보유하고 있는 우세한 화력을 회피하기 위해 가용한 모든 수단을 이용할 필요가 있었다. 이를 위해서 기습은 필수적이었으며, 한반도의 착잡한 산악 지형은 은폐와 엄폐를 제공해 주었다. 중국군은 산악지대에 대규모로 집결해서 적으로부터 탐지되는 것을 회피하면서 자신만만하고 의심 없이 전진하고 있는 적을 공격할 계획이었다. 혹시라도 중국군이 적에게 노출되어 작은 충돌이 발생되더라도 유엔군의 진격을 정지시켜 전쟁을 피할 수 있다면 이것은 중국군이 더욱 원하던 일이었다. 이러한 상황이 발생하지 않고 전쟁이 계속된다 하더라도, 중국군 장성들은 서구의 침략자들과 대치해서 이들을 정지시킬 수 있는 충분한 능력이 있다는 자신감을 가지고 있었다. 1950년 10월, 중국군의 한반도 개입은 이렇게 이루어졌다. 중국군 매우 잘 싸웠고, 확실하게 적을 고착시켰다. 그때까지도 전쟁을 피할 기회는 있었다. 유엔군은 겁을 집어먹고, 도로상에서 전투의지가 약화된 가운데 신속하게 고착되었다. 더 이상의 전진이 곤란할 정도로 피해를 입었다. 그러나 유엔군은 11월 말에 전력을 재정비해서 재반격에 나섰고, 중국 국경선까지 근접했으며, 중국 지도부는 이 시기에 대규모 공격명령을 하달했다. 중국군은 선제공격을 통해 극적인 형태로 한국전쟁에 개입하면서 주적인 미국과 대치하게 된 것이다.

한국전쟁은 1950년 중반에 발발했으며, 초기 냉전 단계에서 일어난 전쟁이었다. 이 전쟁은 미국과 소련 사이의 이념 충돌로 야기된, 유럽으로부터 멀리 떨어진 곳에서 일어난 중요하지 않은 전쟁으로 간주되었다. 그러나 한반도의 상황은 점차 주목을 받게 되었다. 당시 한반도는 제2차 세계대전의 부산물로 남과 북이 38도선을 중심으로 양분되어 있었다. 1945년 해방 이후, 남과 북은 북쪽의 공산주의자들과 남쪽의 반공주의자들 간에 매우 불편한 정치적인 교착상태를 유지하고 있었다. 양측은 통일을 원했고, 이를 위해 북한이 1950년 6월 남한을 공격했다. 북한의 공격은 매우 성공적이었다. 그러나 미국은 소련이 배후에서 북한을 조정하고 있다는 것을 알고 신속하게 참전했다. 미군은 참전 초기에 남한의 주요 항구도시인 부산의 방어선을 지탱하면서 북한의 승리를 저지했다. 곧이어 미군은 반격을 개시해서 북한을 밀어 붙이면서 북한의 공산정권을 위협하기 시작했다. 유엔의 깃발 아래 미군은 38도선을 통과해서 1950년 10월 북한 지역으로 진격하였으며, 이에 따라 중국군이 한반도와의 국경선인 압록강을 넘어 한반도로 진입하면서 유엔군 및 미군과의 전투가 시작되었다. 이제 한국전쟁은 냉전의 주 전선으로서의 국지전쟁의 또 다른 형태로 간주되기 시작했고, 전쟁 3년 동안 중국과 미국은 전쟁을 치르면서 1953년 정전이 될 때까지 수백만 명의 사상자가 발생하는 비극으로 치달았다. 한국전쟁은 냉전의 시작을 알리는 신호탄이기도 했다.

초기에 중국의 한국전쟁 개입 결심은 마오쩌둥이 한국전쟁을 중국의 국가안보와 관련한 사안으로 간주하면서 이루어졌다. 앨런 S. 와이팅(Allen S. Whiting)은 그의 저서『중국군의 압록강 도강』(China Crosses the Yalu)에서 마오쩌둥의 한반도 개입은 중국을 방어하기 위해 결심한 전쟁이었다고 기술하고 있다. 이러한 관점은 많은 전쟁사 학자들의 연구에서도 뒷받침이 되고 있는데, 윌리엄 스툭(William Stueck)의 .『대결로 가는 길』(The Road to Confrontation), 제임스 마트레리(James Matrary)는 그의 책『승리를 위한 트루만의 계획: 한반도의 38도선 결정』(Truman's Plan for Victory: National Self-Determination and the Thirty-eight Parallel Decision in Korea)에서 '민족자결권을 무시한 분별없는 미국의 38도선 북진으로 중국의 개입을 촉발시켰다'고 보면서 유사한 견해를 피력하고 있다.[1]

1990년대에, 첸 지안(Chen Jian)과 같은 학자는『중국의 한국전쟁으로 가는 길』(China's Road to the Korean War)에서, 그리고 슈 광 장(Shu Kuang Zhang)은『억제와 전략적 문화』(Deterrence and Strategic Culture)에서 중국 공산당의 한국전쟁 참전 결심에 대한 매우 복잡한 내용들을 담고 있는 문서를 확보해서 설명하고 있다. 이들의 연구는 중국의 한반도 참전 상황을 다른 관점에서 기술하고 있다. 즉 중국이 중국 본토의 '방어'를 위해서 한국전쟁에 개입한 것이 아니라 마오쩌둥이 중국의 영향력을 재복원하려는 희망하에 팽창전쟁을 했다는 것이다. 따라서 중국은 이러한 목표를 달성하기 위해서 한국전쟁을 중국의 팽창을 위한 초기의 시험무대로 활용했다는 것이다.[2]

---

1 Allen S. Whiting의 *China Crosses the Yalu: The Decision to Enter the Korean War* (New York: Macmillan, 1960); William Stueck, *The roald to Confrontation: American Policy Toward china and Korea, 1947-1950* (Chapel Hill, NC: University of North Carolian, 1981); James I. Matray, "Truman's Plan for Victory: National Self-Determination and the Thirty- Eight Parallel Decision in Korea," Jounal of *Amercian History 66*, no. 2(September 1979), 314-333쪽.

2 Chen Jian의 *China's Road to the Korean War: The Making fo the Sino-American Confrontation* (New York: Columbia University Press, 1994); Shu Guang Zhang, *Deterrence and Strategic Culture: Chinese-American Confrontations, 1949-1958* (Ithaca, NY: Cornell University Press, 1992).

　　이 장에서는 선제전쟁의 관점에서 마오쩌둥의 한국전쟁 개입 결심과
정과 마오쩌둥이 주장하는 국가안보에 필요했던 자위적 방어를 구실로
선제의 이름으로 한반도에서 행동했던 사례들을 자세하게 검토해 보고자
한다.

중국의 한반도 개입을 선제로 보는 이유

　　한반도는 역사적으로도 오랜 기간 동안 중국의 전장터였다. 한때 중
국의 주변국이었던 한반도에서 1950년 냉전이 시작되는 시기와 더불어 남
과 북이 분할된 가운데 하나의 국가로 통합하기 위한 전쟁이 일어났다.
이러한 남과 북의 대결 상황에서 미국은 민주주의의 가치를 지니고 있던
남한의 독립을 위해 유엔의 깃발 아래 참전했다. 몇 개월이 지나지 않아,
새롭게 탄생한 중국은 이 분쟁에 개입할 준비를 했다. 공산화된 중국은
역사적으로 중국의 위성국가이기도 했던 한반도에서 미국 제국주의를 공
격하기 위해 선제적으로 행동하려 했다.

　　새로운 중화인민공화국의 지도자였던 마오쩌둥은 미국과 유엔군이
중국과 바로 인접해 있는 한반도로부터 중국으로 접근해 오는 것을 기다
리기보다는 한반도에서 맞부딪쳐야 한다고 생각했다. 마오쩌둥이 한반도
에서 싸우는 것이 훨씬 유리하다고 생각한 이유는 적들이 중국의 수도 베
이징으로 접근해 올 때까지 기다리기보다는 중국이 선택한 장소인 북한
지역의 착잡한 산악지형을 이용해서 미군과 유엔군의 기계화 부대 기동
속도를 둔화시킬 수 있다고 생각했기 때문이었다. 그렇지 않으면 적들은
유사시 중국 본토의 광활한 평지를 이용해서 거침없이 진격해 올 수 있다
고 생각했다. 이것은 오랜 투쟁 끝에 탄생시킨 공산화된 중국의 주요 도시
들을 방어할 수 없는 상황에 이르게 할 것이며, 이러한 도시들이 적의 손
에 넘어가면 마오쩌둥이 힘들여서 이룩한 공산혁명도 운명을 다하게 될

것으로 생각했다. 따라서 중국이 해결하기 어려운 군사적 상황에 놓이기 이전에 미국의 침공은 반드시 한반도 내에서 정지되어야만 했다. 선제는 중국의 국가 안보를 위해 마오쩌둥이 한국전쟁 개입을 결심하게 된 이유가 되었으며, 자위적 방어를 위한 정당성에 기초하게 되었다.

중국의 사활적 이익은 미군이 베이징을 위협할 정도로 전진하기 훨씬 이전부터 위태로웠었다. 만주 지역에는 중국의 산업 발전에 필요한 수력발전 시설이 중국과 북한의 국경선을 연한 지역에 위치하고 있었다. 만주 지역은 석탄과 철광석과 같은 천연 지하자원이 매장되어 있는 중국의 핵심 산업 지역이기도 했다. 따라서 이 지역은 가장 최근까지도 열강들의 각축장이었다. 일본과 러시아는 군사력을 이용해서 이 지역을 장악하려는 끊임없는 시도를 했었다. 마오쩌둥은 중국의 공산화 혁명을 종결하는 시기에 들어와서야 이 지역에 대한 통제권을 다시 찾았다. 중국이 현대화되기 위해서는 더 많은 노력이 필요했으며, 이것을 보장해줄 수 있는 만주 지역을 다시는 외부 세력에게 넘겨 줄 수는 없는 것이었다. 유엔군이 북한 지역을 점령하게 되면 이러한 위험이 도사리게 되는 것이었다. 중국은 경제적인 핵심지역인 만주를 유엔군의 침공으로부터 보호하기 위해서라도 선제공격을 고려해야 했다.

중국이 선제공격을 고려하게 되는 결정적인 요인은 북한 공산주의 지도자였던 김일성이 남한을 공격하면서 미국이 한반도에 개입한 데 따른 것이었다. 북한의 남한 적화통일의 목표가 실패하고 이어서 미국과 남한의 반격으로 이어지는 상황하에서 중국은 북한이 최소한 공산주의 국가로 남아 있기를 희망했다. 마오쩌둥은 중국 국경에서 완충지대의 역할을 하고 있는 공산주의 북한의 붕괴를 원하지 않았고, 이를 위해서는 과감한 행동해야 한다고 생각했다. 그리고 중국의 공산화 혁명과정에서 북한의 지원을 받았던 사실을 상기했다. 수많은 북한 사람들이 중국의 내전 기간 동안에 마오쩌둥의 인민해방군에서 복무했었고, 보급물자와 수송을 제공하기도 했었다. 이러한 북한 사람들의 지원은 그가 중국을 해방시켜 통합하게 할 수 있게 한 중요한 자원이기도 했다. 중국은 빚을 갚는다는 차원에서도 북한을 보호하고자 했다.

이러한 이유로 전쟁 발발 초기부터, 마오쩌둥은 그의 측근들에게 한반도 전쟁에 개입할 준비를 하라고 독려했다. 만일 북한이 성공적으로 한반도 적화통일을 달성했다면, 중국은 이러한 성공을 축하면서 안도했을 것이다. 그러나 한국전쟁 개시와 더불어 미국의 즉각적인 개입으로 인해 북한군이 패배하는 것은 수용할 수 없는 것이었으며, 자신들의 형제국가에 대한 지원을 준비해야만 한다고 생각했다. 1950년 8월 전선이 남한의 부산 방어선 일대에서 교착되었을 때, 마오쩌둥과 중국군 지도부는 북한군이 남쪽에서 부산 방어선을 돌파하기 위해 집중하는 동안 유엔군과 미군이 북한군 후방의 항구도시 인천으로 상륙작전을 시행할 것으로 정확하게 예측했다. 실제로 1950년 9월 15일 인천상륙작전이 이루어졌다. 마오쩌둥이 경고했던 상륙작전의 위험이 북한에 의해 무시되면서 미군은 성공적인 상륙작전을 통해 신속하게 전쟁의 주도권을 장악했다. 북한은 이러한 상황의 변화에 대처할 준비가 되어 있지 않았었지만 마오쩌둥은 치밀하게 중국군의 개입 준비를 진행하고 있었다. 이 기간 동안에 중국은 군대를 북한 지역으로 진입시키기 위한 노력을 배가하고 있었다. 사실 중국은 미군이 인천 상륙작전 직후 수주 만에 38도선을 돌파했을 때, 이미 한반도 전선에 군대를 투입해서 대응할 준비를 완료한 상태였다.

마오쩌둥은 또 다른 이유에서도 선제공격의 필요성을 가지고 있었다. 그는 미국이 한반도에서 승리하게 되면, 더욱 대담해져서 아시아 지역으로의 진출을 꾀할 것으로 생각했다. 미국은 한반도를 발판으로 중국 본토를 직접 위협하고 있는 대만의 민족주의 지도자 장제스를 지원하거나 혹은 베트남에 주둔하고 있는 프랑스군을 지원해서 중국을 남쪽에서 압박할 것으로 보았다. 다시 말하면 미국이 중국을 포위해서 여러 방향에서 중국을 위협할 수 있게 될 것이 두려웠다. 이렇게 되면 중국은 한번에 세 개의 전선을 방어해야 하는 상황을 맞이하게 될 것이며, 중국의 대응은 한계에 부딪칠 수밖에 없는 것이었다. 미국은 중국의 이러한 약점을 최대한 이용해서 한반도를 경유한 폭격을 실시하면서 중국의 취약한 해안선을 연해서 주요 도시들을 점령하는 군사적 행동을 가속화할 가능성이 있었다. 한반도로부터의 미국의 위협을 저지하면, 미국의 지원을 받는 대만의 장제스 정부가 중국 본토를 직접 위협할 수 있는 가능성을 사전에 제지할 수 있는 것이었다. 대만이 남쪽에서 중국 본토를 위협하는 것은 심각하기는 하지만 수도인 베이징으로부터 원거리에 이격되어 있어서 위기관리 측면에서는 한반도로부터의 위협보다는 용이하게 관리할 수 있다고 생각했다. 다시 말하면, 한반도에서 선제를 통해 중국의 방어전선을 세 개에서 두 개로 줄이게 되면 중국 본토에 대한 방어태세를 성공적으로 강화할 수 있는 것이었다.

이렇게 중국의 방어태세를 강화하는 것은 단지 마오쩌둥이 추구했던 야심 중의 하나일 뿐이었다. 그는 중국의 국제 공산주의의 후견인 역할도 고려하고 있었다. 중국은 공산주의 혁명을 미국으로부터 위협을 받고 있는 세 개의 전선으로 적극적인 전파를 시도했는데, 한반도, 대만, 그리고 인도차이나였다. 마오쩌둥은 아시아 지역에서 제국주의에 대항하기 위한 공산화 투쟁을 위해서는 전선을 적절하게 관리해야 할 것으로 생각했으며, 이렇게 하는 과정에서 결국에는 미국과의 전쟁은 피할 수 없게 될 것으로 판단했다. 초기에 마오쩌둥은 소련과의 동맹관계를 통해서 잠재적인 미국의 공세를 저지하려 했으며, 1949년 6월 30일에 중국의 '단일방향 정책'을 발표하면서 이 계획을 실천했다. 당시 세계는 공산주의 확산 세력과 자본주의 수호세력으로 양분되어 가고 있었으며, 중국은 소련을 후원했다. 소련은 중국에 대한 보답으로 중국의 재건과 군사적 보호를 약속했다. 중국은 소련을 굳게 신뢰하고 있었다. 중국의 입장에서 보면 유럽의 강대국들은 제국주의의 역사를 가지고 있었다. 그러나 소련은 이러한 역사적 유산으로부터 스스로 벗어나서 사회주의의 기치를 높이 들어 새로운 공산 국가로 탄생하면서 중국의 국가통합을 환영해 주었다. 이러한 소련의 태도는 마오쩌둥에게 스탈린이 공산주의의 확산을 위해 아시아의 광대한 대륙을 중국에게 맡김으로써 더욱 확신을 주었고, 이로 인해 더욱 더 소련을 신뢰했다. 스탈린은 이것을 '동부의 혁명'으로 표현하면서 중국을 소련의 새로운 동반자로서 확실하게 인정해 주었고, 마오쩌둥은 그가 공산주의자로서의 용기를 보여줄 수 있는 기회를 준 것에 감사해 했다.[3] 게다가, 양측은 소련이 국제 공산주의의 지도적 위치에 있음에 동의했다. 이것은 서로가 각자의 역할을 이해하는 동반자 관계가 형성된 것을 의미했다. 이러한 양국 간의 관계는 1950년 2월 14일 상호 군사지원을 보장하는 조약에 서명함으로써 공식화되었다. 마오쩌둥의 한반도에서의 선제공격은 1950년 말에 이루어졌는데, 이것은 그가 소련과의 동맹국으로서의 역할을 실천하는 것이기도 했다. 중국에게 있어서 한반도에서의 전쟁은 공산혁명의 확산을 위한 방어였으며, 손실되어서는 안 되는 중요한 지역을 국제 공산주의를 대신해서 싸워 지켜야 하는 매우 중대한 목표이기도 했다.

궁극적으로, 마오쩌둥은 선제공격을 통해 미국이 군사적 승리를 하게 되면 장차 발생할 수 있는 부정적 상황을 관리할 수 있는 기회를 확보할 수 있을 것으로 결론을 내렸다. 이러한 결론하에서도 마오쩌둥은 전쟁을 통해서만 추구하는 목표를 달성할 수 있는가에 대한 고민을 했다. 중국이 한국전쟁 개입 이전에 각국에 보낸 외교적 경고는 미국이 기타 열강들과 함께 중국을 위해하려는 음모를 실천하려 하면 더 이상 묵과하지 않겠다는 확실한 메시지이기도 했다. 중국의 경고는 필요하다면 적들이 중국 영토 내로 들어오기 전에 강력한 군사적 대응을 하겠다는 메시지를 담고 있었는데, 이 점을 보면 중국은 강력한 경고를 통해 유엔군의 북상을 저지하려 했음을 알 수 있다. 중국의 이러한 공개적이고 강력한 경고에, 한때 미국의 대통령 해리 트루먼(Harry Truman)은 유엔군의 북진을 중단시키고, 남북 간의 경계선인 38도선을 넘어서는 것을 허용하지 않기도 했었다. 그러

3　Chen의 *China's Road to the Korean War*, 74쪽.

면서도 마오쩌둥은 이러한 외교적 방법으로만 사태를 해결하기는 어렵다
고 생각했다.

중국은 매우 명확한 경고를 해 왔었다. 1950년 9월 24일, 중국은 유
엔 본부에 미국 항공기가 중국 영토인 만주를 폭격했고, 이어서 미국이
대만과 한반도에 대한 간섭과 침략행위를 자행하고 있다고 불만을 터뜨렸
다. 미국은 만주 지역에 대한 공격이 있었다는 것을 인정하면서 발생한
피해를 보상하겠다는 의사를 전달했다. 중국은 이러한 미국의 태도에 만
족하지 않고 더욱 더 자신들의 입장을 강조했다. 마오쩌둥의 막역한 측근
인 저우언라이는 9월 30일 제1차 중국 공산화 기념연설에서 "중국인들이
외부세력의 침략에 참을 수 없는 것은 명백할 뿐만 아니라 이웃 국가가
제국주의의 침략으로 잔인하게 고통받는 것을 묵과하지 않을 것이다"라고
언급하면서, 만일 "북한이 만주 국경지역으로 철수하게 된다면 중국은 외
부의 적이 중국으로 들어오는 것을 기다리지 않고 싸울 것이다"라고 강조
했다. 이 연설은 중국 지도부가 한반도에서의 선제전쟁을 고려하고 있다
는 것을 보여 주는 명백한 증거이기도 했다. 저우언라이는 한반도에 개입
시에 군사력을 사용하겠다는 의도를 보다 더 명확히 경고했다. 그는 10월
3일, 주 중국 인도대사, 파니카(K. M. Panikkar)에게 "만일 유엔군이 38선을
넘는다면 중국은 북한을 방어하기 위해 중국의 군사력을 전개시킬 것이
다"라고 말했다. 이러한 그의 언동은 만일 유엔군이 38도선을 넘어서 북한
을 점령하고 중국을 위협한다면 이를 충분히 저지할 수 있을 만큼 강력한
경고였다.

중국이 유엔군의 북상을 저지하기 위해 한국전쟁에 개입하겠다고 공
개적인 경고를 보내는 동안, 미국은 중국의 이러한 경고를 무시했다. 미국
은 대규모의 중국군의 집결을 미국의 정보망을 통해 식별할 수 있다는 자
신감을 가지고 있었다. 그러나 미국 정보기관은 중국군의 한국전쟁 개입
목적과 전개능력을 간과하고 있었다. 이미 중국군 사단들이 한반도에 전
개해 있었고, 이들은 중국군 부대에 편입되어 있던 한국인 부대로 5만~7

만 명으로 구성되어 있었으며, 이들이 한국인이라는 이유로 중국군으로 간주하지 않았지만 사실은 중국군 부대 병력이라고 할 수 있었다. 또한 중국이 국경선 근처에 50만 명 이상의 대병력을 집결시키고 있었던 것도 한국전쟁의 개입의지를 보여 주는 것이었다. 그러나 당시에 국경선 근처에 전개되어 있던 병력들의 대부분은 과거 국민 정부군들로서 마오쩌둥 정부에 대한 충성이 의심스러운 병력이었다. 대부분은 잘 훈련되지 않았고, 장비도 낙후되어 전투력이 미약했다. 이러한 제한 사항으로 이들은 만주 지역을 통제하기 위한 지역군으로만 사용되고 있었다. 따라서 미국의 정보기관은 이 병력들이 한반도에서 전쟁을 치르기에는 능력이 미치지 않는 중국의 내부 방어를 위한 병력으로 판단했다.

중국은 한국전쟁에 개입하겠다는 경고를 하면서도 다른 경로를 통해서 미국이 오판하도록 유도했다. 예를 들면, 추 테(Chu The) 중국 인민해방군 사령관은 "중국은 세계 전쟁에 말려들어가지 않을 것"이라고 발표했다. 따라서 추(Chu)는 중국이 북한 인민들에게 동정심을 가지고 있더라도 다른 형태의 지원을 고려하고 있을 뿐, "중국군을 한반도에 진입시키지 않을 것"이라고 언급했다. 따라서 미국은 저우언라이가 주중 인도대사 파니카에게 언급한 것도, 인도 대사가 "열성적인 공산주의자였고 과거에 반미 정서를 가진 자"였기에 그가 전하는 말을 신뢰하지 않았다. 그의 보고서는 인도에서조차 의심을 받고 있었다. 미국 정부는 중국이 파니카를 이용해서 미국이 38도선을 넘어 북한으로 진입하지 못하도록 위협하고 있다고 판단했다. 따라서 미국은 중국이 유엔군이 중국 근처로 가까이 전진해서 중국을 침공하려 한다는 우려로 인해 한국전쟁에 개입하겠다는 경고를 하고 있는 와중에서도 이미 진행 중에 있는 유엔군의 반격이 중국의 저항에 직면할 가능성은 적을 것으로 판단했다.

마오쩌둥에게 중국의 경고를 무시하는 미국의 행동은 한반도를 이용해서 중국을 겨냥하려 하는 외부세력의 모습으로 비쳐졌다. 역사적으로 한반도는 중국으로 진입할 수 있는 정해진 통로였다. 1894년에는 일본이 중국을 한반도에서 격파하고, 한반도를 지배했었다. 그리고 이어서 일본은 1939년 초에 만주를 장악한 후, 계속 공격해서 북경과 남중국의 넓은 영토를 점령했었다. 마오쩌둥은 장기간의 고단한 내부 전쟁을 통해서 승리한 이후에 중국을 복원하려는 꿈을 꾸고 있는 시기에 유엔군이라는 이름으로 한반도를 점령하려는 국제적인 행위를 도저히 용납할 수 없었다. 이것은 다시 한 번 적대적인 외부 세력이 한반도를 경유해서 북방으로 진출하면서 발생할 수 있는 국가적 위기가 반복되는 것을 원하지 않았던 것이다.

따라서 미국에 의해 한반도에 새롭게 조성된 상황은 중국에 대한 위협을 가중시키는 것이었다. 과거에 미국은 중국과의 우호관계를 유지하고 있었지만, 마오쩌둥의 입장에서 보면 근대에 들어서면서 미국의 중국에 대한 공격적인 태도들은 일련의 새로운 위협을 만들어 왔었다. 첫째는 미국은 중국이 일본과의 처절한 투쟁을 하는 시기에도 아주 적은 지원만을 했을 뿐이었다. 단지 일본이 미국을 공격해서 미국이 제2차 세계대전에 본격적으로 가담하기 시작하면서 중국에 대한 지원을 가속화했을 뿐이었다. 이러한 미국의 행동을 이해한다 하더라도 미국은 일본과의 전쟁을 될 수 있는 대로 피하려 했었을 뿐이었지 중국을 지원하려 했던 것은 아니었다. 중국이 일본과 투쟁하던 시기에 루스벨트 정부가 취한 중국에 대한 태도는 도저히 용서할 수 없는 것이었다. 그리고 미국이 중국을 지원한 것도 마오쩌둥의 숙적이었던 장제스를 지원했을 뿐이었다. 미국이 제2차 세계대전 동안 중국을 외교적으로 지원하려 했던 시도는 마오쩌둥에게는 비열한 행동으로 간주되어서 거절당했었다.

더욱이 미국을 의심하게 하는 사건이 제2차 세계대전 말기에 발생했다. 제2차 세계대전 막바지에 미국의 두 개 해병사단이 톈진(Tianjin) 항에 상륙해서 베이징으로 진입했었다. 마오쩌둥의 입장에서 보면 톈진 항을 침략자들이 사용한 것이었다. 미국이 항구로부터 신속하게 북경으로 진입한 선례는 중국의 수도가 가지고 있는 취약점에 대한 역사적인 두려움을 가중시켰다. 미군들이 일본의 패망과 함께, 오래지 않아 북경에서 철수한 것은 환영할 만한 일이었지만, 미국이 장제스 정부를 지원하면서 중국의 내전이 장기화되게 한 원인을 제공했었기 때문에 미국을 매우 경계하고 있었다. 미국은 장제스 군대에 대해 무기를 포함해서 엄청난 물량의 군사 물자를 지속적으로 지원했었다. 미국 공군은 장제스가 기로에 몰렸을 때 개입한 바 있었는데(1945년과 1946년), 그때 당시 미군 항공기는 마오쩌둥 군대의 전진을 방해하기 위해 장제스 군대를 북중국, 즉 만주 지역으로 공중 수송해 주기도 했었다. 마오쩌둥에게는 미국이 과거 10여 년 동안 중국에서 행한 군사적 활동을 비추어 볼 때 중국의 명백한 적이었음은 물론, 중국 공산당을 위태롭게 하는 명백한 적대국이었다.

미국의 아시아 지역에서의 군사적 활동은 단지 중국에 국한되지 않았다. 1945년, 미군은 한반도에 주둔해서 남한 정부를 세웠다. 1947년에 철수했지만 남한 지역에 이승만 정부를 수립하고 미국의 위성국가로 남겨둔 것이기도 했다. 1950년에 남한을 수호하기 위해 미군이 되돌아왔을 때, 마오쩌둥은 곧이어 중국이 미국의 제국주의와 대결해야 하는 상황이 올 거라고 예측했다. 중국과 미국의 이념과 가치관의 차이는 충돌이 불가피한 것이었다. 그러나 마오쩌둥은 미국이 유럽을 방어하면서 동시에 아시아 지역에서 모험을 하기에는 군사적으로 많은 부담을 가지고 있을 수밖에 없기 때문에, 중국과 미국 간의 전쟁은 수년이 지나도 일어나지는 않을 것으로 판단했다.

그가 이렇게 판단하고 있던 미국이 '제국주의적'인 행동으로 한반도에서 전쟁을 하는 동안 중국이 가만히 보고만 있을 것이라고 생각하는 것 자체가 중국을 얕잡아보는 행동이었다. 과거의 베이징을 점령했던 역사를 보더라도 이러한 미국의 오만함을 말해 주는 것이었는데, 미국이 일본과의 전쟁 기간 중에 중국 본토의 가장 중요한 심장부를 점령했었던 것은 일본의 침략행위와 다를 바가 없는 것이었으며, 한반도에서의 미국의 행동은 이와 유사한 것이었다. 중국이 싸우려 하지 않거나 혹은 싸울 능력이 없다면, 중국은 과거와 같은 모멸을 받을 것이 뻔했고, 마오쩌둥에게는 이러한 상황이 1950년에는 절대로 일어나서는 안 되는 절박한 것이었다. 외부세력의 지배의 참담함을 피하기 위해서, 중국은 한반도 내에서 싸워야만 했고, 그곳에서 싸우기 위한 선제공격을 개시해야 하는 것을 의미했다.

그러나 위에서 언급했던 바와 같이 1950년에, 마오쩌둥은 전쟁을 목표로 하고 있지는 않았다. 중국은 과거 30여 년간의 전쟁으로 황폐화되어 있었고, 사실 전쟁을 할 입장이 아니었다. 중국의 복원에 중점을 두어야만 했으며 전쟁은 마지막 선택이었다. 이러한 그의 생각으로 중국 인민해방군은 전쟁을 하기 위한 구조에서, 중국의 재건을 위한 구조로 변화하고 있었다. 중국군은 수많은 농민군들로 구성되었는데, 농사를 위해서 다시 복귀하였고, 수년간의 전쟁의 고통을 이기기 위한 경제재건을 위해 재배치되고 있었다. 이러한 모든 변화는 중국군과 국민들이 중국의 해방군이라는 자부심으로 강력한 응집력을 가지고 공산주의를 실천해 가고 있었다. 마오쩌둥은 동기가 유발되어 적극적으로 동참하고 있는 무산계급과 함께, 중국의 산업화를 추구하는 데 집중하고 있었다. 이렇게 함으로써 생산성이 증가하고 질도 향상되었으며, 노동자들은 그들이 겪어 왔던 저임금의 장시간 참담한 노동환경을 종식시키고, 과거 어느 때 생각하지 못했던 삶의 질 향상에 대한 만족감이 증대되고 있었다. 중국 공산당 지도부는 신속한 산업화를 실천에 옮기면서 노동자들을 혹사시키지 않고 이를 달성하려 했다.

다음으로 마오쩌둥이 추구한 것은 중국의 오랜 문제였던 국가 통합을 이루는 것이었다. 이 문제는 중국이 중국 내의 비중국계 민족들을 어떻게 처리해야 하는가였다. 중국 공산당은 소수 민족에게 자유를 주는 새로운 정책을 선전했다. 이로 인해 북쪽의 만주인들, 서역 신강 지역의 이슬람 민족, 남서쪽의 티베트인, 그리고 대만이 중국 편에 서게 되면, 대만을 포함해서 모두가 공산주의 체제의 이점을 향유할 수 있는 '해방'된 인민이 되는 것이었다. 따라서 이들 소수민족들은 새로운 중국 정부를 매우 호의적으로 지지하고 있었다. 정치적으로 심대한 고통 속에 있던 중국은 중국 공산당의 지배하에 이러한 고통을 종결하고 국가 통합을 위한 새로운 도약을 꿈꾸고 있었다. 전쟁은 단지 중국을 치유하면서 야심찬 계획을 달성하려는 목표를 방해할 뿐이었다. 그럼에도 불구하고, 미국의 오만한 행동으로 인해 전쟁의 전운이 감돌고 있었으며, 중국은 한반도에서의 전쟁을 위해 선제를 선택하게 되었다. 마오쩌둥은 원하지 않던 전쟁을 할 수밖에 없는 상황에 직면해서 중국 재건을 위한 정책의 실천을 잠시 중단해야 했다.

중국의 선제공격 경과

유엔군의 1950년 9월 15일 인천상륙작전에 이은 반격으로 북한군의 저항선이 붕괴되었다. 바야흐로 유엔군은 한반도를 석권하고 한반도에 중국에 적대적인 통일된 국가를 수립할 수 있는 상황을 조성하고 있었다. 이것은 명백하게 중국의 안보에 위협이 되는 것으로 절대 용납할 수 없는 것이었으며, 마오쩌둥은 실질적인 행동 이외에는 다른 선택이 없다고 생각했다. 다행스럽게도, 그는 한국전쟁 개시 이전부터 한반도에 개입할 준비를 해 왔었고, 이제 조심스럽게 준비했던 것을 실천하기만 하면 되었다. 중국은 강력한 리더십과 지휘력을 겸비한 펑두이(Peng Dehuai) 사령관 휘하의 약 60만 명의 병력을 북한 지역으로 투입할 수 있는 준비를 마쳤다. 그리고 필요하다면 추가적으로 투입할 수 있는 병력도 가용한 상태였다. 중국군의 편성은 정규군과 대만군에서 전향해서 대만을 공격하기 위해 준비 중이던 부대를 포함하고 있었다. 공식적으로는 '중국인민지원군'이라고 칭했다. 이러한 방법을 통해서 중국은 한반도 전쟁에 개입하지 않았고, 소련도 중국과 동맹을 맺지 않았다고 기만하려 했다. 중국군의 전개와 더불어 스탈린은 전폭적인 지원을 약속했고, 모든 것이 준비되었다.

　　소련의 지원을 염두에 두고 모든 준비를 끝낸 상태에서 마오쩌둥이 계획대로 한반도로 병력을 투입해서 국경선을 횡단하려 했던 전날, 스탈린이 공중지원을 할 수 없다는 입장을 전하면서 난관에 봉착했다. 마오쩌둥은 정치위원들을 재소집했으며, 공격 결심을 재검토할 수밖에 없었다. 참석한 많은 인원들이 소련의 공중지원이 없다면 중국군은 적의 엄청난 화력에 노출되어 막대한 피해를 받을 수밖에 없다는 이유로 반대했다. 사실 소련의 공중지원이 없는 가운데 대규모의 중국군을 한반도에 투입하는 것은 자살행위와 다를 바 없는 것이었다. 이러한 공산당 수뇌부의 내부 저항에 부딪쳐 마오쩌둥은 고심하면서 한반도에 개입을 위한 지원세력을 확보하는 데 최선을 다했다. 그는 반복해서 유엔군의 북상에 따른 중국에 가해질 위협과 그로 인해 사회주의 붕괴로 이어질 수 있으며, 자체방어를 위한 주도권 확보를 위해서도 필요하다고 역설했다. 그 외에도 중국군들은 철저한 사상무장으로 단련되어 있기 때문에 미군의 화력은 커다란 피해를 주지 못할 것이라는 현실성 없는 주장까지 했다. 또한 인민의 봉기를 불러일으킬 수 있는 사회주의의 능력은 전장에서 중국군에게 유리한 상황을 조성시킬 것이라고 역설했다. 그의 이러한 주장에 따르면 소련의 공중지원은 사실 큰 의미가 없는 것이기도 했다. 마오쩌둥의 단호한 결심과 열성적인 설득으로 중국 수뇌부는 한국전쟁에의 개입을 동의하게 되었다. 중국군은 1950년 10월 19일을 기해 압록강을 도강하여 북한의 산악지역으로 스며들기 시작했다.

　　중국군의 한국전쟁 개입은 10월 말에 중국군 두 개 집단군이 유엔군을 양개 축선에서 성공적으로 밀어내면서 기정사실로 되었다. 1950년 10월 25일 중국군은 국경으로부터 30마일 서남쪽에 위치한 온정리에 있던 미8군 예하의 한국군 6사단을 공격했다. 한국군 6사단은 신속한 철수를 시도했음에도 불구하고 대패하고 말았다. 곧이어 중국군은 미군을 목표로 공격하기 시작했다. 11월 1일 야음을 틈타, 중국군은 한국군 6사단을 공격했던 온정리에서 남서쪽 10마일 지점인 은산에 위치하고 있던 미 제1기병 사단을 공격했다. 미 제1기병 사단의 1개 대대가 포위되어 격파당하면서 한국군과 같은 운명을 맞이했다. 미 제1기병 사단은 전투력이 극도로 약화된 가운데 중국군의 압박에 못 이겨 청천강 남쪽으로 철수했다. 곧이어 미 제8군 예하의 모든 부대들이 청천강을 연한 방어선으로 철수할 수밖에 없었다.

동부지역의 미 제10군단은 서부지역에서 중국군과 처음 교전한 미 제8군과 다르게 완강하게 버텨내고 있었다. 중국군은 10월 26일, 장진호 방향으로 공격 중에 있던 한국군 3사단을 저지하면서 공격했다. 미 제1해병 사단의 예하부대가 11월 1일 한국군을 증원하기 위해 이동하여 11월 19일에 장진호에 도착했다. 한편 미 제10군단 예하의 미 제7사단은 한국군 수도사단을 지원하고 있었다. 한국군 사단들은 유엔군 반격의 첨단에 위치해서, 북동쪽 해안의 성진항을 점령하기 위해 신속하게 전진 중이었다. 미 제7사단이나 한국 수도사단은 전진하는 동안 중국군과 만나지 않았다. 따라서 미 제10군단은 중국군의 공격으로 심각한 피해를 받지 않고 있었다. 그러나 얼마지 않아 눈앞에 중국군을 보게 되면서 미 제10군단은 미 제8군과 마찬가지로 중국군의 공격으로 막대한 피해를 보게 되었다.

중국군의 공격이 잠시 정지되었을 때, 미군은 다소 당황하면서도 안도했지만, 곧이어 서부와 동부지역의 미 제8군과 10군단에 대한 중국군의 공격이 재개되리라는 것은 의심할 여지가 없었다. 11월 말에, 중국군은 공격을 재개했고, 많은 한국군과 미군 부대들을 격파했다. 중국군은 한국군 제2군단을 전멸시켰고, 이로 인해 미 제8군의 우측방이 노출되면서 중국군의 공격에 취약해졌다. 미 제24사단은 서해안을 따라 전진하다가 신속하게 철수했다. 이때에 미 제10군단은 중국군의 강력한 역습으로 미 8군과 같은 상황을 맞이했다. 미 해병 제1사단은 장진호로부터 북서쪽으로 전진을 시도했지만 강력한 중국군의 저항으로 정지되었다. 그날이 11월 27일이었다. 다음날 중국군은 미 해병 1사단의 두 개 연대를 고립시켰다. 중국군은 전투를 하는 동안 실수가 없었다.

중국군은 모든 것을 계획대로 실천하면서 공격간 완전한 기습을 달성했다. 다시 말하면, 이로 인해 유엔군은 절대 절명의 위기를 맞고 있었다. 미국의 맥아더(MacArthur) 장군은 워싱턴의 합참의장에게 "우리는 전혀 새로운 전쟁을 하고 있다" 그리고 중국군의 목표는 "모든 유엔군을 완전히 격파하는 것이다"라는 전문을 보냈다.[4] 중국군의 목표는 공격범위 안에 있는 반격간 노출된 유엔군 부대들을 완전하게 격멸하는 것이었다. 미 제8군과 10군단의 모든 부대들은 분산되거나 고립된 가운데, 단지 가능한 한 신속하게 철수할 수밖에 없는 상황에 봉착했다. 중국군의 공격으로 계속 밀리면서 이루어진 철수는 질서 있는 철수였는지 그저 무질서하게 후퇴한 것이었는지를 판단하기 조차 어려웠다. 명백한 것은 중국군은 계속 공격 중에 있었고, 유엔군은 굴욕적인 패배를 맛보고 있었다.

중국의 한반도 개입은 매우 성공적이었으며, 마오쩌둥은 중국군의 작전을 전면 공격으로 확대시켰다. 그는 이제 유엔군을 한국에서 몰아내기를 희망했다. 중국군은 계속적으로 남진해서 38도선까지 다가왔다. 마오쩌둥은 주저하지 않고 계속 공격할 것을 명령했다. 서울이 1951년 1월에 함락되었다. 이 시기에 중국군의 공세가 주춤하기 시작했다. 계속되는 남진은 중국군 병사들의 많은 희생을 가져왔고, 전투력의 손실이 막대했으며, 유엔군의 화력은 여전히 위협적이었기 때문이었다. 취약한 보급지원 체계는 식량과 탄약, 약품을 장거리로 이동시키는 데 어려움을 주었고, 군수지원 통로는 유엔군의 공중공격으로 자주 차단되었다. 중국군의 공세는 유엔군의 강력한 저항과 계속되는 전투로 탈진한 병력들로 인해 1951년 1월 중순 정지되었다.

중국군의 공세가 정지되자, 유엔군은 재반격을 준비했다. 미국의 매튜 리지웨이(Matthew Ridgeway) 장군은 1월에 재반격을 개시했다. 그가 중국

---

4 프린스턴대학 출판 "The Decision to cross the 38th Parallel," 90쪽; William Stift, *The Korean War: An International History* (Princeton, NJ: Princeton University Press, 1995), 119쪽.

군에게 최대한의 사상자를 발생시키고자 했던 주요 목표가 성공적으로 달성되었다. 이러한 성공에 힘입어 유엔군은 1월에 38도선을 다시 회복했다. 그러나 유엔군의 반격이 진행되는 동안, 워싱턴에서는 공격을 중단시켰고, 남과 북은 양분된 상태로 남게 되었다. 그러나 아직도 전쟁은 계속되고 있다. 한반도는 여전히 냉전시대가 남긴 주요한 충돌 지역으로 남아 있으며, 당시 한반도에서의 승리는 공산주의와 제국주의 간의 전반적인 주도권을 차지할 수 있는 수단이기도 했다. 양측이 탈진해서 쓰러지기까지의 혈투가 이후 2년간 계속되었다. 다행스럽게도 1953년 7월 27일에 정전이 선언되었지만, 아직 까지도 한반도에는 끝나지 않은 전쟁이 계속되고 있다.

중국의 선제공격은 성공했는가?

한국전쟁의 기간을 고려할 경우에는, 중국의 선제는 실패했다고 볼 수 있다. 단기간의 전쟁을 원했던 마오쩌둥은 시간이 경과하면서 이 선제의 도박에서 실패한 것으로 볼 수 있으며, 그 결과 한반도는 38도선을 연하여 막대한 희생을 치르고 교착상태에 빠졌다. 교착상태에 빠진 전쟁을 종결하기 위해 미국이 핵무기 사용 가능성을 암시한 것은 중국의 안보위협이 더 증가된 것을 의미했다. 미국의 새 대통령 아이젠하워(Dwight D. Eisenhower)는 핵무기 사용가능성을 공개적으로 천명했다. 마오쩌둥이 자신은 핵폭탄의 위협을 두려워하지 않는다고 허세를 부렸지만, 그는 '종이 호랑이' 미국을 더 이상 몰아붙이는 것을 피하기 위해 미국의 평화협상 제의를 받아들일 수밖에 없었다.

또한 마오쩌둥은 중국군의 사기도 고려해야 했다. 혹독한 기후와 식량부족, 유엔군의 화력과 공중공격으로부터의 피해는 실로 막대한 것이었다. 만일 마오쩌둥이 그의 병사들이 전장에서 미군과 맞서서 칭송할 만큼 전투를 잘하고 있다는 만족감을 가지고 계속해서 공세를 밀어붙였다면, 더욱 많은 수의 중국군 병사들이 전사할 수밖에 없었을 것이다. 만일 지형의 이점이 없었다면 감당하기 어려운 수준까지 피해를 입을 수밖에 없었는데도 마오쩌둥이 중국을 방어한다는 명목으로 전쟁을 치르는 동안 무제한의 인명손실을 감수했을지에 대해서는 의문의 여지가 없다. 슈 광 창(Shu Guang Zhang)은 그의 저서 『마오쩌둥의 군사적 낭만주의』(*Mao's Military Romanticism*)에서 마오쩌둥이 중국군 병사들에 대한 영웅적이고 긍정적인 견해만을 가지고 중국병사들을 계속적으로 독려했다면, 발달된 과학기술로 무장한 서구와의 전쟁을 더 이상 버텨내지 못했을 것이라고 기술하고 있다.[5] 이러한 점을 서구세력이 발견했다면 중국을 공격하게 될 수도 있었을 것이다. 따라서 마오쩌둥은 한반도 전쟁 개입으로 인해 중국의 안보를 더욱 위험하게 했다고 볼 수 있다.

아마도 마오쩌둥은 이러한 현실에 주의를 기울이지 않았거나 무시했던 것으로 보인다. 마오쩌둥은 미국이 한반도에서 중국을 공격하기에는 제한된 영향력을 행사할 수밖에 없다고 생각했기 때문에 성공을 확신했었고, 전쟁 이후에 그는 무모할 정도로 대담한 행동을 시도했다. 결과적으로 그에게 있어서는 한반도 개입은 중국에게 필요했던 제국주의와 맞서는 전선에 불과했다고 볼 수 있다. 1954년, 한국전쟁의 정전협정 이후에, 마오쩌둥은 대만으로 눈을 돌려 중화인민공화국을 방어하기 위한 전초기지의 확보를 위해 본토에서 가까운 두 개의 작은 섬에 포격을 가하면서 장제스 정부와 대치했다. 이 무모한 도발은 미국의 개입을 불러왔고, 미국은 대만을 보호하기 위해서 즉각적으로 핵무기를 사용하겠다고 선언했다. 마오쩌둥은 한국전쟁에서 경험했던 핵무기 사용 위협에 직면해서 방책을 전환했다. 그것은 그가 미국과의 대결구도를 피한 것이었고 한편으론 미국의 군

---

5 Zhang의 *Mao's Military Romanticism: China and the Korean War, 1950-1953* (Lawrence, KS: University Press of Kansas, 1995), 10-11쪽.

사력을 두려워하고 있었음을 말해 주는 것이었다. 결론적으로 마오쩌둥은 미국의 군사력을 두려워하면서도 이를 의도적으로 무시하는 태도를 가졌던 것으로 보인다. 그러나 다른 관점에서는 중국은 한반도에 개입함으로써, 냉전의 주도권을 확보하게 되었다. 마오쩌둥이 대만 위기를 조성한 것은 1954년과 1958년 두 차례였었는데, 이것은 한국전쟁으로부터 학습한 것을 실천해 본 것이었다. 즉 많은 위기상황이 야기될 수 있는 냉전의 구도하에서는 위기를 발생시켜 상황을 장악하는 것이 유리하다는 것이었다. 한국전쟁의 개입을 통해서 그는 확실한 기회를 포착했고, 마오쩌둥은 이 기회를 잃지 않으려 했다. 이러한 방법을 통해서 중국은 한반도, 대만, 인도차이나로부터의 세 개의 전선 국면에서 벗어날 수 있었다. 따라서, 이 관점에서 보면, 한반도에서의 선제는 마오쩌둥이 주도권을 쥐고, 전장을 선택할 수 있었던 면에서는 성공적이었다고 볼 수 있다.

그러나 마오쩌둥은 단지 부분적인 성공만을 거두었다고 볼 수 있다. 한반도와 대만은 중국이 늘 경각심을 가지고 지켜봐야만 하는 시한신관과 같은 지역이 되었고, 베트남은 중국과의 직접적인 관계없이 미국과의 전쟁을 하게 되었다. 중국은 베트남의 반공정권을 지원하는 미국의 대규모 군대가 중국의 남쪽 국경 근처에 진입하고 있는 것을 지켜보게 되었다. 중국이 고려했던 세 개 전선 중에 두 개의 전선은 상대적으로 비활동적이었지만 여전히 언젠가 영향을 줄 수 있는 상태였으며, 한 개의 전선은 당장은 직접적으로 중국에 영향을 주지 않고는 있었지만 활동적이었기 때문이다. 즉 세 개 전선에서의 전쟁위기는 점차 현실화되어 가고 있었다. 거기에다가 마오쩌둥의 위기관리 방식은 더욱 전선의 수를 증가시켰다. 중국은 얼마 되지 않아 1962년에는 인도와의 국경분쟁, 1969년에는 동맹국이었던 소련과의 국경분쟁에 직면했다. 마오쩌둥이 대약진운동이나 문화혁명과 같은 새로운 중국 현대화를 위한 시험을 시작하면서 본토에서도 새로운 전선이 형성되었다. 이러한 일련의 사건들은 여러 가지 원인으로 야기되었지만, 한국전쟁을 통해 소련과의 긴장관계가 형성되었고, 본토

경영에 부담을 주었으며, 그가 부렸던 허세는 행동의 자유를 제약하게 되었다. 마오쩌둥은 1950년 이후, 한국전쟁의 개입을 성공적으로 마무리했기 때문에, 스스로 시간이 갈수록 중국 공산주의 위상이 도약하고 있는 가치에 고무되어 있었다. 그러나 중국은 이러한 점에 고무되어 있는 동안에 엄청난 시련을 겪었으며, 선제는 진정으로 막대한 희생을 불러왔고 가혹했다.

중국의 선제는 그 자체만으로는 확실히 성공했다고 볼 수 있다. 한국전쟁의 개입으로 중국이 우려했던 유엔군의 한반도를 경유한 공격 가능성을 의심할 여지없이 차단했던 것이다. 유엔군이 중국에 대한 공격을 고려하고 있지 않기도 했었지만, 중국의 한국전쟁 개입은 조심스럽게 한반도에서의 제한전쟁을 추구하려 했던 미국을 놀라게 했다. 마오쩌둥의 한반도에서의 선제전쟁은 장기적으로도 성공했다. 사실 중국 · 미국 간의 관계는 전쟁 이후 20여 년간 적대적이었다. 그러나 중국은 결국 미국의 인정을 받았으며, 유엔의 상임이사국 자리를 차지했고, 역내의 주요한 강대국으로 부상했다. 사실, 마오쩌둥은 한국전쟁을 그가 추구하려고 했던 첫 발판으로 활용하였으며, 중국을 재복원해서 국제무대에서 중국의 역할을 확대하고 인정을 받을 수 있는 확고한 위치를 확보했다. 다시 말하면, 중국은 한국전쟁 개입을 통해 강대국으로 갈 수 있었으며, 이러한 성공은 중국 제국의 복원은 물론 사회주의 가치를 고양시킬 수 있었던 서로 상반된 동기를 가지고 있었다 하더라도 마오쩌둥에게 기회를 주는 데 크게 기여했다.

중국이 선택한 선제의 분석과 비판

1950년 한국전쟁 당시, 마오쩌둥은 국가안보라는 당위성이 있기 때문에 자위적 방어의 이름으로 행동해야 한다고 믿었다. 미국이 중국에 대해 어떠한 도발 의사가 없다고 주장하는 것과 관계없이 미국은 막강한 군사력을 앞세운 국제동맹의 수장으로 중·한 국경선을 향해 북상하고 있었다. 마오쩌둥은 미국이 그동안의 중국과의 역사적 관계 속에서도 어떠한 신뢰도 보여주지 않았었다고 생각했다. 그에게 있어서 미국은 과거 중국으로 진입했던 침략자가 다시 침략하려 하는 모습으로 비추어졌다. 미국이 1950년에 한반도에서 보여주고 있는 행동은 과거 침략자의 모습과 다를 바가 없었다. 마오쩌둥은 이를 시험하기 위해서 유엔군이 38도선을 넘어 북상해서 한반도를 점령하려는 것은 중국을 위협하는 것이라고 수차례의 외교적 경고를 보냈다. 그러나 미국은 중국의 경고를 무시하면서 북상을 멈추지 않았다. 미국을 포함한 오만한 서구의 지도자들은 중국이 한국전쟁에 개입하겠다는 경고를 도외시 하였으며, 이것은 마오쩌둥으로 하여금 미국이 북한을 성공적으로 점령한 이후에는 중국으로 침략해 들어올 것이라는 의심에 대해 확신을 갖게 하였다. 그에게는 호전적인 유엔군은 물론, 현대화된 무기체계를 구비한 적과 어떻게 교전하는 것이 최선일까 하는 것이 문제로 대두되었다. 중국군을 북한 지역으로 투입하는 선제공격은 그들이 선택한 장소에서 산악지형의 이점을 이용해서 은폐를 제공받으면서 적의 화력을 무력화시킬 수 있는 방책이었다. 이것은 한반도에서 전쟁을 함으로써 중국의 본토가 침공당할 위험을 차단할 수 있는 기회를 갖게 되는 것이었다.

마오쩌둥은 중국의 문턱 가까이로 연속적인 승리를 하면서 북상하고 있는 미국에 대한 두려움을 가지고 있으면서도 대단한 참을성을 보여주었다. 그는 유엔군이 38도선을 넘게 되면 전쟁에 개입하겠다고 계속적인 경고를 했다. 유엔군이 38도선을 통과해서 북상하고 있는 중에도 그는 침착하게 유엔군의 북진 상황을 관찰했다. 유엔군이 중국 국경선 가까이로 접근한 후에야 그는 중국군의 한반도 투입을 명령했다. 그의 이러한 절제된 참을성은 유엔군의 전진으로 중국의 주요 경제적 자원이 위협을 받을 수도 있는 상황을 고려해 볼 때 매우 대담한 행동이었다. 마오쩌둥에게 북한과의 국경 근처에 위치하고 있는 수력발전시설과 만주 일대의 천연자원들은 중국의 재건을 위해서 매우 귀중한 자산들이었다. 그는 이러한 중요한 산업기반시설과 천연자원을 상실하게 할지도 모르는 공격의 위험을 감수했다. 이것은 마오쩌둥이 한반도에서 미국 주축의 유엔군과의 충돌을 피해 보고자 했던 인내심을 보여 준 것이었으며, 선택의 여지가 없다고 판단한 마지막 순간에 행동을 개시했다. 중국군의 초기 공세시기에도 마오쩌둥은 유엔군이 철수하거나 혹은 공격을 중단할지 여부를 판단하기 위해서 성공적으로 진행 중이던 공격을 잠시 중단하기도 했었다. 이때 중국군은 유엔군을 공격하는 대신 이동하기만 했었다. 따라서 그가 선택했던 것은 자위적 방어였으며, 압록강을 넘어서 군사력을 한반도로 투입하고자 결심했던 것은 중국의 국가안보를 확고히 하려는 것이었다.

중국은 한반도에서 선제공격을 통해 주도권을 확보하는 것 자체가 공산혁명을 아시아 지역으로 확산시키기 위해서 필요한 것으로 인식했다. 중국은 대만을 포함해서 인도차이나 지역으로 공산주의를 확산시키고자 했다. 대만은 중국의 민족주의 정부가 장악하고 있는 공산화에 필요한 마지막 지역으로 반드시 확보해야 할 필요가 있었다. 이러한 이유로 중국은 대만을 우선적으로 고려하고 있었다. 또한 언제라도 대만을 공격할 수 있는 준비를 하고 있었다. 미국은 장제스의 군대가 본토에서 마오쩌둥의 군대와 마지막 교전을 치르고 대만으로 퇴각할 때, 장제스를 지원하기 위한 군사적 개입을 하지 않았었다. 이러한 미국의 태도가 마오쩌둥에게는 그가 대만을 침공하더라도 미국이 적극적으로 개입하지 않을 것으로 인식되었다. 이에 추가해서 1950년 1월 초, 트루먼(Truman) 대통령은 대만이 중국의 일부라고 선언했고, 미국은 중국이 대만을 침공하더라도 개입하지 않겠다고 제안했다. 그리고 미국의 국무성장관 애치슨(Dean Acheson)은 동아시아에서 대만을 미국의 방어권에서 제외시켰다. 미국은 유럽지역을 방어하기 위해 전력을 다하고 있는 가운데, 중국의 내정문제에 간섭하지 말라는 국제적 압력에 직면해서, 장제스와 거리를 두고 있었으며, 장제스는 스스로 패배가 거의 확실한 중국의 공격을 맞이해야 할 처지에 놓여 있었다.

중국에게 있어서 인도차이나 역시 공산혁명 수출을 위한 근거지로서 중요했다. 마오쩌둥은 중국의 공산혁명이 확산되는 것을 입증시켜 준 베트남의 혁명영웅 호찌민과의 긴밀한 관계를 유지했는데, 이것은 사회주의 형제 국가를 지원하는 중국의 '단일방향 외교정책'의 일환이었다. 또한 소련이 호찌민에 대해 호감을 표시하면서, 중국은 호찌민을 잘 이끌어서 베트남에 확고한 사회주의 정부를 건설할 수 있을 것으로 기대했다. 호찌민에 대한 지원은 아시아에서 중국의 공산주의 확산 능력을 시험하는 것이기도 했다. 중국의 공산주의 확산 노력에도 불구하고 남중국의 적대 제국주의 세력은 중국에게 분명한 안보위협이었다. 마오쩌둥이 남중국에서 승리한 후에 대만섬으로 달아난 장제스 군대는 반드시 제거해야만 하는 위협이었다. 중국의 베트남에서의 공산주의 확산을 위한 실험은 이러한 기회를 줄 수 있는 것이었다. 만일 베트남의 공산혁명이 실패하면 중국의 국제적 지위가 약화되고, 중국의 혁명 역량이 무능하다는 것을 보여 주게 되는 것이었다. 이러한 이유로 마오쩌둥은 호찌민에 대한 전폭적인 지원을 약속했다.

미국이 한반도 전쟁에 참전하자, 마오쩌둥과 주요 수뇌부는 어떻게 하면 다른 전선에 중국의 취약점을 노정하지 않은 가운데, 최선의 상태로 전쟁에 임할 것인가를 고심했다. 선택의 여지는 없었으나 우선순위를 재설정해야 했다. 마오쩌둥은 대만에 대한 계속 공격계획을 취소하고, 중·한 국경으로 중국군을 이동시켰다. 마오쩌둥은 군 지휘관들에게 베트남의 인도차이나 공격계획을 연기하도록 설득하라고 명령했다. 어떤 면에서 한반도는 기습적으로 군사력을 전개시켜 중국 공산주의 교리를 확산시키기 위해 선택된 장소였다. 미국은 한반도로부터 중국에 직접적인 도전을 해오고 있었으며, 마오쩌둥은 이러한 미국과의 일전을 결심했다. 중국은 한반도에서 선제공격을 실천함으로써 유엔군이 한반도에 머물지 못하도록 강제하면서 다른 두 개의 전선, 즉 대만과 남중국 지역으로 전개할 수도 있는 가능성을 차단했다. 이러한 상황변화를 통해서 마오쩌둥은 중국 본토의 혼란을 단속할 수 있는 여건을 마련했으며, 이 기회를 이용해서 중국이 과거 30여 년간 장기간의 침략과 내전으로부터 누적된 상처들을 치유할 수 있게 되었다. 따라서 한반도는 중국을 직접 겨냥하고 있는 미 제국주의와 부딪치는 주 전선이었으며, 마오쩌둥은 준비되어 있었고, 자위적 방어의 도덕적 정당성으로 무장하고 있었다.

그러나 마오쩌둥이 주장했던 자위적 방어의 근원은 명확하지 않다. 그리고 얼마나 마오쩌둥이 신중하게 외교적 경고를 추구했는지에 대해서도 여전히 의문이다. 중국의 경고는 한반도에서 벌어지고 있는 전쟁을 이용해서 중국 내부의 혼란을 통제하기 위한 목적을 가지고 있었기 때문이다. 중국 공산당 중앙위원회는 매우 치밀하고 계획적이며 효과적으로 이러한 상황을 유지하려고 노력했다. 그리고 한반도로 중국군을 투입해서 공산주의 국가로 해방시키게 되면, 이는 새로운 중국 공산정권의 수호자의 역할을 하게 될 것이며, 내전의 여파로 무법적인 상황하에 있는 본토의 안정을 보장할 수 있는 것이었다. 중국은 인민해방군이 수년간의 내전 후에 도시와 농촌에 산재해 있는 엄청난 양의 무기를 회수하고, 공산정부의 정권 통합을 위한 주도적인 역할을 하면서 안정화되어 가고 있었다. 추가적으로 중국 정부는 보다 더 효율적인 정치적 통제를 위해서 새로운 인력의 활용체제를 필요로 했다. 이를 위해서 중국인들에게 직업을 한번 부여하면, 좀체 이직을 허용하지 않았다. 그들은 거의 대부분이 그들이 원하는 지역에 머물면서 직업적 안정성을 인식하기 시작했고, 늘 주변의 상황을 살피며 통제된 행동을 하는 군인들만큼이나 새로운 정부에 의존하기 시작했다. 또한 중국이 주도권을 갖게 됨으로써 새로운 국가적 통합의 전기를 마련할 수 있었다. 그러나 여전히 대만은 공산화를 원하지 않고 있었으며, 이것은 새로운 중화인민공화국에 대한 위협으로 남아 있었다.

마오쩌둥은 이러한 도전을 극복하고 지난 과거의 역사를 딛고 새롭게 탄생한 공산정권으로 국가 통합을 이룩할 수 있다는 자신감에 차 있었다. 중국 국민들은 외세에 의한 간섭이 이루어지고 중국의 공산화 혁명과

정이 지속되면 또 다시 고통의 시간을 갖게 될지도 모른다는 두려움으로 새롭게 탄생한 중화인민공화국을 수호하는 데 다른 이유는 있을 수 없다고 생각했다. 따라서 마오쩌둥은 만일 중국이 한국전쟁에 개입하지 않는다면 미국의 침공을 받을 수 있을 것이라는 국민들의 두려움을 이용했다. 그러면서도 그는 중국 공산당 수뇌부는 전쟁을 피하기 위해 모든 수단과 노력을 다하고 있다고 주장했다. 그가 국민들의 외세의 개입에 대한 두려움을 두 가지 방법을 교묘하게 조합하여 선전함으로써 국내의 정치적 통제를 위한 유리점을 확보하는 도구로 사용했는데, 그것은 중국에 대한 외부의 위협을 선전함으로써 마오쩌둥이 권력을 공고히 하는 것을 도와주었기 때문이었다. 따라서 마오쩌둥은 내심으로 미국과의 전쟁을 원하고 있었다. 더욱이 기회를 보장받을 수 있었던 것은 미국이 장차 중국 공산주의를 위협할 수는 있겠지만, 당시에는 직접적인 위협이 될 가능성은 적었다. 미국의 위협이 멀리 있음에도 이러한 위협을 이용해서 내부통제를 위한 도구로 사용했던 것이다. 마오쩌둥은 미국의 전력이 분산되어 있어서 아시아에까지 영향력을 미치기는 어려울 것이며, 결속력이 약한 국가로 평가하고 있다가 미국이 한국전쟁에 즉각적으로 참전하자 크게 놀랐다. 중국 국민들에게 이제 마오쩌둥을 따라야 하는가 아니면 가능성 있는 외부 세력의 침탈로부터 또 다시 국가적 고통을 받아야 하는가라는 문제가 현실적으로 다가왔다. 이러한 상황의 변화는 마오쩌둥에게 확실하게 권력을 장악할 수 있는 좋은 기회였다. 이런 측면에서 중국이 선택했던 선제는 자위적 방어의 수단이 아닌 권력 장악을 위한 정치적인 도구로 사용된 것이었다.

마오쩌둥은 스스로 한반도에서의 전쟁은 사회주의를 수호하기 위한 것이라고 확신했을지도 모르지만 과연 이것이 진실한 동기였을지는 의문이다. 그는 한반도와 대만, 그리고 남중국의 각각의 전선에서 공산화가 이루어지면 전 세계에 사회주의 시대가 도래했다고 주장하는 것 만큼이나 거대한 중국 제국의 복원을 확실히 꿈꾸고 있었던 것이 확실했다. 그는 이러한 각각 상이한 희망들이 서로 연결되어 있어서 어느 하나라도 소홀히 해서는 안 된다고 생각했다. 그러나 사실은 공산주의 이념의 확산과 중국 제국의 복원의 이상이 현격히 다르기 때문에 연결되어 있는 것은 아니었다. 결과적으로 마오쩌둥은 중국의 국가주의와 대비되는 이념적인 목적을 추구하는 모순을 가지고 있었다.

마오쩌둥이 김일성과 스탈린과의 협력에 원활하지 못했던 것은, 중국의 재부상에 대한 각자의 인식 차이에도 원인이 있었다. 김일성과 스탈린은 마오쩌둥이 추구하고자 했던 것들의 방향을 바꾸려고 했었다. 따라서 마오쩌둥은 그가 추구하고자 했던 것들을 아주 조심스럽게 실천에 옮겼다. 그는 중국의 한국전쟁 개입 초기에 김일성에게 북한 정권과 북한의 주권을 존중하며, 이웃의 형제 국가로서의 우정의 표시라는 입장을 전달했다. 그렇게 함으로써 북한이 역사적으로 종주국의 역할을 해왔던 중국의 군대가 북한으로 진입하는 것을 허락하도록 유도했다. 또한 마오쩌둥의 군대는 '중국인민지원군'이라는 명칭을 가지고 전쟁에 개입함으로써, 소련의 입장을 지켜주면서 북한으로 하여금 중국군의 진입에 대한 두려움을 완화시키려 했다. 마오쩌둥은 중국군의 북한 진입이 과거 역사처럼 한반도를 정치적으로 통제하려는 의도를 가진 것이 아니라는 점을 명확하게 전달하려했다. 마오쩌둥은 이러한 보증을 하지 않으면 북한이 중국군의 진입에 대한 의심을 가지게 됨으로써 양 공산주의 국가 간의 불화로 이루어지지는 않을까 우려했다. 그리고 나아가서 중국이 진행하고 있던 모든 계획이 위험해지지 않을까 고심했다.

마오쩌둥의 이러한 우려는 김일성이 다소 비협조적이었기에 때문에 매우 정확한 판단이었다. 김일성은 남침계획을 수립할 때 소련하고만 의견을 나누었으며, 마오쩌둥에게는 모든 준비가 끝난 뒤에 남침을 결심한 사항만을 뒤늦게 통보했다. 그리고 김일성은 전쟁이 개시되었을 때에도 중국 군사고문단의 북한 입국을 거절했었다. 이에 따라 중국은 전쟁의 전개양상을 계속 지켜보기 위해 군고위급 관찰자가 포함된 북한 주재 외교관의 숫자를 증가시켰다. 이러한 일들은 북한이 중국을 의심하고 있다는 것을 반증하는 것이었다. 중국은 이렇게 함으로써 북한을 달래면서 중국 군의 북한 전개 사실을 미국으로부터 은폐할 수 있었다. 그러나 결과적으로 중국의 이러한 행동은 중국의 한반도 개입에 대한 북한의 두려움을 경감시키기 위해 필요한 핑계에 지나지 않은 것이었다. 북한은 유엔군이 성공적인 인천상륙작전을 통해서 38도선을 경유해서 북한 영토로 진격해 들어올 시기에, 중국의 개입을 허용했기 때문이다. 김일성은 중국군의 북한 지역 진입을 두려워했던 것은 분명했으며, 그는 유엔군에 의해 패망의 직전에 직면했을 때에서야 이를 수용했던 것이다.

스탈린은 마오쩌둥을 조심스럽게 다루었다. 스탈린은 중국이 한국전쟁에 개입하면 지원을 하겠다고 약속했었지만, 소련의 지원은 기본적으로 현저한 제한사항을 갖고 있었다. 가장 큰 제한사항은 스탈린이 미국과의 전쟁을 원하지 않았다는 것이었다. 따라서 마오쩌둥과 스탈린은 한국전쟁에 참전하는 중국군에게 자발적인 '지원군'이라는 명칭을 부여하는 것에 동의했다. 이러한 이면적 합의가 이루어지지 않았다면, 중국은 한국전쟁에 개입하지 않았을 것이다. 만일 미국이, 중국이 한국전쟁에 개입한 이후에 중국과의 전쟁을 선언했다면, 스탈린은 중국과의 의무조약을 근거로 부담을 느끼지 않고 미국과의 전쟁을 선포했을 것이다. 1950년 10월 마오쩌둥이 중국군을 북한 지역으로 투입할 때, 스탈린은 항공지원 약속을 지키지 않았고, 이것은 중국의 한국전쟁 개입 계획에 전반적인 차질을 주었다. 마오쩌둥은 배신감을 느꼈지만, 소련의 항공지원 없이 한반도 개입 결심을 재확인하기 위한 또 한번의 정치국 회의를 필요로 했다. 미국과 대항하기 위해 한반도에 군대를 보내야 한다는 그의 주장이 이전에도 반대에 부딪친 바 있었다. 마오쩌둥은 대체적으로 가장 염려하고 있었던 소련의 지원, 특히 공중지원 없이도 위기를 관리할 수 있음을 강조함으로써 이러한 반대를 다시 한 번 극복하는 데 성공했다. 하지만 이 과정에서 마오쩌둥은 공산당 지도부 내에서 많은 시련을 겪었다.

중국이 공산주의를 지킨다는 명목으로 한국전쟁에 개입하는 것에 대해서 공산주의 동맹국들은 그 의도를 의심하고 있었다. 마오쩌둥도 이러한 사실을 직시하고 있었다. 마오쩌둥은 스탈린이 공중지원에 대한 약속을 어긴 이후에도, 공산혁명을 확산시키기 위해서는 양보할 수 없는 사안이라는 데 초점을 맞추고 중국은 한국전쟁에 개입해야 한다고 끝까지 주장했다. 마오쩌둥은 소련의 지원을 받지 못하는 가운데에 이렇게 주장함으로써 중국의 독자적 결단을 추구했던 것이다. 한국전쟁으로부터 발을 빼려 하는 소련의 태도는 마오쩌둥에게 과거 그가 중국의 공산화를 위해 투쟁을 하는 동안에 소련의 중국 공산당에 대한 소극적인 지원 자세를 상기시키게 했다. 마오쩌둥은 더 이상 소련의 변덕스러운 태도에 영향을 받고 싶지 않았다. 또한 중국 인민해방군이 향후 중국의 자주권을 수호하기 위한 보루로 사용되기 위해서는 현대화된 적과 대치해서 그에 따른 능력을 시험해 보는 것은 중국의 자주권을 확보하는 데 있어서도 필수적인 사안이기도 했다. 마오쩌둥의 한반도에서의 선제공격은 과거의 영광스러웠던 중국의 복원과 더불어 국제적인 영향력을 확보하기 위해서도 그가 추구했던 팽창주의에 힘을 실어줄 수 있는 기회를 제공했다.

한반도의 운명에 영향을 미치는 결심을 하는 데 있어서 중국 공산당 내의 지도급 인사들 간에 발생하고 있었던 갈등을 해소하기 위해, 마오쩌둥은 강력한 선제공격으로 중국의 공산주의를 수호하고 영향력을 확보할 수 있음은 물론 나아가 공산주의를 확산시킬 수 있는 기회라고 설득했다. 이러한 그의 주장에는 중국이 아시아에서 위대한 국가로 재탄생하려는 국가적 목표에 대한 야심을 감추고 있었던 것이었다. 스탈린과 김일성은 바보가 아니었다. 그들은 중국의 사회주의 혁명의 후원자의 역할을 하면서 마오쩌둥의 성공을 제한시켜서 얻어지는 병립관계를 원하고 있었다. 스탈린은 중국이 한반도에서 미국에 대항하지 못하도록 제한해서 계속적으로 소련에 의존적인 관계가 유지되기를 희망했다. 이를 위해서 스탈린은 공산주의의 종주국으로서 중국이 내달려 나가려는 고삐를 잡으면서 마오쩌등과 김일성을 통제하려 했지만, 군사적인 선택만이 남아 있게 되면서 상황이 변하게 되었다. 소련과 중국 간의 협력관계와는 별개로 이들 국가들은 이제 아시아에서의 지배권을 확보하기 위해 북한을 이용하려하는 경쟁 관계로 발전되고 있었다. 이러한 관계에 북베트남을 추가적으로 고려해볼 수 있는데, 호찌민 또한 중국이 남아시아로의 팽창을 두려워했었다. 마오쩌둥은 그의 정책을 추진하는 방편으로 아시아 지역의 사회주의 국가들의 독재자들을 후원하면서 공산주의를 확산시키는 역할을 하려 했다. 사실 마오쩌둥은 개인적으로 '중국 제국'을 꿈꾸고 있었다. 한반도에서의 전쟁 개입은 중국 제국 건설의 꿈이 멀리 있지 않다는 것을 의미했다.

마오쩌둥은 공산주의의 확산 혹은 과거 영광스러웠던 중국으로의 복귀 등 어떠한 명목을 가지고 행동했더라도 결국은 중국의 팽창을 위해서 한국전쟁에 개입했던 것이다. 중국이 한국전쟁에 개입한 목표였던 중국의 안보보호는 달성되었지만, 선제공격을 통해서 중국을 방어하려 했다는 주장은 단지 중국이 팽창을 위한 기회로 사용하기 위한 구실에 불과했다. 마오쩌둥은 유엔군이 북한 영토로 들어오는 것은 중국의 이익을 위해하기 위해 접근해 오고 있는 긴박한 위협의 증거라고 주장했다. 그러나 그의 주장은 제국주의를 건설하고 과거 막강한 권력을 휘둘렀던 중국의 황제들의 모습을 감추고 있었을 뿐이었다. 따라서 마오쩌둥이 야심을 감추고 중국의 안보를 위한다는 명목으로 시행한 선제공격이 가지고 있던 아주 작은 정당성마저 사라지게 했다. 왜냐하면 유엔군의 중국 공격은 전혀 일어날 가능성이 없었으며, 그것은 단지 마오쩌둥이 가지고 있던 과거의 역사적 사례에 기반을 둔 개인적인 의심에 지나지 않았었다.

마오쩌둥이 중국 본토가 아닌 한반도에서 적과 싸우려했던 조급함은 두 가지로 요약해볼 수 있다. 하나는 자위적 방어를 구실로 아시아 대륙에서 중국의 지배권을 확보하는 것이었다. 이렇게 마오쩌둥이 선제에 집착했던 것은 과거 역사적으로 중국의 지배하에 있던 아시아를 중국의 깃발 아래 복원하고자 하는 열망을 가지고 있었기 때문이었다. 결론적으로 중국의 한국전쟁에서 실천했던 선제공격의 자위적 방어의 정당성은 희박했으며, 그로 인해 전쟁을 위한 진정한 선제의 목적은 퇴색되었다. 결국 중국의 한국전쟁 개입은 과거 중국 왕조들이 중국의 이익을 위해서 침략전쟁을 했던 것과 크게 다를 바가 없는 것이었다.

09

여러 장소에서의 동시 전쟁

— 1967년, 이스라엘의 아랍연맹 격파

개 요

이스라엘 전투기 조종사들은 저고도로 은밀하게 표적에 접근해 갔다. 적을 공격하기 위한 전투대형은 매우 기민하고 질서 있게 움직였다. 이스라엘 전투기들은 먼저 비행장을 방호하는 탐지 레이다를 타격한 이후에, 비행장으로 접근해서 활주로상의 이집트 전투기와 이륙을 시도하려는 전투기들을 차례대로 파괴하기 시작했다. 이것들은 매우 손쉬운 표적이었다. 곧이어 들이닥친 이스라엘의 전투기와 폭격기들이 활주로와 활주로상의 모든 항공기들을 파괴했다. 이 대부분의 공격은 15분 안에 종료되었고 엄청난 성공을 거두었다. 이러한 이스라엘 공군의 공격은 아홉 개의 각기 다른 비행장에서 동시에 반복적으로 실시되었다. 이스라엘의 공중공격의 성공은 지상공격에서도 반복되었으며, 불가능하게 보였던 전쟁을 승리로 이끌게 되었다.

수적인 열세와, 수많은 적대 국가들로 둘러싸여 있는 가운데, 이스라엘은 적들을 선제공격으로 제압하면서 국면을 전환했다. 이 '6일전쟁'을 통해서 불확실한 정치적 상황을 완전히 제거하지는 못했을지라도, 전쟁 개시와 더불어 선제의 가치를 극명하게 보여 준 전쟁이었다. 통상적으로 선제는 전쟁 개시 이전에 정당성을 부여받게 되지만, 선제전쟁의 성공이 지속적으로 보장되지는 않는다.

6일전쟁은 이스라엘이 1948년 유태 국가를 건설한 이래로 주변의 아랍 국가들과 치룬 일련의 전쟁 중의 하나였다. 이 전쟁은 1967년에 이스라엘이 선제를 이용하여 이룩한 것으로 성공적이었으며, 역사상 유례없이 선제를 통해 결정적인 지역을 확보한 전쟁이었다. 전쟁기간 중에, 이스라엘은 수적인 열세와 불리한 전략적 상황에도 불구하고 성공적인 전투를 실시해서 다섯 개의 아랍 국가들을 격파했다. 이스라엘의 성공은 상상을 뛰어넘는 것이었다. 전쟁 말기에, 이스라엘은 북쪽의 시리아와 이스라엘을 경계하는 산악지형인 골란 고원을 확보했다. 요르단과의 국경지역에서는 이스라엘 중앙을 방어할 수 있는 웨스트 뱅크를 확보했다. 그리고 남쪽에서는 이집트를 강력하게 견제하고 타격할 수 있는 시나이 반도를 장악했다. 이러한 영토 장악이 첫 번째의 성공이었다. 두 번째는 이러한 목표를 단지 6일 만에 장악한 것이었다. 이 성공은 선제의 가치를 증명하고 있지만 한편으로는 선제에 의한 승리에 제한이 있음을 상기시켜 주고 있다. 1967년의 6일전쟁은 이후에 이집트가 1973년에 이스라엘을 공격하는 또 다른 전쟁을 불러왔다. 그 후, 1982년의 마지막 아랍 · 이스라엘 간의 전쟁을 치룬 후에도 여전히 이스라엘은 아랍의 테러리즘과의 전쟁을 계속하고 있는 상태이다. 이스라엘의 1967년 아랍 국가들과의 재래전에서의 승리가 완전한 승리를 보장해 주지는 못한 것이다.

6일전쟁은 전 세계적으로 선제전쟁의 대표적 사례로 회자되고 있으며, 이스라엘도 공개적으로 그렇게 규정하고 있다. 그리고 많은 사람들이 이스라엘의 선제의 성공을 매우 긍정적으로 바라보고 있다. 반면에 아랍 국가들은 완전히 정반대의 시각을 갖고 있는데, 그것은 이스라엘의 성공은 선제로부터 이루어진 것이 아닌 침략적 행위의 부산물로 치부하고 있는 것이다. 여기에서 문제는 도덕성에 관한 논쟁이다. 이스라엘에 호의적인 전사학자들은 이스라엘의 전쟁목표가 유태 국가의 보존에 있었다고 평가하고 있다. 이러한 평가는 도덕성의 측면에서 매우 긍정적인 것이다. 이 장에서는 이스라엘의 6일전쟁이 선제를 자위적 방어 수단으로 사용한 것이었는지에 대한 도덕성에 기반을 둔 주장을 검토해 보고자 한다. 그리고 이스라엘이 패권을 잡기 위해서 혹은 문명적 동기를 가지고 실천했는지에 대한 분석을 통해 선제에 결함이 없었는지를 검토해 본다.

이스라엘이 선제를 선택한 이유

이스라엘은 1967년, 적대 국가들로 둘러 싸여 있는 열악한 전략적 상황으로 야기될 수 있는 국가의 운명에 대해 심사숙고하고 있었다. 국경지역에는 네 개 국가의 적들이 포진하고 있었다. 그중에서 남쪽의 이집트가 가장 강력한 적이었다. 이집트는 강력한 군사력을 보유하고 아랍 국가들에게 이스라엘에 대한 적대감을 조장하는 수장 역할을 하고 있었다. 이집트의 가말 압델 나세르(Gamal Abdel Nasser) 대통령은 카리스마를 가진 아랍 민족주의의 대부로서 이스라엘을 괴멸시켜야 한다고 강조했다. 이집트의 나세르보다 소심했던 요르단의 후세인 왕은 이집트보다 훨씬 적은 규모의 군대를 보유하고 있었다. 그러나 이스라엘과 인접한 지리적 상황은 요르단의 군사력의 규모와 관계없이 이스라엘에 위협을 주고 있었다. 요르단은 대규모의 병력을 국경을 연해 재배치하면서 이스라엘에 대한 적대감을 이집트만큼이나 표출하고 있었다. 시리아도 만만치 않은 위협으로 적대적이어서 제거해야만 했다. 마지막으로 레바논은 북쪽에서 이스라엘과 교전을 시도하고 있었다. 이스라엘은 내부 문제와 소규모의 군사력으로 인해 재앙에 직면하고 있었으며, 레바논은 지리적으로 이스라엘에 대한 위협을 대규모로 확대시킬 수 있는 위치에 있었다. 그러나 이들 아랍 국가들은 상호 협력을 필요로 하고 있었으며, 이스라엘은 국경지대 방어를 위해 모든 곳에 군대를 배치해야만 하는 상황에 처해 있었다.

이스라엘은 방어를 하기에 매우 취약한 지리적 위치에 있다. 우선 작은 영토와 길고 중앙 부분이 돌출된 10마일이 안 되는 폭을 가지고 있어서 공격을 당하면 양분되기가 쉬웠다. 지역이 양분되면 아주 짧은 시간에 적에 의해 압도될 수밖에 없었다. 지도를 보면 이스라엘은 공격을 기다리고만 있을 처지가 아니라는 것을 누구도 명확하게 인식할 수 있다. 따라서 지리적 여건으로 보면, 공격을 흡수하면서 저항해서 생존하기는 불가능했다. 방어적인 전쟁은 어떻게든 국가의 붕괴를 막기 위해 필사적으로 노력해도 물리적인 파괴와 수많은 인명의 손실이 발생할 수밖에 없었다. 선제는 이러한 취약점들을 상쇄시킬 수 있는 유일한 수단이었다. 즉 선제는 인접국가로 치고 들어가는 공격적인 특성을 가지고 이스라엘의 영토가 아닌 인접국가의 영토에서 전쟁을 하는 것이었다. 이러한 이유로 선제는 이스라엘이 주도권을 확보하기위해 선택할 수 있는 방안이었다. 선제를 통해서 손실을 최소화하고 성공의 가능성을 더욱 높일 수 있는 것이었다.

이스라엘이 대치하고 있는 적대국들과의 전력을 비교해 보면 실로 엄청났다. 1967년 전쟁이 개시된 그 달에, 이집트는 시나이 반도의 병력을 3만 명에서 10만 명으로 증원했다. 이집트의 완편 여섯 개 사단과 900여 대의 전차가 이스라엘 가까이에 자리 잡고 있었다. 이스라엘 북쪽에는 시리아군 7만 5,000명과 400여 대의 전차가 포진하고 있었다. 더욱이 시리아군은 지역에서 결정적인 고지대인 골란 고원을 점령하고 지형의 이점을 이용해서 골란 고원 일대의 저지대를 통제하고 있었다. 요르단은 후세인 국왕이 자랑하는 기갑부대인 40 및 60여단을 포함해서 이스라엘과의 국경지역에 3만 2,000명의 병력과 300대의 전차를 전개하고 있었다. 아랍 국가들은 총 30만 명의 병력과 2,300여 대의 전차로 이스라엘을 포위하고 있었다. 이것은 이스라엘과 비교할 때, 2 : 1이 넘는 병력과 3 : 1

수준의 전차로 현격한 전력의 격차를 보여 주는 것이었다. 어느 누구도 이 격차를 부정할 수 없었다. 항공전력에서도 아랍 국가들은 3 : 1의 우세한 전력을 보유하고 있었는데, 아랍 측이 900대의 항공기를 보유하고 있었던 반면 이스라엘은 250대의 항공기를 보유하고 있었다. 게다가 이들 국가들의 일부는 아랍연맹의 가입을 통해 연합전선을 시도하고 있었다. 이라크는 네 개 여단과 150대의 전차를 요르단에 제공하겠다고 약속했고, 쿠웨이트는 이집트에 기갑여단을 제공했다. 그리고 모로코, 리비아, 사우디아라비아와 튀니지에서도 지원을 약속했으며, 모두가 이스라엘을 패망시키는 데 동참하기를 희망했다. 또 다른 한편으로 아랍 국가들의 대규모 기갑전력은 이스라엘이 방어하기에 불가능할 정도의 막강한 전력을 자랑하고 있었다.

전쟁 발발 마지막 순간까지도 이스라엘의 적대국가들은 유태 국가와의 협상을 원하지 않고 있었다. 아랍 국가들의 거침없는 대이스라엘 언동은 격렬했고, 노골적으로 그들의 의도를 드러내고 있었다. 이집트의 나세르는 다시 한 번 아랍국 수장 역할에 앞장을 섰다. 그는 '라디오 카이로'를 통해 5월 16일 "모든 이집트 국민과 경제, 그리고 과학적 잠재력들은 이스라엘의 위협을 제거하기 위한 총력적으로 전력을 기울일 준비가 되어 있다"고 언급했다. 이집트가 시나이 반도에 군사력을 집결시키고 있을 때, 이집트 장군 중의 한 사람은 '아랍의 소리'(The voice of the Arabs) 방송을 통해 "우리 군대는 이집트 국경 밖에서 전투를 수행하기 위한 만반의 준비를 갖추었다"고 선언했다.[1] 나세르는 5월 28일 강력한 메시지 형태로 "우리는 이스라엘에 대한 전면적인 공격 계획을 가지고 있으며 이것은 총력전이 될 것이다. 우리의 기본 목표는 이스라엘을 제거하는 것이다"라고 강조했다.[2] 시리아 공용방송은 아랍의 단결을 외치면서 "이스라엘의 파멸은 아랍

---

1 David Dayan의 *First Strike: A Battle History of Israel's Six-Day War*, Trans. Dov Ben-Abba (New York: Pitman Publishing, 1967), 4, 5쪽.
2 Eric Hammel의 *Six Days in June: How Israel Won the 1967 Arab-Israeli War* (New

국민들의 명예와 자유를 위해서 필요한 조치이다"라고 선언했다.3 이러한 위협적인 언동들은 아랍 국가 서로가 반복적인 정치적 선언을 통해 결속을 추구하기 위한 것이었다. 아랍의 통합을 추구하고, 이스라엘을 파괴하려는 공통된 목적은 명백하였으며, 결속되어 있는 아랍 동맹국들의 분열은 기대하기 어려웠고, 여기에 동참하고 있는 국가들의 수를 감소시킬 수도 없었다. 이스라엘에게 이러한 모든 상황을 해결하는 것이 불가능해 보였으며, 아랍 국가들은 이스라엘과의 전쟁을 통해서 승리를 거둘 수 있다는 자신감에 차있었다.

이스라엘은 국제사회로부터의 지원도 바랄 수 없었다. 미국은 단지 일반적인 안보지원 약속만을 제시하고 있었다. 미국의 존슨 정부는 이스라엘이 독자적으로 행동한다면 도와주기가 어렵다고 조심스러운 외교적 행동만을 하고 있었다. 존슨 대통령은 이스라엘 외무장관 아바 에반(Abba Eban)에게 이집트는 군사적으로 이스라엘을 위협할 수 없을 것이라고 설득하려 했다. 미국은 나세르의 최근 행동들은 아랍 국가들을 이용해서 정치적 입지를 구축하려 하는 허세일 뿐이고 강력한 이스라엘을 공격하지는 않을 것이라고 확신하고 있었다. 존슨이 이집트의 티란(Tiran) 해협의 봉쇄를 풀기 위해 국제사회에 강제력의 동원을 시도했으나 실패한 것만 보아도, 미국은 미온적으로 이스라엘을 지원하려 했던 것을 보여 주는 것이었다. 이집트의 티란 해협 봉쇄는 점차 이스라엘의 외부와의 교역통로인 에일랏(Eilat) 항구가 봉쇄되는 사항으로 발전되었는데, 이것은 나세르가 이스라엘의 주권에 직접적으로 위협을 주는 가장 도발적인 행동이었다. 게다가 존슨 대통령은 의회의 승인 없이는 이스라엘을 위한 어떠한 일도 하지 않겠다면서 의회의 소집을 미루고 있었다. 미국은 스스로 이 지역에서 어떠한 일도 일어나지 않을 것이라는 안이한 생각을 하고 있었다. 그러나

York: Charles Scribner's Sons, 1992), 36쪽.
3 Daya의 *First Strike*, 8쪽.

직접적인 위협을 받고 있는 이스라엘의 입장은 달랐다. 나세르의 행동은 단순히 정치적인 도박을 위해 움직이고 있는 것이 아니라는 것이 확실했기 때문이었다.

소련은 공개적으로 이스라엘에 대한 반대 입장을 분명히 하고 있었다. 소련은 이스라엘에게 아랍의 이웃 국가들을 공격하지 말라고 경고했다. 그리고 만일 이스라엘이 아랍 국가들을 선제적으로 공격한다면 그것은 소련을 공격하는 것으로 간주하겠다고 선언했다. 이스라엘의 수상 레비 에시콜(Levi Eshkol)은 소련의 선언에 유연하게 대응하면서 이스라엘의 '자위적 방어'의 권리를 주장했다. 5월 29일, 이집트의 이스라엘에 대한 직접적인 위협에 이은 아랍 국가들의 적대적인 언동이 난무하면서 긴장이 고조되고 있을 때, 소련은 다시 한 번 아랍·이스라엘 간의 일촉즉발의 전쟁 발발을 염두에 두고 외부세력이 개입하는 것을 허용하지 않겠다고 경고했다. 이러한 소련의 경고는 미국을 겨냥한 것으로서, 이 경고를 통해서 냉전시대의 경쟁국인 미국이 이스라엘을 지원하는 것을 사전에 차단하고 이스라엘을 고립시키려는 목적을 달성하려 했다. 당시 냉전의 구도가 중동지역에서도 영향력을 미치고 있었으며, 이러한 환경하에서 아랍 국가들은 자유롭게 이스라엘을 공격해서 손쉬운 승리를 할 수 있는 여건을 가지고 있었다. 전쟁 발발 수일 전에도 소련 외무장관 안드레이 그로미코(Andrei Gromyko)는 이스라엘 외무장관에게 이스라엘이 전쟁을 시작하거나 혹은 다른 어떤 대안적 행동조차도 허용하지 않겠다는 마지막 경고를 했다.

미국의 미온적인 태도는 이스라엘로 하여금 전쟁이 발발하더라도 이를 중지시킬 수 있는 국제적인 지원에 대한 희망을 잃게 했다. 게다가 유엔비상군(UN Emergency Force) 병력 3,400명이 나세르의 압박으로 가자 지구와 시나이에서 철수했다. 유엔비상군 사령관이었던 인도의 지트 리크예(Jit Rikhye) 소장이 5월 19일 시나이를 떠난 후, 양측 간의 긴장은 최고조에 달했다. 비록 철수한 유엔 병력의 수는 적었지만, 이집트나 이스라엘은 유엔이 존재하는 한 전쟁을 일으키지 않으려 했기 때문에 적어도 안정을 제공하는 역할은 할 수 있었다. 이것은 나세르에게는 유엔을 협박해서 병력을 황급하게 철수하게 한 또 하나의 승리이기도 했다. 결과적으로 아랍 국가들의 결속이 보다 더 강화되어 이스라엘과의 전쟁을 원하는 촉발요인이 되었으며, 나세르는 이후에 거침없이 이스라엘에 대한 적대적 태도를 보였다. 이 사건은 다시 한 번 국제사회가 이스라엘을 지원하지 못하거나 능력이 없다는 것을 보여 주는 것이었다. 거기에다가 미국의 별문제가 없을 것이라는 오판은 더욱 중요한 문제였다. 이스라엘은 독자적으로 상황에 따라 행동해야만 했다. 따라서 이스라엘 수뇌부에서는 선제공격만이 생존을 위한 단 하나의 수단이라는 결론을 내리게 되었다.

이러한 위기에 직면한 상태에서도 이스라엘은 전쟁을 피하면서 위기에서 벗어나기 위해 감정을 자제하는 접근(low-key approach)을 시도했다. 그러나 이러한 노력은 곧바로 실패했다. 이스라엘이 1967년 5월 15일 독립기념일 기념 행사 시에, 아랍 국가들을 자극하지 않고 긴장이 조성되지 않게 하기 위해서 무력시위 행동으로 비추어질 수도 있는 기갑부대의 퍼레이드를 취소했음에도, 이집트 언론은 이스라엘이 대규모의 기갑전력을 시리아와의 전투를 위해 북부 전선에 배치했다고 보도했다. 이스라엘은 남쪽의 이집트가 주적으로 호시탐탐 노리고 있다는 경각심을 가져야만 했다. 이렇게 아랍의 한발 앞서 나가는 계략에 이스라엘이 진정한 의도를 보여준다는 것은 현실적으로 매우 어려웠다. 이스라엘 수상 에시콜은 조심스럽게 전쟁의 위협으로부터 벗어나기 위해서 나세르가 아랍의 인접 국가들과의 관계에서 정치적으로 승리하고 패권을 유지할 수 있는 여지를 주려 했었다. 선제는 이스라엘의 마지막 선택이었다.

에시콜의 전쟁을 피하기 위한 화해 노력은 계속적으로 어긋나고 있었다. 매우 빠르게 대중적인 성공을 획득한 나세르는 이에 수반하여 이집트뿐만이 아니라 많은 아랍 국가들로부터 좀더 확실하게 이스라엘을 압박할 수 있는 조치와 티란 해협을 봉쇄하라는 거센 압력을 받게 되었다. 이집트의 이스라엘의 에일랏 항구를 봉쇄하는 것은 이스라엘에게는 전쟁을 의미하는 것으로 간주되었고, 이스라엘에게 정치·경제적인 타격을 주는 것이었다. 5월 21일 에시콜은 이집트가 티란 해협의 봉쇄해서 이스라엘의 에일랏 항구의 사용을 거부하는 것으로 얻을 것이 없을 것이라는 취지의 성명을 완곡하게 발표했다.

그러나 다음날 나세르는 이스라엘이 전쟁을 매우 두려워하고 있다고 믿으면서 봉쇄를 단행했다. 같은 날인 5월 22일 에시콜은 이스라엘 국회에서 항구의 위기와 관련해서 절제 있는 언급을 했다. 그는 즉각적으로 동료들로부터 유화정책에 대한 책임을 지라는 불만에 직면하게 되었다. 이스라엘 수상은 5월 28일에도 반복해서 일관된 언동을 했다. 모두가 그가 어떤 목적을 가지고 국가의 사기를 저하시키고 있으며 아랍 국가들을 더욱 대담하게 만들고 있지는 않나 하고 의심했다. 그리고 이스라엘 정부의 위기에 대처하는 태도는 국민들의 불안감을 더욱 더 고조시켰다. 이스라엘 국민들의 입장에서는 수적인 우세를 가지고 있는 아랍 적대국가들로부터 포위되어 있는 상황에서 약하게 보이거나 비굴하게 보이는 것은 용납할 수 없는 일이었다. 그러나 사실 에시콜이 보여 준 망설이거나 심약한 태도는 이스라엘 군대에게는 매우 중요한 기회를 갖게 해주는 계략이었다. 그는 정적들의 거센 압력에 능력이 없는 것처럼 보이게 함으로써 자연스럽게 권한을 국방장관에게 양보하려 했으며, 결국 모세 다얀(Moshe Dayan) 장군이 국방장관직을 수락하도록 유도했다. 이때부터 이스라엘군은 정책을 보다 직접적으로 관장하고 신속하게 처리할 수 있게 되었다. 선제공격이 서서히 무르익고 있었다.

이스라엘군의 입장에서 보면, 다얀의 등장은 적시적인 것이었다. 이스라엘군은 민간인 지도자의 주저함이 군대에까지 영향을 미치게 되지는 않을까 걱정하고 있었던 시점이었다. 이스라엘 방위군(IDF: Israeli Defense Force)은 선제공격으로 임박한 전쟁에서 이길 수 있다는 신념에 차 있었다. 이러한 가운데 정부가 선제공격을 명령하는 것을 주저하고 있는 것은 이스라엘군이 가지고 있는 신념을 반영하지 못하고 있는 것으로 이것이 군대의 사기를 저하시키지는 않을까 하는 두려움을 가지고 있었던 것이다. 게다가 정치가들이 귀중한 시간을 허비하고 있을 때, 아랍의 군사력은 계속 증가하고 있었고 조만간 감당하지 못할 정도가 될 수도 있는 일이었다. 이스라엘은 자신감을 가지고 선제공격을 통해 위대한 승리를 보장받을 수 있을 것이라는 믿음을 가지고 있었다.

이스라엘군은 상시 소집상태를 유지할 수 없었다. 이스라엘군이 25만 명에 달하는 병력을 소집하는 것은 이스라엘의 경제가 정지되는 것을 의미했다. 수많은 사람들이 사회의 직장에서 벗어나야 했기 때문이었다. 에시콜은 항상 이러한 상황을 염두에 두고 있었다. 그가 미온적인 행동을 보여 준 또 하나의 사례는 이스라엘 방위군이 정부가 전쟁 준비를 위한 총동원령을 발령하기를 원하고 있던 시기인 5월 17일, 처음으로 단지 두 개 여단 규모의 1만 8,000명에 대한 동원령을 발령한 것이었다. 이집트가 더욱 더 선동적으로 이스라엘에 위협을 가하면서 군대를 시나이 반도에 집결하고 있을 때였다. 그때까지도 에시콜은 주저하고 있었다. 하지만 에시콜 수상의 이러한 주저함은 오히려 이스라엘군에게 많은 기회를 제공해 주었다. 동원령을 서서히 끌어올림으로써 국가의 혼란을 최소화했고, 전쟁에 대한 두려움을 완화시켰으며, 적들로부터의 노출을 최소화했던 것이다. 그리고 많은 병사들이 야간에만 소집되었다. 심지어 전쟁 바로 전날까지도 이러한 기만은 계속되었고, 낮에는 병사들에게 휴가를 줘서 직장에서 일하게 한 뒤에 야간에 재소집을 하기도 했다. 이것은 매우 현명한 행동이었다. 그러면서 이스라엘군 수뇌부는 정밀한 동원과 치밀한 전쟁준비를 계속했다. 이스라엘의 군사적 능력을 최대한 끌어올리기 위한 조치였다. 물론 이러한 조치는 선제공격을 위한 것이었다.

이스라엘은 어느 적과 먼저 싸워야 할지를 결정해야 했고, 지리적 불리점과 수적인 열세를 극복하고 싸워야 하는 매우 취약한 환경 속에 있었다. 이스라엘이 어떤 방법으로 적으로부터 방어해야 할 것인가에 대한 해답은 선제공격이었다. 이스라엘은 선제의 두 가지 군사적 원칙을 활용했는데 내선에서 작전하면서 주도권을 잡는 것이었다. 선제공격을 함으로써 가장 위험한 적과 먼저 교전한 후에 다른 적과 교전한다는 계획을 수립했다. 따라서 초기에 공격해야 할 적은 이집트라는 것을 의미했다. 그리고 이집트를 공격하는 동안에 다른 위협들은 고착시켜야만 했다. 이집트와의 전투에서 승리한 후에는 고착되어 있던 요르단, 시리아, 레바논으로 방향을 전환하는 것이었다. 그러나 이스라엘이 원하는 대로 상황을 관리하기 위해서는 반드시 주도권을 잡아야만 했다. 따라서 대규모 군대를 우선적으로 처리하는 것이 최선이었으며, 이것이 마지막 승리를 기대할 수 있는 방책이었다.

이스라엘군은 다양한 강점을 활용한 선제공격을 시도하려 했다. 이스라엘 공군이 보유하고 있는 최신예 전투기들은 초기에 적에게 막대한 피해를 줄 수 있을 만큼의 공중공격 능력을 가지고 있었다. 또한 우수한 지휘통제체계를 보유하고 있어서 동시에 많은 전투기를 이륙 시킬 수 있었다. 이것은 어느 한 국가의 다중 표적을 동시에 타격할 수 있는 절대적인 강점이었으며, 성공적인 공중공격 이후에는 방향을 전환해서 다른 지역을 동시에 공격할 수 있는 능력을 발휘할 수 있었다. 이스라엘 공군 사령관 모르데차이 호드(Mordechai hod)는 1시간 안에, 공중공격으로 다수의 표적들을 격파할 수 있다는 자신감을 가지고 있었다. 보유하고 있는 항공무기체계가 그의 낙관주의를 뒷받침해 주고 있었다. 이스라엘 공군의 최신예 두 개의 기종이 공중공격에 참가했다. 프랑스제인 미라지 전투기와 전폭기 미스테레(Mystere), 두 기종은 어떤 아랍 국가의 전투기보다도 우수했다. 추가적으로 미라지 전투기는 특수폭탄을 장착하고 있었는데, 이는 디버(Rocket-boosted dibber) 폭탄으로 지표면을 뚫고 들어가 폭발하는 폭탄이었다. 몇 발의 디버 폭탄의 공격으로 활주로 사용을 불가능하게 할 수 있었다. 이 무기체계는 이륙이 가능한 모든 활주로를 파괴하기 위해 사용되었다. 게다가 이스라엘 공군은 고도로 훈련되고 자신감에 가득 차 있는 다수의 조종사를 보유하고 있었다. 그들은 자신들이 이스라엘을 방어하는 데 있어서 핵심 역량이라고 생각하고 있었다. 조종사 중의 한 명은 "이스라엘의 최선의 방어선은 카이로 상공이다"[4]라고 언급하기도 했다. 조종사들은 그들의 능력에 대한 자신감으로 충만했다. 그들은 선제공격의 선도 부대로서의 그들의 역할에 충실한 엘리트였던 것이다.

이스라엘 지상군 또한 수적인 열세를 제외하고는 여러 면에서 아랍 국가들보다 우세한 전투력을 보유하고 있었다. 이스라엘 지상군의 우수한 지휘통제체제는 신속한 전진을 보장해 주었다. 이러한 이스라엘 지상군의 능력은 공격을 받는 것을 기다리기보다는 먼저 결심해서 공격하는 데 더욱 효과적이고 필수적인 요소였다. 공격이 개시되면, 기갑부대는 신속하고 과감하게 적의 취약점을 찾아 돌파하고 적을 격멸함으로써 확실하게 목표를 달성할 수 있는 능력을 가지고 있었다. 그러나 이스라엘 지상군의 무기체계 자체는 그렇게 우세하지 않았다. 이스라엘의 전차는 미국제 수퍼 셔먼(Super Sherman) 혹은 영국제 센추리온(Centurion)이었는데, 비교적 우수한 성능을 가지고 있기는 했지만 소련이 시리아와 이집트에 공급한 T-54와 T-55 전차와 유사한 성능을 가지고 있었다. 이스라엘군은 국민들로부터 깊은 신뢰를 받고 있는 가운데 전쟁에 대한 자신감을 가지고 있었다. 게다가 이스라엘 병사들은 기동전에 대한 풍부한 경험과 개인 전술전기가 우수했고, 일사불란한 지휘체계를 유지하고 있었다. 이스라엘군은 기갑부대가 선제공격으로 신속하게 전쟁을 종결할 것으로 확신했다.

앞에서 언급한 바와 같이, 이스라엘군은 에시콜 정부가 정치적인 입장으로 결단을 내리지 못하고 있는 것과 무관하게 자신감을 가지고 선제공격을 준비해 나갔다. 단지 명령만을 기다리고 있었다. 이스라엘군은 모든 필요한 목적을 달성하는 데 일주일간의 기간을 설정했는데 이것은 매우 놀랄 만한 일이었다. 이스라엘은 국가의 규모와 인구 그리고 군사력의

---

4 Hammel의 *Six Days in June*, 125쪽.

열세에도 불구하고 대규모의 군사력을 보유하고 있는 아랍 국가들과의 전쟁을 수일 안에 승리로 종결지으려 했던 것이다. 이스라엘이 이러한 판단을 한 것은 선제공격으로 이루어낼 수 있다고 자신했기 때문이었다. 이스라엘은 국가의 운명을 군대에 맡겼다. 이스라엘군의 자신감은 과거의 전쟁에서 예측할 수 없는 상황의 전개를 경험했던 지휘관들의 단호하게 일치된 믿음을 바탕으로 이루어졌으며, 이에 따라 치밀하게 전쟁 준비를 했다. 이스라엘은 선제공격으로 단기간에 전쟁을 끝낼 수 있다는 자신감으로 전쟁의 위험을 감수한 역사에 남는 국가가 되었다. 1967년 여름에 이스라엘은 전쟁을 해야 하는 확고한 동기와 선제의 전략적 가치를 보여 주었다.

이스라엘의 선제공격 경과

이스라엘의 공격은 완벽하게 이루어졌다. 1967년 6월 5일, 이스라엘 시간으로 오전 7시 45분에 이스라엘 공군은 이집트 본토와 시나이 반도에 위치하고 있는 아홉 개의 비행장을 표적으로 발진해서 제파식 공격을 개시했다. 이집트 공군의 가장 취약한 시간대를 공격시간으로 선택했다. 그 시간은 이집트 전투기들이 방공임무를 마치고 기지로 복귀하는 시간이었고, 이집트군이 이스라엘이 공격하지 않을 것이라고 생각했던 시간이었다. 이스라엘 전투기들은 저공비행으로 레이더의 탐지를 회피하면서 은밀하게 공격할 표적에 도착했다. 이집트군은 이스라엘 전투기들이 표적 상공에 도달했을 때에야 허둥지둥 경보를 발령했고, 매우 빠르게 준비한 몇몇 조종사들만이 겨우 이륙을 위해 엔진에 시동을 걸 수 있었다. 이스라엘 전투기들은 적외선 추적 미사일을 발사하면서 이집트 전투기와 조종사들을 공격하기 시작했다. 거의 저항을 받지 않는 가운데, 이스라엘 전투기들은 지상에 계류 중인 전투기들을 파괴하고 활주로에는 디버 폭탄을 투하했다. 이집트 공군의 전투기 몇 대만이 가까스로 이륙할 수 있었을 뿐이었다. 이집트 방공부대는 혼란에 빠져서 이스라엘 전투기들이 공격 중일 때 제대로 역할을 하지 못했다. 약 3시간 만에 이집트 공군은 초토화되었다. 이스라엘은 초기 공격으로 이집트 공군의 전투기 300대를 파괴했다. 이집트 공군은 이스라엘 전투기들의 제파식 타격으로 더욱 막대한 피해를 받았다.

이스라엘 공군은 성공적인 이집트 타격에 이어 공격지역을 확대했다. 요르단으로부터 이스라엘에 대한 전투기 공습과 포병사격이 개시될 즈음, 이스라엘 전투기 여덟 대가 6월 5일 오후에 요르단 비행장 상공에 나타났다. 이스라엘 전투기들은 피해를 입지 않은 가운데 몇 분 만에 요르단 공군을 괴멸시켰다. 이어서 공중공격을 시리아와 이라크로 확대했다. 시리아와 이라크도 이스라엘의 공중공격으로 심대한 타격을 받았다. 아랍 국가들의 저항을 거의 받지 않고 이들 국가들의 전투 지속력을 파괴했던 것이다. 이스라엘의 선제공격의 초기 전개는 매우 성공적이었다.

이스라엘 지상군은 공중공격과 동일한 시간대에 남쪽으로 공격을 개시했다. 지상전투 또한 공중공격 만큼이나 인상적으로 이루어졌다. 이스라엘의 세 개 기갑부대가 시나이 반도를 타격한 후에, 각각의 계획된 전진축선을 신속하게 돌파해서 이집트 후방지대까지 깊숙하게 전진했다. 공격 개시 첫날 오후 무렵에는 공군과의 합동작전으로 공격 속도를 높였다. 이스라엘의 기습공격은 매우 완벽한 성공을 거두었으며, 기갑부대의 신속한 기동은 적을 마비시켰다. 이집트군은 이스라엘군으로부터 차단되고 타격을 받으면서 극도로 사기가 저하되어 제대로 된 저항을 하지 못했다. 이스라엘군은 공격 개시 이틀 후에 가자 지구를 포함한 시나이 반도 전역을 장악하고 이집트의 수에즈 운하까지 접근했다. 이 공격으로 수천 명의 이집트군 포로를 획득하고 수많은 장비와 무기를 파괴하거나 노획했다.

이스라엘군은 남쪽의 가장 강력한 적이었던 이집트군을 괴멸시키고 난 후에, 방향을 전환해서 신속하게 웨스트 뱅크를 장악했다. 이때에 임무를 부여받은 부대들은 요르단과 포격전과 소규모 교전을 한 후에 이스라엘 북쪽에서 시리아와 대치 중이던 일부 부대들의 지원을 받으면서 전차와 기계화 보병으로 수개의 방향에서 공격을 실시했다. 요르단군 3만 5,000명의 병력은 이스라엘의 공격에 거의 저항을 하지 못했으며 공격개시 3일 후인 수요일 저녁에 이스라엘군은 요르단 강 연한 지역일대를 확보했다. 이때에도 이스라엘군은 투입되었던 4만 명 중에 단지 100여 명 미만의 사상자가 발생하는 피해를 보았다. 반면에 요르단군의 피해는 거의 재앙에 가까웠는데, 8,000명 이상이 사망 또는 부상을 당했으며, 많은 무기 및 장비들이 파괴되었다.

이스라엘군은 요르단과의 전투를 성공적으로 달성한 후에 완전한 승리를 위해서 시리아를 격파해야 했다. 그러나 골란 고원을 연하여 구축된 방어선의 참호 속에 있는 시리아군은 강력했다. 이스라엘군 부대 중에서 데이비드 엘리자르(David Eleazar)가 지휘하는 특수부대가 이 임무를 부여받았다. 이스라엘의 특수임무부대는 전차와 기계화 보병, 그리고 강력한 포병으로 구성되었다. 이스라엘 특수임무부대의 골란 고원에 대한 공격이 다소 지연되어 6월 9일 금요일에 개시되었을 때, 공군의 지원은 지대한 역할을 했다. 이스라엘 공군은 여러 지역에 대한 공중공격을 성공적으로 마치고 전력을 전환이 가능한 상태였다. 그러나 골란 고원에 대한 공격은 다른 지역과 다르게 신속하게 이루어지지 않았다. 이스라엘군의 골란 고원에서의 전투는 어려웠으나, 시리아군의 거점인 텔 파하르(Tel Fahar)를 목표로 전투력을 집중했다. 이스라엘군은 100여 명의 사상자가 발생하였지만, 결국 오후 늦은 시간에 시리아군의 거점을 장악하게 되었다. 이스라엘군은 이 거점을 장악하면서 정지함이 없이 다음날 계속 공격해서 시리아군에게 막대한 피해를 입히면서 골란 고원 일대를 확보했다.

북쪽 골란 고원에서의 승리는 6일전쟁의 마지막 단계의 완성이기도 했다. 레바논은 현명하게 전쟁에서 발을 빼고 있었다. 6월 10일 아랍 국가들은 이스라엘과 정전에 동의한다. 그들에게는 선택의 여지가 없었기 때문이었다. 이스라엘이 다시 공격하게 되면 이를 저지하기 어렵다는 두려움을 갖고 있었다. 굴욕적이긴 했지만, 이스라엘의 손아귀에서 더 큰 피해가 발생할 것을 두려워했던 것이다. 이 전쟁은 이렇게 종결되었다. 아랍 국가들에게는 당장의 피해를 최소화해야 할 필요가 있었고 패배의 원인을 판단해서 다시 준비한다는 것은 이후의 문제였다. 이스라엘은 목표를 달성했고 정전과 평화에 동의했다. 아랍 국가들의 군대는 막대한 피해를 입었고, 결정적인 지역들이 이스라엘의 수중에 들어갔다.

사실 이스라엘도 더 이상의 전쟁을 지속하기는 어려웠다. 이스라엘 공군은 막강한 능력을 보여 주었지만, 조종사들의 피로를 고려해야 했고, 전투기들의 정비도 필요했다. 지상군도 유사한 상태였는데, 집중적인 교전 후의 피로가 누적되어 가고 있었고 사망자도 거의 1,000명 정도가 되었으며, 4,500여 명이 부상을 입는 피해를 보았기 때문이었다. 아랍 국가들은 거의 1만여 명의 인명손실을 보았다. 모든 상황이 이스라엘에게 유리하게 전개되었고, 공격을 통해 확보한 지역을 이용해서 이스라엘은 더욱 더 안전을 보장받을 수 있게 되었다. 따라서 많은 사람들이 이스라엘이 6일간의 전쟁에서 보여 주었던 선제공격은 성공적이었다고 말하고 있는 것이다.

이스라엘의 선제공격은 성공했는가?

이스라엘은 1967년에 불가능하게 보였던 것을 달성했다. 단지 6일 만에 공군과 지상전력의 합동공격을 통해 다수의 각기 다른 전선에서 수많은 적들을 징벌한 것이었다. 이스라엘은 계획한 대로 매우 신속하게 우세한 적들을 격파했다. 그리고 이 전쟁을 통해서 이스라엘은 국가 안전에 필요한 추가적인 영토까지 장악했다. 이집트로부터는 시나이 반도를, 시리아에게서는 북쪽의 골란 고원을, 요르단으로부터는 웨스트 뱅크와 동예

루살렘을 장악했다. 이 지역들은 이스라엘의 지리적 취약점을 크게 보강해 주었다. 이스라엘 중심부로 접근할 수 있는 중요한 지역들을 장악한 것이었으며, 북쪽의 산악지대로부터의 시리아의 위협을 저지할 수 있게 되었다. 남쪽에서는 이스라엘과 이집트 간의 완충지대가 형성되었다. 이스라엘은 6일전쟁을 통해 괄목할 만한 성공을 거두었으며, 이것은 차후에 적들이 다시 도전해 온다면 유사한 결과가 발생할 것이라는 강력한 두려움을 심어 주었다. 이러한 면에서 보면, 6일전쟁은 매우 성공적인 선제전쟁이었다.

그러나 이 전쟁 이후의 이스라엘이 꿈꾸던 장밋빛 희망은 그리 오래가지 못했다. 즉 장기적인 관점에서는 낙관적이지 않았던 것이다. 아랍과의 전쟁은 1967년 이후에도 계속되었다. 6일전쟁 이후에도 아랍 국가들의 이스라엘에 대한 압박은 강도 있게 지속되었다. 이것이 이스라엘이 전쟁에서 싸워야 하는 핵심 요인이었다. 추가적으로 확보된 영토는 게릴라들이 이스라엘로 침투하는 통로로 이용되었고 증가하고 있는 테러리스트의 위협은 근절되지 않았다. 이러한 지속적인 이스라엘에 대한 폭력행위들은 새로운 전쟁을 야기했다. 1973년 이집트가 공개적으로 이스라엘에 대한 적대감을 다시 드러내었고, 상당히 효과적으로 이스라엘을 공격함으로써 또 다시 위기를 맞게 되었다. 1967년의 성공은 이스라엘에게 단지 6년간의 안전을 보장해 주었을 뿐이었다. 1973년 이스라엘은 필사적으로 방어했고, 미국의 엄청난 양의 지원으로 재난을 겨우 모면했다. 물론, 이스라엘이 확보했던 시나이 반도는 그 가치를 지니고 있었다. 당시에 이집트는 시나이 반도 공격에서 많은 피해를 보았다. 그러나 1973년은 이스라엘의 안전을 어떻게 극복할 수 있는가에 대한 시험무대이기도 했다. 이때에 이스라엘은 1967년의 상황을 다시 재연하지는 못했다. 그럼에도 불구하고 당시의 상황을 유지하는 것은 이스라엘로서는 매우 중요한 것이었다. 제5차 아랍 · 이스라엘 전쟁이 1982년에 있었는데, 이때에 이스라엘은 테러리스트들이 북쪽 국경을 경유해서 침투해 오는 것을 저지하고자 공세적으로 레바논을 공격했다. 이스라엘의 군사적인 성공은 신속하게 이루어졌고, 곧이어 레바논 남부지역을 통제하게 되었다. 그러나 이스라엘군이 신속하게 공격해서 점령했던 과거의 사례와 마찬가지로 점령지역에서 저항군의 끈질긴 저항을 맞게 되면서 한계가 수반된 성공이라는 것이 증명되었다. 레바논 남부지역 점령 수년 후에, 이스라엘군은 철수하게 되는데, 이것을 아랍 국가들은 이스라엘을 몰아내는 성공을 거둔 사례로 선전하고 있다.

이스라엘의 재래식 전력의 우수성은 반복되는 전쟁에서도 매우 인상적으로 입증되었지만, 이스라엘의 국가안보를 위한 전쟁의 목적은 제대로 이루어지지 않고 있었다. 일시적으로 이러한 목적을 달성했지만, 영구적인 안보는 쉽게 이루어지지 않고 있다. 이스라엘군의 노력에도 불구하고, 침투세력은 끊임없이 이스라엘로 들어와 시민들을 살상하고 있다. 이것은 현재까지도 이스라엘의 역사를 통해서 증명되고 있다. 이스라엘의 6일전쟁에서 진행된 요르단에 대한 기습타격은 이러한 침투세력을 저지하려는 시도이기도 했다. 그리고 이후에 이스라엘이 북쪽 침투세력에 대한 보복으로 레바논에 대해 동일한 공격을 한 것도 이러한 목적을 달성하기 위한 것이었다. 따라서 이스라엘은 추가적인 영토 장악을 통해 이러한 문제를 해결할 수 있을 것이라고 믿었지만 영토 확보에 성공을 했더라도 이러한 문제가 해결되지 않고 지속되고 있다는 증거이기도 했다. 1967년 이후 테러리즘은 계속되었고, 이로 인해 1982년 또 한 번의 전쟁이 일어났다. 이것은 이스라엘의 선제가 테러의 저항을 맞이하게 된 것이기도 했다.

이스라엘은 군사력의 확충과 국경지역의 확장이 테러리즘을 차단하기 위한 최선의 방책으로 판단했었다. 그러나 현실은 이러한 방책은 완전하지 않았으며, 이스라엘이 전쟁수행을 어떻게 하든지 또는 전쟁에서 승리를 하든지에 관계없이 역사적인 고리에 의해서 완전한 안전보장이 거의 불가능하다는 것이 입증되고 있다. 이러한 결론은 이스라엘이 극단적인 상황하에서 이루어 낸 성과가 실망스럽다는 것을 말해 주는 것이기도 하다. 이스라엘은 지금도 군사작전에서 선제를 매우 긴요하게 생각하고 있다. 이스라엘은 안보문제를 해결하기 위해 선제에 의한 군사력 사용의 필요성을 더욱 확고하게 했다. 그러나 이스라엘의 군사력을 이용한 국가의 안보를 확보하려는 노력은 항상 제한된 성과로 나타났었다. 1982년에 이스라엘이 이라크의 핵시설에 공격을 하려 했던 것은 다시 한 번 선제공격에 의한 즉각적인 성공을 가져다주었다. 그러나 그 영향으로 오늘날까지 이란이 국제사회의 관심을 불러일으키는 핵능력 개발을 선언하면서 이스라엘에 대한 공개적인 위협과 적대감의 표출로 이어지고 있는 것이다. 따라서 이스라엘의 선제는 중동지역에 자리잡고 있는 오랜 역사를 바탕으로 한 갈등 속에서 일시적인 안보상황의 개선을 가져왔을 뿐이었다. 결론적으로 이스라엘이 6일전쟁에서 보여 준 선제는 매우 성공적인 사례로 볼 수 있다. 그러나 돌이켜 보면 이스라엘의 선제는 앞으로도 국가의 안전을 위해서 실천해 나가야 하는 하나의 단계일 것이다. 지금도 이스라엘의 이러한 노력은 계속되고 있는 것이다.

이스라엘이 선택한 선제의 분석과 비판

이스라엘은 1967년에 전례 없는 국가의 안보위협에 직면해 있었다. 이스라엘은 지리적인 취약점을 가지고 있는 가운데 적대 국가들에게 포위되어 있었으며, 이러한 가운데 국가를 방어한다는 것은 도저히 해결해낼 수 없을 것처럼 보였다. 그런 가운데 먼저 공세적인 행동을 한다는 것은 대단한 모험이었다. 이스라엘군은 모든 면에서 아랍의 전력에서 현격한 열세에 있었다. 공세적인 행동을 한다 하더라도 군사력의 열세로 성공확률은 그리 크지 않았다. 이러한 불합리한 상황은 너무도 현저했기 때문이다. 게다가 아랍 국가들은 전례 없이 연합전선을 구축한 가운데, 유태 국가를 붕괴시키겠다는 공통된 목표를 공유하고 있었다. 이스라엘은 이러한 적들의 분열을 기대할 수도 없었다. 따라서 이스라엘은 하나의 전선에서 성공을 거둔 후에 다른 전선으로 방향을 전환해야만 했다. 선제는 이스라엘에게 이러한 기회를 주었고, 그것만이 최선의 방책이었다.

이스라엘은 국제사회의 지원도 충분히 확보할 수 없었다. 유엔은 이스라엘의 국가 보존 자체에 대한 어떠한 보장도 하지 않았으며, 이스라엘과 이집트 간의 결정적인 충돌지역이었던 시나이 반도에 주둔하고 있던 유엔평화유지군 병력마저 철수시킨 상황이었다. 유엔의 존재는 그 병력의 수에 관계없이 이스라엘과 이집트 간의 적대적 긴장관계를 억제할 수 있는 수단으로 긴요했었다. 미국 또한 내심으로는 이스라엘의 곤경을 동정하고는 있었지만 공개적인 보장을 확실하게 하지 않고 있었다. 미국이 위기가 고조되고 있는 상황에서도 망설이고 있는 사이에 이집트는 티란 해협을 봉쇄하고 이스라엘이 미국으로 접근할 수 있는 지원통로를 차단했다. 소련은 냉전시대의 강대국으로 이스라엘에 대해 공개적이고 적대적 입장을 표명하면서 아랍 국가들 편에 서 있었다. 이스라엘은 1967년 여름, 고립된 가운데 생존을 위해 스스로 해결책을 강구해야만 했다.

이스라엘은 위기상황을 해결하기 위한 하나의 단계로 증가하고 있는 아랍의 공세적인 위협을 감내했다. 서로 경쟁하고 있던 아랍 국가들의 지도자들은 이스라엘을 겨냥한 위협적인 언동과 도발을 통해서 본국에서의 정치적 입지를 구축하고 아랍 세계에서 지지를 얻어 내려 하고 있었다. 그들에게 이스라엘은 언제고 손쉽게 처리할 수 있는 상대였으며, 긴급하게 처리해야 할 사안이 아니었기 때문이었다. 이집트의 나세르대통령은 이러한 전략을 구사하는 아랍의 수장 역할을 하면서 시리아로부터의 강력한 도전을 성공적으로 처리했다. 이스라엘은 아랍으로부터의 굴욕적인 모욕을 견디면서 전쟁으로 이어질 심각한 위협을 피하고자 했다. 아랍 국가들의 계산된 책략으로 고조되고 있었던 위협적인 언동들은 점차 이스라엘을 침공하려는 상황으로 변화했다. 이스라엘은 이러한 상황을 계속 지켜보면서 아랍의 의도를 분석한다는 것은 어리석다는 것을 인식하기 시작했고, 오류를 범하게 되면 결국 이스라엘은 비참한 결과를 맞이하게 될 것으로 생각했다. 에시콜 이스라엘 수상은 이러한 점들을 인식했다. 그는 아랍을 자극하지 않기 위해 이스라엘의 독립기념일을 간소하게 치렀고, 정부와 대중에게는 망설임이 담긴 연설을 계속했는데, 그의 이러한 행동은 전쟁으로 치달아 가는 위협 속에서 그가 보여 준 비굴한 모습은 이스라엘 국민들의 사기를 저하시켰다기보다는 오히려 장차 다가올 전쟁에 대비하는 분위기를 고조시킨 점도 있었다. 나세르는 이스라엘이 전쟁을 원하지 않고 있다는 자신감을 가지고, 이스라엘의 안보에 명백한 위협을 주는 티란 해협 봉쇄를 단행했다. 그때까지도 에시콜은 아랍 국가들과의 화해를 추구하고 있었다. 그에게 전쟁은 마지막 선택이었으며, 그는 주저하면서 전쟁으로의 길로 가고 있었다. 이스라엘 군부는 그의 의견에 동의하지 않았다. 이스라엘 군부는 행동을 요구했고, 그래야만 하는 정당한 이유들을 주장했다. 나세르가 티란 해협을 봉쇄했을 때, 이스라엘 내에 적대감이 심각한 수준으로 고조되고 있었다는 것은 부정할 수 없는 사실이었다. 그런 상황에서 주저하다가는 이스라엘의 방어를 위한 기회를 상실할 수도 있었다.

이스라엘 군부는 성공에 자신감을 가지고 있었지만, 이스라엘 정부의 자신감 없는 행동으로 병사들의 사기가 떨어지고 있었다. 이스라엘 정부가 주저하는 동안 적들의 전력은 강화되고 있었는데, 많은 수의 병력이 이스라엘 가까이에 전개하고 있었고, 적들이 강력한 방어선을 구축할 시간을 주고 있었다. 이스라엘의 선제공격은 심사숙고하면서 시간을 끌다가 기회를 놓치고 커다란 대가를 치르기 전에 신속하게 이루어져야 했다. 이스라엘 군부의 입장에서 아랍 국가들과의 대화는 불필요한 것이었다. 그들과 대화를 통해 이스라엘을 지키려다가 공격을 당한다는 것은 이스라엘군의 전략을 모욕하는 것이었다. 이스라엘 에시콜 정부의 주저함은 군대뿐만 아니라 본토 내에서도 악영향을 주고 있었다. 이스라엘 국민들의 사기는 저하되었고 패배주의가 팽배했다. 이러한 환경이 계속되면, 군인들은 복무를 기피하거나 사기저하로 인해 전투력 약화로 이어질 수 있었다.

또한 위기가 장기화되면 동원체제의 제한사항을 더욱 가중시킬 수 있었다. 이것은 이스라엘이 확실한 전쟁준비를 할 수 없게 할 뿐만 아니라 동원체제의 미흡한 작동으로 이스라엘이 전력을 다해 효과적인 전투를 할 수 없도록 하는 것이었다. 전쟁은 신속하게 이루어져야 했고, 승리를 위해서는 최대한의 전력이 운용되어야 했다.

이스라엘군은 설득력 있는 사례를 제시하면서 선제행동을 해야 한다고 주장했다. 즉 초기에 주도권을 장악하게 되면 다수의 전선에서 이스라엘을 방어할 수 있다는 주장이었다. 이스라엘은 선제의 방책을 선택하고 전쟁을 결심했다. 이스라엘군은 선제공격으로 이집트를 공중과 지상에서 막대한 피해를 줄 수 있으며, 이스라엘에 근접해 있는 이집트군의 집결지는 이스라엘의 신속한 공격에 취약하다고 판단했다. 이러한 공격은 하루 혹은 몇 시간 안에 이루어질 수 있을 것으로 보았다. 이집트를 공격하는 동안에 다른 전선에서는 가용한 병력과 장비가 전환되기 전까지 성공적으로 견제한 이후에 선택적으로 적들을 공격하려 했다. 공격방향을 전환할 때 요르단이 먼저 선택되었다. 요르단군은 대규모의 병력과 잘 정비되어 있는 이집트군에 비하면 전투력이 미약했다. 그리고 요르단의 웨스트 뱅크 지역을 가능한 신속하고 결정적인 전장으로 조성할 수 있다고 보았다. 가장 어려운 전투가 골란 고원의 시리아군으로 판단했다. 시라아군은 규모가 크고 기갑 및 포병전력으로 잘 무장되어 유리한 고지대를 점령하고 있었다. 레바논의 경우에는 이스라엘의 공격이 성공적으로 이루어지게 되면 겁을 집어먹고 싸우려 하지 않을 것으로 판단했다. 따라서 이스라엘의 전략은 결정적인 방어지역을 확보해서 장차의 안전을 보장하려 한 것이었다.

이스라엘군은 공격이 계획대로 진행되면 이러한 최종상태를 달성할 수 있다는 자신감으로 차 있었다. 선제는 이스라엘이 직면한 냉혹한 전략적 상황을 유리하게 변화시킬 뿐만 아니라 이스라엘의 역량을 보여 주는 것이었다. 현대화된 지휘통제, 작전 경험과 고도로 숙달되어 있고 동기가 부여되어 있는 경험이 많은 조종사들은 이스라엘군의 최고의 자산이었다. 따라서 적들의 항공 전력을 일거에 격파하는 것은 매우 가능성이 높은 것이었다. 이러한 공중전력은 이스라엘이 공중공격으로부터 보호를 받을 수 있음은 물론 지상군 전력을 지원할 수도 있는 것이었다. 지상군 또한 공군과 유사한 지휘체계와 높은 사기를 유지하고 있었다. 무기체계 또한 우수했다. 신속한 전력전개가 이루어지면, 기갑부대는 매우 과감하고 신속하게 짧은 시간 안에 적의 영토를 유린할 수 있었다. 이러한 모든 조건과 능력은 선제공격을 위해 현실적이고 치밀한 계획으로 뒷받침되었다. 전쟁 초기에 기습과 최대한의 강력한 전력의 운용으로 전장에서 상대적 우위를 점할 수 있었던 것이다.

이러한 측면에서 바라보면, 이스라엘이 왜 선제를, 성공을 이룩할 수 있는 최선의 방책으로 채택했는지 이해할 수 있다. 이스라엘이 한 번의 격렬하고 과감한 공격으로 적들을 격파함으로써 자국의 피해를 최소화하고 아랍 국가들의 위신을 실추시키며 그들의 영토와 자원에 막대한 피해를 주기 위해서 선제를 선택한 것은 매우 흥미롭다. 이스라엘은 전쟁을 통해서 국경지역의 중요한 지형지물을 확보함으로써 안전을 확보하려 했다. 왜냐하면 북부지역의 골란 고원을 장악하게 되면 시리아로부터의 공격을 방어하기에 용이했고, 요르단의 웨스트 뱅크를 장악하면 이스라엘 중심부를 보강할 수 있었으며, 시나이 반도는 이집트를 대안에 고착시키는 데 필요했다. 그렇게 되면 현재와 같은 지리적으로 취약한 상황에서 벗어날 수 있는 것이었다. 그리고 아랍 국가들에게 이스라엘이 함부로 손댈 수 없는 강력한 유태 국가라는 영구적인 경각심을 줄 수 있는 것이었다. 이스라엘은 직면하고 있는 아랍의 적들의 위협을 제거하고 함께 새로운 시대를 이끌어갈 수 있는 상황이 조성되기를 원했다. 이렇게만 된다면 이스라엘이 실천한 선제공격은 실로 엄청난 보상을 가져다주는 것이었다.

이스라엘이 자위적 방어를 위해 선제행동을 필요로 했다는 것은 확실하게 인정할 만하지만, 다른 요소들을 고려해 보면 그것에 대한 의문이 있을 수 있다. 그중의 하나가 이스라엘이 대치하고 있던 아랍의 적들이 지나치게 과장되어 있지 않았는가 하는 것이다. 아랍의 결속은 이스라엘뿐만 아니라 아랍 세계에서도 인정할 만큼 놀랄 만한 일이었다. 아랍 네 개 국가 간의 연합은 실로 대단한 사건처럼 비쳤고, 게다가 경쟁하고 있던 다른 아랍 국가들, 즉 이라크가 요르단에 군대를 지원하는 것과 같은 결속은 전례가 없었던 일이었다. 그러나 그 결속의 내면은 그렇지 않았다. 이집트와 시리아는 정치적 동맹을 맺고 있었지만 주도권을 갖기 위해 경쟁하고 있었다. 이들 국가들은 이스라엘을 혐오하는 아랍의 정서를 결속의 도구로 활용하고 있었지만, 실질적인 통합은 서로 경쟁하는 관계에서는 어려운 것이었다. 이집트와 시리아는 팔레스타인을 지원하면서 아랍 국가들 사이에서 주도적 입지를 구축하려 했다. 이러한 외부와 내부의 상반된 관계가 공존하고 있었지만 1967년 늦은 봄과 이른 여름 사이에 아랍 국가들이 보여 준 반이스라엘 감정이 폭발 직전까지 증폭되고 있었던 것은 의심할 여지가 없었다. 이집트와 시리아는 군사력을 전개해서 이스라엘 국경에 대한 명백한 위협을 하고 있었다. 그러나 이들 국가들이 국민들로부터 대중적 지지를 받고 있었지만 과연 궁극적인 목표가 이스라엘과의 전쟁이었었는지에 대해서는 아직도 논란의 여지가 있다. 아랍과 이스라엘 양측 간의 긴장상태가 고조되어 있었다 하더라도, 아랍 국가들이 들떠 있는 민족주의적 감정을 가라앉히기 위해서 이스라엘에 대한 실질적인 위협을 시도했을 수 있으며, 이러한 격렬한 감정은 시간이 가면서 완화될 수도 있었다.

　　이스라엘이 대치하고 있던 인접 아랍 국가들의 위협을 과장되게 보는 경향은 다른 측면에서도 발견된다. 아랍 국가들의 군사력은 겉으로 보이는 것만큼 굉장한 것이 아니었다. 시리아군은 낙후되어 있었고 단순히 정권 수호를 위한 수단으로 이용되고 있었다. 시라아군 수뇌부에서는 집권당에 대한 충성이 미덕이었고 자연히 리더십은 약화되어 있었다. 따라서 시리아군은 골란 고원의 요새화 진지에서 포격을 통해서 이스라엘을 괴롭힐 수 있을 정도의 능력만이 있었다. 시리아의 이스라엘에 대한 간헐적이고 지속적인 도발은 문제가 되었지만 모두가 저수준의 도발에 머물러 있었다. 시리아군은 대규모의 부대가 골란 고원을 벗어나게 되면 노출된 계곡으로 밀집될 수밖에 없기 때문에 이스라엘 영토 안으로 공격하려 하지 않았다. 엄폐가 제공되지 않는 살상지대를 극복하는 것은 시리아군의 능력을 벗어나는 것이었기 때문이다. 이스라엘은 시리아의 이러한 취약점과 제한사항을 잘 알고 있었다. 따라서 이스라엘은 시리아가 공격하지 못할 것이라고 판단하고 공격부대에게 시리아를 골란 고원 일대에서 고착시키고 요르단의 웨스트 뱅크에 대한 공격을 할 때 시리아군의 지원을 차단하는 임무도 부여하고 있었다. 이스라엘이 예상했던 대로 시리아로부터 어떠한 심각한 공격도 없었으며 이스라엘이 골란 고원을 이틀 만에 장악한 것을 보면 신속한 공격이 필요했을까 하는 의문을 갖게 한다. 이스라엘은 6일전쟁을 통해서 그동안 탐을 내고 있었던 지역들 중의 하나인 골란 고원을 장악했는데, 이것이 이스라엘이 시리아에 대한 과감하고 신속한 공격을 한 이유였다는 것을 알 수 있다.

레바논과 요르단의 군부도 시리아만큼이나 본국의 정치적 문제에 시달리고 있었다. 소규모의 전력을 유지하고 있는 가운데, 부패한 친인척들의 권력 분배로 인해 장교단은 분열되어 있었고 병사들의 사기는 저하되어 있어서 이들 국가들이 이스라엘에 위협을 주기는 어려웠다. 레바논 수상은 6일전쟁 기간 중에 레바논군 지휘관에게 행동을 취하라고 위협적으로 명령했었지만 이행되지 않았다. 이것은 그가 레바논군 내부 상황을 모르고 이스라엘과 어리석은 교전을 하라는 명령과 마찬가지였다. 요르단 국왕 후세인은 전쟁 전날, 군대를 시찰하면서 패배를 예측했다. 그의 실질적인 고뇌는 패배 이후에도 살아남아 권좌를 지킬 수 있겠는가였다. 그는 이스라엘의 전쟁 목표가 웨스트 뱅크 장악이라는 것을 명확히 이해하고 있는 가운데, 이 지역을 잃고 난 후에 생존할 수 있을까 하는 강박관념에 시달렸다.

　　마지막으로 이집트도 대규모의 병력과 잘 정비된 군대를 보유하고는 있었지만 유사한 취약점을 가지고 있었다. 나세르 대통령과 야전군 사령관 압델 하킴 아메르(Abdel Hakim Amer)는 절친한 친구사이이면서도 경쟁관계에 있었다. 이 두 사람의 권력 경쟁은 이집트 군대의 능력을 저하시켰다. 그런 와중에 이집트 공군은 1956년에 이스라엘로부터 엄청난 곤욕을 치룬 경험이 있음에도 불구하고 선제공격에 대항할 준비가 거의 되어 있지 않았다. 비행장을 보호하기 위한 체제에 전혀 변화가 없었는데, 이것이 아메르가 저지른 가장 큰 패인이었다. 나세르는 정치적 파장을 우려해서 그를 해임하지 못했다. 사실 그를 오히려 승진시켰으며, 이로 인해 이집트 공군은 1956년과 마찬가지로 1967년에도 많은 취약점을 안고 있었다. 군 수뇌부에는 상호 알력과 의심이 팽배했다. 1967년 전쟁 전날, 시나이 반도의 사단장은 그의 예하 지휘관들을 보직해임시켰는데 전쟁 발발 전까지도 공석으로 남아 있었다. 이러한 상황은 이스라엘 전력이 상대적으로 더욱 증강되는 효과를 가져다주었고 이집트의 취약점은 더욱 증가된 것이었다. 이러한 일련의 상황으로 이집트군은 이스라엘이 공격하기 이전부터 전투능력이 심각하게 저하되어 있었다. 이스라엘군이 공격 첫날, "수에즈 운하에 손을 담그기를 고대하고 있다"고 말한 것은 그냥 지나치듯 한 말이 아니었다.5 이스라엘의 이집트에 대한 강력한 공격의 목적은 이집트의 이스라엘에 대한 공격 가능성이 거의 없었기 때문에 수에즈 운하까지 이집트군을 밀어붙이는 것이었다.

　　1967년, 이스라엘이 선제공격에 모든 것을 건 도박을 한 것은 분명하다. 그러나 그것은 단순한 도박이 아닌, 승리를 확신했던 도박이었다. 그것은 적들에 대한 약점을 충분히 간파하고 있었으며, 이스라엘군의 전력에 대한 자신감에서 비롯되었다. 정치가들은 당황했을지도 모르지만 이스

5　Jeremy Bowen의 기록앨범 *Six Days: How the 1967 War Shaped the Middle East* (London: Simon & Schuster, 2003).

라엘의 병사들은 그렇지 않았다. 군의 사기는 전혀 문제가 없었으며, 지휘관들은 이점을 잘 알고 있었다. 이스라엘군 수뇌부는 병사들의 사기저하에 영향을 준다는 이유로 정치가들이 선제공격을 하는 데 손을 들어줄 수 있도록 압력을 가했다. 이스라엘 국민들이 가지고 있던 불안감이 군부의 손을 들어 주는 역할을 했다. 이스라엘의 매우 인상적이고 결정적인 공격계획은 정치가들이 논쟁을 하는 동안 본국에서 필요한 지지를 받고 있었다. 이스라엘군은 이에 대해 응답을 할 준비가 되어 있었던 것이다.

이스라엘이 주장하는 것처럼 아랍 측이 일방적으로 도발했던 것은 아니었다. 이스라엘·시리아 국경지역에서의 사건이 좋은 예가 될 수 있다. 총격전이 지속되었지만, 이스라엘의 장군 한 사람은 이스라엘의 정착민들이 시리아군이 총격을 가하도록 자극해서 일어난 사건들로 판단하고 있었다. 그는 이스라엘의 가장 유명한 장군이었던 모세 다얀(Moshe Dayan)으로서 그는 시리아가 도발한 원인의 약 80%는 이스라엘 정착민으로 인한 것이라고 생각했다.[6] 이러한 국경지역에서의 사건들은 유태인 국가를 건설하면서 정착을 위한 토지 확보를 하는 과정에서 일어나고 있었다. 사실 정착민들은 자체 방어가 불가능한 농부들이었다. 이들은 자발적으로 그들의 극단주의적인 민족주의의 신념으로 선발된 사람들이었다. 이들은 도전적으로 경작할 토지를 확보하려 했었고 이러한 행동들은 시리아를 자극했다. 이스라엘 정부는 군사력에 의한 공격을 통해서 이를 해결하려 했다.

시리아가 약 200여 발의 포탄을 퍼부으면서 다수의 이스라엘 정착민들이 사망하는 가장 심각한 사건이 1967년 4월 6일 일어났다. 이스라엘은 이에 대한 보복으로 시리아에 대해 공중공격의 지원하에 지상공격을 실시했다. 이 사건으로 시리아가 이집트와 동맹을 맺는 계기가 되었다. 유사한 사건들이 요르단과의 국경지역에서도 반복해서 일어나고 있었다. 이스라

---

6 *Ibid.*, 20쪽.

엘은 1966년 11월 13일 요르단으로부터의 테러 공격에 대한 보복으로 대규모로 전차와 장갑차를 동원, 요르단의 방어선을 돌파하고 요르단의 국경마을을 파괴했다. 이스라엘군과 요르단군 간의 충돌이 야기되었던 이 사건은 명백히 침략적 형태의 공격이었다. 이스라엘군이 당일 철수했지만 그 피해는 막대했다. 이 사건에 대해 먼저 아랍 측은 승리를 선언했고, 이어서 요르단의 후세인 왕은 다른 대안이 없다고 판단하고 이집트와의 우호관계를 맺게 되었다. 요르단·이집트 간의 협상은 1967년 5월 30일 이루어지게 되었다. 만약 이스라엘이 1967년 새롭게 탄생한 아랍의 통합으로부터 예측하지 못했던 위협에 직면했다고 생각했다면, 그것은 과거 이스라엘의 공세적인 행위가 이러한 위협을 발생시킨 주원인이었다는 것을 인식해야 한다.

이스라엘 안보의 위기에 대한 과장은 여러 분야에서 계속되었다. 이집트의 나세르가 티란 해협 봉쇄를 통해서 이스라엘의 에일랏 항구의 입·출항로가 차단되었으나, 생각만큼 강력하게 이스라엘에게 경제적 타격을 주지는 못했었다. 이스라엘 국적이 아닌 선박들이 수입과 수출을 위해 이집트의 수에즈 운하를 경유해서 이스라엘의 지중해 항구로의 이동은 자유로운 상태였다. 이스라엘은 에일랏 항구를 경유한 해상로에 대한 권리를 주장하면서, 국가가 전쟁으로 가려 했던 정치적 목적을 달성했으며, 에일랏 항구가 경제적 생명선이었다면 이를 지키기 위한 강제력을 사용했어야 했다. 티란 해협의 봉쇄로 발생한 위기를 이스라엘은 전쟁을 일으키기 위한 또 하나의 구실로 이용했으며, 승리를 확신한 가운데 이를 통해 영토를 확장했던 것으로서 스스로 자위적 방어를 위한 것은 아니었다. 이것은 자위적 방어의 이름하에 시행한 '침공'이었다.

이스라엘은 그들이 주장하는 것처럼 국제적으로 고립되어 있지 않았었다. 전쟁이 이틀째에 접어들었을 때, 이스라엘은 미국 함정 리버티 호를 해상과 공중에서 공격해서 34명의 승조원이 사망했다. 이스라엘은 오류에 의한 공격이었다고 사과했다. 리버티 호의 함장과 많은 목격자들은 이스라엘의 오류에 의한 공격이었다는 사과를 납득할 수 없었다. 그들은 이스라엘이 아랍 측과의 충돌의 심각성을 미국 함정 피격사건으로 전달해서 미국이 관심을 갖도록 한 계획적인 공격이었다고 믿었다. 이러한 상식을 벗어난 무자비한 행동은 이스라엘이 생존을 위한 전쟁을 위해서, 과거의 홀로코스트의 망명으로부터 벗어나 확실한 생존을 보장받기 위한 행동이었다는 것을 이해하게 되면 그리 놀랄 만한 일이 아니었다. 그러나 냉전시대의 더욱 큰 불화를 야기할 수 있는 위험을 감수하고, 이스라엘을 지원하고 있는 강대국 미국에 대한 이러한 행동은 너무 지나친 것이었다. 이러한 이스라엘의 행동으로 이스라엘·미국 간의 갈등은 1973년까지도 해소되지 않았었다. 그러나 국제관계의 범주에서 해석해 보면 양국이 소련에 반대하는 반공주의 국가이기 때문에 냉전의 구도는 미국이 이스라엘의 편에 서는 데 결정적인 역할을 했다. 이스라엘이 1967년의 선제공격을 통해, 이러한 냉전구도의 역학관계를 시험했다고 볼 수도 있다. 그러나 이스라엘이 미군 함정에 대한 공격을 포함해서 왜 그런 행동을 했는가는 단순히 냉전구도의 역학관계만을 염두에 두고 시도한 것이 아니라는 사실에 주목해야 한다.

이러한 모든 상황을 종합해 보면, 각각의 상황으로만 이스라엘의 행동을 판단해 보기는 어렵다는 것을 알 수 있다. 이스라엘은 다중의 전선에서 각각의 적과 교전하기 위해서 선제가 필요했다. 수적인 열세와 불리한 전략적 상황에서 이스라엘이 선택한 선제는 어쩌면 파멸로 가는 도박으로도 비추어졌다. 여러 가지 상황 중에서도 이스라엘은 경제적인 피해를 염두에 두고 장기간의 전쟁을 할 수 있을 만큼 지속적인 동원이 어려웠다. 따라서 1967년의 6일전쟁은 국가적 재앙으로 가는 단계일 수도 있었다. 이 도박은 반드시 며칠 안에 끝내야 하는 신속한 전쟁이 되어야만 했다. 이것이 이스라엘을 보존하는 데 필수적이었다. 그러나 이스라엘은 아랍 국가들의 취약점을 잘 알고 있는 가운데, 이들 아랍 국가들을 자극하지 않으면서 차분한 전쟁준비를 통해서 유리한 결과를 창출할 수 있다고 예상하고 있었기에, 결코 무모한 도박만은 아니었다. 이스라엘군 수뇌부는 수적인 열세에 있지만 우세한 전투력이 있었기에 수일 안에 적들을 격파할 수 있다고 확신했다. 그러한 측면에서 이 전쟁은 이스라엘이 영토를 보존하고 국가의 안보를 확고히 하기 위한 침략전쟁이라고 볼 수도 있다. 그렇게 하기 위해 이스라엘이 오히려 국제적 협력관계를 과시하고 화해하기 어려운 상황에 있었던 인접 아랍 국가들을 자극해서 이스라엘을 위협하도록 상황을 조성했으며, 이스라엘이 선택한 시간에 전쟁을 시작했던 것이었다. 이스라엘의 선제는 기회를 창출하기 위한 도구였으며, 필사적인 생존을 위해 필요했던 것은 아니었다.

이러한 판단은 이스라엘이 시행한 선제를 지나치게 비판적인 관점으로 보는 것일 수도 있다. 이스라엘이 국경지역의 약한 적들을 장악해서 기회를 확보하려 한 것은 불필요한 것으로서 상세한 분석이 필요하다고 주장하는 사람들도 있다. 톰 세게프(Tom Segev)가 그의 최근의 저서 『이스라엘, 전쟁과 중동지역의 변화를 가져온 1967년』(the war and the year that transformed the middle east)에서 이스라엘은 전쟁을 이집트와 요르단까지 확대하려는 계획은 없었다고 기술하고 있다. 그의 분석에 의하면 이스라엘은 예루살렘이 아닌 웨스트 뱅크의 일부 영토를 확보하는 것을 고려했었다.7 그 이유는 예루살렘을 장악하게 되면 팔레스타인 민족주의를 더욱 자극하게 되고 팔레스타인의 극렬주의자들이 이스라엘에 대한 더 많은 테러를 시도하게 되는 비생산적인 결과를 가져오기 때문이었다. 대신에 이스라엘군은 전쟁으로 확보한 전선만을 확고하게 장악할 계획이었다. 이러한 애초의 계획이 이스라엘이 계속되는 전장에서의 승리에 도취되어 있는 가운데, 요르단 후세인 왕의 이스라엘에 대한 강력한 도전적인 행동으로 인해 변질되었다는 것이다. 이스라엘이 전쟁을 통해 단지 웨스트 뱅크 지역을

---

7 Tom Segev의 *1967: Israel, the War and the Year That Transformed the Middle East*, Trans. Jessica Cohen (New York: Metropolitan Books, 2007) 300쪽, 344-345쪽.

포함한 일부 지역만으로 영토를 확장하려 했다는 세게프의 주장은, 이스라엘이 시리아를 공격한 것이 과연 필요했던 것이었는지, 아니면 보다 더 많은 기회를 확대하려는 목적으로 골란 고원을 장악하려 한 것인지에 대한 의문을 불러일으킨다. 세게프와 다른 학자들의 관점에서 보면, 이스라엘은 시리아의 이스라엘에 대한 공중공습으로 인해, 시리아가 총력전을 하려 하는 것으로 생각하고 골란 고원을 장악했다는 것이다. 그러나 이스라엘이 국력을 확장하기 위해 그동안의 많은 전선에서 전쟁을 추구했던 것을 살펴보면 이러한 분석은 타당하지 않다. 이스라엘이 확보했던 국경지역의 영토 장악과 같은 많은 기회는 추가적인 전선에서의 승리로 인해 본래의 계획이 변화되면서 이루어졌는지는 알 수 없지만, 이스라엘이 선제공격을 한 것은 이스라엘을 방어하기 위해서 출발했다는 것에는 누구도 이의를 달지 않고 있다.

이스라엘은 아랍 국가들로부터의 임박한 위협을 평가하면서, 선제를 실천할 수 있게 하는 아랍 측의 오판과 공격행동을 필요로 했다. 당시의 상황은 이스라엘은 아랍의 이스라엘에 대한 지속적인 붕괴 위협 선언에 숨겨진 동기를 이해해야만 했다. 그리고 이집트와 시리아가 일부 지역에서 긴장을 조성하면서 계산된 도발을 시도하고 있는 것은 이스라엘이 취해야 할 선택을 제한하고 있었다. 즉 이스라엘은 지리적으로 취약한 작은 영토의 불리점을 안고 있는 가운데 그저 아랍 국가들의 행동을 지켜보면서 그들이 공격할 때까지 기다릴 수 없었다. 이스라엘의 에시콜 정부는 이러한 결과를 피하기 위해 아랍과의 긴장완화를 위해 화해의 제스처를 여러 번 시도하면서 전쟁이 발생하지 않은 가운데 위기가 지나가기를 기다렸다. 이러한 이스라엘의 노력은 오히려 아랍의 적대감을 부추겼고, 이어서 나세르가 에일랏 항을 봉쇄하는 조치를 가져오게 하기도 했다. 이스라엘의 에일랏 항이 경제적 생존에 필수적인 생명선은 아니었을지 모르지만 이것은 이스라엘을 억제된 감정을 폭발시키는 사건이었다. 이렇게 이스라엘 안보에 긴요한 지역에 대한 아랍의 도발에 따라 이스라엘이 여러 전선으로 전쟁을 확대하려 했던 것은 충분히 이해할 만한 것이었다. 그러나 이스라엘이 선제의 시기가 도래할 때까지 참을성 있게 기다렸던 것은 매우 놀랄 만한 것이었다. 이스라엘은 침략에 의한 전쟁의 승리보다는 어떠한 희생을 치르더라도 생존을 위해 승리해야 한다는 필요성을 더욱 강조해서 국제사회가 문제를 삼지 않도록 상황을 조성했다. 이에 따라 이스라엘은 지역 내에서 얼마나 필사적으로 생존을 위해 노력하고 있는가를 보여주기 위해서 미국 함정 리버티 호를 공격하는 무자비한 행동도 서슴치 않았다. 결론적으로 1967년의 이스라엘의 선제공격은 자위적 방어를 위한 행동이었다고 바라보는 것은 객관적이고 타당한 분석일 것이다. 따라서 이스라엘의 선제공격은 도덕적 정당성을 부여받고 있다고 볼 수도 있을 것이다.

10

위험하고 단순한 선택

– 2003년, 미국의 이라크에 대한 선제전쟁

개 요

많은 이라크인들이 운집하여 바그다드 중심부에 우뚝 서 있는 실각한 지도자 사담 후세인의 동상을 로프를 이용해서 끌어내리려 하고 있었다. 동상을 끌어내리는 일이 쉽지 않자, 지켜보던 일부 미군들이 함께 힘을 모았다. 곧이어 크레인이 동원되었고, 동상은 바닥에 내동댕이쳐졌다. 이것은 이라크인들과 미국인들이 함께 양국을 고통 속에 있게 했던, 폭정의 상징을 제거하는 흥분된 순간이었다. 이 광경은 전 세계로 생중계되었다. 더욱 중요한 것은 미국이 2001년 9월 11일 테러리스트의 공격에 대한 망령에 시달리고 있던 고통을 날려 버리면서 미국의 새로운 선제정책에 정당성이 부여되는 것으로 비추어졌다. 그러나 이러한 환호는 그리 오래가지 못했다. 미국인들은 얼마 되지 않아 후세인과 알 카에다(al Qaeda)와의 관련성이 없었으며, 대량살상무기는 존재하지 않았다는 사실을 알게 되었다. 9 · 11과의 연관성은 없었다. 이러한 사실들이 선제를 뒷받침해 주었던 이유들을 퇴색시켰다. 미국이 이라크를 침공하면서 정당성의 하나로 주장했던 중동지역에 민주주의를 뿌리내리게 하려 했다는 것은 선제공격의 정당한 이유로 내세우기에는 너무도 부족한 구실이었다. 이라크인들은 후세인의 통치가 종식된 것을 환호했고, 다가올 민주주의를 환영했지만, 이것은 더욱 더 쓰라린 고통으로 되돌아왔다. 미국을 비롯한 서구열강은 후세인 정권을 불과 수주일 만에 무너뜨렸다. 그러나 이러한 성공은 미국이 군사력에 의존함으로써 아랍의 정체성을 훼손한 것이었다. 미국은 단지 선제의 필요성만을 강조한 것처럼 보였고, 그로 인해 실로 엄청난 어려움에 직면하게 되었다. 새로운 이라크의 건설은 출발부터 순조롭지 않았으며, 무엇하나 더 나아진 것이 없었다.

2003년의 걸프전쟁은 미국과 이라크 사이의 지난 13년간에 걸친 불화의 뇌관이 터진 것이었다. 이라크의 후세인은 1979년부터 정권을 장악하고 있으면서 1990년 8월에 쿠웨이트를 침공했지만 실패하고, 미국과의 우호적 협력관계를 맺으면서 전쟁을 종결했었다. 이 당시 미국의 부시 대통령은 강력한 다국적 동맹을 통해서 불과 6주간의 짧은 전쟁을 통해 후세인의 군대를 쿠웨이트로부터 강제적으로 몰아냈다. 이 충돌 이후에 미국의 후세인 정권 제거를 위해 내부의 반동세력에 대한 지원 노력에도 불구하고, 후세인은 건제하게 이라크를 통치하고 있었다. 미국과 동맹국이 이라크 남부와 북부에 비행금지 구역을 설정하고, 이를 강화하면서 이라크와의 불편한 교착상태가 계속되었으며, 후세인은 내부 혼란을 무자비한 철권통치로 성공적으로 내부 통제력을 강화하면서 외부세력의 간섭에 대해 지속적인 경고를 하고 있었다. 그가 권좌에 있는 동안, 미국은 그를 끌어내리려는 시도를 멈추지 않고 있었다. 후세인에 대한 봉쇄가 10여 년 이상 계속되는 동안, 미국 본토에서는 9 · 11 테러의 충격에 휩싸였다. 미국의 새로운 대통령, 전 대통령의 아들인 부시는 이라크의 후세인 정부가 테러집단과 동맹을 맺고 미국의 본토를 위협하고 있다고 간주하고 2003년 3월 17일 선제공격으로 후세인을 축출하려 했다. 부시 행정부는 후세인의 축출에는 성공한 반면, 이라크 내 반군의 득세와 미국의 이라크 점령에 대한 논란으로 이라크를 안정화시키는 데는 실패했다. 이것은 미국과 이라크 사이에 있었던 새로운 불화가 시작되고 있으며 전혀 새로운 형태의 전쟁으로 발전하고 있는 것을 의미했다.

미국이 2003년 3월 20일 새벽 바그다드를 침공함으로써 시작된 이라크 전쟁은 2010년 9월 7년 5개월 만에 종전되었다. 그러나 여전히 많은 미국인들은 이 전쟁에 회의를 품고 있다. 부시 행정부의 선제독트린은 계속 시빗거리가 되고 있을 뿐만 아니라 여러 가지 면에서 논란의 여지를 갖고 있는 것은 당연한 일일 것이다. 미국이 이라크에서 대량살상무기를 발견하지 못한 것과, 9·11과 후세인 간의 관련성을 증명하지 못함으로써 결국 이라크 침공은 불필요했던 것이다. 미국의 이라크 재건계획 또한 제대로 계획되지 않아 자생적 반군들이 증가하면서 부시 정부를 곤경에 몰아넣었다. 그리고 종전 선언 이후에도 이라크는 끊임없는 고통스러운 진통을 겪고 있다. 거기에 이란과 북한의 위협에 대해서 군사적인 방법이 아닌 외교 및 경제적 제재를 통해 대처하고 있는 것은 부시 행정부의 이러한 오류에 대한 모순을 더해 주었다. 아직까지도 부시 대통령은 이러한 오류를 인지하고 있음에도 불구하고, 후세인의 폭정을 종식시키고, 중동지역에 민주주의를 발전시키는 계기를 마련했다고 주장하고 있다. 선제는 이루어졌지만 이것은 아직도 진행 중에 있는 것이다. 부시 행정부의 선제독트린의 목적을 상세히 검토해 보면, 우리는 부시가 진정으로 미국에 새로운 이익을 가져다줄 수 있는 외교정책의 일환으로 테러와의 위협에 대처하는 정책을 구사했었는지 아니면, 미국을 침략적 행위에 발을 들여놓게 한 것인지를 살펴볼 수 있을 것이다.

미국은 선제를 선택했었는가?

미국의 선제독트린은 2001년 9월 11일의 테러공격으로 인한 비극적인 사건 이후에 미국 정책의 하나로 등장했다. 9·11 테러가 발생하기 전인 2000년 12월, 부시는 미 대법원에 의해 대통령으로 인준을 받는 자리에서부터 미국에 해악을 끼치려 노리고 있는 것들에 대해 언급한 바 있다. 그리고 9·11 이후 미국은 테러리스트들을 비호하고 있는 국가들과 테러리스트들에 대한 대응책을 강구하고 있었다. 부시는 "우리와 함께하는 것이 아니면 테러리스트들과 함께하는 것이다"[1]라고 9·11 테러 발생 9일 후에 의회연설을 통해 다시 한 번 강조했다. '테러와의 전쟁'을 주장하는 부시에 대한 지지율은 테러 이전의 51%에서 85%로 급상승하면서 미국 국민들의 대통령에 대한 지지도를 보여 주었다.[2] 이러한 지지율의 상승은 분명 9·11 테러로 인한 것이었지만, 부시는 그 이상의 것을 생각하고 있었다. 부시는 대담하게도, 테러와의 전쟁을 위한 핵심으로 선제를 새로운 외교정책으로 이용하려 했던 것이다.

부시는 향후에 발생 가능한 또 다른 공격을 막기 위해서라도 적대세력이 미국 주변으로 접근하는 것을 차단해야 한다고 주장했다. 부시의 입장에서 보면 미국이 지난 50여 년간의 냉전시대부터 유지해 오던 외교정책인 봉쇄(Containment)와 억제(Deterrence)는 새로운 시대를 맞이해서 제한사항이 있었다. 미국의 안전을 위한 새로운 외교정책으로 전환할 필요성이 있다고 본 것이다. 따라서 부시는 적대세력이 미국에 위해를 가하기 전에

1　George W. Bush의 2001년 9월 20일 연설문 "Address to a Joint Sesson of Congress and the American People," White House Press Release, September 20, 2001, ⟨http://www.whitehouse.gov/news/release/2001/09/20010920-8.html⟩

2　Michael Genovese가 평가한 "George W. Bush and Preseidential Leadership: the Un-Hidden Hand Presidency of George W. Bush, 10장 in Striking First: The Preventive War Doctrine and the Reshaping of US Foreign Policy (Basingstoke: Palgrave Macmillan, 2004), 142쪽.

공격해서 제거하는 데 필요한 이론적 근거를 제시해 주는 선제전쟁에 대한 용호론자였다. 적의 위협을 막연하게 기다리는 것은 9·11보다 더 많은 사상자를 발생시킬 수 있는 무기를 사용할지도 모르는 테러리스트들의 공격을 유발시키는 것이었다.

미국의 '선제정책'은 두 단계로 발전되었다고 볼 수 있다. 첫째는 이라크전쟁 개시 1년 전부터 대통령에 의해 이루어진 일련의 발표내용들로 알 수 있다. 2001년 부시는 폴란드 바르샤바에서 개최된 '테러와의 전쟁' 회의에서 반복해서 선제공격의 정당성을 주장하면서 "우리는 살인자들이 대량살상무기를 확보할 때까지 기다려서는 안 된다. 지금 행동해야 한다. 왜냐하면 우리는 어둠의 세력들을 우리 세대에 제거해서 새로운 세대의 안전을 보장해 주어야 한다"라고 언급했다. 그에게 있어서 테러를 행하는 악마로부터 문명사회를 보호하는 것은 미국의 임무였다.[3] 다음해 4월에는 부시는 버지니아 군사학교 생도들에게 행한 연설에서 다시 한 번 국제사회가 선택해야 할 것들을 "우리와 함께하거나, 아니면 테러분자들과 함께해야 할 것이다."[4]라고 경고했다. 미국의 입장에 따른 이익을 지키면서 확실한 승리를 하게 되면, 결국 전 세계의 모든 사람들에게 이익이 된다는 것을 강조했다.

부시는 2002년 6월 1일 웨스트포인트 졸업식 연설에서 미국의 외교정책에 현저한 변화를 가져올 수 있는 의도를 표현하는 연설을 함으로써 그가 무엇을 생각하고 있는 지를 확실하게 드러냈다. 부시는 그 연설에서 미국의 과거 봉쇄와 억제에 의한 방어적 외교정책의 수행 노력을 칭송했다. 그리고 이제는 9·11 테러 이후의 새로운 시대에 대한 상황을 환기시

3　George W. Bush의 2001년 11월 6일의 연설 "Remarks by the President to the Warsaw Conference on Combating Terrorism", November 6, 2001, Office of International Information Programs, US Department of State, 〈http://usinfo.state.gov〉

4　George W. Bush의 버지니아 군사학교 연설, at the Virginia Military Institute, "President Outlines War Effort," White Hose Press Release, April 17, 2002, 〈http://www.whitehouse.gov/news/releases/2002/04/2002417-1.html〉

키면서 새로운 접근이 필요한 때라고 주장했다. 그것은 미국을 직접 겨냥하고 있는 잠재적인 공격행위를 저지하기 위해서는 먼저 행동해야만 한다는 것이었다. 이렇게 해야만이 미국과 보조를 맞추지 않고 있는 불량 국가와 테러분자들에 의해 저질러질 수 있는 공격을 방지할 수 있으며, 이것이 실제적인 상황을 효과적으로 관리하는 것이라는 주장이었다. 이러한 부시의 논리는 9·11 테러와 더불어 그가 행한 연설의 논리적 근거였으며, 미국과 함께 하느냐 아니면 반대편에 서겠는가를 종용하는 것이었다. 부시는 적대국가로부터의 발생할 수 있는 어떠한 위협이라도 사전에 억제하기 위해서 혹은 미국의 자유와 미국 국민들의 생명을 보존하기 위해서는 필요하다면 선제행동을 할 수 있는 준비가 되어 있어야 한다고 주장했다.

부시는 계속해서 선제공격의 두 번째 핵심 요인을 추가했다. 만일 선제가 미국의 냉전시대의 외교정책에서 이루어졌다면 미국은 군사적인 타격에 주저하지 않았을 것이며 다른 형태의 전쟁을 감내할 수 있었을 것이라는 것이다. 즉 미국의 '선제정책'은 냉전시대와 현재의 환경이 다르지만 봉쇄와 억제정책 만큼이나 도덕성을 근간으로 하고 있다는 것이었다. 9·11 테러 이후, 부시는 미국이 '선과 악의 충돌'에 직면하고 있다고 주장하면서 미국의 문명, 진정한 세계문명을 보존하기 위해서는 이에 대한 도전에 대응해야 한다고 주장했다. 요약하면, 역사에 대한 새로운 인식은 새로운 미국의 정책을 인도했으며, 따라서 미국은 새로운 정책을 구사해야 한다는 것이었다. 주저하게 되면 제2차 세계대전과 같은 거대한 전쟁 상황으로 발전할 것으로 생각했다. 사실, 미국의 정책이 과거와 현재에 차이가 있다 하더라도 진행과정은 같았을 것이라는 주장이었다. 미국은 이때부터 전 세계의 이익을 기초로 하고 있는 도덕성과 정당성을 근간으로 하고 있는 전통적인 미국의 외교정책을 변화시키기 시작했다.[5]

5　George W. Bush의 웨스트포인트 연설 "President Bush Delivers Graduation Speech at West Point," White House Press release, June 1, 2002, 〈http://www.whitehouse, gov/news/releases/2002/06/20020601-3.html〉

　　이 목표는 부시 행정부에서 2002년 9월 국가안보전략 보고서를 통해 선제공격을 염두에 둔 이론을 대입시키면서 공식적인 정책이 되었다. 이 보고서에는 9·11 테러 이후 미국의 안전보장을 달성하기 위한 계획이라는 구실로 '선제정책'이 공식적으로 기술되었다.[6] 미국이 적으로 규정한 국가에 대해 보복적 차원으로 공격하던 시대가 지나간 것이었다. 이제 그늘 속에 숨어서 '선제정책'을 채택하도록 유도했던 조종자들이 공식적으로 테러집단의 존재가, 자신들의 책임이 아니라고 주장하는 정권의 뒤에 숨어서 목소리를 낼 수 있게 된 것이었다. 이들은 이러한 주장을 통해서 반대하는 사람들의 논리적 반박이 일시적인 유예상태에 있게 되기를 희망했다. 자신들이 주장하고 실현하려는 정책에 '위협적인 적의를 가진 반대자'들이 침묵한다는 것은 결국 대량살상무기를 가지고 있을 것이라고 판단하는 미국의 적에 대한 공격을 억제하는 장애물이 사라진 것을 의미했다. 냉전시대의 산물이었던 대량살상무기를 부시 행정부에서 테러리스트들이 최후 수단의 무기로 사용할 것이라고 간주했으며, 과거에도 이러한 무기를 보유하고 있거나 보유하려고 시도하는 국가들은 항상 존재해 왔었다. 이제 이러한 대량살상무기를 테러집단들이 확보하려 시도하면서 더욱 더 커다란 위협이 되고 있었다. 그리고 이들 테러집단들은 언제 어디서나 매우 효과적으로 공격할 능력을 가지고 있었다. 이러한 위협을 무력화하기 위해서는 스스로를 보호해야 하는 '예측에 바탕을 둔 조치'라는 정당성을 확보해 주었다. 이 보고서에서는 필요하다면 미국은 선제행동을 할 수 있다고 명백하게 기술하고 있다.

　　미국의 일방주의적인 독단적인 행동은 국제적으로도 여러 분야에 파장을 일으켰다. 이 시기에 비교적 온건적으로 행동했던 국무장관 콜린 파월(Colin Powell)은 기자들에게 과거 미국이 선택했던 선제를 상기시키면서

6　미국의 국가안보전략, 2002년 9월. United States, White House Office of Homeland Security, "The National Security Strategy of the United States of America," September 2002, 〈http://www.whitehouse.go/nsc.html〉

이 정책이 가지고 있는 도발적인 성격에 대한 대중의 두려움을 완화시키려 했다. 그는 예를 들어 1989년에 있었던 두 가지 사례를 들었는데, 하나는 미국이 필리핀 정부를 지원하기 위해 공습을 통해 쿠데타 시도를 저지했던 것과, 미국인들의 생명을 보호하기 위해 파나마를 침공한 것을 예로 들었다. 그의 논리에 따르면 부시 행정부는 국제사회에 미국이 합법적인 공격 행동을 할 수 있다는 것과 적대세력이 미국을 공격하지 못하도록 경고할 수 있는 두 가지의 권리가 있다는 것을 인식시키기만 하면 되는 것이었다. 이렇듯 파월이 국제사회에 과거 미국의 실천했던 소규모의 선제 사례를 예를 들어 설득하면서 미국은 테러 위협에 적절하게 대응하고 있다는 것을 주장했다. 그러나 그의 주장은 선제가 필요에 의해 어느 곳이라도 침공할 수 있는 미국만의 면허가 아니라는 것을 말해 주는 것이기도 했다.[7]

게다가 부시에게는 의회라는 지원군이 있었다. 미 의회는 2002년 10월 양당 합의로 이 정책을 비준했다. 최종 투표결과는 하원에서는 찬성 296, 반대 133, 상원에서는 찬성 77, 반대 23표였다. 민주당의 상원의원 29명과 하원의원 80명이 찬성표를 던졌다. 단 한 명의 공화당 상원의원과 여섯 명의 공화당 하원의원만이 반대했을 뿐이었다. 부시는 든든한 의회의 지원을 받았던 것이다. 이것은 대통령이 ① 미국은 이라크로부터의 계속적인 위협으로부터 국가 안보를 방호하는 노력을 해야 하고, ② 이라크에 대한 유엔 결의안과 관련한 모든 일들을 보장하기 위해 필요하다고 결심하면 적절하게 군사력을 사용할 수 있도록 뒷받침해 주는 것이었다. 부시는 2002년 10월 16일, 결의안에 서명하고, "의회의 견해와 목표는 이전의 의회 결의안과 법제, 그리고 상·하원 합동결의안 114(H.J Res 114)에 표현되어 있으며, 그 견해와 대통령은 함께 합니다"[8]라고 답변하면서 새롭게

---

7 뉴욕타임스 2002년 9월 8일 기사. Threats and Responses: perspectives, "Colin L. Powell; Juggling the Demands of Diplomacy and a Different Kind of War," New York Times, September 8, 2002.

8 2002년 10월의 의회 결의안 The House voted on the resolution on October 10, 2002, the Senate did the same on October 11, 2002. Final Version, "Joint Resolution to

형성된 대통령의 권한을 갖게 되었다. 부시는 정확하게 미 행정부의 제시안에 포함된 내용에 따라 의회 결의안의 중요성을 재확인했다. 의회의 승인에 의해서 군사적 선제를 실천할 수 있는 토대가 마련된 것이었다.

드디어 부시 행정부에 의해서 미국의 제2의 외교정책의 시대가 선제의 합법성을 갖고 출발하게 되었다. 부시와 그의 측근들은 아프가니스탄에서의 경험을 통해 자신감을 가지고 있었다. 미국은 2001년 10월 7일 아프간을 공격했는데, 이는 탈레반 정권의 승인하에 9·11 테러를 주모한 것으로 알려진 오사마 빈 라덴(Osama Bin Laden)을 표적으로 한 것이었다. 빈 라덴은 토라보라(Tora Bora) 산악지대에서 탈출하였지만, 그 외의 미국의 아프간 공격 목적은 성공을 거두었다. 미 특수부대는 탈레반에 대항하는 세력이었던, 북부동맹을 지원해서 2001년 12월에 정권을 잡게 하였다. 이때에 미국은 아프간에 신속하게 군사력을 진입시켜서 상당한 성공을 거두었다. 더욱이 미국은 아프간에 병력을 전개해서 장기간 전쟁의 수렁에 빠지는 것을 피하면서 지상에서 제한된 병력으로 이러한 성공을 거두었던 것이다. 소수의 미군 병력이 험준한 지형을 극복하고 미국의 군수지원에 늘 위협을 주던 탈레반 정권을 붕괴시켰던 것이다.[9] 이것은 미국의 명백한 승리였으며, 부시의 "우리 편에 서거나, 그렇지 않으면 테러집단의 편에 서는 것이다"라는 경고에 힘을 실어주는 세계를 향한 본격적인 신호탄이었다. 세계의 어느 나라라도 미국을 반대하게 되면 매우 심각한 상황에 직면

Authorize the Use of United States Armed Forces Against Iraq," H. J. Res.114/ENR, October 11, 2002. Library of Congress 〈http://thomas.loc.gov/cgi-bin/query/C?c107/temp~c107kMxe1X〉; Bush's comments when signing the resolution are found at "Statement by the President," White House Press Release, October 16, 2002, Congressional voting record for the Senate is found at, "Use of Force-Passage," CQ Weekly Online (October 11, 2002), Congressional voting record for the House is found at, "Use of Froce-passage," CQ Weekly Online (October 10, 2002), 〈http://library.cqpress.com.ezproxy1.lib.asu.edu/cqwekly/floorvote107-54400000〉

9   지금도 미국은 아프간 병력 증파 등을 고려하고 한국군의 참여를 기대하고 있는 것을 볼 때, 명백한 성공이라고 볼 수는 없지만 부시 행정부 시절의 초기 성공은 놀랄 만한 일이었다.

하게 된다는 것을 의미했다.

사실 미국의 아프간에서의 군사적전의 성공은 선제정책의 시행으로 이루어진 것은 아니었다. 그러나 아프가니스탄에서의 놀랄 만한 성공에 고무되어 부시 행정부는 다른 국가에 미국의 선제행동에 대한 의지를 표명했는데, 그렇게 함으로써 테러분자들의 네트워크를 지속적으로 방해할 수 있을 것으로 믿었기 때문이었다. 부시는 2002년 1월 29일 대국민 연설을 통해 미국의 안보에 가장 큰 위협을 주는 세 개의 국가를 언급했다. 북한, 이란 그리고 이라크였는데 이들 국가들은 대량살상무기의 보유를 추구하고 있으며, 세계적으로 지역 내의 불안정을 부추기는 세력이고, 서로 여러 방법으로 테러리즘을 지원하고 있다고 생각했다. 9·11 이후의 새로운 시대의 세계는 이러한 '악의 축'의 위협이 대두되고 있었고, 이것은 무시할 수 없는 것이었다. 가장 심각한 것은, 이들 국가들이 테러집단들을 핵무기, 혹은 다른 대량살상무기로 무장시킬 수 있으며, 이들 테러집단들이 은밀하고 기습적으로 미 본토를 심각하게 공격할 가능성이 있다는 것이었다. 그리고 이러한 위협은 9·11보다도 더욱 엄청난 재앙을 가져올 수 있는 위협으로 자리 잡고 있다는 것이었다. 단지 한 가지 방법만이 이들의 공격을 저지할 수 있는데, 그것은 그들이 공격하기 전에 차단하는 것이었다. 부시는 "나는 이러한 위험이 축적되어서 실제로 발생할 때까지 기다리지 않겠다"라고 언급하였다. 미국의 선제독트린은 독특한 21세기의 시대 상황의 현실을 반영하면서 필요에 의해 탄생했던 것이다.[10]

이들 세 개 국가 중에서, 부시 행정부는 새로운 '선제정책'의 첫 번째 표적으로 이라크를 선택했다. 2002년 10월에 공개된 미 중앙정보부가 작성한 25페이지 분량의 국가정보판단서에는 이라크의 무기 능력과 후세인이 보유하고 있는 대량살상무기를 명확하게 기술하고 있다.[11] 부시와 그

---

10 George W. Bush의 연설, 백악관 발표 2002년 1월 29일, "The President's State of the Union Address," White House Prese Release, January 29, 2002, ⟨http://whitehouse.gov/news/release/2002/01/20020129-11.html⟩

의 핵심 참모들, 특히 딕 체니(Dick Cheney) 부통령은 이라크가 어떠한 대량살상무기라도 생산할 수 있다는 위험을 상기시키면서, 이러한 대량살상무기가 미국에 대한 공격을 노리고 있는 테러리스트들의 손에 넘어갈 수도 있을 것으로 판단했다. 더욱이 미국은 이라크의 후세인의 개인적 성향, 즉 9 · 11 테러를 저지른 것으로 판단되는 알 카에다와 같은 다양한 테러 조직을 동정하는 성향에 책임을 묻고자 했다. 그리고 후세인의 교활한 인성과 아랍세계에서 수장 역할을 하려는 선동적 기질과 더불어 이라크를 통제하기 위해 폭압적인 무자비한 행동을 하고 있는 그는 매우 위험한 인물이었다. 부시 행정부의 입장에서 그는 악마였다. 부시는 후세인이 잠재하고 있는 엄청난 위험을 조만간에 실천하기 전에 사전에 조치해야 한다고 생각했다. 그러한 조치가 2003년 3월 19일에 이루어졌다.

새로운 우파 정치세력, 네오콘(neo-conservatives)들은 지정학적인 많은 고려사항을 염두에 두고 이라크를 공격해서 반드시 무력화시켜야 하는 필요성을 논리적으로 역설했다. 이들의 신념은 새로운 시대를 조형할 수 있는 미국의 힘에 대한 대담한 자신감으로부터 나온 것이었다. 미국은 구소련을 오랜 기간 지루하면서도 많은 대가를 지불하면서 패퇴시켰으며, 이제는 세계의 유일한 초강대국이었다. 중동지역에서, 이라크의 극단적이고 비타협적인 자세는 새로운 초강대국의 힘을 제한시킬 수 있음을 의미했다. 만일 이러한 도전이 1990년대의 사례처럼, 구소련과의 핵전쟁의 위협에 있던 냉전시대였다면 어쩔 수 없었겠지만, 이제는 상황이 달랐다. 미국은 별다른 비난 없이 국가의 안보를 확실하게 하기 위해서 행동할 수 있었다. 미국은 단지 이제는 과거의 조심성 있는 사고는 불필요했으며, 이제 거기에서 벗어나 미국이 가지고 있는 힘의 이점만을 이용하면 되는 것이었다. 항상 그래왔듯이, 미국은 힘의 투사를 이기적으로 하지 않았다. 전

---

11 이라크 대량살상무기계획 보고서 "Iraq's Weapons of Mass Destruction Programs," Report, Central Intelligence Agency, CIA WEB page, October 2002, 〈https:www.cia. gov/library/reports/general-reports-1/iraq_쭝/Iraq_Oct_ 2002. htm#01〉

쟁이 일어나면 전쟁을 통해 민주주의를 확산시켰고, 그러한 방법으로 자치를 원하는 수백만의 국민들을 해방시켜 왔던 것이다. 이러한 도덕적 목적을 가지고 있고, 전례에 없었던 막강한 힘을 가진 유일한 초강대국으로서, 미국은 악을 제거하고 세계의 자유를 위해서 군사력의 사용이 필요했던 것이다. 과거에 미국은 잠복해 있는 악마들이 계획적으로 벌인 전쟁에 명확하지 않은 입장으로 주저하면서 끌려들어 갔었다. 새로운 시대에는 새로운 방법으로 대응해야 했다. 그것은 미국의 힘을 바탕으로 한 미국의 희망을 위해 행동하는 것이었다.[12]

　　네오콘들에게 이라크는 그들의 세계관을 시험해 보는 핵심적인 시험 무대였기에 이들은 이라크에 대한 공격을 이러한 사고를 가지고 열망했다. 부시 행정부 제2기 부국방장관을 지낸 폴 월포위츠(Paul Wolfowitz)는 제1기 부시 행정부 내에서 1991년에 회람하였던 보고서를 이러한 초강대국으로서의 지위에 대한 열망을 품고 회의에 임하고 있던 네오콘들에게 청사진으로 제시했다. 이것은 매우 시기적절한 것이었다. 9·11 훨씬 이전의 보고서였는데, 반기 연구보고서로서, 1994~1999년 회계연도간의 국방계획 지침이었으며, 이 보고서에서는 이라크가 아닌 국제문제에서 미국의 부상에 장애가 되는 미국의 동맹국들을 표적으로 하는 내용들이 담겨 있었다. 보고서에서는 스스로의 안보를 위해서 재무장의 필요성을 느끼고 있는 독일과 일본과 같은 나라와 이라크, 북한 등이 핵무기를 갖지 못하도록 하는 데 실패한다면, 이들 국가들은 탈냉전 시대 이후의 세계 질서를 주도하고 있는 미국에 도전하고 미국과 경쟁할 것이라고 기술되어 있다. 따라서 복합적인 원인에 의해 이라크와 북한, 그리고 오랜 기간의 우방 국가들을 묶어서 '잠재적인 경쟁자'로 설정해 놓고, 이러한 위협을 봉쇄하

12　James Mann의 부시 전쟁 내각 평가 *Rise of the Vulcans: The HIstory of Bush's War Cabinet* (New York: Viking, 2004), XII, XV, 194-195쪽, See also Ivo H. Daalder and James M. Lindsay, *America Unbound: The Bush Revolution in Foreign Policy* (Washington, DC: Brookings Institution Press, 2003), 17-34쪽.

고 미국의 이익을 보호하며 범세계적 헤게모니를 확보하기 위해서는 이라
크 혹은 북한에 대해 독자적이고 일방적인 행동을 해야 하며, 이것은 필요
하다면 선제적으로 해야 한다고 제안하고 있다. 보고서는 단지 하나의 지
배적인 군사력, 즉 미국이 있고, 미국의 지도자들은 "지역 혹은 범세계적
인 역할의 열망으로부터 잠재적인 경쟁자들을 봉쇄하기 위한 체제를 반드
시 유지해야 한다"고 한 것이었다. 이 보고서에 의하면, 선제는 자위적 방
어의 정당성은 없었으며, 단지 범세계적인 미국의 주도권을 보장하기 위
해 정교하게 계획된 내용을 담고 있었다. 미국은 세계의 문명국으로 군림
하고 있는 가운데 어느 나라도 미국의 주장을 무시할 수 있는 입장이 아니
었다.[13] 그러나 후세인은 미국이 원하지 않은 방향으로 가고 있었다.

네오콘들이 미국이 주도권을 잡기 위해 새로운 시도를 해야 한다는
논리를 자연스럽게 수용하고 있는 것은 다른 나라에게는 미국의 제국주의
논리로 받아들여질 수밖에 없었을 것이다. 실제로 이 보고서가 누설되어
〈뉴욕타임스〉에서 기사화되었을 때, 엄청난 논란을 불러 왔다. 당시 대통
령이었던 부시는 이러한 반향에 당황해서 체니 국방장관과 합참의장 파월
에게 다시 작성하도록 명령했었다. 한 달 후에 미국의 헤게모니를 확실하
게 하기 위해서 일방적인 군사적 행동도 할 수 있다는 문구가 삭제된 가운
데 보고서가 수정 발표되었다. 그리고 보고서에는 미국이 지속적으로 우
호국가와의 동맹관계를 유지하고 다국적인 행동을 추구한다는 내용으로
다른 국가들을 안심시키는 용어들로 대체되었다. 이 보고서에는 미국의
선제공격과 관련한 어떠한 내용도 포함되어 있지 않았다.[14]

---

13 문서는 아직까지 비밀임. 〈뉴욕타임스〉는 출처를 근거로 보도하였음. See "Excerpts
from Pentagon's Plan: 'Prevent the Re-Emergency of a New Rival," New York Times,
March 8, 1992. And see Patrick E. Tyler, "US George H. Bush Presidential Library,
College Station, Texas (GHBLCSTX), has not made this document available.

14 딕 체니의 1990년대 방어전략 보고서, Dick Cheney, "Defense Strategy for the 1990s: the
Regional Defense Strategy," January 1993, 〈http://www.informationclearinghouse.info/
pdf/naarpr_Defense.pdf〉; The New York Times offered its analysis of this new
report. See Patrick E. Tyler, "Pentagon Drops Goal of Blocking New Superpowers,"

　1기 부시 행정부의 공화당 주류 내에서의 이러한 보고서 수정 등의 조치는 네오콘들이 가지고 있던 야심이 꺾였다는 것을 의미했다. 그들에게 더욱 좋지 않은 상황이 이어졌다. 클린턴 행정부 당시에는 네오콘들은 외곽으로 밀려나서 대통령에게 정책적 조언 이상의 중요한 제안을 할 수가 없었다. 그들은 1998년에, 네오콘의 씽크 탱크(Think tank)인 새로운 세기를 위한 미국의 계획(PNAC, Project for a New American Century)[15]의 이름으로 이라크에 대한 선제를 반복적으로 주장하는 공개서한을 클린턴에게 보냈다. 그들은 클린턴이 이라크에서 독재자 사담 후세인을 제거하려는 세력을 격리시키고, 이라크에 대한 경제제재를 통해 후세인이 유엔의 요구사항인 군비감축을 합의하도록 해서 이라크가 다시 국제사회로 복귀하게 하려는 '봉쇄정책'을 반대했다. 그 당시에 네오콘들은 클린턴에게 이라크에 대한 정책이 실패했다는 증거들을 제시했다. 그것은 쿠웨이트를 침공했던 후세인이 다국적군에 의해서 쿠웨이트에서 물러난 이후에도, 그는 이라크 북부와 남부에서 반군들의 저항에 부딪쳤던 1991년 3월의 가장 어려웠던 시기를 극복하고 확고하게 이라크를 통치하고 있었으며 미국이 바라던 쿠데타도 일어나지 않았다는 것과 거의 매일 작은 충돌이 수년간에 걸쳐 유엔이 설정한 비행금지 구역 사이에서 발생하는 동안에도, 이라크의 방공망은 국제적인 제재에 맞서고 있었는데, 이것은 후세인 정권의 국제사회에 대한 저항으로, 끝까지 버티겠다는 의지였다고 보는 것이었다. 게다가 미국의 동맹국들은 이라크 정권의 변화를 위해 설정했던 경제제재를 종결하라고 종용했다. 후세인은 기가 꺾이지 않았고, 계속해서 이라크 내의 대량살상무기의 폐기를 검증하려는 유엔 사찰단의 활동을 방해했던 것이다.

　네오콘의 대표적 인물들이었던 월포위츠, 럼스펠드, 리처드 아미티지

New York Times, May 23, 1992.

15　클린턴에게 보낸 서신, Letter, The Project for the New American Century to President William Clinton, January 26, 1998, 〈http://www.newmaericancentury.org/iraqclintonletter.htm〉

등은 미국의 중동지역에서의 이익을 보호하기 위해서 이라크에 대한 공격을 촉구했다. 이들은 중동지역에 대한 군사적 개입의 가장 큰 이유로 석유자원의 확보를 추구하는 것이었다고 솔직하게 정책을 제시하고 있는데, 이것은 미국의 이라크에 대한 일방적인 군사행동을 촉구하는 충격적인 특징을 보여 주는 것이었다. 네오콘들은 계속해서 미국이 실천하기 어려운 사안들을 수용하라고 정부를 압박했다. 많은 사람들이 네오콘들이 미국의 정책이 다국적 주의에서 벗어나 전혀 새로운 방향으로 전환해야 한다고 주장하는 것에 동의하지 않고 있는 가운데에서, 이들이 공개서한을 통해서 주장하는 논리들은 좋은 뉴스거리를 제공해 주었다. 이들의 논리에 따르면 유엔 결의안에 의해 국제사회가 이라크에 대한 경제제재를 하고 있음에도 불구하고 후세인을 장악하지 못하고 있음에 따라, 미국 주도의 선제공격은 유엔의 권위를 보장해 주는 것일 수도 있었다. 미국의 이라크에 대한 일방적인 행동은 실질적으로 유엔의 다국적 체제의 신뢰를 다시 찾게 하는 것일 수도 있다는 것이었다. 즉 어쩌면 윈-윈(win-win)할 수 있는 상황이기도 했다. 그러나 클린턴은 정책을 바꾸지 않았다. 네오콘 입장에서 더욱 불안했던 것은 클린턴의 봉쇄정책이 이라크로부터의 미국에 안보위험을 지속시키고, 후세인이 대량살상무기를 테러집단에게 제공할지도 모른다는 것이었다. 그들은 단호한 행동으로 단번에 이러한 위험을 영원히 종식시켜야 한다고 생각했지만 클린턴의 재임기간 중에는 그들의 주장을 내세우기가 어려웠던 것은 확실했다. 네오콘들은 기회를 찾아야만 했으며, 스스로 다른 방법으로 행동해야 한다고 자문했다.

그러나 네오콘들은 클린턴을 비난하는 가운데에서도 그들이 클린턴 행정부의 봉쇄정책을 지원했거나 동의했던 것들을 잊고 있었다. 네오콘중의 많은 인사들은 2000년도 제1기 부시 행정부의 각료들로서, 유엔의 다국적군이 1991년 이라크를 패배시켰을 때에도 있었던 인물들이었다. 이때에, 이들은 그들이 제거해야만 한다고 했던 인물이었던 후세인을 조심스럽게 다루어야 하며, 이라크 점령 미군의 규모를 축소해야 한다고 강조

했었다. 그러면서 이라크에서의 잠재적인 게릴라전 위협이 너무 크다고
주장했었다. 체니가 가장 대표적인 인물로서, 그는 1991년 4월 7일 〈데이
비드 브린클리와의 대담〉(This Week with David Brinkely)에 출연해서, "나는 미
군이 이라크의 시민전쟁에 관여하면 진흙탕에 빠지는 것과 다를 바가 없
다고 생각한다. 우리가 바그다드를 접수한 후에, 우리는 무엇을 해야 하
는가? 누구를 권좌에 앉혀야 하는가? 어떤 성격의 정부를 우리가 원하고
있는가? 수니파에 의한 정부, 아니면 시아파, 쿠르드에 의한 정부? 혹시
비종교적인, 바트 잔당을 포함한 정부? 이슬람 근본주의 정부? 이러한 문
제들이 미국의 과업을 불가능하게 한다"고 지적하면서 "나는 미국이 이라
크를 장악하기 위한 책임을 수용하거나 미군의 사상자 발생을 원하지 않
고 있다고 생각한다. 이것은 전혀 상식에 맞지 않는 일이다"라고 언급한
바 있었다.16 이라크에서 유엔군이 철수하면서 후세인은 그의 통치기반을
다시 장악했다.

　　미국의 1차 걸프전을 지켜본 많은 사람들은 완전한 임무 달성과 후세
인의 전복에 실패했다고 생각했다. 당시 부국방장관이었던 월포위츠는 이
라크의 정권교체 등 변화를 위해 미국이 노력하는 동안의 제한사항들을
공개적으로 제시하면서 반박했었다. 그는 언론과의 대담에서 "어느 누구
도 무슨 일이 일어나고 있는지에 대한 확실한 교감이 없으면, 그곳에서
무슨 일이 일어나고 있는지를 알지 못할 것이다. 그러나 그것이 미국의
힘을 솔직하게 대변한 것은 아니다"라고 언급하면서 미국의 입장을 "만일
우리가 이라크에서 민주 세력을 식별했다면, 우리는 다른 관점에서 보았
을 것이다. 다시 말하면 우리는 민주주의를 정착시키려 했었다. 그러나 이
라크 국민들이 존중을 받고 앞으로 이웃을 공격하지 않는다면, 이것은 커
다란 진전이라 할 수 있다"17라고 주장했다. 그는 미국이 이라크를 침공해

16　체니의 인터뷰, Transcript, "Secretary of Defense Richard Cheney," This Week with
　　David Brinkely, ABC News, April 7, 1991.
17　Martin Walker의 "US Fights Shy of Joining in Iraq Civil War," Guardian, March 28,

서 후세인을 제거하고 실현하기 어려운 민주주의에 대한 약속을 하는 것은 미국의 제한점만을 증명해 주는 불확실한 결과를 야기하는 것이라고 주장했던 것이다.

제1기 행정부의 부시 대통령은 위에서 언급한 월포위츠가 주장한 바와 같은 단계를 받지 않을 것이며 베트남전과 같이 또 다른 전쟁의 수렁에 빠지지 않게 하겠다고 결심했다. 그는 "나는 미국이 이라크의 내정에 군사적으로 개입하는 것을 원하지 않으며, 이로 인해 미국이 베트남전과 같은 진흙탕에 빠지지 않게 할 것이다"라는 점을 명확히 했었다. 후세인이 권력을 유지하기 위해 잔인한 방법을 사용하는 것과 관계없이, 부시의 결심이 확고했던 것이다. 부시는 계속해서 "입장에 변화는 없다. 미국은 바그다드 시내를 순찰하는 점령국이 되지 않을 것이다"[18]라고 말했다. 또한 그는 세계 각국의 지도자들에게 미국은 이라크를 점령하려는 어떠한 의도도 가지지 않고 있다는 점을 명확히 했다. 소련의 지도자 미하일 고르바초프(Mikhail Gorbachev)에게는 이라크에서 미군의 영구적인 주둔은 없을 것이라는 점을 재확인시켰고, 미국은 이라크의 시민전쟁에 개입할 의도가 전혀 없으며, 이 나라를 분할할 의도도 없다는 점을 확언했다. 미국은 다양한 경로로 어려움을 겪고 있는 쿠르드족을 지원했는데, 이에 대해 부시는 터키 대통령 투루거트 오잘(Turgut Ozal)에게 "미국의 군사력 지원은 일시적인 것이며, 이는 이라크가 내전에 휩쓸리는 것을 원치 않기 때문이다"라고 양해를 구하기도 했었다.[19]

1998년 말에, 제1기 대통령 부시는 그가 추구하는 광범위한 전략적

　1991.

18　George H. Bush의 이라크 난민 지원 언급내용, "Remarks on Assistance for Iraqi Refugees and a News conference," April 16,1991; GHBLCSTX, 〈http://bushlibrary. tamu.edu/research/papers/1991/91041608.html〉

19　부시가 고르바초프에게 보낸 서신. Letter from President Bush to Presdient Gorbachev, April 17, 1991, National Security Council, Richard Hass Files, (Iraq) Wroking Files-April 1991[1 of 2] [OA/ID CF01584], Bush Presidential Records: White House Staff and Office Files, GHBLCSTX.

조건의 하나로 이라크를 침공하지 않겠다는 결심을 천명하면서 이를 지켜 나갔다. 그는 "이라크 침공, 그것은 일방적으로 유엔의 결의내용을 초월하는 것이며 우리가 추구하고 희망하는 적대세력의 공세에 국제적으로 대응해 나가는 것을 어렵게 할지도 모른다"라고 언급했다. 게다가 그는 그렇게 하게 되면 여러 가지 많은 문제점들이 대두될 것이라고 강조했는데, "우리는 효과적으로 바그다드를 점령할 수 있으며, 이라크를 지배할 수 있었을 것이다", "그러나 이러한 행동은 미국의 국제적 입지를 더욱 약화시킬 수 있기 때문에 상식에 맞지 않는다", "미국과의 동맹관계는 곧바로 해체될 것이고, 아랍 국가들의 분노 속에 황폐해질 것이며, 다른 동맹국들도 미국을 떠날 것이다"라고 주장했다. 그리고 그는 미국의 이라크 점령에 따른 끝없는 상황의 발생을 염두에 두고 "이러한 환경 하에서 우리가 바라는 것은 어떠한 실행 가능한 '출구전략'(exit strategy)을 추구하는 것이 아니다"라고 강조했다. 그는 이러한 그의 생각을 "우리가 침공의 길로 들어서면, 미국은 적대국가들로부터 점령세력으로 간주될 것이다"[20]라고 요약했다. 그는 이라크와 같이 불안정한 어느 국가를 길들이기 위한 강제력을 사용했을 때, 그 위험성을 예측하고 판단했던 것이다.

네오콘들은 2003년, 이러한 전임 대통령 부시의 경고를 망각하고 이라크 침공을 실행에 옮기려 최선을 다했다. 전임 대통령이 제시했던 문제들은 전혀 언급조차 없었던 것처럼 행동했다. 월포위츠는 1기 부시 행정부 집권 시에는 대통령의 입장을 지지하면서 1991년 후세인을 몰락시키기 위해 이라크를 공격하는 것은 제한이 많다고 하면서 소극적인 입장을 유지했다. 그러나 그가 1991년에 작성한 보고서를 살펴보면, 미국은 세계 문제에 확실한 주도권을 잡기 위해서 군사력을 사용해야 한다는 실천적인 정책적 의견을 담고 있다. 그의 입장에서 보면 이제는 이라크를 이용해서

20　George Bush and Brent Scowcroft, *A World Transformed* (New York: Alfred A. Knopf,1998), 489쪽.

실천할 수 있는 시기가 2003년에 도래한 것이었다. 체니 또한 이라크 침공에 대한 위험을 여전히 이해하고 있었지만, 그는 공개적으로 신속한 전역계획에 대한 낙관론을 주장했다. 그러나 그의 개인적인 의견들의 정확한 의도는 아직도 불분명하다. 2003년에, 그는 이라크가 미국에 위협을 주는 국가라는 이유로 이라크에 대한 공격을 환영했다. 그에게는 어떠한 불량국가가 대량살상무기를 보유한다는 것은 긴박한 위협이었고, 대량살상무기를 이용한 공격이 발생할 때까지 기다리는 것은 그 파괴력으로 인해 생각조차 할 수 없는 일이었다. 만일 미국을 공격하는 잠재적인 위협에 대한 군사적인 조치를 하기 위해서는 새로운 형태의 전쟁이 필요했다. 론 서스킨드(Ron Suskind)는 이러한 딕 체니의 논리를 '1% 독트린'으로 규정하면서, 미국이 아주 낮은 위협의 가능성에 조차 군사력의 사용으로 반응해서 문제를 풀려고 한다고 비난했다.[21] 대통령도 보조를 맞추었다. 9·11 이후 미국의 안전을 보장받기 위해 일방적인 군사적 행동을 실천해야 할 이유는 이제 명확해졌으며, 게다가 지지를 받고 있었다. 미국은 이제 이를 실천에 옮길 수 있는 힘을 갖게 되었으며, 의지를 관철시켜야 했다.

　네오콘들이 주장한 미국의 안전을 도모하기 위해서 필요한 행동이라는 논리는 부시 행정부가 선제를 통해서 미국의 이익을 확보하기 위해서 해외에서 군사력을 사용하고자 하는 열망과 일치했다. 그러면서 이들은 국제사회에 반복해서 미국의 행동에 대한 어떠한 반대도 용납하지 않겠다는 점을 분명히 했다. 그들만이 아니라 미국의 대통령도 이점을 분명히 했다. 이것은 미국이 국제사회와 보조를 맞추겠지만 필요하다면 미국 단독으로라도 과감한 결단으로 세계질서를 조정하겠다는 자신들만의 융통성이기도 했다. 이러한 사고는 미국의 2002년도 국가안보전략보고서에 그대로 담겨 있다. 네오콘들은 '선제정책'을 최선으로 보았다. 그러면서 이들

21　Ron Suskind의 *The One Percent Doctrine: Deep Inside America's Pusuit of Its Enemies Since 9/11* (New York: Simon & Schuster, 2006), 150-151쪽.

은 이라크를 침공하는 계획을 실천하도록 배후에서 논리를 제공하면서 부추겼다. 이들에게는 그들이 추구하는 것을 실천하는 데 있어서 선제가 가장 현실적인 방안이었으며 그들의 이상을 실현하는 데 필요한 수단에 지나지 않았다.

네오콘들에게는 이라크 침공에 앞서서, 임무가 명확한 '출구전략'을 가지고 있을 때에만 군사력에 의존해야 한다는 '파월 독트린'을 뒤집을 수 있고, 이라크 침공이 제대로 실천되지 않으면 추구했던 목표가 사라지거나 무시될 수도 있다는 두려움을 없애기 위해서는 그들에게 고분고분한 장군을 찾아야 했다. 그들은 가장 적합한 인물로 토미 프랭크(Tommy Franks) 장군을 선택했다. 이들의 지원하에 프랭크 장군은 원래 이라크 침공을 위해 계획되어 있던 스트라이크 병력 50만 명을 10만 명으로 감소시켰다. 그의 계획은 럼스펠드가 이라크 침공을 위해서는 15만 명의 병력이면 충분하다는 주장을 만족시켰다. 대통령과 주요 핵심 보좌관들은 2002년 9월 캠프 데이비드에서 이 계획을 승인했다. 그곳에서 파월은 대규모의 병력이 필요하다고 주장하면서 이의를 제기했는데, 그의 주장은 럼스펠드의 공격간 능률을 유지해야 한다는 의도와 배치되는 것이었다. 결론적으로, 프랭크 장군은 미국의 월등한 화력과 기동력을 전제로 병력에는 큰 문제가 없다는 계획을 작성한 후, 그의 상관들이 핵심 사안으로 인식했던 것들을 반영해서 이들을 만족시키는 충성심을 발휘했다. 논란의 여지가 있는 가운데 얻어진 결론으로, 프랭크 장군은 '충격과 공포 작전'이라고 명칭을 부여했고, 이것은 후에 '이라크 자유화 작전'으로 명칭이 변경되었다.[22]

네오콘들은 모든 계획이 수립된 가운데 오랜 기간 그들이 기다려 왔던 이라크 침공을 드디어 실천에 옮길 수 있게 되었으며 지나친 낙관론을 가지고 성공을 장담했다. 체니는 〈언론과의 만남〉(Meet the Press) 프로그램

---

22 Tommy Franks의 *American Soldier: General Tommy Franks*, with Malcolm McConnel (New York: Harper Collins, 2004), 394-395, 415-416쪽.

에서 이라크 침공 하루 전날에 팀 러서트(Tim Russert)와의 대담에서 후세인의 잔인성을 언급하면서, "이라크 내부의 악화된 상황은 여전하며, 이라크 국민들은 미국이 이라크를 독재자로부터 벗어나게 해 줄 것을 원하고 있기 때문에 미국을 해방자로 환영할 것으로 믿는다"라고 언급했다. 신세기 미국 프로젝트 위원장(Project for the New American Century)인 윌리엄 크리스톨(William Kristol)은 상원 외교위원회의 이라크 침공에 대한 증언에서 "미군과 동맹군은 바그다드에서 해방자로 환영받을 것이다"라는 대표적인 연설을 했다. 그가 미국으로 망명한 이라크인의 원한에 사무친 감정을 담아 이라크 내에서 후세인에 저항하는 폭동이 일어나게 될 것이라고 말한 것은 유명한 일화가 되기도 했다. 저명한 학자인 캐넌 마키아(Kanan Makiya)는 개인적으로 부시에게 "이라크인들은 미군을 따뜻함과 환호로 환영할 것이다"[23]라고 칭송했고, 부시는 미국이 실천한 선제를 찬양하는 것으로 인식하고 더욱 의기양양해졌다.

그러나 국제사회는 찬성하지 않았었다. 전쟁준비의 막바지에 파월은 유엔에서 미국의 이라크에 대한 공격은 선제의 이름하에 합법적이라고 주장했다. 그의 연설은 2003년 2월 5일 행해졌는데, 그는 이라크를 무장해제 시켜야만 한다[24]고 국제사회를 설득하는 데 최선을 다했다. 그러나 이라크로부터의 위협의 수준이 불확실한 가운데에서 몇몇 국가들만이 동조했다. 유엔 안보리는 파월의 유엔에서의 노력에 관계없이 그의 주장을 반대했고, 결국 미국은 이라크 침공에 대한 유엔의 승인을 얻지 못했다. 유

---

23 딕 체니 NBC 뉴스 인터뷰, Transcript, "Vice President Dick Cheney Discusses a Possible War with Iraq," Meet the Press, NBC News, March 16, 2003. William Kristol, testimony before the Senate Foreign Relations Committee, Senate Hearing 107-417: What's Next in the War on Terrorism, 107th Congress, 2nd session, February 7, 2002. Kanan Makiya's statement is in George Packer's book, The Assassins' Gate: America in Iraq (New York: Farrar, Straus and Giroux, 2005), 97-98쪽.

24 Colin Powell의 유엔 연설 "US Secretary of State Colin Powell address the UN Security Council," Transcript, White House Release, February 5, 2003, 〈http://www. whitehouse.gov/news /releases/2003/02/20030205-1.html〉

엔은 완강하고 확실한 입장이었으며, 미국은 이 문제에 대한 표결을 요구하지 않았다. 대신에 부시는 유엔이 즉각적으로 이라크를 무장해제하도록 하거나 혹은 강제적으로 무장해제를 하는 결의안을 채택할 것을 요구했다. 부시는 2003년 3월 1일 대서양의 포르투갈령 아조레스 섬에서 있었던 정상회담에서 이러한 요구를 했는데, 이때에 영국과 스페인 수상이 나란히 서 있었으며, 미국은 미국의 우방국들과 2002년 11월 8일의 이라크 대량살상무기 폐기에 대한 유엔 안보리 결의안 1441호의 이행을 촉구하도록 행동하겠다고 언급했다.

유엔의 결의안은 이라크가 군대를 이용해서 무기 사찰단의 활동을 방해한 이후, 세 개월이 지나도록 진전이 없었다. 부시 행정부는 미국의 선제정책은 이러한 유엔결의안을 이행하는 데 있어서 확실한 방법이라고 주장하면서, 미국의 일방적인 행동을 문제 삼지 않기를 주문했다. 다시 말하면, 미국의 선제에 의한 이라크 침공은 후세인을 확실하게 장악할 수 있으며 국제사회의 이익에 부합됨은 물론, 미국의 위협을 제거하려는 목표를 확고히 하는 것이었다. 미국의 계획대로, 미국 대통령과 미국을 지원하는 두 개 국가 정상들은 "내일은 세계에 진실을 알리는 날이다"[25]라고 선언했다. 만일 이들이 선언했던 진실이 조금이라도 일어났다면 부시가 주장했던 것들은 타당했을 수도 있다. 결국 부시의 선제정책의 진실은 미국 주도의 이라크 침공을 통해서 알 수밖에 없게 되었다.

---

25 백악관 발표 내용. "President Bush: Monday 'Moment of Truth's for World on Iraq," White House Press Release, March 16, 2003, 〈http://www.whitehouse.gov/news/release/2003/03/20020216-3.html〉

미국의 이라크 침공 경과

2003년 3월 17일 부시는 후세인에게 이라크를 48시간 안에 떠나라고 통고했다. 마감시간이 다가올 때까지, 이라크 대통령으로부터 아무런 반응이 없었다. 공격은 3월 19일 공중공격으로부터 시작되었다. 특전부대들에 의한 이라크 유전지대 확보와 더불어 공중공격 이틀 후에 지상 작전이 이루어졌다. 부시는 3월 22일 이라크 자유화 작전이 개시되었다고 발표하면서, 미국의 목표는 "이라크의 대량살상무기를 폐기하고, 후세인에 의한 테러리즘을 종식시키며, 이라크 국민을 해방시키는 것이다"[26]라고 발표했다. 미국 주도의 이라크 공격은 이라크를 독재자의 폭정으로부터 구한다는 목표를 추가하면서 선제전쟁을 위한 이유로 자위적 방어에 대한 도덕성의 주장과 함께 시작되었다.

미국 주도의 이라크 공격은 놀란 만한 일은 아니었다. 이라크는 미국이 쿠웨이트에 군사력을 집결시키는 것을 지켜보고 있었다. 이것은 미국이 이라크를 침공하기 전에 극복해야 하는 많은 어려움 중의 하나였다. 또 터키의 거부로 프랭크 장군은 미 제4사단의 대부분의 전력을 북쪽에 전개해서 공격하려던 계획을 포기할 수밖에 없었다. 따라서 미군의 예상된 공격축선이었던 쿠웨이트로부터의 축선으로 한정될 수밖에 없었다. 이러한 제한 사항에도 불구하고 공격은 순조롭게 진행되었다. 어떤 면에서는 단일 축선으로 공격하는 것이 적은 병력으로 공격하는 제한점을 감소시켜 주는 것이기도 했다. 다행스럽게 이라크의 저항은 미미했고 질서가 없었으며 미군은 용이하게 전진했다. 아마 이라크가 강력하게 저항했었다면 더 많은 병력이 필요했을 것이다.

프랭크 장군은 쿠웨이트에서 이라크로 이르는 두 개의 공격 접근로

26　George W. Bush의 라디오 연설, 백악관 브리핑 내용 "President Discusses Beginning of Operation Iraqi Freedom," President's Radio Address, White House Press Release, March, 〈http://www.whitehouse.gov/news/releases/2003/03/.html〉

를 통해 최대한 단순한 공격을 계획했다. 미 해병대가 하나의 전진축을 사용하고 제3사단이 또 다른 전진축을 사용해서 공격했다. 영국군의 소규모 부대는 '자발적 동맹'(Coalition of the Willing) 작전의 일환으로 남부의 대도시, 바스라를 장악하기 위해 공격했다. 이라크 공격에 투입된 병력은 모두 합쳐 14만 명이었다. 이에 비해 이라크군은 30만 명으로 두 배에 달했다. 그러나 병력 면에서 열세에 있었던 반면, 침공부대는 항공자산의 지원을 받는 월등한 기동력과 강력한 화력자산을 보유하고 있었다. 이러한 지원자산들의 도움으로 병력의 열세는 다국적군의 공격능력을 발휘하는 데 영향을 주지 않았으며, 프랭크 장군이 예측했던 대로 미군은 이러한 점을 증명해 보였다.

초기 미군의 돌파는 매우 신속하게 이루어졌으며 이라크군의 저항은 매우 미약했다. 미군의 공격부대는 이라크 부대를 분산시키고 방어선을 회복할 수 있는 기회를 제공할 수 있는 주요 자연 장애물 지역들을 확보하기 시작했다. 유프라테스와 티그리스 강의 교량들은 점차 중요한 목표로 부각되었으며, 이 목표를 확보하기 위해, 미 공격부대는 신속하게 기동해서 이라크군이 효과적으로 방어력을 발휘하기 이전에 도착했다. 이것은 경이로운 성과로서 이라크 침공 1개월 후에 전투상황이 책으로 출간될 정도였다.

저명한 전사학자들인 윌리엄슨 머레이(Williamson Murray)와 로버트 스케일(Robert H. Scales)은 『이라크전쟁: 역사에 빛나는 전사』(The Iraq War: A Military History)에서, 그리고 존 케건(John Keegan)은 『이라크전쟁』(The Iraq War)에서 치밀한 계획하에 사막을 횡단하여 경주하듯이 전진했던 성공을 이끌게 한 공격상황을 묘사했다.[27] 그러나 프랭크 장군은 미군의 공격개시 이후에 바그다드 공격의 한 축선을 담당하고 있던 군단장의 보직해임을 심각하게

---

27 Williamson Murray and Robert H. Scales, Jr의 *The Iraq War: A Military History* (Cambridge, MA: The Belknap Press of Harvard University Press, 2003); John Keegan, *The Iraq War* (New York: Alfred A. Knopf, 2004).

고려했었다. 당시 해당 군단장은 윌리엄 월리스(William Wallace) 중장으로, 후에 그는 아랍 게릴라들이 수도 바그다드 진입을 강력하게 저항하고 있어서 이들을 제거하기 전까지 공격속도를 조절하려 했다고 기자들에게 말했었다.[28] 미군이 전진하는 동안에 중요한 병참선을 방호할 수 있는 충분한 병력이 부족했기 때문에 수도로 이어지는 보급로를 비정규전 세력들이 위협하고 있었다. 월리스 장군은 잠시 정지해서 후방지역을 보강하려 했던 것이었다. 프랭크 장군은 그에게 신속하게 바그다드로 진격할 것을 명령했고, 월리스는 그 명령에 따를 수밖에 없었다. 그러나 이것은 전쟁이 공식적으로 종결된 이후에, 이라크를 점령한 미군에게 재앙을 가져다주고 있는 적대세력들의 중심 조직을 무시한 행동이었다. 프랭크에게 보다 더 많은 병력이 있었다면, 공격 기세를 유지하면서 잠재적으로 위협을 가져올 수 있었던 비정규전 세력의 저항을 제거할 수 있었을 것이다.

이러한 문제들에 관계없이 4월 초까지, 침공부대는 큰 손실이나 별다른 장애 없이 계획대로 바그다드 외곽까지 진출했다. 미군들은 바그다드로 진입할 때 주요부대 지휘관들은 후세인이 수도 방어를 위해 화학 혹은 생물학 무기를 사용할 지도 모른다고 우려했었다. 이러한 우려가 발생하지는 않았지만, 미군 지휘관들은 시가전을 하는 동안 스탈린그라드에서와 같은 피해를 입지 않을까 노심초사 했었다. 그러한 상황이 발생할 수도 있다는 가능성으로 실제로 이라크군의 화생무기 사용은 없었지만 이라크 수도에서 사활을 건 전투로 발생할 손실에 대해 고심했었던 것이다. 이점은 이라크 침공을 위한 전역계획을 수행하는데 있어서 고려해야 할 부분이었기도 하지만 무모하게 공세적이며 신속한 공격계획을 실행에 옮겼던

28　Michael R. Gordon and Bernard E. Trainor의 "Dash to Baghdad Left Top US Generals Divided," New York Times, March 13, 2006. See also Michael R. Gordon and General Bernard E. Trainor, *Cobra II: The Inside Story of the Invasion and Occupation of Iraq* (New York: Pantheon Books, 2006), 261, 282, 307-308쪽, In the book, the US Military's concern over fedayeen attacks reached the overall commander of the ground attack, Lieutenant General David McKiernan.

데에도 이유가 있다. 미군의 전투부대들은 경쟁적으로 도시로 진입했고, 엄청난 화력을 퍼부으면서 적은 손실로 성공적으로 바그다드 중심부까지 진출했다. 이러한 공격은 두 번째의 공세 시에도 유사한 결과로 반복되었다. 이라크군의 저항을 매우 신속하게 격파했다. 이러한 성공을 설명하는 데 있어서, 바그다드 피르도스(Firdos) 광장에 서 있던 후세인의 동상을 수백 명의 이라크 국민들이 미군의 도움을 받아 끌어내리는 모습만큼 상징적인 것은 없었다. 이 광경은 전 세계로 실시간에 방영되었고, 이것은 미국의 위대한 승리를 전 세계에 알리는 것이었다.

부시 행정부는 이라크 수도 바그다드를 장악하고 후세인을 축출한 영광스런 승리에 따라 2003년 5월 1일 공식적으로 전쟁의 승리를 선언하고 미군의 군사적 업적을 찬양했다. 미국 대통령은 전투기가 이라크를 향해 이륙하는 항공모함의 갑판 위에서 미군들에게 둘러싸여 미군의 성공적인 임무수행 완료를 축하했다. 후세인은 체포되지 않고 도주했지만, 미국은 독재자를 몰아내겠다는 중요한 목표 달성에 성공했다. 더욱이 이라크는 더 이상 알 카에다에게 은신처를 제공하거나 혹은 대량살상무기를 제공할 수 없게 된 것이었다. 미국 대통령은 테러가 아직까지도 끝나지 않았다는 점을 경고하면서도, 이제 새로운 시대가 도래했다고 선언했다. 많은 국가들이 미국이 이라크를 강력하게 타격해서 국민들을 악마의 억압으로부터 해방시켜 자유의 가치를 맞보게 해주었다고 생각하면서 지켜보았다.[29] 미국의 이라크 침공은 선제의 이름으로 미국이 보여 준 자비심을 정당화시킨 것이었다.

그러나 오래지 않아 이라크 침공으로부터 파생된 많은 부작용들은 이제 단지 시작에 불과하다는 것을 느끼게 하였다. 미국의 이라크 침공

29　George W. Bush의 아브라함 링컨 호에서의 연설. "President Bush Announces Major Combat Operations in Iraq Have Ended," Remarks by the President from the USS Abraham Lincoln at Sea Off the Coast of San Diego, California, White House Press Release, May 1, 2003, 〈http://www.whitehouse.gov/ news/releases/2003〉

승리의 선언은 독재자의 약탈과 폭력으로부터 이라크 국민들을 벗어나게 해주었다는 것은 확실하다. 그러나 미국의 승리선언에 도전하는 게릴라에 의한 테러의 씨앗이 뿌렸졌던 것이다. 미국이 거둔 이라크에서의 불완전한 '승리'의 여파는 이라크를 기점으로 전 세계로 퍼져 나갔다. 미국의 이라크에 대한 군사적 행동은 오랜 우방국이었던 독일과 프랑스의 반발을 불러왔다. 이라크가 테러 지원에 결정적인 역할을 했었다는 것을 어떻게 증명해야 할지는 여전히 의문이었고, 대량살상무기도 이라크에서 발견되지 않음에 따라 의문은 날이 갈수록 증폭되었다. 미국의 이라크에 대한 선제공격은 다른 형태의 성공으로 간주되고 있다. 더욱 상황이 어려운 것은 언제 끝날지 모르는 전쟁이 지속되고 있는 것이다. 다시 말하면, 테러와의 전쟁에 전기를 마련한 것이 아무것도 없었다. 미국이 선택한 선제는 출발부터 애매한 가운데, 공격을 통해 선제의 실체를 드러내면서 미국이 시행한 선제공격에 의문을 던져주고 있다.

미국의 이라크 선제공격은 성공했는가?

부시의 선제에 대한 이론적 근거는 이라크 공격 직후에 즉각적으로 와해되었다. 이라크에 대량살상무기가 있다는 주장은 세 개의 각기 다른 사찰단에 의한 검증 노력에도 불구하고 발견되지 않았던 것이다. 유엔의 한스 브리츠(Hans Blitz), 그리고 데이비드 케이(David Kay), 그리고 찰스 두엘퍼(Charles Duelfer)에 의한 사찰단들이었다. 그들은 아무것도 발견하지 못했으며, 부시에게 이들의 노력은 미국 시민들에게 참고 기다려 달라는 변명을 하는 구실을 제공해 주었다. 부시는 이라크의 면적이 미국의 캘리포니아 크기로서 찾는 데 시간이 걸린다는 점을 미국인들에게 상기시켰다. 부시의 확고한 지지자들은 후세인이 대량살상무기를 시리아와 같은 인접국가로 이동시켰을 것이라는 타당치 않은 가능성을 제기하기도 했다. 후세인이 보유하고 있는 무기고 중의 하나에서 수천발의 탄두가 이동하는 것을 상상해 볼 때, 미국의 정보기관으로부터 탐지되지 않고 이동시켰다는 것을 믿기에는 지나친 상상력을 발휘한 것이었다. 이라크의 무기사찰은 두엘퍼의 보고서와 함께, 2004년 9월 30일 종료되었으며, 사찰단들은 아무것도 발견하지 못했다는 것을 공식적으로 인정했다.[30] 이것은 이라크를 공격했던 선제의 이론적 근간을 뒤흔드는 것이었다.

후세인과 알 카에다 사이에도 어떠한 일반적인 연결고리가 식별되지 않았다. 미국은 후세인이 이러한 테러집단에 무기를 넘겨줄지 모른다는 두려움으로 미국은 자위적 방어 차원으로 이라크 침공을 정당화했었다. 그러나 많은 정보보고서에서는 전쟁 이전에 후세인과 알 카에다 사이의 원한관계를 들어, 둘 사이의 연결 관계에 의문을 가지고 있었다.[31] 미국의 정보기관은 2003년 3월 침공에 앞서 제시한 보고서에서, 이라크와 알 카에다 세력 간의 관계를 추적하고 있었는데, 이것만으로는 이들 두 세력이 접촉했다거나 미국이 의심하고 있던 실질적인 증거는 될 수 없었다.[32] 미 CIA 보고서에서는 이라크 공작원이 알 카에다에 침투해서 알 카에다를 통제하고 방해하려는 노력의 일환으로 접촉했던 믿을 수 없을 만큼의 놀라

---

30 대량살상무기 보고서 Comprehensive Report of the Special Advisor to the DCI on Iraq's WMD, 3 vols, September 30, 2004, University of Michigan Library, Documents Center, 〈http://www.lib.umich.edu/govdocs/duelfer.html〉

31 상원의원 보고서. Senate Report, Prewar Intelligence Estimates about Postwar Iraq Together with Additional Vies, 110th Congress, 1st session, 2007, Committee on Intelligence, Select Senate Rept, Appendix C: Overview of Other Intelligence Assessments on Postwar Iraq, 92-105.

32 이라크와 알 카에다 관계 보고서. "Iraq and al-Qa'ida: Interpreting a Murky Relationship," Report, Central Intelligence Agency, June 21, 2002, Press Release, Carl Levin, Senate Foreign Relations Committee, "Levin Releases Newly Declassified Intelligence Documents on Iraq-al Qaeda Relationship," 〈http://levin.senate.gov/newsroom/release.cfm?id=236440〉. And "Iraqi Support for Terrorism," Report, Central Intelligence Agency, January 29, 2003, Press Release, Carl Levin, Senate Foreign Relations Committee, "Levin Release Newly Declassifed Intelligence Documents on Ira-al Qaeda Relationship," 〈http://levin.senate.gov/newsroom/release.cfm?id=236440〉

운 사실들을 제시하고 있는데, 이로 미루어 보아 이라크는 오히려 알 카에다의 공격을 차단하려 했던 것으로 보인다.[33] 미군이 이라크를 통제하는 시기에도 이에 대한 어떠한 증거도 증명하지 못했다. 미국은 대량살상무기의 발견과 알 카에다와의 연결고리를 발견하지 못하게 되면서 이라크 침공의 정당성은 빠르게 상실되었으며, 신속한 공격으로 후세인을 제거함으로써 성취했던 행복감은 사라졌다. 이라크는 미국에 위협을 주지 않았었으며, 그로 인해 미국의 선제전략은 치명적이 오류를 범한 것이었다.

부시 행정부의 선제의 모순된 적용을 살펴보면 다시 한 번 이라크에 대한 군사적 공격이 과연 필요했었는가에 대한 의문을 던져 준다. 왜냐하면 부시는 지속적이고 공개적으로 이란과 북한을 또 다른 '악의 축'으로 보고 미국의 안보에 위협을 준다고 주장해 왔었다. 그러나 이들 국가들에 대해서는 군사적이 아닌 다른 수단을 추구했기 때문이다. 현재 미국의 대(對)이란 정책은 이라크에 주둔한 미군이 이란과 가까운 곳에 위치하고 있음에도 불구하고 '봉쇄정책'이었으며, 군사력 사용의 가능성을 배제하지 않겠다는 엄포로만 이란을 거칠게 몰아붙이고 있다. 유엔을 통해서 이란의 핵무장 야심을 통제하려는 반면에 북한을 제지하기 위해서는 중국과 같은 역내 강대국을 이용하려 하는 것은 더욱 더 이해하기 어려운 것이다.

유엔의 승인하에 이라크를 침공해서 중동지역 국가들의 환심을 사려했던 시도가 실패했지만 이라크 침공에 대한 결심이 수립되자 부시 행정부는 이를 무시했고 독자적으로 시행했다. 아마 이라크가 '악의 축'으로 불리는 세 개 국가 중에서 가장 위험했기 때문이라고 변명할 수 있을 것이다. 그러나 군사력을 사용하지 않고 이란이나 북한을 봉쇄하려는 시도는 이라크의 예를 보아도 선제적 군사행동을 할 필요성은 없었다는 것을 의

---

33 이라크와 알 카에다 관계 보고서 "Iraq and al-Qa'ida: Interpreting a Murky Relationship," Report, Central Intelligence Agency, June 21, 2002, Press Release, Carl Levin, Senate Foreign Relations Committee, "Levin Releases Newly DEclassified Intelligence Documents on Iraq-al Qaeda Relationship," 〈http://levin.senate.gov/newsroom/release.cfm?id=236440, page 3〉

미한다.

　미국이 이라크를 침공한 선제는 해결하기 어려운 더 많은 문제들을 야기함으로써 실패했다. 미국이 원하던 목적대로 후세인은 확실하게 권력에서 축출되었으며, 이라크 신정부에 의해 2006년 12월 25일 사형에 처해졌다. 그러나 적대세력들은 이제 미군을 집어삼키면서 새로운 안보위협을 야기하고 있다. 미국이 이라크를 침공하기 이전에는 이라크와 크게 관련이 없던 알 카에다가 이라크를 테러의 근거지로 활용하고 있는 것이다.

　미국의 국가정보판단(NIE) 보고서 2006년도 판에서는 이라크 내에는 대규모의 전쟁물자가 남겨져 있고, 이라크에서 훈련받은 극렬한 무슬림 게릴라들로 인해 미국은 이라크를 침공한 후에 테러의 위협이 더욱 증가되었다고 보고하고 있으며, 이들은 언제고 서방세력들을 공격할 기회를 노리고 있다고 보고하고 있다. 1년 후에 이러한 테러 위협을 재확인하는 보고서가 다시 발간되었는데, 여기에서는 기본적으로 알 카에다의 잠재적인 미 본토 공격위협을 포함하고 있다. 아마도 미국이 이라크 침공을 한 이후에 테러를 통해 미국에 저항하려는 더욱 많은 세력들이 발생되었다는 점만으로도 미국의 선제정책을 통렬하게 비판할 수 있을 것이다.

　이후의 미국 대통령의 행동을 보면 그가 시행한 것을 정당화하는데 집착하고 있는 것을 알 수 있다. 그는 미국 본토에서보다는 이라크에서 전쟁을 하는 것이 나았다는 주장을 하기까지 했다.[34] 이러한 그의 빈번한 변명은 이라크에 적용했던 선제의 실패를 인정하지 않으려는 구실에 불과하다. 부시가 이라크가 테러의 중심지라고 주장하는 것은 2006년, 2007

34　2006년 국가정보판단 보고서. For the 2006 NIE report, see Declassified Key Judgements of the National Intelligence Estimate, "Trends in Global Terrorism: Implications for the United States," Office of the Director of National Intelligence, April 2006, 〈http://www.dni.gov/press_releases/Declassified_ NIE_Key_Judgements. pdf〉. For the 2007 NIE report, see National Intelligence Estimate, "The Terrorist Threat to the US Homeland," Office of the Director of National Intelligence, July 19, 2007, 〈http://dni.gov/press_releases/20070717_release.pdf〉

년의 국가정보판단 보고서에 기초해서 주장하는 것처럼 보이며, 그는 이
전에 존재하지 않았던 테러전선을 발생시켰다는 자신의 명백한 과오를
숨기고 있는 것이다. 선제는 위협을 제거하기 위한 것이었지, 위협을 만
들려고 한 것이 아니었다. 이러한 측면에서, 미국의 이라크 침공은 엄청
난 실패였다.

　미국의 이라크 침공을 정당화하려는 입장은 지속되고 있으며, 미국에
직접적인 위협이었다고 한정지은 망령으로 다시 되살아나고 있다. 부시는
대량살상무기가 발견되지 않은 것과 더불어, 이라크 침공의 목표를 수정
했는데, 공식적인 연설을 통해 이라크가 대량살상무기를 개발하려는 의도
자체가 이라크를 선제적으로 공격한 데 대한 충분한 이유가 될 수 있었다
고 내세우면서, 이라크와의 도덕적 전쟁에 무게를 실었다. 이러한 그의 주
장은 부시 행정부가 또 한 번의 오류를 범하고 있는 것으로, 미국의 의도
가 직접적인 위협을 주지 않던 적에 대한 공격이었기 때문에, 이라크에
대한 공격은 불법적인 '예방전쟁'이 되어 버린 것이다.

　부시 행정부의 주요 인물들은 이라크전쟁 종전 이후인 지금까지도
선제의 정의에 혼란을 겪고 있는 듯하다. 콘돌리자 라이스(Gondoleezza Rice)
는 2007년 4월에, "만일 누군가가 당신을 내일 공격한다면 위협을 처리하
기 위해 오늘 강력한 입장을 취해야 하거나 혹은 미래에 강력한 입장을
취해야 한다"[35]라고 말하면서 긴박한 위협에 대한 문제는 아니었다고 실
패에 대한 자신의 솔직한 견해를 피력한 바 있다. 이것은 선제가 아닌 예
방전쟁에 대한 언급으로 볼 수 있으며, 라이스에 의하면 이라크는 잠재적
인 위협이었지 임박한 위협이 아니었다는 것을 말한 것이나 다름없는 것
이다.

　부시 행정부는 이라크 침공에 대한 논쟁의 혼란 속에서 그들이 정당

35　Katherine Shrader의 "Tenet Meoir Draws Heat from Key Players," Associated Press,
　　April 29, 2007.

했다고 대중들을 향해 연설하는 내용 자체에 선제가 실패했다는 의미가 담겨 있는 것을 인식하지 못하고 있다. 이것은 선제의 높은 도덕성에 대한 가치를 알지 못하고 있기 때문인 것이다.

미국의 이라크 침공 분석과 비판

부시 대통령은 미국의 선제정책은 9·11 테러가 도래하면서 취해진 최선의 선택이었다고 주장하고 있다. 그러면서 후세인이 대량살상무기를 9·11 테러를 저지른 것으로 알려져 있는 알 카에다에게 넘겨줄 수도 있다는 두려움으로 자위적 방어라는 이름하에 이라크를 선제적으로 공격한 것을 정당화하려 하고 있다.

부시 행정부는 테러집단들에게 은신처를 제공하거나 이들을 무장시키려는 악당국가를 침공해서 장악함으로써 테러로부터의 공격을 제거할 수 있다는 신념을 가졌던 것은 명확하다. 부시 행정부는 또한 선제전쟁이 미국 국민들에게는 자위적 방어로 비추어지지 않을 수도 있다는 것도 잘 알고 있었다. 그렇게 보이기보다는 미국인들이 미국의 냉전시대의 전통적인 정책이었던 '봉쇄'와 '억제' 정책으로부터 벗어나서 공세적인 정책으로 전환할 필요가 있다는 것을 인정하게 하려 했다. 선제공격을 하는 데 있어서 도덕성을 내세우고 있는데, 이는 단지 자위적 방어를 위해서 군사력을 사용해야 한다는 직접적인 연관성을 제공하기 위해서도 매우 중요했다. 이를 위해서 부시 행정부는 미국을 위협하는 보다 강력한 테러 공격을 제거하기 위한 수단을 이유로 '정당성'에 대한 가치를 주장했다. 또한 미국이 어떠한 침공을 한다 하더라도, 이 공격에는 폭정의 탄압으로부터 고통을 받는 사람들을 해방시키기 위한 자비심의 발로이기도 하다고 선언했다. 이러한 미국의 도덕적 차원에서의 주장은 군사력의 사용을 정당화했고, 이라크를 미국의 새로운 외교정책의 근거를 마련하기 위한 완벽한 시험적 사례로 간주했다. 미국이 후세인의 정권을 붕괴시킨 것은 명백한 선제공격이었으며, 도덕성을 이유로 아직까지 이라크를 점령하고 있는 것은 확실하다.

부시가 선택한 선제전략은 과거 미국이 공격에 대한 대응으로 전쟁을 했던 역사적 전통을 깨뜨리는 것을 의미했다. 부시 대통령이 반복해서 강조했던 것처럼 매우 어려운 선택의 시기였을 수도 있다. 그렇기 때문에, 미국은 어떤 나라라도 미국에 위협을 주는 나라를 공격해야만 한다는 것이었다. 그러나 이러한 사고는 불완전하고 많은 오류를 범하고 있다. 2003년의 이라크전쟁에 앞서 정보의 오류는 이러한 위험을 말해 주고 있다. 체니가 주장했던 1% 독트린이나 선제전략은 정보에 기초해서 테러로부터 국가를 보호하기 위해 이루어져야 했는데, 정보는 이러한 위협에 대한 의구심을 불러일으키는 데에만 기여했다. 게다가 미국의 선제행동에는 도덕성이 결여되어 있었기 때문에 결국에는 과거 미국의 외교정책이 가지고 있는 도덕성에 의존할 수밖에 없었다. 미국은 선제의 목적을 위한 도덕성의 가치를 찾기보다는 어느 나라도 원한다면 민주주의 국가로 탄생시킬 수 있다는 오만함을 가지고 있었다. 그 이유로 미국은 선제적으로 행동했고, 잘못된 선제에 대한 도덕적 확신을 가지고 있었다.

부시 행정부는, 조만간 위험으로 닥칠 수도 있다는 확실하지 않은 위협을 이라크 침공을 위한 선제의 구실로 간주했다. 이라크 침공 후에 대량살상무기가 없었다는 것이 확실해지면서 이라크에 대한 군사력의 사용은 불필요했었다는 것이 명확해졌다. 게다가 군사력 사용 이외의 다른 선택으로 외교적·경제적 제재와 같은 방법도 있었다. 이것은 부시 행정부가 과거 미국의 봉쇄정책에 만족하지 않고 있었다는 것을 보여 주는 것이다. 다른 한편으로 후세인은 가지고 있지도 않았던 무기를 가지고 있는 것 같은 인상을 주는 뻔뻔한 행동을 하기도 했다. 이러한 후세인의 태도는 미국을 빈번하게 당혹스럽게 했는데, 그의 이러한 행동은 미국에게 이라크가 테러를 후원하고 있다는 의구심을 주기에 충분했다. 후세인의 무모한 행동이 오히려 미국의 공격을 자극한 측면도 있었던 것이다.

이렇게 좀 더 미국의 입장에서 이해를 하게 되면, 미국의 선제적 행동의 동기는 어떤 면에서는 확실하게 진실한 것이었으며 침공 이면의 도덕적 논쟁을 이해할 수 있게 하기도 한다. 즉 미국의 이라크 침공은 미본토에 위협을 주는 이라크의 위험성을 애매하게 제시한 정보에서 야기된 것으로서, 부시 행정부가 이라크를 침공해야 할 이유들을 명확하게 제시하지 않았던 기록들을 수정하지 않은 데서 발생한 것이라고 볼 수도 있다. 그런 측면에서 보면, 이라크 공격은 침공이 아니고 단지 오류였다고도 할 수 있을 것이다. 이것은 과거 미국 외교정책의 덕목은 그대로 유효한 상태였다는 것을 의미한다.

미국은 선제공격을 하기 전에 대내외에서 합법성을 인정받으려 했다. 그리고 유엔 헌장에서 제시되어 있는 선제의 정의와 일치시켜 행동하려고 했다. 유엔 헌장 제51조에서는 "국가는 방어적 수단을 선택할 수 있으며 긴급한 위협에 대해서는 적절한 대응의 일환으로 다른 국가를 공격할 수도 있다"고 되어 있다. 부시 행정부의 각료들은 유엔 헌장의 적절한 대응이라는 표현을 명확하게 한정해서 해석하기가 어렵다는 것을 이해했다. 이것을 국가가 아닌 국가적 지원을 받는 테러집단의 임박한 테러에 적절하게 대응하기 위한 선제공격의 정당성으로 이용하는 데 절대적으로 필요하다고 판단했다.

즉 미국은 임박한 위협에 직면해서 테러를 지원하는 국가인 이라크를 무력화시키기 위해 적절한 조치를 취해야 한다고 해석했던 것이다. 이에 대응하지 않는 것은 미국으로서는 무책임한 일이기도 했다. 부시 행정부는 이라크를 침공하면서 이 점을 더욱 명확하게 강조했다. 이것은 혹시라도 미국이 이라크를 침공한 후에 곤경에 빠지게 되면 벗어날 수 있게 해주는 제도적 장치를 제공받기 위해서도 필요한 것이었다. 미국이 이라크를 침공하기 전에 유엔에서 이라크에 가했던 많은 제재 조치들은 대부분 효력을 발휘하지 못하고 있었다. 미국은 유엔을 대신해서 이라크에 강력한 제재를 하겠다는 구실로 선제공격을 채택한 것이었다.

게다가 부시 행정부는 의회의 찬성을 얻어냈다. 상원과 하원은 부시가 '선제정책'을 실천하는 것을 허용하는 데 찬성했다. 따라서 부시는 든든한 지원군을 갖게 되었다. 의회는 양당이 찬성한 가운데 미국의 이라크 공격을 승인했다. 부시는 유엔과 의회로부터의 이라크 공격에 대한 장애물을 제거한 이후에도 전쟁을 서두르지는 않았다고 주장했다. 그는 대내외적으로 이라크 공격에 대한 신뢰를 확보하려 했다고 하지만 이를 위해서 무엇을 더 할 수 있었을까는 의문이다.

매우 신속하게 이라크를 무력화시켰을 때, 네오콘들의 생각했던 것들이 입증되는 것처럼 보였다. 미국의 군사적 승리는 매우 인상적이었으며 불과 두 주일 만에 단지 138명의 사망자가 발생한 가운데 최소한의 손실로 강력한 적을 격파했던 것이다. 또한 신속한 공격으로 이라크 국민들에게 많은 인명 피해와 산업 기반시설이 파괴되는 것에 대한 걱정을 덜어주었다. 즉 향후에 이라크의 신속한 재건을 위해서 가능한 한 많은 시설들을 보존했던 것이다. 미국은 강력한 힘으로 미국의 노선에 동참하기를 거부했던 국가들에게 보란듯이 국제사회의 질서 안에서 행동한다는 의지를 보이면서 위험한 정권을 제거했던 것이다. 그러나 미국이 국제사회에 보여준 자비로운 미덕은 미국 국민들의 지원에 의한 것이었을 뿐, 미국의 침략성까지를 옹호해 주는 것은 아니었다.

미국이 이라크에 대한 선제공격을 위한 도덕적 구실로 내세웠던 것들은 전혀 다른 결과로 나타났다. 이라크에는 대량살상무기가 없었으며, 알 카에다와의 연관성도 없었다. 따라서 미국이 내세웠던 선제의 도덕적 가치는 이라크가 미 본토에 위협을 주지 않았기 때문에 퇴색될 수밖에 없었다. 부시는 이러한 오류가 발생한 이유를 정보기관에서 판단한 위협에 대한 인식에서 비롯된 것으로 간주했다. 부시 행정부가 오판을 하게 했던 다량의 첩보를 어떻게 취급했는지는 명확하게 밝혀진 바가 없다. 2002년 10월에 90쪽의 요약된 비밀 보고서가 공개되었는데, 보고서에는 이라크로부터의 위협이 확실하지 않다는 중대한 고려사항과 이라크의 무기개발계획에 대한 많은 분석 내용들이 담겨 있었다. 두 개의 국가정보판단서를 대략적으로 비교해 보아도, 이라크에 대한 위협은 정보기관들에 의해서 면밀하게 분석되었고, 이라크의 무기 능력에 대해서 많은 이견이 있었음을 보여주고 있는 것은 명확했다.[36]

한 가지 지적한다면, 결국 요약된 정보보고서는 부시와 행정부의 각료들이 만장일치로 이라크 공격을 결심하게 되는 데 기여했으며, 스스로 지나치게 단순한 판단 혹은 더 나쁘게 말하면, 이라크에 대한 공격을 정당화하기 위해 의도적으로 정보를 조작한 흔적들을 보여 주고 있다. 이것을 보면 미국의 2003년의 이라크 공격은 위험한 선택이었으며, 자위적 방어를 설명할 수 있는 논리가 결여되어 있다. 체니의 1% 독트린을 포함해서 선제적 침공의 합법적인 동기가 부족했다는 것은 명백한 사실이었다. 따라서 이라크 자유화 작전은 선제가 아니었으며 정당성을 상실한 '침략'을 위한 구실에 불과했을 뿐이었다.

예상하지 않던 결과가 발생하자 부시는 정보기관들을 비난하면서도 후세인은 분명 대량살상무기를 만들려 했다고 주장했다. 그렇게 때문에 국제사회에 해악을 주는 매우 위험한 독재자는 제거되어야 마땅했다는 논리로 선제정책의 실패를 만회하려 했다. 또 다른 논쟁을 불러일으키고 있는 것으로서 부시 행정부가 선제전쟁과 예방전쟁을 동일시한 것이었다.

---

36 2002년의 국가정보판단 보고서 발췌내용. Only a portion of the October 2002, NIE, "Iraq's Continuing Programs for Weapons of Mass Destruction," the "Key Judgments" section of eight pages, is available to the public. This occurred in July 2003. Senator Carl Levin did release one additional page-heavily redacted-from this NIE in April 2005. See "Iraq's Continuing Programs for Weapons of Mass Destruction," National Intelligence Estimate, October 2, 2002, Press Release, Carl Levin Senate Foreign Relations Committee, "Levin Release Newly Declassified Intelligence Documents on Iraq-al Qaeda Relatioship," 〈http://levin.senate.gov/newsroom/release.cfm?id=236440〉 The entire report of 96 pages was declassified in June 2004, but so heavily redacted that its release added nothing of importance. This NIE, in effect, remains classified.

이 두 가지의 개념은 전혀 다른 것이다. 선제는 임박한 공격에 직면한 국가가 자국을 방어하기 위해 효과적으로 필요한 수단을 사용하는 것이다. 반면에 예방전쟁은 침략해 올 가능성이 있는 인접국가 또는 가상적국의 전쟁 수행능력이 자국에 비해 우위에 설 위험이 있을 때, 상대국의 침략기도를 미연에 방지하기 위한 전쟁이다. 즉 예방전쟁은 어떤 주어진 시간에 공격하리라고 예상되는 적을 공격하는 것이다.

미국의 이라크 침공의 도덕성에 관련한 문제를 균형 있게 바라보는 데 있어서 이 두 개념 간의 현저한 차이점을 이해하는 것은 매우 중요하다. 선제는 국제사회에서도 정당하게 받아들여지고 있다. 반면에 예방전쟁은 이러한 정당성을 부여받지 못하고 있는데, 그 이유는 침략국가가 군사적으로 유리한 시기에 유리한 장소와 방법을 택해서 공격하면서 정당성을 구실로 내세울 가능성이 있기 때문이다.[37] 부시와 네오콘들이 이라크에 대한 선제공격으로 후세인을 권좌에서 끌어 내린 것은 세계의 질서를 고양시킨 것이라고 자평하고 있지만, 결국은 예방전쟁의 범주에서 벗어나지 못하고 있다는 것을 말해 준다. 바로 이점이 부시가 내세운 자위적 방어를 위해 선제를 택했다는 주장의 또 다른 모순을 보여주는 것이다. 미국의 새로운 선제정책은 단지 침략자라는 낙인만을 갖게 했던 것이다.

미국이 선제를 고려해 온 근원을 살펴보면 선제의 도덕성에 의문을 던져 주는 또 다른 동기를 가지고 있다. 네오콘들은 9·11 공격 훨씬 이전부터 미국의 세계적인 지배력을 달성하고 유지하겠다는 의도로 선제를 택하고 있었다. 1기 부시 행정부의 각료였던 월포위츠가 행한 노력은 이 사실을 뒷받침하고 있다. 그는 선거운동 기간 중에 새롭게 고안한 '새로운

---

37 미 국방성은 명확하게 '예방전쟁'을 비난하지 않았다. 군사용어사전에서는 '선제공격'과 유사하게 해석하고 있다. 사전에서는 '선제공격'은 적의 공격이 임박하다는 명확한 증거에 근거를 두고 공격하는 것으로, '예방전쟁'은 임박하지 않지만 군사적 충돌이 명백할 때, 증대되는 위험을 지연시키기 위한 전쟁으로 해석되어 있다. '예방전쟁'의 용어해설에서는 확정되지 않은 미래에 근거를 두고 공격해서 상대국가를 장악하기 위한 것이라는 해석이 누락되어 있다.

미국의 세기를 위한 계획'이라는 내용의 편지를 전달하는 방법의 선거운동을 열성적으로 했었다. 네오콘들의 이전부터의 행동들을 살펴보면, 그들은 미국이 원하는 바를 얻기 위해서 군사력의 사용을 선호했다. 그러나 이들의 행동은 공화당의 애국주의 성향의 의원들조차 분별없는 생각으로 치부했었다. 그러나 이러한 상반된 시각 차이는 9·11과 더불어 변화했다. 미국의 강력한 군사력에 의한 일방적인 공격을 통해 미국을 방어하는 것만이 최선인 것처럼 보였고 그 위험성에 대한 경고는 무시되었다.

네오콘들에게 선제는 자위적 방어의 일환이면서 세계에 미국의 희망을 창출하기 위한 힘을 도약시키는 것이었다. 부시는 테러의 시대에 대비한 효과적인 자위적 방어가 필요하다고 국민들에게 주장함으로써 합법성을 유지했고, 세계에서 미국의 지배력을 확고하게 하기 위해서 군사력에 의한 선제를 통해 미국의 이익을 지켜나가려는 네오콘들의 주장을 수용했다. 미국은 이 두 가지 목표가 상호 배치되어 있었기 때문에 새로운 외교정책의 도덕성을 부여받을 필요가 있었다. 만일 부시 행정부가 이 두 가지 목표의 현저한 차이점을 이해했다면, 우리는 미국 외교정책의 변화를 인지하지 못했을 것이다. 부시 행정부의 또 다른 무모한 사고의 사례로서 일치할 수 없는 이 두 가지 목표를 공개적으로 연결시킨 것이었다. 다시 말하면 이로 인해 미국이 외교정책을 강력하게 추진하는 데 필요했던 도덕성의 문제에 직면할 수밖에 없는 상황을 만들었던 것이다.

부시 행정부는 자위적 방어의 정당성으로 미국의 지배력을 확보하기 위한 전쟁을 위해 이라크를 침공했던 근본적인 이유를 은폐하기 위해서 선제라는 용어를 사용했던 것이다. 더욱이 유엔이 미국의 이라크 공격을 승인하지 않았기 때문에 미국의 일방적인 이라크 침공은 세계적인 주도권을 장악하기 위한 것이라는 것은 명확했다. 미국은 유엔에서 부결될 것이 뻔했기 때문에 이라크와의 전쟁을 용인받기 위한 유엔의 결의안 발의도 하지 않았었다. 이것은 파월의 유엔에서의 노력이 전혀 성과가 없었다는 것을 반영하는 것이었다. 이것은 파월의 위협 인식에 대한 오류로 야기된 것으로 볼 수 있으며, 그는 후에 자신이 실천했던 노력을 고통스럽고 영구적인 오점으로 남게 되었다고 토로했다.[38] 유엔은 또한 부시가 이라크 침공을 정당화하기 위한 구실로 이미 시행되고 있는 유엔의 이라크 제재를 이용하려는 것에 이의를 제기했었다. 미국은 세계의 지배력을 확고히 하기 위해 부적절하게 군사력을 사용했던 것이며, 초강대국인 미국이 위협을 제거한다는 구실로 훨씬 힘이 약한 국가를 점령하기 위해 강력한 군사력을 사용했던 것이다. 미국은 국제사회의 공통된 인식을 무시하고 과도한 무력을 사용함으로써 침략성을 보여 주었다. 이러한 이유로 미국의 이라크에 대한 선제공격은 바람직하지 않은 결과를 가져오게 된 것이었다. 따라서 미국이 이라크 침공에 대한 도덕성의 유지는 더욱 어려워졌다.

　이제는 세계를 위한 문명의 질서를 유지하기 위한 것이었다는 것이 이라크 침공의 목적으로 필요해졌으며, 부시는 이러한 점을 잘 활용하고 있다. 그가 후세인을 악마라는 지칭하는 것이 군사적 공격의 정당성을 지탱해 주는 요소가 되었으며, 미국은 이를 외교정책의 도덕적 목적을 유효하게 할 수 있는 근거로 활용했다. 부시는 선제를 '자유'를 위해 필요했다는 구실을 내세우면서 그의 주장을 뒷받침할 수 있는 최상의 무기로 이용했다. 그러나 부시는 그가 내세웠던 도덕성을 선제에서 발견했고, 이것으로 이라크 침공을 정당화하는 데 이용하려 했던 것은 확실하다. 미국은 이라크를 침공할 때, 세계 문명의 질서를 지키기 위한 것처럼 행동하면서 이를 뒷받침할 수 있는 모든 용어를 동원해서 국제사회를 설득하려 했지만, 궁극적으로 미국은 서구적 가치기준으로 이라크에서 선거를 통해 미국에 우호적인 정부를 설립하고 이라크의 자원을 이용한 물질적인 풍요를 확보하기 위한 것이었다는 것은 명백한 사실일 것이다.

　다시 말하면, 미국의 기준에 의해서 세계는 변화해야 했던 것이다.

38　파월의 ABC 인터뷰. See the interview of Powell by Barbara Waters on ABC's 20/20, September 9, 2005.

미국의 기준에 벗어나면 '악마'로 분류되는 것이었다. 미국의 선제에서 제시했던 도덕적 비전은 미국이 세계를 향해 일방적으로 행동하면서 제시한 기만행위를 정당화하기 위한 일반적인 용어로 사용되었다. 궁극적으로 부시 행정부는 그들이 내세웠던 자위적 방어를 위한 선제와 미국의 세계의 주도권 확보를 위해 시행했던 선제와의 차이점을 식별할 필요성을 느끼지 못했다. 그들에게는 주도권 확보를 위한 선제는 없었으며 모두를 같은 의미로 해석했다. 하나의 도덕성으로 하나의 정책을 수용하기만 하면 되었다. 따라서 미국은 자신들의 기준에 맞게 도덕성의 가치를 창출하였고, 그것이 세계를 향해 외칠 수 있는 최선의 방법이었다. 미국의 이라크에 대한 선제전쟁은 단지 불량국가를 문명국의 반열에 올려놓았거나 혹은 세계의 초강대국인 미국을 파괴하려고 시도하는 테러집단들의 시도를 잠시 좌절시켰을 뿐이었다.

부시 행정부의 이라크 정책은 특유의 단순한 사고를 가지고 도덕성이 훼손된 가운데 실천되었다. 이들이 왜 선제를 추구했는가에 대한 논쟁은 이러한 미국의 힘에 대한 오만함을 바탕으로 한 단순함에서 비롯되었다는 것을 이해하면 그 해답을 알 수 있다. 네오콘들은 부시가 네 번의 대중연설에서 표현했던 것에 만족하지 않고, 더욱 그들이 가지고 있는 개인 차원의 사고가 국가전략에 반영되기를 희망했었다. 이들의 단순하고 무지한 사고는 미국의 선제정책이 시행되도록 하였으며, 그 첫 번째 목표로 이라크가 선택되었을 때부터 이미 선제에서 벗어나 있었는데도 이를 인지하지 못하고 군사력의 선제적 사용을 주장하는 근원이 되었다.

부시는 미국이 문명을 보호한다는 구실로 세계의 주도권을 장악하기 위한 목적으로 선제를 실천했다는 사실을 무시했다. 미국이 이라크를 먼저 공격했으면서도 그 이유의 정당성을 도덕적 가치로 포장해서 정책에 반영했던 것이다. 이것은 부시가 채택한 정책이 결국에는 미국이 과거에 항상 유지해 오고 있던 외교정책의 도덕성에 근거를 두고 있다는 것을 말하는 것이다.

　　그러나 이라크에 대한 선제공격 그 자체는 미국 외교정책의 급격한 변화였음은 두말할 나위가 없다. 이 정책의 특징은 미국이 세계의 질서를 위한다는 구실로 침략자의 얼굴을 가지고 행동한 것이었다. 그러나 불행스럽게도, 아직까지 많은 미국인들이 부시와 마찬가지로 미국의 선제정책이 역사적 기준에 비추어 볼 때 잘못된 것이라는 점을 인정하지 않고, 도덕성이 있다고 자위하면서 이라크전쟁에 정당성을 부여해 주고 있다는 것이다.

EPILOGUE

선제독트린과 역사적 사례, 그리고 제한된 보상

개 요

부시의 선제독트린의 중심에는 새롭게 도래한 테러리즘의 위협으로 부터 국가를 보호하기 위해서는 미국의 외교정책의 방향을 변화시켜야 한다는 믿음에 있었다. 가장 중요하게 고려되었던 것은 언제라도 적들이 미국을 공격하기 이전에 선제공격으로 적과 교전하는 것이었다. 오랜 역사를 가지고 있는 미국의 '봉쇄'와 '억제'를 기조로 한 외교정책은 과거 50여 년간 지속되었던 냉전시대의 산물이고 새로운 시대에 뒤떨어진 것이라고 생각했다. 그러나 부시는 미국이 선제적으로 행동할지라도, 과거 냉전시대에 추구해 왔던 정책의 도덕적 방향을 유지하고 있다고 주장했다.

이러한 주장을 제10장에서 다양한 사례를 제시하면서 분석해 보았다. 제10장의 첫 부분에서 미국이 얼마나 많이 역사적으로 악의적이었던 침략자로서의 모습으로 발을 내딛고 있는가를 제시하면서 미국의 선제공격이 도덕성을 잃고 있다는 것을 살펴보았다. 두 번째 부분에서는 미국이 이라크와의 전쟁을 통해서 얻은 것이 별로 없다는 것을 역사적인 실패의 사례로 제시했다. 이렇게 미국의 이라크 침공을 살펴봄으로써 미국의 선제정책은 불필요하지 않았는가하는 의문을 던져주었다. 미국의 외교정책의 변화는 의도된 측면이 있는 것이다. 보다 명확하게 선제의 적용 사례를 살펴보게 되면 선제의 목적을 달성할 목적으로 군사력의 사용을 대외정책을 구사하는 데 가장 중요한 요소로 고려하고 있는 것은 잘못된 것이다. 그렇다고 선제의 유용성과 필요성을 반대하는 것은 아니다. 부시의 선제정책을 비판하는 이유는 가까운 장래에 선제에 근원을 둔 전쟁이 발생할 경우에 교훈이 되기를 희망하고 있기 때문이다.

역사적 사례를 통한 비교 분석

전쟁의 도덕성을 논하는 것은 매우 어려운 문제이다. 어느 누구도 먼저 전쟁을 시도하거나 전쟁을 의도할 경우에 확실하게 그 이유를 제시하고 싶어 하지는 않는다. 이런 점으로 인해 선제에 대한 연구를 하는 데 있어서 난관에 부딪치게 된다. 그러나 전쟁을 시작하는 데 있어서 도덕성이 필요한가라는 의문을 제기한다면 그에 대한 답은 '그렇다'이다. 그러나 도덕성을 기반으로 한 전쟁은 단지 매우 예외적인 상황에서만 일어날 수 있다. 오히려 전쟁이 일어나지 않도록 하는 억제력이 존재한다면 그 자체를 환영해야 할 것이다. 그러나 부시의 선제독트린은 선제전쟁에 필요한 기준들을 확대해서 적용하고 있다. 따라서 이 전쟁이 도덕성에 기초했느냐에 대한 의문이 제기되고 있는 것이다. 전쟁의 억제력이 상실되게 되면, 미국과 다른 국가들에게 다가오는 재앙적 결과를 감소시키기 위한 방법으로 미국이 명백하게 보여 준 전쟁에 대한 열망으로 주도되어 가게 될 것이다.

상대국 간의 적대적 관계하에서 임박한 위협에 직면했을 때, 그 위협에 대한 적절한 방어적 수단으로 다른 나라를 공격하는 것이 확실할 경우에만 선제의 도덕적 가치를 주장할 수 있을 것이다. 미국의 남북전쟁을 살펴보면 남부는 북부가 적대적으로 압력을 가함으로 인해 충돌이 불가피하다고 확신했고, 언젠가는 전쟁을 할 수밖에 없을 것으로 생각했다. 그러나 남부는 전쟁의 시기를 적시에 결심하지 못하고 지연함으로써 아무것도 성취하지 못했다고 볼 수 있다. 시간이 갈수록 남북 간에는 부의 격차가 현격하게 벌어졌고 남부는 패배할 수밖에 없었다. '남북전쟁'을 이스라엘의 '6일전쟁'과 비교해 보면 이스라엘은 아랍 국가와의 전쟁이 임박했다는 결론을 내린 후에 매우 성공적인 선제공격을 실시하였으며, 만일 아랍 측의 공격을 기다렸다면 상황은 악화되었을 것이다. 신생국이었던 이스라엘은 시기를 지연하면 포위된 상황하에서 위협에 직면할 수밖에 없었다. 하지만 이스라엘 선제공격의 자위적 방어의 특징은 지리적으로 취약한 제한된 영토를 극복하기 위한 것이었다. 미국의 남북전쟁은 남부가 섬터 요새를 공격하면서 촉발되었지만 남부는 전쟁 이후에도 남부지역을 상실하지는 않았다. 남부는 전쟁기간 중에 '공세적 방어전략'을 채택했었다. 남부는 북부지역으로 두 번에 걸쳐 공격했는데, 이렇게 했던 이유는 새로운 국가를 위해 남부의 주들을 통합하고 남부지역을 보존하기 위한 것이었다. 남북전쟁 기간 중에 남부가 북부지역을 점령한 적은 없었다. 이스라엘 역시 공세적이었지만 그들의 국경선을 보존하려 했지 영토를 확장하려 했던 것은 아니었다. 그럼에도 이스라엘이 전쟁을 통해서 이웃 아랍 국가들의 영토를 차지한 것은 아직까지도 불화의 요인으로 남아 있다. 결국 각 국가는 임박한 전쟁의 상황하에서 적절한 대응 방법의 하나로 자위적 방어를 택한다는 것은 명확한 것이다.

그러나 선제의 도덕적 가치는 상대적이며 명확하게 나타나지 않을 수 있다. 남부는 시민전쟁을 촉발시킬 때, 선제의 명확한 정의에 따른 행동을 하고자 했으며 당시의 도덕적 가치는 노예제도를 보존하는 것이었다. 그러나 남부에서 전쟁을 개시하면서 주장했던 선제의 도덕성은 노예제도 자체가 가지고 있는 비도덕성을 유지하려고 했던 것이기에 도덕적 가치의 모순에서 벗어날 수 없었다. 남부인들은 노예제도가 어떤 면에서 선(善)이었다는 공허한 주장을 했던 것이다. 그들은 수백만의 어리석은 노예를 풀어주게 되면 발생할 수 있는 문제를 차단하고 그들만의 가치를 지키겠다는 신념으로 전쟁을 했던 것이다. 그러나 남부인들의 시민전쟁을 개시하는데 있어서 선제의 정의에 부합되는 나름대로의 도덕적인 이유를 가지고는 있었다. 따라서 남부연맹이 비도덕적인 것들을 보호하기 위해, 자신들만의 도덕적인 이유를 가지고 전쟁을 시도한 것은 독특한 것이었다.

이스라엘은 자위적 방어를 위해 도덕적 정당성에 근거를 두고 선제공격을 실천한 단 하나의 국가이기도 하다. 그러나 이스라엘의 도덕성에 근간을 둔 선제공격의 실천은, 전쟁 후에 그들이 골란 고원과 웨스트 뱅크, 가자 지구와 시나이 반도를 통제하면서 모순에 부딪치게 되었다. 이러한 영토적 확장은 자위적 방어를 위해 시도한 전쟁의 도덕성을 훼손시키는 것이다. 이것은 아마도 선제에 대한 협의의 개념에서의 사례일 것이다. 이스라엘이 인접국가로 영토를 확장한 공세적 행동을 무조건 비난하기에는 고려해 볼 요소들이 많이 있다. 이스라엘은 장차 적들로부터의 공격으로부터 안전을 지키기 위해서 필요했던 중요 지형을 확보했던 것이다. 이것은 이러한 영토의 확보가 주도권을 장악하기 위한 행동이 아니었으므로 이스라엘의 공격은 선제의 도덕성을 가지고 있다고 고려해볼 수도 있다. 명백하게 이스라엘은 역내를 지배하기 위한 문명적인 동기는 없었으며, 단지 필요한 생존을 위해서 확보한 최소한의 행동이었다고 볼 수 있을 것이다. 이러한 주장은 조국을 상실한 팔레스타인 주민들에게는 단지 이스라엘의 행동을 정당화하는 변명으로 들릴 수 있을 것이다. 그러나 1967년의 이스라엘의 군사적 승리는 아직까지도 재래전쟁에서 이루어진 선제의 도덕성을 보여주는 유일한 사례일 것이다.

이스라엘을 제외하고 현대 전쟁사에서 다른 국가들이 실천한 선제는 이러한 엄격한 정의에 부합되지 않는다. 그들은 '침략자' 그 이상도 아니었으며 어떠한 도덕성도 부여받지 못하고 있다. 이러한 선제의 정의에 부합되지 않는 역사적 사례 중에서 부시의 선제독트린은 어떠한 사례보다도 더욱 부합되지 않는 지나친 선제였다. 부시의 선제독트린은 스스로가 정의한 자위적 방어의 도덕성만을 갖고 있을 뿐이다. 미국은 자위적 방어였다는 정당성을 주장했지만 군사적 수단을 통해서 영토를 확장했기 때문에 자신들이 정의했던 선제독트린 자체의 가치를 손상시켰다. 이러한 부시의 선제독트린이 가지고 있는 한계로 인해 도덕성을 기반으로 하는 선제정책의 법제화를 실현할 수 없었으며, 그들이 주장했던 많은 논리들이 설득력을 가질 수 없었기 때문에 오히려 다행일 수도 있다.

나폴레옹은 유럽을 폭력과 고통을 수반하는 전쟁의 소용돌이에 휘말리게 함으로써 그의 이름이 역사에 남아 있다. 나폴레옹의 행위를 선제적 입장에서 옹호하는 것은 그가 자위적 방어의 수단으로 선제를 선택했다고 합리화시키는 것이며 그의 행위를 경감시켜 주는 것이다. 그렇게 하게 되면 나폴레옹의 개인적인 야심과 전쟁광적인 기질을 감추어줄 수 있기 때문이다. 나폴레옹의 전쟁의 동기와 행위를 호감 있게 평가하면서 부시가 장차 미국에 대한 테러리스트들의 공격 기회를 차단하기 위해서 이라크를 선제공격했다는 주장을 대비시켜 보더라도 현저한 차이점을 가지고 있다. 나폴레옹은 프랑스와의 전쟁을 위해 영국의 요청에 부응하는 인접 국가들에 대해 무력을 사용해야만 한다고 생각했다. 1805년에 일어난 일련의 전쟁들은 이러한 그의 생각을 보여주고 있다. 그러나 어느 전쟁에서도 프랑스의 자위적 방어를 위해서 확장을 시도해야 할 동기는 없었다. 프랑스는 모스크바와 마드리드를 공격할 때, 국경지역을 넘어서 공격했다. 나폴레옹이 인접 국가들을 점령해서 프랑스의 새로운 시민으로 편입시키려 했기 때문에 국경을 넘어 공격했다고 좋게 평가한다 하더라도 결코 이것은 '방어'가 아니었다. 그의 선제에는 도덕성이 없었으며, 단지 확실한 침략전쟁이었다. 부시의 선제독트린이 국가안보를 위한다는 명복으로 선제공격을 통해 군사력의 확장을 승인한 것은 나폴레옹이 행한 선제와 다를 바 없는 것이다.

1904~1905년 일본과 러시아와의 전쟁에서는 선제공격이 도덕성을

염두에 두지 않고 이루어진 독특한 사례이다. 일본의 여순항에 대한 기습
공격은 군사적인 이점을 확보하기 위한 의도였을 뿐이었다. 일본은 한반
도와 만주 지역의 발판을 확보하기 위해 러시아 함대를 봉쇄하여 지역 내
에서 러시아 세력을 제거하려 했던 것이다. 이러한 방법은 일본이 러시아
와의 전쟁에서 아시아에서의 주도적 위치를 확보하기 위한 노력의 일환이
었다. 일본이 선제공격으로 군사적 이점을 확보하려 했던 것은 부시가 이
라크를 공격했을 때에, 전술적인 군사적 이점을 추구하지 않았던 것과 비
교하면 대조적이다. 그러나 유사한 상황으로, 1904년에 일본이 아시아 지
역에서의 지배권 추구를 하고 있을 때, 이를 서구열강들이 얕잡아 본 것과
마찬가지로, 부시는 2003년의 이라크 공격 이후의 결과를 간과했다. 이
의미는 일본이 아시아 지역에서의 주도권 확보를 위해 공격하는 동안 고
려하지 않았던 도덕성을 부시의 선제에서는 제공하고 있다고 볼 수 있다.
다시 말하면, 부시의 논리가 결여된 선제에 대한 정의는 일본이 주도권을
잡기 위해 시행한 도덕성이 결여되어 있는 행동에 대해 도덕성을 부여해
주는 측면이 있다는 것이다.

독일 제국주의의 1914년 전쟁 도발은 침략국가가 선제적으로 행동하
는 것을 보여준 사례로서 도덕적으로 부시의 선제에 대한 정의와 연관성
을 가지고 있다. 독일은 다른 세력으로부터 포위되어 있는 상황 하에서,
적어도 독일을 보존하고 당시의 포위상황을 해결하기 위해서 군사적 이점
을 확보하려 했으며, 이에 따라 선제에 의한 전쟁을 선택했다. 유럽에서
독일이 일련의 전쟁을 통해 성취한 것은 미국이 확실한 세계의 주도권을
확보하기 위해 이라크를 침공한 것과 유사하다. 부시 행정부는 미국의 범
세계적인 주도권을 확고히 하기 위해 미국의 이익에 배치되는 이라크나
다른 국가들과의 전쟁을 열정적으로 주장하는 네오콘들의 의견을 수용했
다. 각각의 사례는 자위적 방어라는 이름하에 세력 팽창을 위해 행해진
것으로 '방어적' 전쟁은 아니었다. 이것은 부시의 주장에 따르면 독일이
1914년 유럽 국가들을 공격한 것은 선제였지, '침략'이 아니라는 것을 의

미한다.

　　또한 부시의 선제독트린은 제2차 세계대전에서 독일과 일본의 도덕성이 결여되었던 행위를 경감시켜 주고 있다. 다시 말하면, 부시의 이론에 따르면 이들 국가들은 더 이상 침략자가 아니며 단지 그들의 문명적 가치를 지키려 했던 국가였을 뿐이다. 독일은 제1차 세계대전 이후에 형성된 징벌적 평화로부터 고통을 받고 있었으며, 유럽에서 본래의 독일 영토를 회복하려는 권리를 압박당하고 있었다. 이것은 제1차 세계대전의 패배로 인해 이루어진 것으로서, 히틀러의 마음속에는 늘 위대한 독일이 정당한 위치를 확보해야 한다는 생각으로 가득 차 있었으며, 그것을 이룩하지 못하면 죽음뿐이라고 주장했다. 1939년 독일의 폴란드 공격은 독일이 그들의 문명적 가치를 확보하기 위해 도발한 선제공격이었으며, 그들의 방식대로 문제를 해결하고자 했다. 부시도 유사하게 이라크에 대한 미국의 공격이 세계적 문명적 가치를 방어하기 위한 행동이었다고 주장하면서, 모든 국민들을 대신해서 미국의 국경을 초월한 도덕적 당위성을 주장했다. 한 국가에서 일방적으로 정의되어 다른 이웃 국가에게 강요하는 문명적 가치의 수호를 선제라는 이름으로 변명하는 것은 침략행위를 자위적 방어를 위해 필요했던 행동이었다고 하면서 면죄부를 주는 것과 같은 것이다.

　　또 다른 사례로서, 1941년의 일본의 태평양에서의 공격은 일본이 채택했던 정책의 수단으로, 부시의 선제독트린을 적용해 보면 더 이상 침략적인 행동이 아니다. 일본은 천연자원에 대한 접근이 차단되고 아시아 지역으로의 팽창 야심이 저지당하면서 선택의 여지가 없었기에 미국과의 전쟁을 선택했었기 때문이다. 당시 미국은 일본이 국가의 패망을 피하기 위해서 필요했던 경제적 자원을 확보하는 데 있어서 가장 큰 걸림돌이었다. 일본은 동아시아에서 주도권을 잡아, 아시아 국가들을 식민지의 노예 상태로부터 해방시키려는 문명적 목표를 진행하고 있었고, 이를 위해 경제적 생명선을 확보하려 했었을 뿐이다. 2003년의 부시의 선제는 일본의 1941년의 선제에 동일한 이론적 근거이기도 하다. 미국이 석유자원을 확보하기 위해 먼저 이라크를 해방시키고 이어서 중동지역을 해방시켜 지역 내의 지배적 위치를 확장하려 한 것은 특정한 국가, 즉 미국을 위한 것이었으며, 이것은 침략이었다는 것을 말해 주는 '문명화'와 '주도권 장악'의 혼합된 가치의 추구였다. 제2차 세계대전 시에 일본의 행동과 유사한 것으로, 일본이 모든 아시아의 문명화의 해방을 추구하기 위한 도구로 선제를 사용했던 공격은 궁극적으로는 그 목표가 경제적 이익의 추구였기 때문이다.

소련의 1939년 핀란드와의 겨울전쟁은 힘의 균형에 있어서 상대가 되지 않는 강대국이 자위적 방어라는 비논리적 명목으로 이웃의 작은 국가와 전쟁을 한 것이었다. 소련은 장차 자국에 위협이 될 수 있는 외부세력을 통제하기 위한 수단으로 핀란드를 이용한 외부세력으로부터의 위협을 고려했었다. 1930년대의 서로 불신이 교차되고 이익을 추구하기 위한 각축장이었던 격동의 시기에, 소련의 입장에서는 이러한 위험한 적들이 가득했고, 스탈린은 어느 국가가 소련에 위협을 주게 될 것인가에 대한 확신을 하지 못하고 있었다. 유사한 이유로, 부시는 이라크를 길들이기 위해서 월등한 미국의 군사력을 동원했고, 새로운 테러의 시대에 알려지지 않은 위험을 안고 있기 때문에 미국의 안전에 엄청난 위협이 될 것으로 생각했다. 새로운 테러공격 능력의 파괴력을 식별하거나 이를 기다리기보다는 선제적으로 먼저 공격하는 것이 낫다고 생각했다. 자위적 방어의 논리를 가지고 극단적인 방법을 선택했던 스탈린의 핀란드에 대한 선제공격은 이러한 논리에 따르면, 사악한 독재자에 의한 공개적인 침략행위가 아닌, 선견지명을 가진 기민한 행동이 되는 것이다.

1945년 이후의 냉전의 시대가 도래했고, 새로운 충돌이 재래식 전쟁을 통해서 다시 목격되었다. 한반도는 냉전의 구도하에서 초기의 관심지역이었다. 1950년 미국은 한반도에서의 전쟁 상황을 신속하게 역전시켰고, 북한 지역으로 신속하게 반격하여, 공산주의 국가를 한반도에서 제거하려는 위협을 주고 있었다. 마오쩌둥은 유엔군이 중국 영토로 공격할 지도 모른다고 두려워했다. 2003년 부시가 이라크에서 한 것처럼, 마오쩌둥은 1950년 그가 선택한 전장에서 적들과 싸우는 것이 유리하다는 결론을 내렸다. 그들의 전쟁 중점은 "우리는 중국 내에서 적과 싸우기를 원하지 않는다. 저곳(한반도)에서 싸운다"였는데 이는 미국의 2003년 이라크에 대한 선제전쟁과 유사한 것이며 부시가 미국은 침략이 아닌 선제에 근거를 둔 자위적 방어의 행동이라고 주장하는 것도 중국이 1950년 선제전쟁을 자위적 방어를 위해 실시했다고 주장할 수 있는 논리적 근거를 제공해 주는 것이다. 부시의 선제에 따르면, 중국이 사회주의 혁명과 중국의 재건을 위한 방어라는 이름으로 한반도에서 그들의 이익을 추구했던 침략적 행동은, 그 나름대로의 도덕적 근간을 가질 수 있게 하고 있는 것이다.

현대 전쟁사에서 또 하나 고려해야 할 침략 국가는 미국일 것이다. 2003년에 부시 대통령은 임박한 위협으로부터 미국을 방어한다는 구실로 이라크를 선제적으로 침공했다. 미국 본토에 대한 또 다른 테러 공격을 받지 않겠다면서 부시는 미국을 공격할 테러집단들이 무장되기 이전에 이들의 잠재적 위협을 무력화시켜야 한다고 주장했다. 후세인이 대량살상무기를 보유하고 있으면서 이를 사용할 가능성이 있기 때문에 위협을 가진 것으로 상정했다. 이라크를 침공한 이후에 이러한 위협이 없었다는 것이 확인되었지만 부시가 가지고 있던 도덕적 신념은 변하지 않았다. 부시에게는 이라크에 대한 침공이 자위적 방어를 위한 군사적 선제행동을 통해 실천된 것으로, 그렇지 않았다면 문명을 수호 한다는 전쟁의 목적 중의 하나를 성취하지 못했을 것이고, 그 하나의 목적만으로도 충분히 도덕적 가치가 있었다. 부시의 이러한 주장은, 미국이 주도권을 가지고 인류의 문명적 가치를 수호한다는 명목으로 미국의 팽창을 정당화했다는 것을 의미한다. 부시는 그가 세계의 문명적 가치를 수호하기 위해서 한 행동은 세계에 대한 주도권을 확실히 하겠다는 행동과는 다른 것이라고 주장하고 있지만 그의 주장에 동조하기에는 나타난 결론이 너무나도 명확하다. 부시가 세계적 주도권을 추구하기 위해 네오콘들이 편협된 문명적 가치 수호를 주장한 것을 전적으로 수용했었는가를 명확하게 지적하기는 어려울지도 모른다. 어찌되었건 간에, 이러한 방법으로 선제의 정의를 얼버무리면서, 부시 행정부가 미국이 문명적 가치를 수호한다는 도덕적 목적을 달성하기 위해 전쟁을 도발했다면 미국의 선제공격은 역사적으로 사악했던 침략자의 모습과 다를 바 없는 것이다.

미국의 이라크 침공으로 나타난 결과를 보면 미국이 침략자의 모습으로 투영되었거나 혹은 과거 역사 속에 등장했던 사악한 인물의 환생이라고 할 수도 있다. 역사적 사례에 따라 부시의 선제의 정의를 다시 한번 비교해 보면, 나폴레옹의 전쟁은 프랑스의 혁명 이념을 유럽 각국에 전파해서 유럽의 문명화를 위한 선물을 주는 것이었다. 독일과 일본의 군국주의가 40년 이상 지속된 것은 자위적 방어의 사례로 칭송받아야 할 것이며, 이들 국가의 지도자들은 그들이 전 세계에 이익을 줄 수 있는 문화를 전파하거나 격조 높은 문명을 보호하기 위한 주도적인 추진력을 확보하기 위해 선제공격을 했다고 보아야 한다. 미국의 선제독트린이 가지고 있는 문명적 자만심은 잘못된 것이며, 그 안에는 미국의 주도권 추구도 함께 존재하고 있다.

나폴레옹과 마오쩌둥이 그들이 주장했던 혁명적 가치를 전파하는 것과는 관계없이 주도권을 확보해서 팽창하려는 목표에 열망을 가지고 있었다는 것은 확실하다. 일본과 독일의 제2차 세계대전 시의 문명적 가치에 대한 주장은 1905년과 1914년의 선제전쟁에 뿌리를 두고 있지만, 결과적으로는 주도권을 확보하기 위한 구실이었다. 스탈린의 핀란드에 대한 러시아의 주도권 확보에 대한 주장은 아주 작은 약소국들이 강대국의 군사적 위력에 저항하려 한 것처럼, 이라크전쟁도 유사하게 시작된 것이었다.

부시가 어쩌면 미국을 공격할 지도 모른다는 판단으로 이라크 내의 적대세력과 전쟁을 했다는 것이라고 자신의 결정을 유리하게 재조명하려고 노력하고 있는 것은 마오쩌둥이 한국전쟁 당시에, 동일한 논리로 미국과 유엔군이 중국을 침략할 것이라는 가정하에 이러한 위협이 중국 본토에서 일어나기 전에, 중국보다는 한반도에서 미국과 싸우려 했던 것과 같은 선상에 있는 것이다. '선제'라는 이름으로 터무니없이 이러한 전쟁들을 합리화시킨 것이다. 이것은 부시의 선제독트린이 미국이 자유라는 가치를 지키기 위해 추구하고 있는 도덕성에 부합되는 논리를 제시하기 어렵게 했으며, 미국의 역사적인 외교정책의 도덕성을 손상시켰다. 아직도 부시 행정부는 미국을 침략자라는 인식을 주게 하고 있는 그들만의 선제에 의한 재래식 전쟁으로부터 발생한 엄청난 문제들을 간과하고 있다.

제한된 보상, 미국은 무엇을 얻었는가?

부시는 미국의 외교정책의 가치를 변질시키고 과거 역사적으로 지탄을 받고 있는 침략자들과 동일선상에 있게 하는 불명예를 짊어지고 있으면서도 아직까지도 더욱 크고 가치 있는 결과를 희망하고 있는지도 모른다. 미국의 이라크에 대한 선제공격은 진정한 선제의 사례가 되지 못한다는 것은 분명하게 알 수 있다. 왜냐하면 미국의 '선제를 통한 보상은 역사적으로 선제를 실천했던 국가들이 성공하지 못했던 것처럼 애초부터 많은 제한사항을 가지고 있었다. 먼저 이러한 제한사항의 하나로 선제공격은 단지 제한된 군사적 이점만을 확득했을 뿐이며 전쟁에서 얻은 전술적인 이점이 최종적인 승리로 귀결되는 일은 거의 없었다. 두 번째로는, 선제적으로 행동했던 많은 국가들은 미국의 2003년 이라크 침공처럼 선제를 전쟁으로 가기 위한 구실로 이용했다. 전쟁을 일으키기 위한 수단으로 선제를 선택한 국가는 변함없이 궁극적으로는 승리할 수 없었다. 이 책에서 제시한 역사적 사례와 현재의 이라크 상황을 비추어 볼 때, 이라크에서 미국이 선제독트린을 통해 성공했다는 것을 증명해 보려는 것은 부정적일 수밖에 없다.

1805년의 나폴레옹의 역사에 길이 남는 전역계획은 초기에 선제의 강력한 실천인 것처럼 보였다. 수적으로 열세하고, 전 전선에서 압박을 받고 있는 가운데, 단지 공격만이 성공적으로 전장에서 우세를 달성할 수 있었으며, 나폴레옹은 이 전쟁에서 확실한 승리를 거두었고, 그의 권좌를 유지하면서 프랑스가 더욱 전진하기 위한 가치를 수호했다. 그러나 이러한 주장을 보다 상세히 살펴볼 필요가 있다. 나폴레옹은 선제를 택함으로써 군사적인 주도권을 확보하고 언제 어디에서 어떠한 적과 싸울 것인가를 선택하는 자유를 얻었다. 그가 행한 공격은 다가올 동맹국들의 공격을 격파하기 위한 기습이거나 선제공격은 아니었다. 사실 당시에 동맹국들의 공격은 이미 시작되었는데, 오스트리아는 프랑스의 동맹국인 바바리아를 침공함으로써 나폴레옹을 놀라게 했었다. 이렇게 상황에 차질을 주는 것에도 불구하고, 나폴레옹은 신속하게 주도권을 잡고, 그 이점을 이용해서 울름과 아우스터리츠, 두 개의 전역에서 위대한 승리를 거두면서 선제를 선호하게 되었다. 1805년의 전역계획은 프랑스의 위대한 승리로 끝났지만, 이어진 전역계획은 초기의 거둔 성공을 약화시켰다. 나폴레옹은 반복적으로 동일한 방법을 사용하다가 결국에는 주저앉고 말았다. 나폴레옹이 전쟁을 위한 이유로 선제를 사용했지만 이어지는 일련의 전쟁에서 승리하는 것을 도와주는 도구로 사용되지는 못했던 것이다. 나폴레옹이 얼마나 위선적이었는지, 그리고 자신감을 가지고 프랑스의 혁명정신을 전파하려 노력했는지에 관계없이 스스로 운이 다하는 행동을 했던 것이다.

미국의 남북전쟁 간에 남부가 1861년 북부와의 전쟁 시작을 결심한 것은 가장 어리석게 선제를 선택한 사례일 수도 있겠지만 북부와의 전쟁을 피할 수 없었기 때문이었다. 남부는 섬터 요새에 대한 포격을 통해 북부가 양보하도록 위협을 가하겠다는 기대감을 가졌지만 당시의 상황에 비추어 보면 어리석은 행동이었다. 이것은 북부가 단호한 결심을 하는 계기를 주었으며, 링컨은 남부와 비교시 월등한 군사력을 동원했다. 결국 전쟁으로 이어졌을 때, 남부인들은 그들이 기대했던 것과는 완전히 다른 상황에 직면하게 되었다. 남부는 북부의 풍부한 자원을 기반으로 한 우세한 군사력에 결국 저항을 포기했다. 남부인들이 수적인 열세에도 불구하고 일부 영웅적인 행동들이 미국 시민전쟁 간에 특징적으로 나타나기도 했지만 그것으로 상황을 변화시키지는 못했다. 남부의 선제는 전쟁에서 패배함으로써 남부가 전쟁 개시 이전부터 두려워했던 북부의 간섭을 더욱 받게 되었다. 전쟁 이후에 남부는 북부의 완전한 군사적 장악을 견뎌야 했다. 남부의 완전한 패배는 인종 평등의 새로운 혁명적 가치에 대항하여 백인 문화를 끝가지 지키려 했던 짐 크로(Jim Crow) 선언에 의해서 완화되었다. 이 선언이 가지고 있는 인종분리로 인한 도덕성의 결여는 다시 한 번 남부가 주장했던 자위적 방어에 의문을 주고 있다. 다시 말하면 남부에서는 이길 수 없는 전쟁에 선제를 선택했고 어리석은 행동이기도 했다. 전쟁이 시작되면 남부는 결국 북부에게 압도당하게 될 수밖에 없었으며, 남부의 선제는 군사적 이점도 확보하지 못했고 오히려 패배로 이어졌던 것이다.

다른 사례로서, 일본과 독일은 군사적 이점을 확보하기 위해서 선제적으로 전쟁을 시작한 것처럼 보인다. 1904년 일본은 여순항의 러시아 함대를 공격했다. 여순항의 러시아 함대를 봉쇄해서, 한반도와 중국을 점령하고, 전쟁을 종결하는 데 필요한 지상군의 운용을 가능하게 하려 했던 것이다. 군사적인 관점에서 일본의 선제는 성공했다. 그러나 다른 측면에서 살펴보면 성공했다고 볼 수 없는데, 일본은 러시아 함대에 대한 공격으로 단지 세 척의 함정에게만 피해를 주었다. 즉 한 번의 공격으로 러시아의 해상세력을 격파하려던 공격은 성공했다고 말할 수 없으며, 일본이 필요로 했던 결과도 아니었다. 왜냐하면 러시아는 두 개의 함대를 가지고 있었지만, 일본은 한 개의 함대만이 있었기 때문이었다. 일본이 아시아에서 러시아의 함대를 무력화시킬 수 있었던 것은 공격을 통해 심리적 충격을 주었기 때문이었다. 러시아는 감히 서구열강에 도전한 아시아 국가로부터 받은 뼈아픈 수치에서 벗어날 수 없었다. 일본이 이러한 이점을 어뢰 공격으로 얻으려 했다는 증거는 어디에도 없었다. 당시에 일본의 목표는 토고 제독이 여순항의 러시아 함대의 위협을 제거하려는 것을 지원하기 위한 한정된 의도에서 이루어졌었다. 여순항의 러시아 함대에 대한 공격의 결과는 점차 일본의 전역계획이 진행되면서 확실하게 기여했다. 일본 함대가 여순항 공격을 통해, 러시아 함대를 완전히 격파하지 않았더라도, 여순항에서 러시아 함대를 묶어 놓을 수 있었고, 이후 일본 지상군의 요동 반도 상륙을 가능하게 했으며, 지상군이 여순항을 점령하면서 러시아 함대를 무력화시킬 수 있었다. 따라서 일본은 의도한 대로 성공적인 전쟁을 수행할 수 있었다. 일본은 더 이상 두 개의 러시아 함대와 마주치지 않아도 되었다. 대신에 일본은 해상에서 동등한 전력을 유지하면서 자신들에게 유리한 상황으로 변화되었음을 자신했다. 그리고 전쟁의 마지막 방향을 바꾼 '스시마 해전'을 통해 이를 입증했다. 어찌되었든 간에, 전쟁의 시작은 여순항에서의 선제공격에서 출발했는데, 이때 일본이 거둔 이점은 러시아 함대의 사기를 약화시킨 것이었다. 이 예기치 않았고 기대하지도 않았던 상황의 발전은 군사적 선제의 제한된 보상이 무엇인가에 대한 판단을 모호하게 한다. 즉 일본의 선제는 이루어졌지만, 그것은 러시아 함대를 격파하기 위한 것이 아니고, 단지 여순항에 러시아 함대를 묶어 두려했던 것 외에 다른 이유가 없었기 때문이다.

제1차 세계대전 시에 독일은 전쟁을 시작할 때, 군사적 이점을 확고히 하기 위한 수단으로 선제를 추구했다. 벨기에를 통한 프랑스에 대한 공격은 벨기에의 중립성을 무시하면서 신속하고도 과감하게 이루어졌다. 이러한 폭력행위의 후유증으로 영국이 프랑스 편에 서서 참전하게 되었으나, 사실은 그렇게 상황이 발전할 수밖에 없었으며, 독일은 프랑스를 격파할 수 있을 것으로 믿었다. 서부유럽 지역의 전선을 평정한 후에, 독일은 방향을 돌려 러시아를 격파하려 했다. 독일의 프랑스에서의 놀라운 전략적 성공은, 선제공격으로 이루어졌으며, 이를 통해 독일은 다중의 전선에서 승리할 수 있는 기회를 갖게 되었다. 이것은 엄청난 도박이기도 했는데, 두 개의 전선에서 전략적 재앙을 방지하기 위해, 벨기에를 경유해서 프랑스의 측방을 공격함으로써 얻어진 전략적 이점이 축척되어 이루어진 것이었다. 프랑스의 어리석은 방어도 한몫을 했었다. 이후에 프랑스는 매우 탄력적이고 현명하게 마른(Marne) 전장에서 성공적인 방어를 했다. 프랑스가 독일의 공격을 버텨내면서, 독일의 선제공격의 성과는 점차 약화되었고, 두 개 전선에서의 전쟁으로 인해 독일은 결국 무릎을 꿇게 되었다. 독일은 적들로부터 포위된 상황의 위협에 따라 선제를 선택했었다. 위의 두 국가의 사례를 보면, 선제적 행동으로 확보한 군사적 이점은 극단적으로 제한되었거나, 아니면 얻은 것이 없었다. 일본은 물리적 이점이 아닌 심리적 이점을 거두었지만, 독일이 서부유럽 지역에서 실천했던 신속하고 과감했던 선제는 모두가 실패했던 것이다.

제2차 세계대전 시에, 독일은 완전히 다른 선제를 선택했었다. 군사적 이점은 중요하게 고려되지 않았다. 대신에 히틀러는 선제를 전쟁으로 가는 수단으로 삼았다. 독일은 다시 한 번 적대국들로부터 포위된 상황을 종결하려 했고, 유럽에서의 정당한 위치를 찾으려 했는데, 그것은 유럽 대륙을 지배하는 것이었다. 제1차 세계대전 시에 이러한 대륙지배의 의도가 실패하면서, 독일은 1930년대까지 유럽 국가들에게 포위되어, 어쩌면 멸망하게 될지도 모른다는 걱정이 커져 가고 있었다. 이러한 '임박한 위협'은 독일로 하여금, 현재보다는 가까운 미래에 강력하게 정당한 위치를 찾겠다는 노력에 정당성을 부여했는데, 그렇게 하기 위해서는 군사력을 이용해서 적들을 격파하고 위협을 종식시켜야 했다. 히틀러의 '축차적 점령'의 실행 계획도 선제의 목적이었다. 독일은 전쟁의 결과에 문명의 수호에 가치를 부여하면서, 독일이 최고의 문명을 가진 수호자로 자처했었다. 따라서, 어떤 행동이 필요하기만 하면 선제적으로 전쟁을 시도했었다.

독일과 마찬가지로, 일본은 제2차 세계대전 시에 선제적으로 전쟁을 해야만 한다고 생각했다. 일본의 선제의 목적은 두 가지였다. 첫째는 미국의 태평양 함대를 진주만에서 격파해서 결정적인 군사적 이점을 얻는 것이었다. 진주만은 전쟁 선포 이전에 시도했던, 확실히 또 다른 형태의 선제공격의 특징을 보여 주었던 여순항의 복사판이기도 했다. 그러나 여순항 공격과 다른 점은 진주만 공격은 한 번의 강력한 타격으로 적의 함대를 격파하려고 시도되었으며, 미국 함대의 격파를 통해 태평양으로의 진출에 행동의 자유를 확보하기 위한 것이었다. 어떤 면에서 보면 이러한 목표는 이루어졌다. 일본은 미국의 주요 함대를 파괴했고, 이어서 초기 6개월 동안은 급속한 팽창정책을 펼칠 수 있었다. 그러나 잘 알려진 바와 같이, 일본의 진주만 공격은, 공격 당일에 항구에 없었던 미국의 항공모함을 파괴하는 데 실패하는 제한사항을 갖고 있었다. 진주만이 미국의 반격을 위한 발판 역할을 하면서, 일본은 미국의 공격으로부터 심각한 타격을 받게 되었다. 게다가 당시 상황을 살펴보면, 아마도 일본의 남아시아 진출은 진주만을 공격하지 않고도 달성될 수도 있었다. 일본의 선제공격은 미국의 군사적 반응을 조금 더디게 만들었을 뿐이었으며, 미국의 반격이 매우 혹독하게 이루어졌으며 전쟁은 종결되었다. 제2차 세계대전 시 일본의 패배는 진주만에 대한 선제공격의 제한된 군사적 가치를 보여 주는 것이다.

두 번째로, 일본은 1941년 전쟁의 이유 중의 하나로 선제에 문명적 목적을 추가했다. 일본은 아시아 지역에서 주도권을 추구해서 유지하는 것이 아시아 국가들을 서구열강으로부터 해방시켜 주는 축복이라고 간주했다. 즉 아시아 국민들은 일본의 문명과 보호 아래 이익의 혜택을 누릴 수 있다는 것이었다. 그 조건으로 일본은 일본의 생존에 필수적인 원자재를 획득하려 했다. 그러나 일본의 아시아 지역에서의 부상은 서구열강의 완강한 저항을 받았다. 일본은 경제적 자산의 확보 없이는 자칫 멸망할 수도 있기 때문에, 이러한 서구열강에 도전해야 했다. 따라서 일본의 1941년 전쟁은, 독일과 마찬가지로 일본 문명의 생존을 위한 것이었다. 독일과 일본은 전쟁을 통해, 문명을 지키겠다는 명목으로 선제를 추구했던 두 축을 이루고 있으며, 그 결과는 재앙을 초래했다. 독일과 일본의 선제의 적용 논리는 매우 빈약했으며, 문명적 목적의 선제로 주도권을 잡겠다는 숨겨진 의도는 지극히 평범하면서도 명확했다. 따라서 고유의 문명을 유지하고 있는 많은 나라들의 저항에 부딪쳤으며, 결국은 대규모의 동맹군에 의해 이 두 국가는 패배의 길로 갈 수밖에 없었다.

두 가지의 또 다른 사례는 선제의 성과를 측정하는 데 상반된 결과를 보여준다. 스탈린의 핀란드와의 1939년 겨울전쟁 시에 그는 군사적 이점을 확보하기 위해 선제적으로 행동한 것이 아니었다. 양국 간의 현격히 비교되는 전력으로 스탈린은 선제가 필요하다고는 생각하지 않았다. 그보다는 선제를 전쟁으로 가는 이유로 사용했다. 스탈린은 다른 국가들이 소련을 위협하기 위해서 핀란드를 이용하려 하는 것을 저지하려 했다. 핀란드는 단지 소련의 주도권을 인정하면서도, 스탈린이 분쟁 해결을 위해 필요하다는 요청을 거절했다. 단기간의 전쟁이 일어났고, 월등하게 우세한 소련의 전력에 핀란드는 결국 손을 들었다. 그러나 이 전쟁 이후에, 핀란드에서의 스탈린의 선제공격은 많은 제한사항이 있었음을 보여 주었다. 스탈린의 핀란드 공격은 그가 회피하고자 했던 목표를 오히려 창출하였고, 적들은 핀란드를 이용해서 소련을 공격하지 않았다. 소련의 선제 목적은 소련의 안보상황을 향상시키는 것이었는데, 이전에는 존재하지 않았던 위협을 창출시킴으로써 실패했던 것이다. 이 결과는 남쪽에서 해야 할 전쟁을 북쪽에서 하는 어리석은 행동이었으며, 이것은 다시 한 번 전쟁으로 가기 위해 선택했던 선제의 제한사항을 말해 주는 것이다.

마오쩌둥은 1950년 한반도에 대한 선제공격을 성공적으로 실시했다. 중국군은 압록강을 건너 지형이 방어에 유리한 군사적 이점을 이용했다. 이러한 이점은 중국군이 유엔군의 엄청난 화력으로부터 보호를 받게 해주었다. 중국군의 또 하나의 군사적 목표로 유엔군이 중국 영토로 진입하는 것을 방지하기 위해서 '중국이 아닌 다른 곳'에서 싸우는 데 성공한 것이다. 그러나 이러한 중국의 군사적 성공은 너무 쉽게 과대평가된 것이다. 첫째, 유엔군의 중국 본토 공격은 일어날 가능성이 없었으며, 따라서 중국이 이러한 위협에 대처하기 위해 한반도로 병력을 투입시키는 것은 불필요했다는 것을 의미한다. 둘째로, 중국은 한반도에서의 승리를 통해 마오쩌둥에게 서구 제국주의와의 대응 능력에 자신감을 갖게 해 주었다. 이러한 자신감은 마오쩌둥에게 핵무기의 사용 가능성을 염두에 두었던 미국과 보다 더 위험한 대결구도와 모험적인 선택을 하는 계기를 주었다. 마오쩌둥의 계속된 무모함은 한국전쟁에서 얻은 자신감으로 인한 것이었는데, 중국의 한국전쟁 개입을 위한 선제의 다른 목적을 살펴보기 이전에 마오쩌둥에게 자만감을 준 그 자체가 군사적 선제의 제한사항인 것이다. 마오쩌둥의 한반도에서의 선제전쟁의 주된 이유는 아시아 대륙에서 중국의 주도권을 다시 구축하는 것이었다. 이러한 측면에서 그는 상상을 초월하는 엄청난 중국군의 희생을 대가로 성공했다고 볼 수 있다. 결과적으로, 중국이 오늘날 1950년대의 완강한 적이었던 미국과 견줄 만한 위치를 유지하고 있는 것은 확실하다. 만일 중국의 주도권 장악이 한반도의 선제전쟁에서 엄청난 대가를 지불한 결과로 얻어졌다면, 아직까지도 필요에 의해 변화시킨 대외정책의 수단으로서의 선제의 가치에 의문을 던져 준다. 따라서 마오쩌둥의 군사적 선제는 제한된 보상만을 받은 것이라 할 수 있다.

마지막으로, 이스라엘은 주도권 장악이나 문명적 목적이 아닌 군사적 이점을 추구했기에 선제의 성공적인 독특한 사례이다. 이스라엘은 주변에 전개되어 있는 수적 우세의 병력을 격파하고, 다중 전선에서 위협하고 있던 적들을 패퇴시키는 많은 군사적 이점을 거두었다. 이스라엘의 선제적 행동은 불리한 점들을 역전시키는 수단이었다. 단기간의 전쟁으로, 이스라엘은 북동쪽의 골란 고원, 요르단 정면의 웨스트 뱅크, 그리고 남쪽의 시나이 반도 등 주요 핵심지역을 장악하게 되었다. 이 지역을 확보했다 해서, 이스라엘이 역내에서 주도권을 잡을 수 있었던 것은 아니며, 또한 문명적인 목표를 달성한 것도 아니었다. 그것은 장차 공격에 대비한 이스라엘의 방어력을 증가시키는 역할만을 한 것이었다. 물론 이스라엘의 선제공격에 대한 집착은 현실적으로는 이스라엘의 안전을 확보하는데 한계를 갖고 있다. 그러나 이 정도의 제한사항은 이스라엘이 냉전시대와 현재의 증가된 테러 위협과 같은 불안정한 정세 속에서 위험한 국가들로 둘러싸여 있는 가운데 감내할 만한 것이기도 하다. 1967년의 이스라엘의 성공적인 선제공격은 주도권을 잡으려 했거나 혹은 문명적 동기와는 별개의 가치로 현대의 재래식 전쟁에서 보여 준 가장 최선의 선제의 사례일 것이다.

미국의 2003년 이라크에 대한 선제공격은 절박한 군사적 이점을 얻기 위한 것이 아니었으며, 그 대신에 주도권 장악을 위한 문명적 목표를 선언했을 뿐이었기에, 이스라엘의 선제의 사례와 완전히 배치된다. 따라서 미국은 군사적 선제를 통해 얻은 것이 없었으며, 일부 극소수의 이익을 얻었다 하더라도 전쟁을 위한 선제의 사용으로 많은 문제점을 안고 있다. 이러한 문제들은 비참한 결과를 가져왔고 아직도 진행 중에 있다. 이라크 전쟁으로 미국의 군사적 능력은 고착되었고, 또 다른 선제전쟁을 할 수 있는 능력이 있는지조차 의심스럽다. 지금까지 미국은 정책의 실현을 위해 군사력을 선호한 나폴레옹의 사례처럼 행동함으로써, 미국이 그동안 정의를 위해 추구해 왔던 가치들을 퇴색시켰고 궁극적으로는 미국이 진정으로 가야 할 길에서 주춤거리게 했다. 미국의 이라크 침공 이전에는 존재하지 않았던, 이라크를 중심으로 발생한 테러와의 전쟁을 유발시킨 것 또한 매우 위험한 것이다.

스탈린이 1939년 소련의 안보에 대한 우려로 핀란드를 공격한 이후에 얻은 위험처럼, 미국은 이제 이라크를 침공했을 때보다 더욱 더 테러로부터의 엄청난 위험에 직면해 있다. 이라크에서 부시 행정부가 본래의 목적에서 변화를 추구했던 문명적 가치를 수호한다는 목표는 근본적으로는 미국의 이익을 위한 것이었으며, 미국의 선제전쟁은 독일이나 일본과 같은 침략자의 어두운 얼굴을 닮고 있는 것이다. 즉 나치 독일과 일본의 군국주의에 저항하는 동맹국 세력의 결집처럼, 미국의 테러 격멸을 위한 노력에 대항하는 세력들의 결집이 이루어졌다는 점은 특히 유념해야 할 사항이다. 궁극적으로 부시는 자위적 방어의 이유로 선택한 선제에 도덕성이 있는지에 대한 인식을 검토해 보는 자세를 가져야 한다. 진정한 선제공격은 주도권 장악을 위한 시도나 문명적 우월성을 확보하려는 시도를 용인하지 않는다. 주도권 장악이나 문명적 우월성 확보의 시도는 결국은 도덕적 가치를 상실한 침략의 상징일 뿐이다. 선제를 통해 군사적 이점을 확보하려는 시도는 충분히 용인될 수도 있지만 미국이 이라크를 침공할 때에는 군사적 이점의 확보는 불필요했었다. 이것이 미국이 행한 선제가 어떠한 측면에서도 그 정당성을 확보하지 못하는 이유이다.

아마 역사적인 선제의 사례를 분석하는 것이 너무 늦은 감이 있으며, 이로 인해 미국의 이라크에 대한 선제공격은 정당성과 도덕성에 대해 심사숙고하기도 전에 이루어졌다. 그러나 지금이라도 미래에 잘못된 선제를 선택하게 되면 장기간의 지겹고 고통스러운 대가를 치르게 될 것이라는 것을 명확히 경고한다. 그리고 아직까지도 선제의 제한된 보상에 주의를 기울이지 않고 있는 점을 지적하고 싶다. 부시 행정부는 인정받기 힘들었던 선제를 실천에 옮겼던 것이다. 이제 진심으로 한 가지 제안을 하고자 한다. 어느 누구도 위협을 줄 수 있을 것으로 보이는 세력이 무장하기 전에 이들을 제거해야 한다는 가치와 정당성을 부인하지 않을 것이다. 그러나 선제는 매우 판단하기 어려운 도덕적 정당성을 가지고 실천할 수 있는 제한된 도구일 뿐이며, 선제를 통해서 전쟁에서 승리하거나 혹은 미래의 전쟁을 방지할 수 있는 것은 아니다. 아무리 선제에 가치를 부여한다 하더라도 결국에 선제는 위대한 전략을 수행하는 데 있어서 극히 작은 영향력을 미치는 한 부분에 불과하다.

국가의 정책은 조심스럽게 신중하게 검토된 가운데 경제 및 외교활동의 주도하에 군사적인 선택을 하는 것이다. 이것이 과거의 전형적이고 성공적인 정책의 유형이다. 부시 행정부는 이러한 점들은 지나치리만큼 무시하고 있다. 전쟁을 위해서 선제의 정당성을 주장하는 것은 미국의 이익에 해악을 끼친다. 미국의 일방적인 행동에 많은 동맹국들은 소원해지고 등을 돌리게 될 것이다. 부시 행정부는 스스로가 주장했듯이 '테러와의 전쟁'에서 승리할 수 있는 유리한 입지를 위해서 선제를 선택했다.

　　현대 전쟁사에서 살펴본 사례에서와 같이 선제는 국가가 궁극적으로 추구하는 정책에 확실하게 기여하지 못할 뿐만 아니라 오히려 그 정책을 손상시킨다. 실질적으로 테러를 격멸하기 위해서 도덕성의 유지는 명확하고 불가결한 요소이다. 부시가 정의한 선제정책은 어떠한 도덕적 방향성을 갖고 있지 않고 있다. 미국이 선제를 정책으로 고수하는 한, 미국의 적들은 다양한 형태로 진화할 것이며, 미국의 고립은 더욱 심각해질 것이다. 새로운 정책은 국제적 테러로부터의 위협에 대처할 수 있도록 다시 정리되어야 한다. 그리고 미국은 포괄적인 전략을 정교하게 다듬기 위해 심사숙고해야 할 것이다. 역사가 이미 우리에게 방향을 제시하고 있음에도, 선제전쟁의 유혹에 빠진다면 미국은 더욱 더 침략자의 나락으로 떨어져서 결국에는 실패할 것이다.

AFTERWORD

역사적으로 어느 한 국가가 전쟁을 개시하기 전에 합법성과 도덕성, 정당성을 부여받기 위해서 선제전쟁(preemptive war)을 구실로 이용해 왔다는 것은 현대의 전쟁사를 살펴보면 자명해진다. 선제전쟁이란 상대국가가 자국의 안보를 매우 위태롭게 하거나 임박한(imminence) 공격 위협을 하고 있어서 이를 방치할 경우에는 생존에 심대한 타격을 입을 수밖에 없다는 절박감으로 상대에 앞서 군사력을 사용하는 것이다. 이러한 행동은 자위적 방어(right of self-defense)로 고려될 수 있으므로 정의(正意) 혹은 도적적 전쟁으로 간주되기도 한다. 국제법적으로는 유엔헌장 제51조[1]를 근거로 자주 사용하고 있다. 반면에 선제전쟁과 혼동해서 사용하는 예방전쟁(preventive war)은 장차 침략해 올 가능성이 있는 인접국가 또는 가상적국의 전쟁수행 능력이 자국에 비해 우위에 설 위험이 있을 때, 상대국의 침략 기도를 미연에 방지하기 위한 전쟁이다. 즉 예방전쟁은 어떠한 주어진 시간에 공격

---

1   유엔헌장 제51조. "이 헌장의 어떠한 규정도 유엔회원국에 대하여 무력공격이 발생한 경우, 안전보장이사회가 국제평화와 안전을 유지하기 위하여 필요한 조치를 취할 때까지 개별적 또는 집단적 자위의 고유한 권리를 침해하지 아니한다. 자위권을 행사함에 있어 회원국이 취한 조치는 즉시 안전보장이사회에 보고된다. 이 조치는 안전보장이사회가 국제평화와 안전의 유지 또는 회복을 위하여 필요하다고 인정하는 조치를 언제든지 취할 수 있는 이 헌장에 따른 안전보장이사회의 권한과 책임에 어떠한 영향도 미치지 아니한다." 이 조항을 근거로 한 선제공격의 정당성 여부는 여전히 논란을 불러일으키고 있다.

하리라 예상되는 적에 대한 공격이며, 선제전쟁은 임박한 위협에 정당성을 가지고 실천하는 공격행위이다. 이 두 개념이 혼용되어 사용되어 혼란을 주고 있는데, 사실 둘 사이에는 현저한 차이가 있다는 것을 이해해야 한다. 선제전쟁은 국제사회에서도 정당성을 부여받고 있는 반면에 예방전쟁은 침략국가가 군사적으로 유리한 시기와 장소를 선택하고 가용한 강력한 방법을 택해서 공격하면서 자신들의 행위가 정당하다는 구실로 이용할 수 있기 때문에 국제사회로부터 정당성을 부여받지 못한다. 그럼에도 불구하고 여전히 선제전쟁에 대한 명확한 이해가 부재한 가운데 적대관계에 있는 국가에서는 서로 선제공격을 할 수 있는 권리가 있다는 주장들을 되풀이하고 있다.

저자 플린(Matthew J. Flynn)은 미국 애리조나대학 교수로서 『*China Contested: Western Powers in East Sea*』 등과 같은 저술을 통해서 미국의 외교정책과 군사전략에 대해 해박한 이론을 전개하고 있다. 그는 미국의 이라크 침공이 도덕성과 정당성을 갖는 자위적 방어를 위해 실천된 선제전쟁이 아니었다는 비판으로 글을 시작한다. 부시 행정부의 이라크 침공은 현대전쟁사에 있었던 선제전쟁이 대부분 실패했는데도 이를 이라크 침공을 위한 도구로 사용한 실패의 연장선상에 있다고 주장한다. 그리고 미국의 이라크 침공은 국제적으로 미국의 외교정책과 군사전략이 정당성을 가지고 있는지에 대한 많은 논란을 가지고 있다는 점을 주목한다. 이러한 논란의 배경에는 그동안 선제전쟁에 대한 학술적 연구가 부재한 점을 지적하고 있다. 부시 행정부의 선제독트린(Preemptive Doctrine)의 위선적 실천을 비판하는 데 있어서 현대전쟁사에서 이루어졌던 10가지의 선제전쟁의 사례를 통해서 미국의 이라크 침공이 잘못된 전쟁이라는 점을 지적하고 있다. 선제전쟁에 대한 학술적 연구가 부족한 현실에서 처음으로 선제전쟁을 역사적인 사실들을 사례로 분석하여 진정한 선제전쟁이 무엇인가에 대한 이해를 돕고자 시도한다. 그리고 섣부른 선제전쟁의 시도는 궁극적으로 원하지 않은 결과를 야기한다고 주장하면서 미래에도 선제를 택할 때에는 매우 신중한 진정성이 수반되어야 한다고 경고한다.

북한은 입버릇처럼 한·미 연합군의 위협과 한국에서 자신들의 체제 유지와 생존에 위협을 주는 행동을 계속하고 있기 때문에 "우리도 선제공격을 할 정당한 권리를 가지고 있다"[2]고 주장해 오고 있다. 북한의 선제공격 주장이 2003년도 미국의 이라크 침공 시 미국이 실천한 선제독트린을 지켜보면서 과거보다 더욱 목소리를 높이고 있는 점을 유념해야 한다. 미국의 이라크 침공과 비교하면서 자신들이 취할 선제공격은 더욱 더 정당하다는 위험한 사고를 가지고 있다는 점이다. 그리고 이러한 위험한 사고는 후계체제의 안정된 세습과 북한의 내부통제, 국제사회에서의 핵무기 보유국의 지위 확보 등 다양한 전략적 판단과 연결되어 있으며, 매우 주도면밀하게 시행될 가능성이 높다. 한반도를 지속적으로 긴장상황으로 몰아가고 있는 북한의 핵개발과 빈번한 무력도발도 결국은 이러한 맥락에서 진행 중에 있다 해도 과언이 아닐 것이다.

시간이 갈수록 점차 북한과 한국의 군사력 균형은 격차가 벌어지고 있으며, 북한은 이를 만회하기 위한 방법으로 핵 및 대량살상무기를 포함하는 비대칭전력 건설에 주력하고 있다. 비대칭전력이 가지고 있는 기본적인 특징은 그들의 군사전략 수행개념인 배합, 선제기습, 속전속결을 견인할 수 있는 유일한 대안일 것이다. 그리고 선제공격을 실천할 수 있는 가장 효과적인 수단이다.[3] 북한이 자위권 방어를 구실로 선제라는 이름으

---

2 2009년 9월 22일 김태영 국방장관의 인사청문회 때의 "한미 연합능력으로 북한이 핵을 사용하기 전에 타격이 가능하다"는 발언과 이에 대한 대응으로 북한은 같은 해 9월 26일 노동신문과 2010년 1월 24일 총참무 대변인 성명을 통해 "선제타격론을 우리에 대한 노골적인 선전포고로 간주한다"라고 발표한 바 있다. 이에 앞서 2006년 4월 25일 김정일 국방위원장 추대 13돌 중앙보고대회에서 인민무력부장 김일철은 "선제공격은 미국만이 할 수 있는 독점물이 아니며 우리는 미국이 우리를 먼저 공격할 때까지 팔짱을 끼고 앉아 보고만 있지 않을 것"이라고 주장했다.

3 가장 최근의 사례는 2010년 3월 26일 천안함 사건과 2010년 11월 23일 연평도 화력에 의한 선제공격을 들 수 있으며, 연평도 화력공격 이후에 총참모부 대변인 성명을 통해 "남한이 자신들의 영토를 침범한 데 따른 정당방위였다"라고 선제공격의 정당성을 주장한 것은 향후에도 추가적인 선제기습공격의 가능성을 남기고 있다. 선제공격에 대한 국

로 비대칭 수단을 이용하여 공격한다면 그 파괴력은 상상을 초월하는 엄청난 피해를 주게 될 것이다. 북한에게 선제는 도발을 위해 선택할 수 있는 매우 달콤한 용어인 것이다. 따라서 북한의 무력 공격행위를 국제법적으로 제약함과 동시에 정당방위에 의한 무력대응의 수준을 판단하는 데 있어서도 선제에 대한 명확한 이해는 필수적이다.

이 책에서는 2003년 부시 대통령과 네오콘에 의해 입안된 선제독트린에 대한 비판에 많은 부분을 할애하고 있다. 필자는 미국의 이라크 침공을 가장 최근에 이루어진 선제의 사례로 상정하고 미국의 선제에 대한 정의는 모호하고 선제독트린은 허점이 많으며, 그 목표들도 합당하지 않다고 보고 있다. 그럼에도 불구하고 미국은 전통적인 미국 외교정책의 도덕적 목적을 훼손당하지 않으려고 선제독트린을 기존 외교정책의 틀에 억지로 꿰어 맞추려 하고 있고, 국민들을 호도하고 있다고 비판하면서 아직 끝나지 않은 이라크, 아프가니스탄의 전쟁에서 미국이 지향해야 할 바를 지적하고 있다. 부시 행정부에서 실천했던 선제독트린은 과거의 산물이 아니다. 아직도 이라크와 아프가니스탄에서 전쟁을 하고 있는 미국은 그 연장선상에 있다고 볼 수 있다. 따라서 북한의 위협이 단지 한반도에 대한 위협이 아닌 국제문제로 대두되고 있는 시기에 미국의 이라크에 대한 선제전쟁의 진행과정을 비교하면서 음미해 볼 필요가 있다.

그리고 이 책에서 제시하고 있는 현대전쟁사에서의 10가지 전쟁을 선제전쟁의 측면에서 매우 상세하고 분석하고 있는 것은 그동안 이에 대한 연구나 관련 서적이 부재한 가운데 독자들에게 주는 의미가 각별하다. 즉 미국의 이라크 침공을 현대전쟁사의 역사적 사례와 비교해서 매우 상세하게 분석하고 있는 것은 우리들에게 선제에 대한 보다 명확한 개념을 이해하는 데 도움을 주고 있다. 현대전쟁사에서의 10가지 주요 전쟁사례

제법적 접근과 정당성과 도덕성에 관한 명확한 이해는 북한의 무모한 도발을 억제하는데 필요하다.

로는 나폴레옹 전쟁, 미국의 남북전쟁, 러일전쟁, 제1차 세계대전, 제2차 세계대전, 태평양 전쟁, 소련·핀란드의 겨울전쟁, 한국전쟁, 이스라엘의 6일전쟁, 이라크전쟁으로 선별해서 서로 다른 성격의 전쟁을 군사적인 측면뿐만 아니라 선제를 결심했던 전쟁 지도자의 입장과 당시의 국내 및 국제적 정치적·외교적 상황을 아우르면서 어떻게 진행되었는가 하는 과정과 선제를 통해서 어떠한 결론에 도달했는지를 논리적으로 분석 제시하고 있다. 따라서 독자들로 하여금 선제전쟁에 대한 깊은 이해를 할 수 있게 하고 있다.

앞으로도 선제에 근원을 둔 전쟁이 발생할 가능성이 많다. 그리고 남북한이 대치하고 있는 상황하에서 선제공격, 선제타격과 같은 용어의 빈번한 남발은 오히려 선제전쟁의 진정한 의미를 훼손하고 위기를 증폭시키는 결과를 가져올 수 있다는 점에서 보다 명확하게 선제전쟁의 의미를 인식해야 할 필요가 있다.

한반도에서의 선제공격과 관련한 논란도 역사적 사례에서 살펴본 바와 같은 결과를 가져올 수도 있다는 사실을 유념해야 한다. 그리고 확실하게 국제법적으로 지지를 받으면서 진정한 정당방위를 위해서 어떠한 대응책을 강구해야 할 것인가에 대해 숙고해야 한다.

그런 면에서 이 책은 충분한 가치를 지니고 있으며, 관심 있는 많은 분들에게 유용한 정보를 줄 것으로 기대한다. 끝으로 이 책의 번역을 위해 지원을 아끼지 않았던 국방대학교 관계자들과 책을 출판해 주신 북코리아 이찬규 대표님께도 감사의 뜻을 전한다.

2011년 2월
역자 **임은성**

참 고 문 헌
REFERENCE*

프롤로그 ___________

Alan M. Dershowitz. *Premption: A Knife that Cuts Both Ways, Issues of Our Time*. New York: W. W. Norton, 2006.

Alexander, T. J. *Lennon and Camille Eiss, Reshaping Rogue States: Preemption, Regime Change, and US Policy Toward Iran, Iraq, and North Korea*. Cambridge, MA: The MIT Press, 2004.

Betty Glad and Chris J. Dolan. *Striking Frist: The Preventive War Doctrine and the Reshaping of US Foreign Policy*. New York: Palgrave Macmillan, 2004.

D. Robert Worley. *Waging Ancient War: Limits on Preemptive Force*. Carlisle, PA: Strategic Studies Institute, 2003.

Dan Reiter. "Exploding the Powder Keg Myth: Preemptive Wars Almost Never Happen". *Internatinal Security 20,* Fall 1995, 5-34.

Erick Labara. *Preemptive War*. Washington, DC: Global Security Press, 2004.

Gordon A. Craig and Alexander L. George. *Force and Statecraft: Diplomatic Problems of Our Time*. New York: Oxford University Press, 1990.

---

* 이 책에서 저자는 지난 200여 년간에 있었던 10개의 대표적인 전쟁을 선제전쟁의 측면에서 분석하고 검토하려는 야심찬 목표를 가지고 있다. 저자는 이러한 목표를 지난 역사의 열거에만 두지 않고, 이를 분석적으로 검토했다. 또한 결론에서는 다시 한 번 각각의 전쟁의 핵심적인 내용들을 요약해서 제시하고 있다. 아래는 저자가 각 장별로 참고했던 참고문헌들이다. 참고로 책의 제목을 한글로 옮기는 것은 각 저자들의 저서가 한국에 보편화되어 있지 않기 때문에, 원문 그대로를 제시한다.

Helen Duffy. *The "War on Terror" and the Framework of International Law.* Cambridge, UK: cambridge University Press, 2005.

James Turner Johnson. *The War to OUst Saddam Hussein: Just War and the New Face of Conflict.* Lanham, MD: Rowman & Littlefield Publishers, 2005.

John Lewis Gaddis. *Surprise, Security and the American Experience.* Cambridge, MA: Havard Universtiy, 2004.

Lyle J. Goldsetin. *Preventive Attack and Weapons of Mass Destruction: A Comparative Historical Analysis.* Standford, CA: Standford University Press, 2006.

Michael Walzer. *Just and Unjust Wars: A Moral Argument with Historical Illustrations.* New York: Basic Books, 1977.

Paul Kennedy. *Grand Strategies in War and Peace.* edited volume. New Haven, CT: Yale University Press, 1991.

Paul Ramsey. *The Just War: Force and Political Responsiblility.* New York: Charles Scribner's Sons, 1968.

Robert J. Pauley, Jr and Tom Lansford. *Strategic Preemption: US Foreign Policy and the Second Iraq War, US Foreign Policy and Conflict in the Islamic World.* Burlington, VT: Ashgate, 2005.

Russ Howard. "Pre-emptive Military Doctrine: No Otehr Choice," in *The Changing Face of Terrorism.* London: Eastern Universites Press, 2004.

The US Department of Defense. Dictionary of Military Terms, also defines these two terms.

William W. Keller and Gordon R. Mitchell. *Hitting First: Preventive Force in US Security Strategy.* Pittsburgh, PA: University of Pittsburgh Press, 2006.

1장 전략적 직감에 의한 선제 ──────────

Alan Schom. *Napoleon Bonaparte.* New York: HarperCollins, 1997.

Charles Downer Hazen. *The French Revolution and Napoleon.* New York: Heny Holt and Company, 1917.

David Chandler. *The Campaigns of Napoleon.* New York: Macmillan, 1966.

Emil Ludwig. *Napoleon.* New York: Boni & Liverright, 1926.

Frederic C. Schneid. *Apolenon's Conquest of Europe: The War of the Third Coalition.* Westport, CT: Praeger, 2005.

Henry Lachouque. *The Anatomy of Glory.* Trans. Anne S. K. Brown. New York:

Hippocrene Books, Inc, 1978.

Louis Bergeron. *France Under Napoleon*. Princeton, NJ: Princeton University Press, 1981.

Martyn Lyons. *Napoleon Bonaparte and the Legacy of the French Revolution*. New York: St. Martin's Press, 1994.

Owen Connelly. *Blundering to Glory: Napoleon's Military Campaigns*. Wilmington, NC: Scholarly Resources Inc, 1987.

Richard Holems. *Austerlitz*. 1805.

______. *Two Centuries of Warfare*. London: Octopus Books, 1978.

Robert B. Asprey. *The Rise of Napoleon Bonaparte*. New York: Basic Books, 2003.

Robert B. Hotman. *The Napoleonic Revolution*. Philadelphia, PA: J. B. Lippinecott Company, 1967.

Robert Goetz. *In 1805: Austerlitz, Napoleon and the Destruction of the Third Coalition*. London: Greenhill, 2005.

Steven Englund. *Napoleon: A Political Life*. New York: Scribner, 2004.

2장 생존을 위해 선택한 선제

Averu O. Craven. *The Coming of the Civil War*. Chicago, IL: University of Chicago Press, 1957.

Bruce Levine. *Half Slave and Half Free: The Roots of the Civil War*. New York: Hill and Wang, 2005.

David Herbert Donald. *Lincoln*. New York: Simon & Schuster, 1995.

David M. Potter. *The Impending Crisis, 1848-1861*. New York: Harper & Row, 1976.

James M. McPherson. *Battle Cry of Freedom: The Civil War Era*. New York: Ballantine Books, 1988.

Kenneth M. Stampp. *The Crowth of Southern Nationalism, 1848-1861*. Baton Rouge, LA: Louisiana State Univesity Press, 1953.

______. *The Imperiled Union: Essays on the Background of the Civil War*. New York: Oxford University Press, 1980.

Michael F. Holt. *The Fate of Their Country: Politicians, Slavery Extension, and the Coming of the Civil War*. New York: Hill and Wang, 2004.

Randall, J. G. *Lincoln the Liberal Statesman*. London: Eyre & Spttiswoode, 1947.

Richard Current. *Fort Sumter in Lincoln and the First Shot*. Philadelphia, PA: J. B. Lippincott Company, 1963.

Richard E. Beringer. *Herman Hattaway, Archer Jones and William N. Still, Why the South Lost the Civil War*. Athens, GA: University of Georgia Press, 1986.

Russel F. Weigley. *The American Way of War: A History of United States Military Strategy and Policy*. Bloomington, IN: Indiana University Press, 1973.

Stephen B. Oates. *With Malice Toward None: The Life of Abraham Lincoln*. New York: Harper & Row, 1977.

3장 제국주의 패권을 위한 선제 ─────────────

Richard Connaughton. *Rising Sun and Tumbling Bear: Russia's War with Japan*. London: Cassell, 2003.

David Walder. *The Short Victorious War: The Russo-Japanese Conflict, 1905-1905*. New York: Harper & Row, 1973.

Denis Warner and Peggy Warner. *The Tide at Sunrise: A History of the Russo-Japanese War, 1904-1905*. New York: Charterhouse, 1974.

Westwood, J. N. *Russia Against Japan, 1904-1905: A New Look at the Russo-Japanese War*. Basingstoke: Macmillan, 1982.

Ian Nish. *The Origins of the Russo-Japanese War*. London: Longman, 1985.

John Albert White. *The Diplomacy of the Russo-Japanese War*. Princeton, NJ: Princeton University Press, 1964.

John W. Steinberg, Bruce W. Menning, David Schimmelpenninck VAn Der Oye, David Wolfe, Shinji Yokote. *The Russo-Japanese War in Global Perspective: World War Zero*. Boston: Brill, 2005.

Shumpei Okamoto. *The Japanese Oligarchy and the Russo-Japanese War*. New York: Columbia University Press, 1970.

Raymond A. Esthus. *Double Eagle and Rising Sun: The Russians and Japanese at Portsmouth in 1905*. Durham, NC: Duke University Press, 1988.

William H. Honan. *Port Author: the First Pearl Harbor in Fire When Ready, Gridley: Great Naval Stories from Manila Bay to Vietnam*. New York: St. Martin's Press, 1993.

4장 전쟁의 올가미가 된 선제 ───────────

Barbara W. Tuchman. *The Guns of August*. New York: Macmillan, 1962.

Fritz Fischer. *Germany's Aims in the First World War*. New York: W. W. Norton, 1967.

Gordon A. Craig. *Germany, 1866-1945*. New York: Oxford University Press, 1978.

Gordon Martel. *The Origins of the First World War*. Harlow, Essex: Pearson, 2003.

Gregor Schollgen. *Escape Into War? The Foreign Policy of Imperial Germany*. Oxford: berg, 1990.

James Joll. *The Origins of the First World War*. London: Longman, 1992.

James L. Stokesbury. *A Short History of World War I*. New York: William Morrow and Company, 1981.

John H. Maurer. *The Outbreak of the First World War: Strategic Planning, Crisis Decision Making, and Deterrence Failure*. Westport, CT: Praeger, 1995.

John W. Landon. *The Long Debate, 1918-1919*. New York: Oxford University Press, 1991.

Laurence Lafore. *The Long Fuse: An Interpretation of the Origins of World War I*. New York: J. B. Lippincott Company, 1971.

Richard F. Hamilton and Holger H. Herwig, *The Origins of World War I*. Cambridge, UK: Cambridge University Press, 2003.

5장 의심스러운 생존의 터전 ───────────

Bell, P. M. H. *The Origins of the Second World War in Europe*. London: Longman, 1997.

Gordon Martel. *Origins of the Second World War Reconsidered: The A. J. P. Taylor Debate After Twenty-five Years*. Boston: Aleen & Unwin, 1986.

Norman Rich. *Hitler's War Aims: Ideology, the Nazi State, and the Course of Expansion*. New York: W. W. Norton, 1973.

Ricahrd Overy. *The Road to War*. London: Penguin Books, 1999.

Rothwell. *War Aims in the Second World War: The War Aims of the Major Belligerents, 1939-1945*. Edinburgh: Edinburgh University Press, 2005.

Taylor, A. J. P. *The Origins of the Second World War*. New York: Atheneum, 1962.

Victor Rothwell. *Origins of the Second World War*. Manchester: Manchester University Press, 2001.

Weinberg, Gerhard L. and Willmott, H. P. *A World at Arms*. New York: Cambridge University Press, 1994.

______. *Hitler's Foreign Policy: The Road to World War II, 1933-1939*. New York: Enigma Books, 2005.

______. *The Great Crusade*. New York: The Free Press, 1989.

6장 싸워야 할 적의 선택 ____________________

Akira Iriye. *Pearl Harbor and the Coming the Pacific War: A Brief History with Documents and Essays*. Boston, MA: Bedford/St. Martin's, 1999.

______. *The Origins of the Second World War in Asia and the Pacific*. London: Longman, 1987.

Dorothy Borg and Shumpei Okamoto. *Pearl Harbor as History: Japanese-American Relations, 1931-1941*. New York: Columbia University Press, 1987.

Herbert Feis. *The Road to Pearl Harbor: The Coming of the War Between the United States and Japan*. Princeton, NJ: Princeton University Press, 1950.

James William Morley. *Japan's Road to the Pacific War, The Fateful Choice: Japan's Advance into Southeast Asia, 1939-1941*. New York: Columbia University Press, 1980.

Michael A. Barnhart. *Japan Prepares for Total War*. Ithaca, NY: Cornell University Press, 1987.

Robert J. C. Butow. *Tojo and the Coming War*. Princeton, NJ: Princeton University Press, 1961.

Stephen E. Pelz. *Race to Pearl Harbor*. Cambridge, MA: Havard University Press, 1974.

Sumio Hatano and Sadao Asada. *The Japanese Decision to Move South in Paths to War*. London: Macmillan, 1989.

Waldo Heinrichs. *Threshold of War: Franklin D. Roosevelt and American Entry into World War II*. New York: Oxfort University Press, 1988.

Weinberg Gerhard L. and Willmott, H. P. *A World at Arms*. New York: Cambridge University Press, 1994.

______. *The Great Crusade*. New York: the Free Press, 2008.

7장 소련의 먼로주의

Allen F. Chew. *The White Death: The Epic of the Soviet-Finnish Winter War*. East Lansing. MI: Michigan State University Press, 1971.

Anthony F. Upton. *Finland, 1939-1940*. Newark, NJ: University of Delaware Press, 1974.

Car Van Dyke. *The Soviet Invasionof Finland, 1939-1940*. London: Frank Cass, 1977.

Earl F. Ziemke. *The German Northern Theater of Operations, 1940-1945*. Washington, DC: US Government Printing Office, Department of the Army Pamphlet 20-271, 1959.

Leonard C. Lundin. *Finland in the Second World War*. Bloomington, IN: Indiana University Press, 1957.

Max Jakobson. *Finland Survived: An Account of the Finnish-Soviet Winter War, 1939-1940*. Helsinki: The Otava Publishing Company, 1961.

Olli Vehvilainen. *Finland in the Second World War: Between Germany and Russia*. New York: Palgrave, 2002.

Tillotson, H. M. *Finland at Peace and War*. Wilby, Norwich: Michael Russell, 1966.

Vaino Tanner. *The Winter War: Finland Against Russia, 1939-1940*. Stanford, CA: Stanford University Press, 1950.

William R. Trotter. *A Frozen Hell: The Russo-Finnish Winter War of 1939-1940*. Chapel Hill, NC: Algonquin Books of Chapel Hill, 1991.

8장 선택한 지역에서의 전쟁

Allen S. Whiting. *China Crosses the Yalu: The Decision to Enter the Korean War*. New York: Macmillan, 1960.

Chen Jian. *China's Road to the Korean War: The Making of the Sino-American Confrontation*. New York: Columbia University Press, 1994.

James I. Matray. "Truman's Plan for Victory: National self-Determination and the Thirty-Eighth Parallel Decision in Korea." *Journal of American History 66*(2), September 1979.

Matthew J. Flynn. *The Decision to Cross the 38th Parallel*. Master's thesis, San Diego State University, 1996.

Russell Spurr. *Enter the Dragon: China's Undeclared War Against the US in Korea, 1950-1951*. New York: Newmarket Press, 1988.

Sergei Goncharov, John W. Lewise, and Xue Litai, *Uncertain Partners: Stalin, Mao and the Korean War*. Stanford, CA: Stanford University Press, 1993.

Shu Guang Zhang. *Deterrence and Strategic Culture: Chinese-American Confrontations, 1949-1958*. Ithaca, NY: Cornell University Press, 1992.

______. *The Korean War: An International History*. Princeton, NJ: Princeton University Press, 1995.

William Stueck. *The Road to Confrontation: American Policy Toward China and Korea, 1947-1950*. Chapel Hill, NC: Universty of North Carolina Press, 1981.

9장 여러 장소에서의 동시 전쟁 ──────────

Tom Segev. *1967: Israel, the War, and the Year that Transformed the Middle East*. New York: Metropolitan Books, 2007.

David Dayan. *Strike First! A Battle History of Israel's Six-Day War*. New York: Pitman Publishing, 1967.

David Kimche and Dan Bawly. *The Sandstorm: The Arab-Israeli War of June 1967: Prelude and Aftermath*. New York: Stein and DAy, 1968.

Walter Laqueur. *The Road to Jerusalem: The Origins of the Arab-Israeli Conflict, 1967*. New York: Macmillan, 1968.

Jeremy Bowen. *Six Days: How the 1967 War Shaped the Middle East*. London: Simon & Schuster, 2003.

Eric Hammel. *Six Days in June: How Israel Won the 1967 Arab-Isaeli War*. New York: Charles Scribner's Sons, 1992.

Donald Neff. *Warriors for Jerusalem: The Six Days that Changed the Middle East*. New York: Linden Press/Simon & Schuster, 1984.

Michael B. Oren. *Six Days of War: June 1967 and the Making of the Modern Middle East*. Oxford: Oxford University Press, 2002.

Martin Van Creveld. *The Sword and the Olive: A Critical History of the Israeli Defense Force*. New York: Public Affairs, 1998.

Colonel Trevor N. Dupuy. *Elusive Victory: The Arab-Israeli Wars, 1947-1974*. New York: Harper & Row, 1978.

George W. Gawrych. *The Albatross of Decisive Victory: WAr and Policy Between

Egypt and Israel in the 1967 and 1973 Arab-Isreli War. Westport, CT: Greenwood Press, 2000.

Ibrahim Abu-Lughod. *The Arab-Israeli Confrontation of June 1967: An Arab Perspective*. Evanston, IL: Northwestern University Press, 1970.

10장 위험하고 단순한 선택 ______________

Betty Glad and Chris J. Dolan. *Striking First: The Preventive War Doctrine and the Reshaping of US Foreign Policy*. New York: Palgrave Macmillan, 2004.

Bob Woodward. *Bush at War*. New York: Simon & Schuster, 2002.

______. *Plan of Attack*. New York: Simon & Schuster, 2004.

______. *State of Denial*. New York: Simon & Schuster, 2006.

George Packer. *The Assassin's Gate: America in Iraq*. New York: Farrar, Straus and Giroux, 2005.

Ivo H. Daddlder and James M. Lindsay. *America Unbound: The Bush Revolution in Foreign Policy*. Washington, DC: Brookings Institution Press, 2003.

James Bamford. *A Pretext for War: 9/11, Iraq, and the Abuse of America's Intelligence Agencies*. New York: Dubleday, 2004.

James Mann. *Rise of the Vulcans: The History of Bush's War Cabinet*. New York: Viking, 2004.

Jeffrey Record. *Dark Victory: America's Second War Against Iraq*. Annapolis, MD: Naval Institure Press, 2004.

John Keegan. *The Iraq War*. New York: Alfred A. Knopf, 2004.

John Prados. *Hoodwinked: The Documents that Reveal How Bush Sold Us a War*. New York Press, 2004.

Kenneth M. Pollack. *The Threatening Storm: The Case for Invading Iraq*. New York: Random House, 2002.

Lawerence F. Kaplan and William Kristo. *The War in Iraq: Saddam's Tyranny and America's Mission*. San Francisco, CA: Encounter Books, 2003.

Michael R. Gordon and General Bernard E. Trainor. *Cobra II: The Inside Story of the Invasion and Occupation of Iraq*. New York: Pantheon Books, 2006.

Ron Suskind. *The One Percent Doctrine: Deep Inside America's Pusuit of Its Enemies Since 9/11*. New York: Simon & Schuster, 2006.

Todd S. Purdum. *A Time of Our Choosing: America's War in Iraq*. New York:

Times Books, 2003.

Tommy Franks. *American Soldier: General Tommy Franks, with Malcolm McConnell*. New York: HarperCollins, 2004.

Williamson Murray and Robert H. Scales. Jr. *The Iraq War: A Military History*. Cambridge, MA: The Belknap Press of Harvard University Press, 2003.

Iraq Working Files - April 1991 [1of2] [OA/ID CF01584]. p. 31.

Iraq Working Files - April 1991 [2of2] [OA/ID CF01584]. p. 12.

Iraq Working Files - March 1991 [1of2] [OA/ID CF01585]. p. 17.

Iraq Working Files - March 1991 [2of2] [OA/ID CF01585]. p. 6.

Iraq Working Files - May 1991 [1of2] [OA/ID CF01585]. p. 22.

Iraq Working Files - May 1991 [2of2] [OA/ID CF01585]. p. 49.

Minutes for DC Meetings on Gulf [1of2] [OA/ID CF01583]. p. 3.

Minutes for DC Meetings on Gulf [1of2] [OA/ID CF01585]. p. 4.

NSC Meeting 4/30/91 Meeting 4/30/91 [OA/ID CF00873].

NSC/DC Meeting 5/21/91 Gulf Security [OA/ID CF00873].

NSC/DC Meeting 7/12/91 Iraq [OA/ID CF00873].

http://levin.senate.gov/newroom/release.cfm?id=236440

http://www.gwu.edu/~nsarchiv/

http://www/ccny.cuny.edu/library/Divisions/Government/Iraqbib.htiml

http://www.lib.umich.edu/govdocs/iraqwar.html

http://www.dartmouth.edu/~govdocs/iraq.htim

INDEX

선제전쟁

시작과 종말, 그리고 제한된 보상

2011년 4월 15일 초판 인쇄
2011년 4월 20일 초판 발행

지 은 이 | Flynn, Matthew J.
펴 낸 이 | 이 찬 규
펴 낸 곳 | 북코리아
등록번호 | 제03-01240호
주   소 | 462-807 경기도 성남시 중원구 상대원동 146-8
              우림2차 A동 1007호
전   화 | 02) 704-7840
팩   스 | 02) 704-7848
이 메 일 | sunhaksa@korea.com
홈페이지 | www.북코리아.com
ISBN   978-89-6324-094-7 (93390)

값 20,000원

* 본서의 무단복제를 금하며, 잘못된 책은 구입처에서 바꾸어 드립니다.
* 이 도서의 국립중앙도서관 출판시도서목록(CIP)은 e-CIP홈페이지(http://www.nl.go.kr/ecip)와
  국가자료공동목록시스템(http://www.nl.go.kr/kolisnet)에서 이용하실 수 있습니다.
  (CIP제어번호: CIP2011001766)